世界建筑史丛书

# 新古典主义与19世纪建筑


[英]罗宾·米德尔顿/戴维·沃特金 著

邹晓玲 向小林 胡文成 徐铁城 潘龙明 李明章 乐勇 译

黄天其 蒋家龙 校

中国建筑工业出版社

本书荣获第13届中国图书奖

法国和英国是18世纪和19世纪铸造新建筑风格的熔炉。首先出现的是新古典主义建筑，随后是包括新文艺复兴建筑和新哥特式建筑在内的各种风格。这部著作以非常新颖的方式描述了这一时期欧洲建筑的全貌。本书作者始终注意不仅仅分析各种思潮和单个建筑作品，而且在深入研究的基础上，探讨社会整体变化与发展对建筑师和业主的影响。本书前五章侧重论述18世纪法、英两国的建筑历史。法国的理性主义传统是与笛卡儿的哲学思想联系在一起的，而英国的园林式建筑传统是与经验论相联系的。两个传统合起来就会产生实验性的与充满幻想的部雷与勒杜、当斯与索恩式的建筑。本书后三章探讨新古典建筑风格如何臻于完美以及如何扩展到德国、斯堪的纳维亚、俄国、意大利和希腊，甚至扩展到北美的过程，然后再重点论述法国和英国的建筑、新哥特式建筑的产生，以及理论家们（如森佩尔、拉斯金和维奥莱－勒迪克）的丰富理论是如何传播开来的。

本书作者罗宾·米德尔顿从1965年到1974年在《建筑设计》杂志工作，后来担任剑桥大学建筑学与艺术史系图书馆主任；戴维·沃特金自1972年以来担任剑桥大学艺术史讲师，发表过多部建筑方面的杰出著作。

# 目　录

# 作者的话

本书的时间跨度为1750年到1870年。叙述中我们尽量避免使用"新古典主义建筑"这一容易使人误解的描述性术语,而强调了法国理性主义和英国如画风格的建筑倾向。本书重点在建筑史,故在本书所叙述的年代中对城市规划、交通运输和建筑工程等领域的许多重大发展变化均未涉及。当然,仅用一册书要给予每个时期和每个国家的建筑史以同样多的笔墨也是不可能的。因此,读者会发现,本书对法国建筑史的叙述多于对英国建筑史的叙述。因为,许多历史学家,如:约翰·萨默森(John Summerson)、亨利－罗素·希契科(Henry-Russell Hitchcock)及尼古劳斯·佩夫斯纳(Nikolaus Pevsner)等已经对英国建筑史进行过详细考察,而法国建筑史,特别是19世纪的法国建筑史,还未曾有过这么广泛的研究。建筑不仅以物质材料为基础,它还依赖于思维方式。我们希望,通过我们对新建筑倾向的理论和思想的着重阐述,人们将会对这一时期的建筑史有新的认识和了解。

**罗宾·米德尔顿**
**戴维·沃特金**

# 第一章　法国理性主义传统建筑

18 世纪和 19 世纪的建筑，主要受两种传统建筑思想，即法国理性主义传统建筑思想和英国经验主义传统建筑思想的支配。前者源于笛卡儿津津乐道的清晰性和计算准确性。后者则体现另一种建筑设计体系，并最终以如画风格建筑而普及和推广。尽管到了 18 世纪末期，这两种建筑特色非常明显，都开始适应新的环境，为人们所接受，但它们却风格各异，独立发展而成。马克－安托万·洛吉耶(Marc-Antoine Laugier)对建筑学原理的阐述颇为简单，即简陋的棚屋，其影响却遍及整个欧洲，而且在英国的影响决不亚于在意大利和德国的影响。而如画风格建筑这一特殊的表达方式——英国式花园，不仅被意大利、德国和欧洲其他边远国家所接受，在理性主义启蒙运动的发源地——法国也开始采用，尽管法国人并不曾理解英国花园式建筑的微妙之处，而且只是刚刚才开始着手这方面的研究。同样，由让－尼古拉－路易·迪朗(Jean-Nicolas-Louis Durand)在 18 世纪末和 19 世纪初研究发展的建筑几何学原理也被整个欧洲的建筑师所接受。不过，它在英国所产生的热情和效果显然不如欧洲其他地方。但是法国从 16 世纪以来就开始研究发展的哥特式理性主义建筑学原理在 19 世纪初被皮金(A. W. N. Pugin)引入英国后却产生了最深刻而引人注目的影响。甚至像约翰·拉斯金(John Ruskin)这样注重情感表现，对房屋的建筑结构或建筑技巧毫不留意的人也深受其影响，并且对法国人欧仁－埃马纽埃尔·维奥莱－勒迪克(Eugène-Emmanuel Viollet-le-Duc)就哥特式建筑所作的严密而精确的分析表现出深深的崇拜。

由于以上原因才有了许多思想观点的交流和许多相互冲突的思想观念的相互影响。不过，上述两种传统建筑思想的发展各不相同，各有其特色，所以最好分别予以阐述。

首先应该注意的是法国理性主义理想，因为它为整个启蒙运动提供了一个思想体系。它从我们研究的目的出发，并以克洛德·佩罗(Claude Perrault，1613—1688 年)的创作开始 。佩罗曾当过医生、解剖学家和各种设备(主要是机械设备)的实验家，可是在 50 多岁时，却莫名其妙地改行学建筑。他的主要建筑作品有巴黎圣雅克区的天文台(The Observatoire in the Faubourg Saint-Jacques)(一幢确实荒凉可怖、奇异而独特的建筑，于 1667—1672 年修建)、卢浮宫(the Louvre)东立面(与天文台同年开始修建，大约 1674 年竣工)和巴黎的圣安托万港凯旋门(1668 年设计完成后立即开始动工，由于是用木板条和灰泥仿制而成，不久便腐朽，于 1716 年拆除)。其中最重要的作品是卢浮宫东立面。该建筑不一定是佩罗自己的构思，而是由御用建筑师路易·勒沃(Louis Le Vau)、御用画家夏尔·勒布兰(Charles Le Brun)、佩罗和其兄弟夏尔·佩罗(Charles Perrault)组成的委员会共同努力的结果。佩罗的兄弟当时是国王陛下的权臣让－巴蒂斯特·科尔贝(Jean-Baptiste Colbert)的秘书和傀儡。所以人们经常对克洛德·佩罗对卢浮宫的贡献持怀疑态度。在他死后不久，尼古拉·布瓦洛(Nicolas Boileau)首先对此提出质疑。但是，只要在 1870 年被大火焚毁以前在法国市政大厦(the Hôtel de Ville)看到过有关资料和设计的人都认为没有任何证据可以否认佩罗作为该建筑创造者的资格。

修建卢浮宫的整个事业几乎都是具有民族意义的大事。当时，勒沃提出了第一个设计方案，但科尔贝不太欣赏，就将此方案提交给一批意大利建筑师征求意见，其中最伟大的当数贝尔尼尼(Bernini)。在人们的劝说下，贝尔尼尼从意大利来到巴黎亲自参加设计。教皇将自己最得宠的建筑师派往法国确实是法国外交的一大胜利，但是贝尔尼尼来到巴黎之后，人们又担心让一个意大利人来完成法国皇宫的设计会有辱国威。所以贝尔尼尼坚固而宏伟的设计未得到法国人的赏识。他奉调回国时，尽管金银满贯，但非常气愤。最后还是由科尔贝组成的委员会建成了至今仍然屹立的庄严、肃穆而有节奏感的卢浮宫东立面，被法国建筑师和鉴赏家们看作精美建筑的典范。甚至勒·柯布西耶(Le Corbusier)也发现自己从内心赞赏它。它的许多特性在我们现在看来也许会持否定而不是肯定的态度，然而它们的影响却是巨大的。卢浮宫东立面几乎没有突出的重点。法国传统的以中心为主，周围以亭子陪衬的构图显而易见，但平面和外形轮廓很少有断点。其构图精致，呈矩形。中央部分的山花低而不唐突。建筑的精髓似乎蕴藏在将主要部件联系在一起的那一排排独立式双柱中。它看似奇异而矛盾，实际上却明显体现了佩罗的创作意图，即让这些柱子发挥其古老的作为建筑支撑的作用，而不只是一种装饰部件。在他看来，这种对建筑中重要要素的作用和形式的清晰而忠实的表达，不仅存在于古希腊庙宇中，而且在哥特式大教堂里也可见到，虽然这一点人们很难接受。他辩解说，卢浮宫东立面的柱子是参照巴黎圣母院的密排柱身而布置的。

为了有意识地通过古典复兴来振兴法国的传统，佩罗参考了古典和民族建筑的典型范例，但他所追求的绝不是单纯的回归古典。他学过医，也学过科学，理所当然地认为目前的奋斗必定比过去更进步。他回首过去，只是将其作为确立基本原理时的出发点。他在建筑领域最卓越的成就就是翻译了《建筑十书》。据信该书为维特鲁威(Vitru-

图 1　巴黎天文台，克洛德·佩罗设计（1667—1672 年）

图 2　巴黎卢浮宫东立面，克洛德·佩罗等设计（1667—1674 年）

图 3　克洛德·佩罗的译著《维特鲁威全集》的卷首插图（1673 年）。该图代表佩罗的三大作品：背景为天文台，中间是卢浮宫东立面，左面是圣安托万港凯旋门（现为法国国家广场）

vius)所著,是古代幸存下来的惟一的一本建筑学专著。它是又一项得到科尔贝支持的伟大事业。让·马丁(Jean Martin)和让·古戎(Jean Goujon)在1547年曾发表过一本法文译本,但译文不太理想,而且大部分插图都是从早期意大利版本中挑选出来的。佩罗在拉丁语和希腊语方面的专业基础知识对他翻译这本书起到很大作用。1673年他那博大精深、非常有权威性的译著第一版发行了。这不是一部古文化收藏作品,而是一部引起争论的作品。该书的插图是由塞巴斯蒂安·勒克莱尔(Sébastien Le Clerc)绘制的最精彩的部分,此人后来也打算独立出版一本建筑专著。这些插图雄伟壮观,意在为现代建筑建立一套新的标准。它们体现了佩罗创作的全部作品以及建议重建的一系列古代建筑的特色。它们形体分明,均呈矩形,独立式柱随处可见。1684年的修订版本增加了许多脚注,使得佩罗的理论观点更加清楚,虽然一年前这一观点在他的《按照古代方法设计的五种柱式布局》(Ordonnance des cinq espèces de colonnes selon la méthode des anciens)一书中已有明确表示。这本书,正如书名所示,主要涉及各种柱式。但是,佩罗在书中还介绍了他的美学理论,该理论动摇了文艺复兴时期及其后期人们对柱式超乎寻常作用的信念。佩罗声称,在建筑学上有两种美——实实在在的美和人为的美。前者单纯依赖于建筑材料的质量、施工工艺的考究、房屋的大小、富丽堂皇及对称等在路易十四统治时期显而易见的价值标准。后者则依赖于诸如比例关系、形体、外貌等特性。正是由于佩罗能够巧妙地处理好这些问题,构思出自己的设计,才显示出他真正的建筑师的天才。因为,在设计中既没有稳定可靠的准绳,也没有一成不变的规则,只有习惯。佩罗坚决反对在建筑尺寸上有绝对标准的观点。他说,起源于柱式的建筑尺寸并不像人们普遍认为的那样是与音阶的和谐相联系的,他们并不具有神圣不可侵犯或万用柱式的特征,它只是习惯问题。经过训练的眼睛习惯于某种尺寸后,看到任何偏离这种比例标准的东西都会感到惊奇。佩罗本人也尊重规范,与笛卡儿(Descartes),甚至帕斯卡(Pascal)一样,他也赞同"平凡"的理想。正因为如此,他才下决心对文艺复兴时期以来的理论家们提出的各种令人眼花缭乱的比例系统进行研究,以便找到切实可行的方法。安托万·德戈德(Antoine Desgodets)对罗马49幢大楼的测绘图进行仔细测量后,于1682年将结果发表在《罗马古代雄伟建筑》(Les edifices antiques de Rome)一书中。德戈德的测量证实了古代建筑尺寸没有一致性的观点。他自己的比例体系是以一个单一模数为基础的,这种模数很容易应用到五种柱式中任何一种的任何部分。

1671年,即勒沃死后一年,科尔贝创建了皇家建筑科学院。佩罗似乎一直不是该院院士,但他参加过院士会议,而且还建议该院将他的比例体系作为该院自己的来采用。佩罗对文艺复兴时期信仰体系的无礼忽视态度使院士们感到诧异,而且,他用一套新规则代替旧规则的建议也使院士们感到迷惑不解。因为,他们并不清楚,佩罗的决心同科尔贝终生奋斗的决心一样,是要建立一个共同而合理的工作标准。佩罗的体系究竟在多大程度上被采纳,只有在人们对这一时期的建筑进行评判后才能判定。不过,我们可以肯定,他发表的著作是被广为阅读的。18世纪最受人尊重,而且最有学问的导师雅克-弗朗索瓦·布隆代尔(Jacques-Francois Blondel,1705—1774年)就坚决支持他。18世纪头10年末,他的建筑著作就被译成英文在英国出版。也许更有意义的是,他的著作还记录在伊萨克·沃雷(Issac Ware)1756年出版的《建筑学全集》(Complete Body of Architecture)中。

尽管他提出了一个更为素雅和理性主义的建筑典型,而且从根本上对人们已经接受的观点进行重新解释和重新评价,但佩罗显然并没有提出一整套系统的理论。不过,他注重实际的态度得到18世纪早期出版的两本小册子的效仿,而且被表明更有意义。一本是米歇尔·德弗雷曼(Michel de Fremin)的《建筑批评论文集》(Mémoires critiques d'architecture,1702年),另一本是让-路易·德科尔德穆瓦(Jean-Louis de Cordemoy)的《建筑新论或建筑艺术:对承包人和工人的益处》(1706年)。这两位作者均不是建筑师。弗雷曼好像是个税收员,科尔德穆瓦(1631—1713年)住在教堂,是笛卡儿的支持者、语言研究的先驱、1668年《语言的有形表达》的作者——热罗德·德科尔德穆瓦(Gerauld de Cordemoy)的堂兄弟或亲兄弟。弗雷曼的小册子呼吁人们要有一个合理的设计态度,表达了对诸如场地、材料的质量、成本以及委托人的需要等各种限制的关注。他说,柱式和古典方法在建筑学上并不真正重要。在表明他的信念时,他将圣厄斯塔什(St.-Eustache)和勒沃设计的圣叙尔皮斯教堂(Church of St.-Sulpice)与巴黎圣母院(Notre-Dame)和圣母教堂(Ste-Chapelle)进行比较,并得出强有力的结论——哥特式建筑设计更理性化,因而在建筑学上更可取。科尔德穆瓦论著的另一特点就是完全赞同哥特式建筑的布局,尤其是它的结构安排,虽然他的论著意在表明他所崇拜的哥特式建筑特点可以用古典主义语言来解释。科尔德穆瓦要求建筑为矩形构成,基本上无装饰,简单砖石墙体或一排排柱子支撑过梁。他不喜爱券和各种锐角,包括古典山花锐角。他说,假若古人早知道,他们会更喜欢折线形屋顶而不是斜屋顶,因为前者与矩

图4　卢浮宫东立面柱廊细部图，克洛德·佩罗等设计（1667—1674年）

150 VITRUVE

La hauteur des Colonnes des Baſiliques ſera égale à la largeur, des Portiques, & cette largeur ſera de la troiſieme partie de l'eſpace du milieu. Les colonnes d'enhaut doivent étre

portion des Baſiliques de la ville de Chalcis : mais la conſtruction du texte ne peut ſouffrir cette interpretation.

Comme je ne trouve aucune de toutes ces interpretations differentes qui me ſatisfaſſe, j'en forme une nouvelle, que je fonde ſur les autoritez des plus anciens Interpretes de ce mot : & eſtant aſſuré par le témoignage d'Auſone, que *chalcidica* eſtoit un lieu élevé que nous appellons un premier étage, & par le temoignage d'Arnobe, que *chalcidica* étoit un lieu ample & magnifique, j'eſtime que ces Chalcidiques eſtoient de grandes & magnifiques ſalles où on rendoit la juſtice, ſituées aux bouts des Baſiliques de plain-pié avec les galleries par leſquelles on alloit d'une ſalle à l'autre, & où les Plaideurs ſe promenoient, car ces Galleries hautes ſans ces Salles ſemblent eſtre inutiles. Suivant cette interpretation, lorſque Vitruve dit que s'il y a aſſez de place pour faire une Baſilique fort longue, on fera des Chalcidiques aux deux bouts, il faut entendre que ſi elle eſt courte, on ne fera qu'une Salle à un des bouts ; ou que ſi l'on en fait à chaque bout, elles ſeront trop petites pour pouvoir eſtre appellées Chalcidiques, dont le nom ſignifie une grandeur & une magnificence extraordinaire. Palladio ſemble l'avoir entendu autrement, parce que dans la figure qu'il a faite de la Baſilique, il luy a donné beaucoup moins de longueur que le double de ſa largeur, peut-eſtre parce que n'ayant pû ſe determiner à ce qu'il devoit entendre par Chalcidique, & par cette raiſon n'en voulant point faire aux bouts de ſa Baſilique, il l'a faite plus courte, pour faire entendre qu'il croyoit que les Baſiliques qui eſtoient ſans Chalcidiques n'avoient pas la proportion que Vitruve leur donne en general.

7 DES PORTIQUES. Il faut entendre par Portiques les ailes qui ſont aux coſtez de la grande voute du milieu, & que l'on appelle bas coſtez dans les

图 5 克洛德·佩罗的译著《维特鲁威全集》(1673 年)的插图:矩形廊柱大厅式基督教堂的室内透视图,塞巴斯蒂安·勒克莱尔镌版

形更相似。他建议,一座典型教堂的中厅和侧廊之间应有独立柱子来支撑水平的柱上楣构和上面的筒拱。他坚持认为,绝对不能用券。他还提议教堂的正西面应有一个带栏杆的柱廊,就像许多年前伊尼戈·琼斯(Inigo Jones)设计的伦敦圣保罗大教堂(St. Paul's)一样。他认为,他是有意识地模仿哥特及早期的基督教建筑和古希腊模式。他还认为结构支撑(实际上是整个结构体系)应像文艺复兴时期以前的结构那样显露出来,以体现建筑风格。他赞同横梁式结构的建筑。在他的《建筑新论》第二版(1714 年)里,他虽然赞扬了贝尔尼尼设计的罗马圣彼得大教堂(St. Peter's)前广场上的柱廊,但对米开朗琪罗(Michelangelo)为该教堂所做的工作却持否定态度。其实,科尔德穆瓦典型教堂设计灵感的真正来源是克洛德·佩罗和夏尔·佩罗 1680 年设计的巴黎圣热讷维耶沃新教堂(Ste.-Genevieve)。教堂内,独立式柱子排列在长长的中厅两旁,支撑着水平的柱上楣构和上面的曲面拱。尽管这一创造可以追溯到弗拉·焦孔多(Fra Giocondo)版《维特鲁威全集》(1511 年)里入口的设计,还可以追溯到拉斐尔(Raphael)和他的学生设计的法尔内塞宫(Palazzo Farnese)的入口和勒沃模仿法尔内塞宫设计的卢浮宫南面,但在当时,这样的教堂还是绝无仅有的。可能是在佩罗兄弟俩的授意下,雕刻家让莫罗(Jean Morot)也将古代的范例融合在自己的设计中,以这种形式简单地装饰了巴勒贝克的巴克斯酒神庙(Temple of Bacchus at Baalbek)内部。当时,去东方的旅行者中,多半是为科尔贝的收藏搜集手稿,夏尔·佩罗——科尔贝的秘书就专门负责向这些人发布指示和付给经费。克洛德·佩罗亲自承认,他利用过 1668 年去巴勒贝克访问的旅行者——M·德蒙索(M. de. Monceaux)所画的酒神庙详图。但酒神庙的重建很可能是以 1647 年去过那儿的巴尔塔扎·德蒙科尼斯(Balthasar de Monconys)的描摹为根据的。

但是,甚至就在科尔德穆瓦写这本书时,法国正在建造一座具有他所要求的特色的教堂——凡尔赛宫皇家小教堂。尽管人们普遍认为这幢始建于1698 年的教堂是由朱尔·阿杜安·芒萨尔(Jules Hardouin Mansart)所设计,最后由罗贝尔·德科特(Robert de Cotte)负责完成,但克洛德·佩罗好像还是参加了早期的设计。该教堂地面以下有一些粗大的柱子,中厅和侧廊之间有连拱柱廊,但在地面以上,即国王沿此去做礼拜的地方,则是一些庄严的、间隔较宽的科林斯柱支撑着水平的柱上楣构和上面的拱顶。教堂的细部都是古典式的,但其效果却是宽敞的哥特式的,加上外面的飞扶壁,更确认了这一混合式设计思想。

哥特式建筑已经成为佩罗、弗雷曼和科尔德穆瓦建筑理论如此奇

plus petites que celles d'embas, comme il a esté dit.[8] La cloison qui est entre les colonnes d'enhaut ne doit avoir de hauteur que les trois quarts de ces mesmes colonnes, afin que ceux qui se promenent sur cette

C

8. La cloison. Vitruve met icy *Pluteum* pour *Pluteus*, ainsi qu'il fait en plusieurs autres endroits. Philander & Barbaro ont pris ce *Pluteum* ou *Pluteus* pour l'espace qui est entre les colonnes d'embas & celles d'enhaut, & ils ont crû que Vitruve ayant dit *Spatium quod est inter superiores columnas*, il falloit suppléer *& inferiores*, mais il n'est parlé dans le texte que de la *cloison qui est entre les colomnes d'enhaut*, ce qui peut avoir un fort bon sens, pourveu qu'on entende que Vitruve a conçû que cette cloison qui étoit comme un piedestail continu sous toutes les colonnes d'enhaut, ne devoit passer pour cloison qu'à l'endroit qui répondoit entre les colonnes : parce que l'endroit de ce piedestail continu qui estoit immediatement sous les colonnes, devoit estre pris pour leur piedestail. Il est plus amplement prouvé sur le 7. chapitre de ce Livre, que *Pluteus* ne sçauroit signifier icy que Cloison, Balustrade ou Appuy.

## EXPLICATION DE LA PLANCHE XXXVIII.

*Cette Planche contient l'élevation perspective de la Basilique. Il faut entendre que de mesme que l'on a fait servir un seul Plan pour les deux étages de la Basilique ; on n'a aussi mis icy qu'une partie de son élevation, supposant que l'on comprendra aisément que ce qui est icy ne represente qu'environ un quart de tout l'Edifice, representé dans le plan par ce qui est renfermé dans des lignes ponctuées.*

图 6　巴黎圣热讷维耶沃教堂设计方案，克洛德·佩罗和夏尔·佩罗设计（约 1680 年）

图 7　根据 M·德蒙索或巴尔塔扎·德蒙科尼斯在原址绘制的平面图设计的巴勒贝克的巴屈斯酒神庙复原图，让·莫罗设计（约 1680 年）

图 8，图 9　凡尔赛宫皇家小教堂，朱尔·阿杜安－芒萨尔和罗贝尔·德科特设计，内景（1698—1710 年）

图 10　菲利贝尔·德洛姆所著《建筑学》(1567 年)的插图:哥特式拱顶构架

图 11　科尔比的圣皮埃尔教堂西立面(约 1706 年)

妙的一部分,因此它的作用也许需要进一步解释。它绝不是孤立的、个人特别涉猎的思想,而是得到具有冒险精神的思想家认可的、长期以来形成的法国传统的一部分。令人感到吃惊的是,莱昂·巴蒂斯塔·阿尔贝蒂(Leon Battista Alberti)和特里西诺(Trissino)(帕拉第奥的资助人)著作的翻译家、最早的巴黎旅行指南(1532 年第一次出版)的作家以及人文主义学者——吉勒斯·科罗泽(Gilles Corrozet)也对哥特式建筑进行专门研究,并赞扬其建筑风格。但几年后,他的领先地位被一些与法国历史学研究的创始人圣莫尔本笃会(Benedictines of the Congregation of St.-Maur)有联系的作家所取代。在流行一时的《指南》和《历史》书籍中,描绘哥特式建筑时总少不了诸如"大胆"、"轻巧"、"精美"等术语,在受到较多限制的建筑学理论领域也开始强调起哥特式建筑的结构技巧。自认为最早将精美高雅的古典主义建筑介绍到法国的菲利贝尔·德洛姆(Philibert de l'Orme)也在《建筑学》(1567 年)一书中描绘和解释了哥特式的拱顶建筑构造。显然,他把柱子和拱肋都看成是独立的、显露的、用来支撑拱顶梁腹的结构骨架。这种与周围各部分分开的结构特点在以后许多年中具有非常重要的意义。耶稣会数学家和建筑学家弗朗索瓦·德朗(Francois Derand)1643 年首次发表,1743 年和 1755 年又再版的《拱顶建筑或拱顶轮廓线条艺术》就是一本标准的房屋构造著作。他不仅强调哥特式柱子和拱肋结构的优美,还突出了飞扶壁和外扶壁的作用。他把哥特式建筑看成是解决平衡的好方法。

还可以举出更多的证据表明法国这一传统思想的生命力。特别是在阿梅代－弗朗索瓦·弗雷齐耶(Amedee-Francois Frezier,1682—1773 年)18 世纪初发表的《特雷武回忆录》(Mémoires de Trevoux)中,他以生动的信件交流方式贬低了科尔德穆瓦关于横梁式建筑结构的观点,因为他清楚地看到在法国小石头较多,柱子上架拱就比过梁更合理。弗雷齐耶还在其他许多方面对科尔德穆瓦进行抨击,但作为哥特式建筑的解释者,他证明自己对这种建筑也是赞同的,只是比他的前辈们知识渊博得多罢了。他在 1738 年和 1739 年期间首次发表了《拱顶建筑用石料和木材切割的理论与实践,……或木石切割理论在建筑学的运用》,并指出哥特式建筑是经过精确计算的,它依赖于仔细构造出的拱顶体系。书中,他还通过常规的结构分析表明拱顶的梁腹特别轻,也特别坚固,因为它们都稍有些凹进。他比其他任何人所作的分析更深刻,更有洞察力。然而,他不是哥特式建筑的崇拜者,与多数对哥特式建筑感兴趣的法国人一样,他的目的是对其进行分析,然

Slavia

图12　纪尧姆·埃诺为奥尔良波勒－努韦莱圣母院设计的圣莫尔本笃会小教堂(1718年)

图13　埃斯科河畔孔代的圣瓦农教堂,皮埃尔·孔唐·迪夫里设计,内景(1751年)

后将它的组织原则和建筑原理,而不是形体,融汇到现代建筑中。所以,法国对哥特式建筑的详细研究决不是这种建筑风格复兴的开始。虽然圣莫尔本笃会明显赞同哥特式建筑风格,比如圣旺德里耶教堂(St.-Wandrille,1636—1656年)就是以哥特式建筑风格建造的,本笃会在其中心——巴黎圣日尔曼－德普雷斯(St.-Germain-des-Pres)十字教堂(1644年)的中厅和耳堂上也使用了哥特式的石头拱顶。在18世纪头10年里,修建科尔比的圣皮埃尔教堂(St.-Pierre at Corbie)西立面时,他们还用哥特式建筑设计代替了早些时候提交的古典式立面设计,这与同时代修建奥尔良大教堂(Orleans Cathedral)西立面时的作法类似。当时可能是在莫尔会修士贝尔纳·德蒙福孔(Bernard de Montfaucon)的影响下,国王要求必须用哥特柱式。不过这一切都只能被看成是哥特式建筑复兴的范例。

更难以理解而且更具挑战性的是奥尔良大教堂的砖瓦匠大师纪尧姆·埃诺(Guillaume Henault)1718年在该城设计的莫尔会修士小教堂。教堂内部是凡尔赛宫小教堂式样,外部则是具有尖窗、尖顶饰和飞扶壁的哥特式混成作品。这个小教堂最后没有建成,但直到18世纪末,法国才出现类似的设计。当时,妙趣横生的哥特式建筑样式被用于园林建筑,导致了哥特式建筑某种形式的复兴。但这是英国入侵的结果。

科尔德穆瓦的建筑思想在法国并未立即被采纳,苏比斯的皮埃尔－亚历克西·德拉迈尔大厦(Pierre-Alexis Delamair's Hotel de Soubise,1705—1709年)前院的柱屏可能在某种程度上归于他的建议。日尔曼·博夫朗(Germain Boffrand)早期作品中经常出现的柱景也可能有他的一点影响,但只有博夫朗1909年为吕内维尔的庄园(the chateau at Luneville)设计的小教堂(几年后建成)才真正实现了科尔德穆瓦的想法。第一个真正坚持不懈地发展科尔德穆瓦建筑思想的建筑学家是巴黎的皮埃尔·孔唐·迪夫里(Pierre Contant D'Ivry,1698—1777年)。此人1751年设计了埃斯科河畔孔代的圣瓦伦农教堂(St.-Vasnon at Conde-sur-l'Escaut),一两年之后又设计了阿拉斯的圣瓦斯特教堂(St.-Vaast at Arras),两座教堂均采用独立式柱子支撑水平的石头过梁和上面的筒拱。但就在那时,出现了另一个佩罗和科尔德穆瓦思想的宣传家和阐述者——马克－安托万·洛吉耶神父(Abbe Marc-Antoine Laugier,1713—1769年)。他的第一部宣言《论建筑》于1753年首次匿名发表了。

洛吉耶对佩罗崇拜之极,尽管他也注意到,如果卢浮宫中间的山

图14 马克－安托万·洛吉耶的《论建筑》(1755年)第二版卷首插图:“女神指着那原始的茅屋——所有建筑形体的基础”

花不将栏杆线隔断,可能早有人对其进行改造了,但他仍然高度赞扬其立面设计。他还小心地承认自己从科尔德穆瓦那儿受益匪浅,不过他比这两位前辈更激进。在决心通过复兴来净化和振兴建筑传统的过程中,他接受了这一观点,即所有建筑的根本都应被看成是质朴无华、形体自然的乡间茅屋,它们由4根仍然在生长的树干作支撑,圆木作过梁,上面的树枝作斜屋顶。这一观点在他1755年出版的《论建筑》第二版卷首插图中给予阐明。这一观点并不新颖,因为维特鲁威的评论家们,包括佩罗,都以乡村茅屋的外形来解释过建筑学的起源,只是以前没有人提出过将它作为建筑学的典范。按洛吉耶的观点,建筑的基本构件就是承重的独立式柱子,作横梁用的辅助过梁和表现斜屋顶的山花。其他部分都应看成是第二位的。文艺复兴时期建筑样式和装饰的丰富遗产都是可以忽略的。当然,为了实用的目的,墙是要有的,门、窗也是可以接受的。除此之外就没有多少是必需的了。

可以想像,洛吉耶的理想最适合教堂的设计。与科尔德穆瓦一样,他建议教堂侧廊只需一个二列独立式单柱或双柱支撑水平的无线脚的柱上楣构和上面的筒形拱顶。如前所述,这种设计与古希腊庙宇和哥特式法国大教堂相联系。但洛吉耶对巴黎圣母院内景的动人描述表明,新的感受和新的想法起了作用。他赞赏哥特式建筑的轻盈和坚固,并希望以尽可能合理的方式将这些特点与现代建筑设计结合起来。但他也很容易受到哥特式建筑那更难以捉摸的、神秘的和宏伟壮观的特点的影响。1765年他发表的《建筑观察》就特别清楚地表明,法国普遍接受的建筑风格对他有着极大的影响。书中,他提出的教堂设计不再是以拉丁或希腊十字平面为基础,而是形状各异,教堂内部高耸的柱子一直伸向长大成形的棕榈树叶和一排装饰华丽的拱顶,形成有序感。尽管他坚持认为,教堂外部的古典主义形体仍应保留,但内部的过梁和柱上楣构则可不用,古典主义的方法也可不用。他建议,对于居住建筑,外部可用塔楼和房顶折断线来构思出哥特式建筑效果。也许,作为补救,他在《建筑观察》中提出的理想比例体系比以往任何时候更受限制和约束。他认为,理想的比例是1:1,最好的图形是正方形,最好的体积是立方体。人们认为他的第二本书古怪,具有特殊的表现手法和风格,这是毫不奇怪的。但是,他的第一本书受到欢迎,在整个欧洲被人们热情地阅读,而且被看成是一部革命化的著作。

现称为巴黎万神庙的圣热讷维耶沃教堂是第一幢可以被看作是对洛吉耶理想写照的主要建筑,就连洛吉耶本人也称之为“建筑学上

图15 里昂主宫医院正面外观图，雅克－日尔曼·苏夫洛设计(1741—1748年)

图16 巴黎圣热讷维耶沃教堂竣工图(1770年以后)：雅克－日尔曼·苏夫洛设计，G.-P.迪蒙镌版

最完美的典范，法国古建筑的真正杰作”(《关于古建筑复兴的讲话》，里昂科学院，原稿第194页)。该建筑的设计人是雅克－日尔曼·苏夫洛(Jacques-Germain Soufflot，1713—1780年)。苏夫洛年轻时去过罗马，并在那里住了7年。从1731年到1738年这7年里，他测量了圣彼得大教堂(St. Peter's)和其他意大利教堂，其中包括米兰大教堂。之后，他回到他的家乡勃艮第(Burgundy)，并在里昂定居下来。在那里他设计了巨大的主宫医院(Hotel-Dieu)。该建筑在罗纳河岸上延伸250多米(820英尺)，即使算不上美，也称得上宏伟壮观。这幢建筑给他带来巨大的声望。为此，蓬帕杜尔侯爵夫人(Mme. de Pompadour)在其兄弟著名的意大利巡游中选他作陪同，让他为这位不久便成为旺迪埃侯爵(Marquis de Vandieres)，后来又称马里尼侯爵(Marquis de Marigny)的年轻人篡夺建筑总管职位作准备。他们的旅行开始于1749年12月，1751年2月底苏夫洛回到里昂。第二年他被安置在卢浮宫一套寓所里。1755年1月他被任命为巴黎皇家建筑总管，并被派去设计圣热纳维耶沃教堂，其目的是希望这一设计能开创建筑新纪元。原计划是设计一个希腊十字式教堂，但教会强迫苏夫洛在教堂东端增加两个侧廊和两个侧塔，使几何形状变得复杂了。教堂内中厅和侧廊用一排排巨大的科林斯柱隔开，这些柱支撑着一段连续的柱上楣构和耸立于上方的一排结构轻盈、形式简洁的拱顶和穹顶。整个教堂空间典雅非凡，整个建筑的结构技巧更是不同凡响。他的学生马克西米利安·布雷比翁(Maximilien Brebion)后来写道：“苏夫洛先生建造此教堂的主要目的是以一种非常美的方式，将天主教堂建筑的轻盈与希腊建筑的雄伟和纯洁结合起来。”

在修建教堂的漫长日子里，苏夫洛与他的朋友、工程师、桥梁和堤坝建设总监及路桥水利工学院(1747年)的创建人——让·鲁道夫·佩罗内(Jean-Rodolphe Perroner，1708—1794年)和他的学生埃米利昂－玛丽·戈泰(Emiliand-Marie Gauthey，1732—1808年)跑遍法国寻找石头，制造机器，在卢浮宫实验室里检测其抗压强度，整理并解释其检测结果，最后拿出计算公式和方程式运用于圣热讷维耶沃教堂设计的建设方案。他们不断地完善其结构，削减砖石结构的体积，但每一次修改都必须向科学院院士证明其合理性。当发现主柱出现裂缝时更是如此。可以说他们发起了一场运动，对一系列轻型结构教堂的设计都进行了考查，其中包括皮亚琴察的圣阿戈斯蒂诺教堂(S. Agostino in Piacenza)、都灵圣森多内教堂(Cappella della SS. Sindone in Turin)、威尼斯的萨吕特圣玛丽亚教堂以及一些法国的哥特式教堂。对于证明

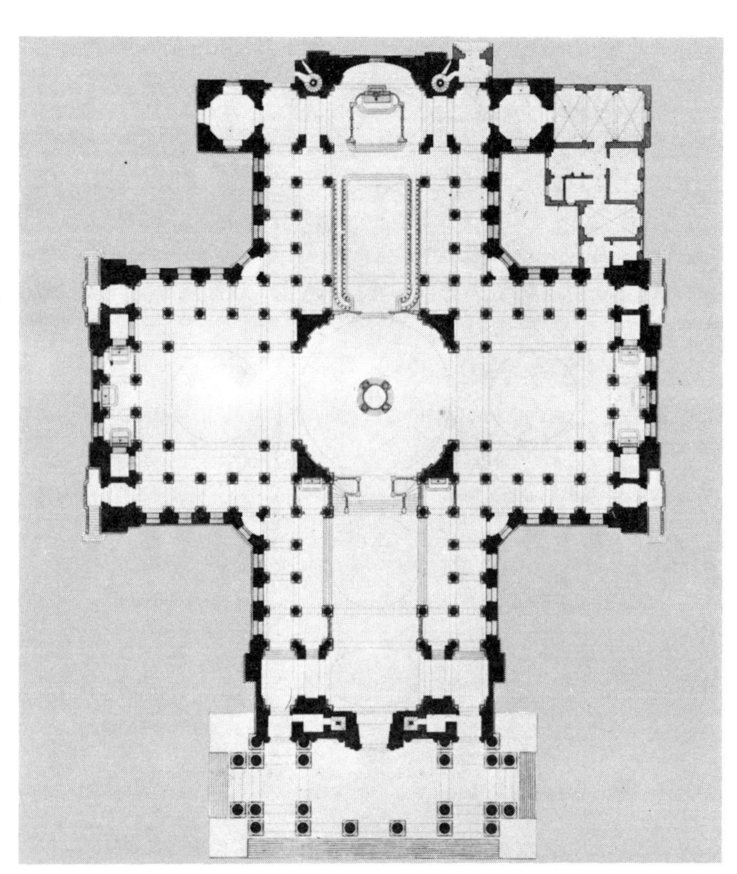

图 17　巴黎圣热讷维耶沃教堂平面设计成型图，雅克－日尔曼·苏夫洛设计，F.N. 塞利耶镌版

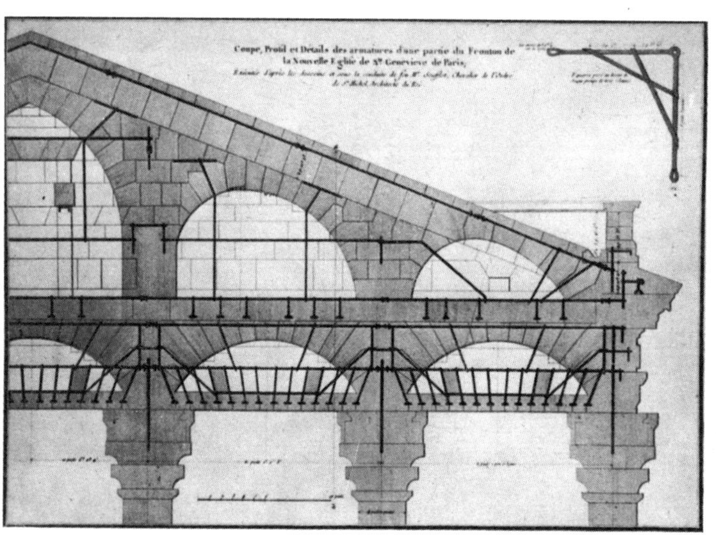


图 18　巴黎圣热讷维耶沃教堂山花内部钢架细部图，雅克－日尔曼·苏夫洛设计

图 19　巴黎圣热讷维耶沃教堂，雅克－日尔曼·苏夫洛设计（1756—1790 年）

图 20　巴黎圣热讷维耶沃教堂拱顶细部图，雅克－日尔曼·苏夫洛设计（1756—1790 年）

图 21　巴黎圣热讷维耶沃教堂内景，雅克－日尔曼·苏夫洛设计（1756—1790 年）

圣热讷维耶沃教堂的合理性，与哥特式建筑类似的特点仍然是至关重要的。苏夫洛的学生雅利耶(Jallier)1762 年送去了精心测量的第戎圣母院(Notre-Dame in Dijon)设计图。类似这样的哥特式教堂设计图还是第一幅。苏夫洛本人还阅读了一篇关于哥特式建筑，主要是有关比例体系的论文。1741 年，他首先将该论文交给了里昂科学院，当时在耶稣会大学的洛吉耶可能也听说过此事。

由修建圣热讷维耶沃教堂引起的争论，对于法国建筑理论的进一步发展具有非常重要的意义。苏夫洛和他的助手们强调对以实验和数学计算为基础的抽象理论的研究，而他们的反对者们，主要以皮埃尔·帕特(Pierre Patte，1723—1814 年)为代表，只是依赖经验主义的知识。但即使是帕特也极大地加深了人们对结构，特别是对哥特式结构的普遍理解。他本打算就这一问题写一专著，结果没有完成。但当伟大的导师雅克－弗朗索瓦·布隆代尔 1774 年去世时，帕特接替并完成了布隆代尔潜心研究的有关建筑材料和施工的《建筑课程讲义》最后二册的写作。这套书于 1777 年出版。《建筑课程讲义》是布隆代尔毕生教学研究的课题，最初在他自己 1743 年创办的一所独立的学校试用。自 1762 年以后，作为科学院的权威教授，他以这本书最完美、最合理地巩固、加强和传播了法国教义。他作出的任何判断总是非常谨慎，而且要经过仔细考察。他不太涉险，但并不被认为褊狭。传统和理性影响了他对待事物的态度。的确，他接受了中厅用独立式柱子，但柱子上用拱型结构的教堂设计思想。正如弗雷齐耶表明的那样，这样做在法国更合理。他充分意识到哥特式建筑的协调统一，并用皮金和 19 世纪英国教堂建筑学家的宗教传统观念来维护它。

布隆代尔决不是什么建筑鉴赏家，他曾经这样写道："艺术的魅力需要天才，众多的独创使人感到满足，感到惊奇。"(《讲义》第 4 册，第 315 页)由于对《讲义》不太感兴趣，他推迟了最后二册的完成时间。但帕特对建筑技巧的钻研精神和兴趣却经久不衰。他就此写了数篇专题学术论文，还在《讲义》中抨击了苏夫洛的大教堂和哥特式建筑工程的复杂化。

为了阐明他的论述，帕特特意选出雅利耶(Jallier)为苏夫洛画的第戎圣母院设计图。在对其剖面图进行分析时，他表明不仅拱肋、飞扶壁和外扶壁是最重要的结构部分(没有比它更重要的了)，而且作为飞扶壁平衡推力的尖顶饰也是必不可少的一部分。他认为甚至侧廊上的木桁架也是作为扶壁来设计的。在归纳他所称的哥特式建筑原则时，他极富独创性。甚至在里尔的奥古斯丁教堂(Augustinian

图 22 雅利耶(Jallier)画的第戎圣母院设计图(1762 年),该图为雅克-弗朗索瓦·布隆代尔和皮埃尔·帕特所著《建筑课程讲义》(1777 年)的插图

Church at Lille)他也能体会到这一原则的运用。在奥古斯丁教堂,用来限制拱顶侧推力的是铁拉杆而不是扶壁柱。无论他与苏夫洛之间有着什么样的根本冲突,但有一点却是一致的,即他们都追求经济和实实在在的建筑。

应当注意的是,这样的精神是由卡洛·洛多利(Carlo Lodoli,1690—1761 年)于 18 世纪上半叶在威尼斯独立发展起来的。洛多利不是一个建筑学家,而是一个激进的、才华横溢的博学者和方济各会①修士。大约 1720 年,他为威尼斯贵族公子们创办了一所规模较小的私立中学,每天用几个小时教孩子们语文、数学、法律和治国之才,还教他们一些建筑学知识(他最喜爱的科目)。他虽没有研究出已证明完全有效的建筑学理论,但他对建筑学却具有独到的见解。这些见解部分来自一批批活跃在帕多瓦的苏格兰建筑师(包括詹姆斯·格雷戈里和詹姆斯·斯特林)(James Gregory,James Stirling)的实验和数学理论。洛多利的思想被他的两个追随者记录下来。一个是爱出风头、四处寻欢作乐的弗朗切斯科·阿尔加罗蒂(Francesco Algarotti,1712—1764 年),他的讽刺性评论《关于建筑风格的分析》发表于 1757 年。另一个是更保守,但极其糊涂的安德烈亚·梅莫(Andrea Memmo,1729—1793 年)。他直到 1784 年才开始写关于洛多利的报道,并分两部分发表。第一部分为《洛多利建筑结构的基本原理,即坚固、科学、华丽和奇特的建造艺术》(1786 年)。1833—1834 年该部分又与第二部分一起重印。人们曾一度认为洛吉耶写《论建筑》时是直接受了洛多利的影响。但现在已经证明这种看法是错误的。洛吉耶在 1759 年到 1768 年期间发表了《威尼斯共和政体史》一书。据知,他 1757 年(或许是 1752 年)一直在威尼斯为他的著作收集资料。根据法国建筑师以及阿尔加罗蒂和梅莫叙述的观点来判断,这位威尼斯人是受了佩罗、科尔德穆瓦、弗雷齐耶等人的著作的强烈影响。但洛多利的观点更极端化。他坚持认为建筑应该完全来自天然材料,应运用静力学法则。装饰是可以的,但不能破坏基本形体和外貌。他断然拒绝一整套关于形体、样式和细部的古典建筑用语。他说,因为它们都是从木材演变而来。古希腊庙宇最初是用木材建造的,不适宜作为石结构建筑的模式。所以罗马和文艺复兴时期所有建筑都不实事求是,应该被弃之。阿尔加罗蒂注意到,当时真正的石结构建筑只有埃及和英国南部索尔兹伯里附近的一处史前巨石阵建筑。

无论是洛多利美好的说理,还是苏夫洛及其朋友们提出的高雅精美的结构均未得到 18 世纪末法国的多大赞赏。建筑师们不再对结构的优雅和形体的轻盈感兴趣,他们已经学会欣赏古希腊和古罗马完美的建筑雕刻艺术,而且在他们自己的作品中也喜欢用宏大而简单的主体结构。洛吉耶非常崇拜的简单比例关系也开始盛行。正方体和立方体以及球体逐渐受人青睐。且不论数学的精确性怎样产生了这一纯理论的几何学,仅从其大规模的基本形体这一视觉效果来看,也是令人万分喜悦的。但正如我们将会看到的一样,人们对其作出的解释通常是很复杂的。本打算从事绘画的最伟大的幻想风格建筑师艾蒂安-路易·部雷(Etienne-Louis Boullée,1728—1799 年)就从球体中看到了象征各种各样奇妙特性的东西。

18 世纪末建筑理论中出现的轻理性重情感的特征,无疑是受法国革命期间建筑活动的重大变革的支配。那时,只要能创造出宏伟而更具想像力的设计方案,建筑的实用性也可暂不考虑。这种倾向甚至在 1789 年以前就明显表现出来。当时英国人执著追求美和轰动效应的态度,特别是埃德蒙·伯克(Edmund Burke)追求崇高的观点就以如画风格的园林理论形式传入法国。那时在法国出版的第一部关于这一理论的伟大著作就是托马斯·惠特利(Thomas Whately)《论现代造园艺术》的译本及其附加部分。它是使如画风格理论系统化的第一次条理性尝试。这部译著于 1771 年在英国出版后仅一年就在法国出版了。翻译家是孟德斯鸠(Montesquieu)的保护人弗朗索瓦·德波勒·拉塔皮(Francois de Paule Latapie)。据信,他 1750 年从英国回国后不久就在他的拉布雷德(La Brede)庄园设计了法国最早的"英国花园"。不过,现在已无任何历史记载可以证明这种观点。当时,更著名,而且更有影响的具有英国风格的自然花园的典范当数 1754 年以后不久由克洛德-亨利·瓦特莱(Claude-Henri Watelet)在伯宗(Bezons)附近的穆兰-若利(Moulin-Joli)设计、兴建的花园。惠特利在他的《论现代造园艺术》(1774 年)一书中记录了他的经历和意图。该书意在对审美力和美作出部分概括性论述,其影响是巨大的。法国对如画风格花园的追求就是从该书发表以后形成的。更重要的是,该书为建筑艺术理论注入了一整套新的思想观念。巴黎宏伟的环形粮食市场(Halle aux Bles)的设计师尼古拉·勒加缪·德梅齐埃(Nicolas Le Camus de Mezieres,1721—1789年)于1780年发表了《建筑学:借助感觉的艺

---

① 方济会是意大利天主教教士圣方济各(1192—1226 年)于 1209 年创立的,主张恪守清贫,通过祈祷苦修来拯救灵魂。——译者注

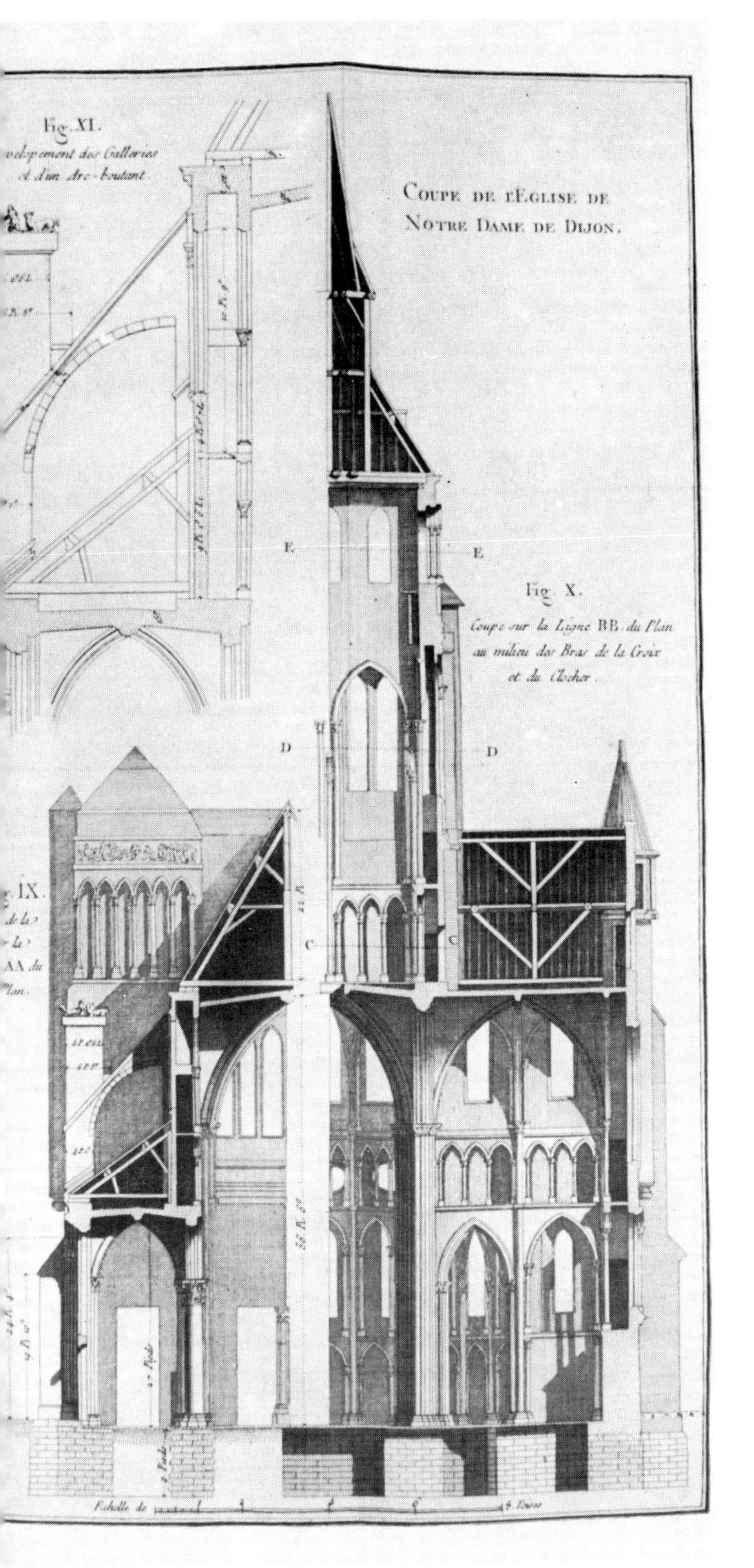


术类比》一书，并将此书献给瓦特莱。它的发表标志着法国建筑思想的新开端。法国建筑专著还是开天辟地第一次将主要部分致力于阐明这样一种思想，即建筑不但应使人的感官感到愉快，还应对人的精神和灵魂产生令人鼓舞的影响。该书的第二部分对建筑设计中的具体问题进行了详细论述，与第一部分令人陶醉、具有探索性的阐述相辅相成。第二年，勒加缪又发表了更实用的有关建筑施工的手册《建筑指南》。但真正使诸如部雷等建筑师们感兴趣的是他那更精妙深奥的观点。那时，部雷放弃了房屋建筑设计，并转向那使他成名的不具实用功能的崇高而抽象的纪念碑设计和《论艺术》的写作。从他书中的序言里便可清楚地知道他与法国普遍接受的优质建筑标准之间的差距："何谓建筑学？像维特鲁威那样将其定义为建造的艺术吗？不，此定义有一个明显的错误。因为，维特鲁威把结果当成了原因。建筑应是为施工而进行的设计。我们最早的祖先所住的窝棚就是在他们对窝棚的形象进行一番构思后建成的。正是这种精神智慧的生产，正是这种创造，才构成了建筑学。因此，我们可以将其定义为：赋予任何建筑以完美及生产的艺术。建造的艺术只是一种次要的艺术，它只不过给我们展示了建筑科学那一部分的命名而已。"（J·M·伯鲁斯·德蒙特克罗编，E·L·部雷：《建筑：论艺术》，1968 年，第 49 页）

在他的著作中既没有关于建筑科学的论述，也没有自佩罗以来建筑理论家们潜心研究的实用和理性主义的观念，只是用大量的篇幅论述了佩罗的观点，即建筑学上的美既是实实在在的又是人为的，而主要兴趣所在是人为的、富于幻想的形体。这并不是说部雷的建筑设计是不规则或杂乱无章的。尽管他同大部分与他同时代的建筑学家一样，对如画风格建筑倾向的理论持赞同态度，但他们总是试图用呆板的对称结构和纯几何学形体来解释这些理论。对法国人来说，除让－雅克·勒克（Jean-Jacques Lequeu）外，轮廓鲜明的几何学仍然代表一切。法国 18 世纪建筑思想的遗产在下面两本书里归纳和总结出来，一本是《论建筑艺术的理论与实践》（于 1802—1803 年间出版）；另一本是《皇家工艺学院建筑学课程概要》（发表于 1802—1805 年间）。50 多年来它们一直是标准的建筑理论教材。前一本书是由让－巴蒂斯特·龙德莱（Jean-Baptiste Rondelet，1734—1829 年）所著。此人是苏夫洛的学生，曾负责圣热讷维耶沃教堂的修建。当第二次发现教堂的主墩快垮塌时，是他运用自己不可估量的审美力和技能将其加固的。后一本书是部雷最得宠的学生让－尼古拉－路易·迪朗（Jean-Nicolas-Louis Durand，1760—1834 年）所著。此人 1795 年成为皇家工艺学院建筑学教授，此后一直在该校教书，主要培养施工员和工程师。曾来过这所学校的著名建筑师有于贝尔·罗奥·德弗勒里（Hubert Rohault de Fleury）及其儿子夏尔和埃米尔－雅克·吉尔贝（Emile-Jacques Gilbert）。但迪朗以他的书为媒介对建筑师们产生了巨大的影响。除《概要》外，他还写了《古代与现代各类大型建筑对照汇编》（1800 年）和《概要》的附录《皇家工艺学院建筑学课程安排示意图》（1821 年）。他的著作提出了正规几何和设计的最严格的标准。

龙德莱的著作在建筑学专著中大概是绝无仅有的。除了开头几页（单独发表过二次）清楚地表明他的论著应被看成是建筑学理论研究和实践的综合性基础课外，其他部分几乎没有对建筑学的综合论述。他写道："建筑学完全存在于建筑艺术之中。建筑理论是指导各种实际操作的科学。这种科学是经验和以数学和物理学原理为基础进行论证的结果。而数学和物理学又与艺术的各种活动相关联。正是通过论证手段，精明的建筑师才得以根据其条件和能力，确定一项建筑每一部分应有的形体和精确的尺寸，以便能有效地承担他的建筑项目，达到完美、坚固和经济的目的。"（第 1 卷，总目第 5 页）

龙德莱坚持认为建筑学不是一门想入非非的艺术，而是根据需要而决定的科学。所以他的专著中有 5 册都详细论述了建筑材料、材料的性质和韧性、各种建筑风格的技巧和成本概预算最有效的方法等等。正如人们可能会预料到的一样，作为苏夫洛的学生，他的著作对哥特式建筑作了许多具有挑战性的新阐述，还包含了更多的关于钢结构建筑最新实验的现代化信息。这些都又一次反映了苏夫洛的兴趣所在。书中对英国和法国大多数钢结构新桥梁均进行了阐述，而且还提出了改进设计的建议。法国的建筑理论学家们，无论是回首过去，还是面对现在，总试图用自己的理想来重塑建筑新概念。

迪朗将雅典卫城入口（Propylaea in Athens）的景致作为他《对照汇编》卷首插图的一部分。这一景致最初出现在朱利安－达维德·勒鲁瓦（Julien-David Le Roy）所著的《希腊雄伟壮观的纪念性建筑遗址》（1758 年）插图中。在这里，在纪念碑式石阶两边，所有要素都按轴对称方式重新调整。迪朗将该书中的建筑插图从头到尾重新描绘，以使它们看起来更整齐，更有秩序。尽管他所选的建筑范例来自各个历史阶段，埃及、希腊、罗马、哥特或文艺复兴等各个时期的均有，但他的意图不是描述它们的奇异和风格上的独特之处，而是要将它们全都按相同的比例画出来并安排好，作为特殊的建筑形式进行比较。庙宇、教堂、剧院等均按不同的建筑类型分页叙述。这样做的初衷仍可追溯到勒鲁瓦。勒鲁瓦在他的著作第二版就是以这种方式对所有希腊建筑平面设计图进行安排的。这一想法最初来自苏夫洛的学生加布里埃尔－皮埃尔－马丁·迪蒙（Gabriel-Pierre-Martin Dumont，1720—1791 年），因为他在 1764 年或 1765 年就以这种安排方式出版了各种剧院的两种插图版。

迪朗的建筑理论方法都包含在他的《概要》和《示意图》里。他拒绝接受洛吉耶将乡村茅屋作为所有建筑的模型的观点。他说，那只是原始的建筑雏型。建筑学是一个推理的过程，是经过深思熟虑逐步形成的解决实际问题的方法。他写道："不管是听从理智，还是研究纪念性建筑，显然，令人愉悦从来就不可能成为其目标。公益事业，特别是民众的幸福和社会的维护，这才是建筑学的目的。"（《概要》，第 1 卷，第 18 页）

然而，绝不能因为这种高尚的情操就认为迪朗是一个严格的功利主义者，他的语言只是法国大革命后流行的特有词汇的一部分。尽管他提出建筑应由社会需要、方便和经济等因素决定，但他设计的标准却是对称（充其量是真正的对称）和简化的几何图形，这正是他的审美情趣所在。他运用逻辑推理来阐述他的主题，但那只是未摆脱天真和幼稚的逻辑推理。他争辩说，对称和匀称可以导致节约，所以是理想的方法。圆形和球形是最精美的图形，因为它们可以最大范围地围住一块面积或体积，就球形来说，它的体积最大，而它的周长或表面积却最小。不过，他承认，在建筑设计中，这些图形可能不太现实，所以求其次，他认为可取正方形和立方体。他说，想学建筑，成为一个建筑师，只需学会将正方形分成有规则的网格。他声称，建筑就是一个图表公式。他的构图方法就是从平面图（几乎总是正方形）开始。先将它变成网格，再在需要与各个房间连接的主轴和辅轴上绘图，然后将他所称的建筑部件如墙、柱以及有"负面影响的"部件如门、窗口装入这些网格。画建筑物剖面和外形图时就将已确定的网格垂直竖立。迪朗对形式和体量感觉不强。尽管他的设计作为几何模型无疑令人赞叹，而且受到整个欧洲，特别是德国建筑师们的青睐，但从人类需求的观点来看却并不完全令人满意。迪朗对 1788 年由贝尔纳·普瓦耶（Bernard Poyet，1742—1824 年）设计和开工的巴黎巨大的圆形圣安妮医院（Hospital Ste.-Anne）极其赞赏，但刚开工不久就停工了。原因是设计不周全，成本过高。或许，它的停工是有一定意义的。不过，迪朗的理论远不只是网格设计，他希望废除建筑学上所有不必要的奢侈浪费和装饰，而这却是人们普遍接受的表现形式。他建议建筑风格应该

图23 让-巴蒂斯特·龙德莱所著的《论建筑艺术的理论与实践》(1802—1803年)的整版插图

图24 朱利安-达维德·勒鲁瓦所著的《希腊雄伟壮丽的纪念性建筑遗址》(1758年)的插图:“雅典卫城入口复原图”

表现那些看得见的各个功能部分,如:墙的表面应是露出砖石结构本色的清水墙;独立的支撑应是间隔相等的方柱或圆柱,其材料的强度应能显示出大于结构其他部分材料的强度;装饰和装饰线脚应尽量减少;凡是做了装饰的,对它所起的作用应该有显而易见的依据;建筑师们应求助于各种植物来达到富丽华贵和变化多样的效果等等。迪朗设计的许多质朴、无装饰的建筑就是用藤本植物和匍匐植物来衬托的。

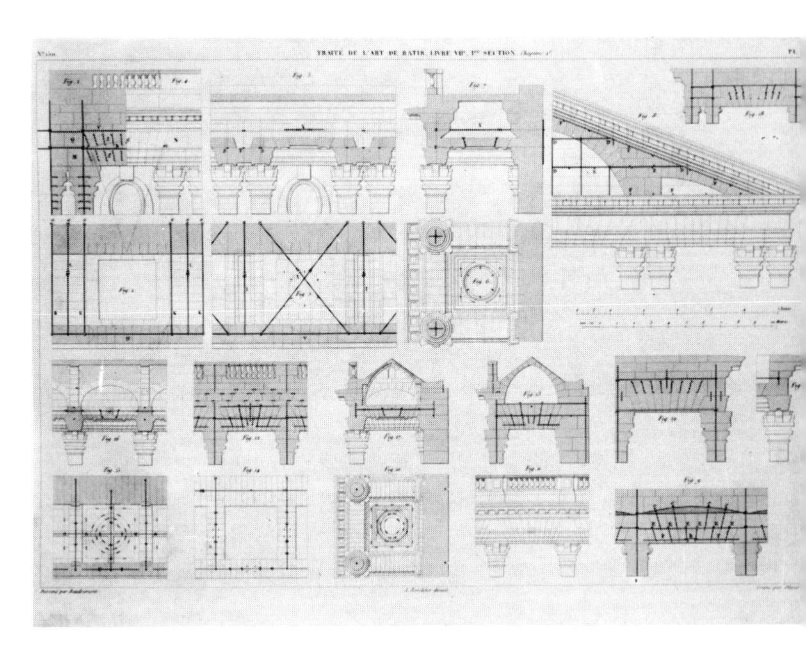

龙德莱和迪朗都将建筑学归结为两个组成部分——结构和正规的几何图形。虽然龙德莱不太注意正规设计,迪朗几乎不懂什么是建筑艺术(他仅在《概要》最后几个注释里谈到建筑艺术,他在后来的版本中解释道,其原因主要是担心它会破坏他的论据所贯穿的主线),但他们俩的著作在本质上绝不是对立的。的确,大多数建筑学家认为,他们的著作是对概括和重新系统阐述18世纪建筑学家主要兴趣的研究的补充。19世纪初,建筑学进入了一个教条主义的正统观念时期,这些著作为法国众多的市政大楼、法院、医院、监狱和兵营等的建造提供了恰当的方案。迪朗最开明的弟子埃米尔-雅克·吉尔贝为了给建筑以新的活力,作出了坚持不懈和极其认真的努力。他将社会对早期犯人和病人的人道主义关注以及克洛德-亨利·圣西门伯爵(Claude-Henri,Comte de Saint-Simon)的思想融入建筑之中。吉尔贝一生都致力于监狱、收容所、医院和警卫兵营(人们可能会注意到,其中还有停尸房)的建设,然而他所有的著作和教义都忠实地反映了迪朗和龙德莱的理想。除吉尔贝外,为19世纪开始几十年的法国建筑注入活力的另一个尝试,就是雅克-伊尼亚斯·希托夫(Jacques-Ignace Hittorff,1792—1867年)为证明丰富多彩的颜色运用于建筑表面的合理性而拼命作出的努力。希托夫出生于科隆,但受教于法国弗朗索瓦-约瑟夫·贝朗热(Francois-Joseph Belanger)的门下。他为证明古希腊庙宇颜色丰富多彩而努力奋斗。他记录并发表了庞培城和赫库兰尼姆城,甚至还有拉斐尔(Raphael)的风格奇异的壁画和装饰。他千方百计用彩色装饰板来装饰他自己设计的房屋。当然,这并不是振兴建筑的方法。尽管如此,有一点却是毋庸置疑的,即吉尔贝和希托夫为19世纪中叶的改革家纪尧姆-阿贝尔·布卢埃(Guillaume-Abel Blouet)、菲利克斯-雅克·迪邦(Felix-Jacques Duban)、皮埃尔-弗朗索瓦-亨利·拉布鲁斯特(Pierre-Francois-Henri Labrouste)、路易-约瑟夫·迪克(Louis-Joseph Duc)和莱昂·沃杜瓦耶(Leon Vaudoyer)等铺平了道路。在这些改革家中,只有年长的布卢埃曾试图全面阐述他的建筑理论。但当人们发现他的建筑活动与吉尔贝的建筑活动范围非常接近(他也

设计监狱和建造罪犯流放地),他的思想理论只不过是许多年前龙德莱详细论述过的理论的延伸时,人们并不感到惊奇。的确,布卢埃的论著《让·龙德莱建筑艺术理论和实践研究补编》就是这种形式。该论著于1847年和1848年分两册发表。

虽然书中对这些建筑结构的理论基础进行了足够明确的阐述,但它本质上只是19世纪建筑成就的一个目录。布卢埃的论据以两条原则为根据,它们再一次证实和确立了半个世纪以前就确定的理性主义地位,所以值得详细引述:

1. 将需要的东西设计出来,尤其要尽快将那些必须首先依赖于设计才能获得的东西设计出来。应该用人们已经掌握的、可用的材料进行加工,使它们成为现实。

2. 在设计和建设中,只对那些需要完善的粗坯进行装饰。根据其相关的功能突出对某些部位的刻画。因此,应通过十分精确的手法和便于材料紧密附着的方式突出建筑的特点。总之,用这些方法,明确地展现建筑的特色,无论是在操作方式上,还是在所用材料的特质方面,都能明显地达到目的。(第2卷,第4章,第227页)

值得注意的是,虽然这一纲领从1846年到1853年布卢埃任巴黎美术学院理论教授时,一直用作正式教义,但没有必要对此加以评论。说来也奇怪,在工艺学校,自1837年以来,弗朗索瓦-莱昂斯·雷诺(Francois-Leonce Reynaud,1803—1880年)就将知识的严密性和约束性少得多的理性主义教义提出来讨论,并在1850年到1858年期间分两册发表了他的《论建筑》一书。该书主要致力于建筑材料、建筑方法和各种建筑类型的研究,但17页的理论文章和引言部分却使得其指导原则一目了然。雷诺宣称,虽然实用的需求必须小心地予以满足,但建筑的目的是美,不是实用。对建筑的协调性和表现方式的欣赏才是最终的裁决。装饰方式虽不能被看成是基本条件,但对建筑的表现形式却是至关重要的,它可以使建筑具有价值。但在其他方面,比起布卢埃来,雷诺的随意性和忍耐性都要差得多。尽管布卢埃赞赏哥特式建筑的经济,甚至还打算为他的学生开设哥特式教堂风格的课程,雷诺对哥特式建筑的一切却毫不欣赏,而且还担心出现哥特式建筑的复兴。他曾写道:"中世纪的艺术已经连同它的灵魂和一整套机制一起死去。它的复兴是不可能的,人们可以粉碎一具僵尸,却不能把它唤醒。"(第2卷,第270页)

正是这些具有哥特式建筑倾向的人接受了布卢埃及其圈内人的理性主义教义,特别是由亨利·拉布鲁斯特(Henri Labrouste)传播的教义。也正是他们通过对哥特式建筑更新、更彻底地分析证实了那些终归会被证明的、更有说服力的原理,这些原理甚至可能会导致一种不带有以往任何建筑风格影子的建筑风格的出现。欧仁-埃马纽埃尔·维奥莱-勒迪克(1814—1879年)就是这种理性主义的代表人物,是美术学院令人不安的根源。具有讽刺意味的是,巴黎歌剧院的建筑师让-路易-夏尔·加尼耶(Jean-Louis-Charles Garnier)做学生时,居然有人要求他以《古代与现代各类大型建筑对照汇编》的作者——伟大的迪朗的名义发誓要痛恨维奥莱-勒迪克。加尼耶几乎破坏了法国理智的建筑传统。他表明通过对各种各样的建筑风格、形体以及基本图案的想象就可以创作出充满活力的建筑。

19世纪法国哥特式建筑运动是以浪漫主义为前奏,由亚历山大·勒努瓦(Alexandre Lenoir)在佩蒂·奥古斯坦的库旺特(Couvent des Petits Augustins)修建的具有艺术情调的博物馆引起的。该博物馆后来成为美术学院的一部分。其残存部分在法国大革命后被重新整修,它充满了诗一般神秘的气氛。夏多布里昂(Chateaubriand)对哥特式建筑的爱好最初就是从那里培养的。法国历史学家朱尔·米舍莱(Jules Michelet)的这一爱好也是从那里培养的。虽然米舍莱辉煌的《世界史导言》(1831年)以及随后出版的关于法国中世纪史的6册书激起了人们对哥特式往昔的深厚情感——特别是对哥特式环形建筑的酷爱,但他却发现,合乎他理想的形象与现实联系甚少,以致他后来成为一群鄙视中世纪、反教权主义的历史学家的领头人。事实上,天主教式的民族信条和修复(如果不是复兴的话)哥特式建筑的宣言就是维克多·雨果(Victor Hugo)的《巴黎圣母院》(Notre-Dame de Paris)。该小说最初发表于1831年2月,第二年再版时又增加了三章。它相当明确地表明了雨果的目的。他写道:"如果可能的话,让我们激起对民族建筑的感情。这就是我们所宣扬的这本书的主要目标之一。"(1832年版序言)

维奥莱-勒迪克就是受到这些书的启发,对哥特式建筑一直保持着浪漫主义的和感情上的赞同。但他对民族史的了解以及后来有机会培养自己的爱好,主要是受了围绕在弗朗索瓦-皮埃尔-纪尧姆·基佐(Francois-Pierre-Guillaume Guizot)身边那些自信的信仰新教的中世纪历史学家,特别是基佐本人的影响。基佐刚掌握政治权力,就建立了一个历史纪念性建筑委员会,并为历史性建筑的修复提供资金。维奥莱-勒迪克很早就被吸引到历史纪念性建筑的总监普罗斯珀·梅里美(Prosper Merimee)的活动圈子里。1840年,他26岁时就被任命

图 25,图 26 让-尼古拉-路易·迪朗所著《建筑学课程概要》(1802—1805 年)的整版插图,该插图用图解法阐明他的建筑设计理论

去修复瓦泽莱的圣马德莱娜教堂(Ste.-Madeleine at Vazelay)。同年,他同拉布鲁斯特的弟子让-巴蒂斯特-安托万·拉叙斯(Jean-Baptiste-Antoine Lassus, 1807—1857 年)一起修复了圣母教堂(Ste.-Chapelle),后来又花了 4 年时间修复巴黎圣母院。他的一生主要从事修复工作,这就是他对哥特式建筑广博了解和认识的源泉,也是他为之出名的两本伟大著作的基础。一本是《法国 11—16 世纪建筑演绎词典》,发表于 1854—1868 年间,另一本是《文艺复兴时期卡洛林王朝时代法国动产演绎词典》,1858—1875 年间出版。

早年,维奥莱-勒迪克的主要精力不仅花在哥特式建筑的修复,还花在哥特式建筑风格的复兴上。那时,拉叙斯与以阿道夫-拿破仑·迪德龙(Adolphe-Napoleon Didron)为首的一群哥特式建筑的狂热崇拜者和考古学家一起正忙于圣日尔曼-洛克塞鲁瓦教堂(St.-Germain-l'Auxerrois)的修复。洛克塞鲁瓦教堂和圣母教堂的修复表明,中世纪建筑形象可以激发出在同时代由希托夫提出的、与希腊建筑一样丰富多彩的形象来。在迪德龙的《考古学年鉴》里(开始于 1844 年),他们都宣传自己的思想。但维奥莱-勒迪克也从拉叙斯那儿学到了一些哥特式建筑的理性主义教条,这些教条都记录在龙德莱的著作中,而且拉叙斯的导师拉布鲁斯特曾宣传过。维奥莱在他早期的一系列主要论文中,其中包括《从基督诞生到 16 世纪法国的宗教建筑》(于 1844—1847 年间发表于《年鉴》上),就表明他吸收了他的前辈能够教给他的所有关于哥特式建筑结构和理性性质方面的知识。但不久,他开始拒绝接受这种建筑风格复兴的想法,进而将注意力转向对哥特式建筑的每一个形体和细部构造进行最严密的分析,希望能得出一整套可以用于 19 世纪的设计原理。19 世纪的建筑与 13 世纪的建筑尽管有所区别,但很多地方却雷同。因此,它是 13 世纪衍生出的建筑体系以现代方式、运用现代材料(如钢材)的有形表现。在《法国建筑演绎词典》一书中,他就通过对教堂侧廊和中厅的剖面图的图解分析表明,木柱可以取代石制扶壁柱,铁柱可以代替中厅中的石柱。他认为哥特式建筑结构原理可以用这种方法,以其最基本的形式来重新解释。不过他的分析比这种方法要复杂、微妙得多。因为,他相信哥特式建筑的每一部分、每一个线脚,无论是作为承重体系的一部分,还是排掉雨水的部分,都可以作为基本功能设备来解释。他坚信,建筑就是对功能的明显体现,功能表明了社会和政治抱负、材料的局限性和需求等。为了与他的建筑理论保持一致,他对中世纪的社会组织机构进行了令人不可思议的扭曲分析。

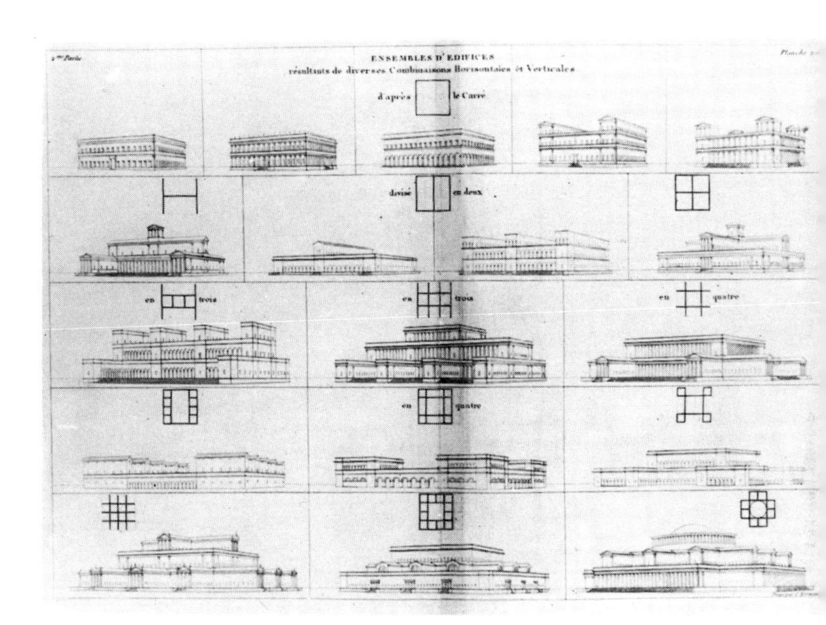


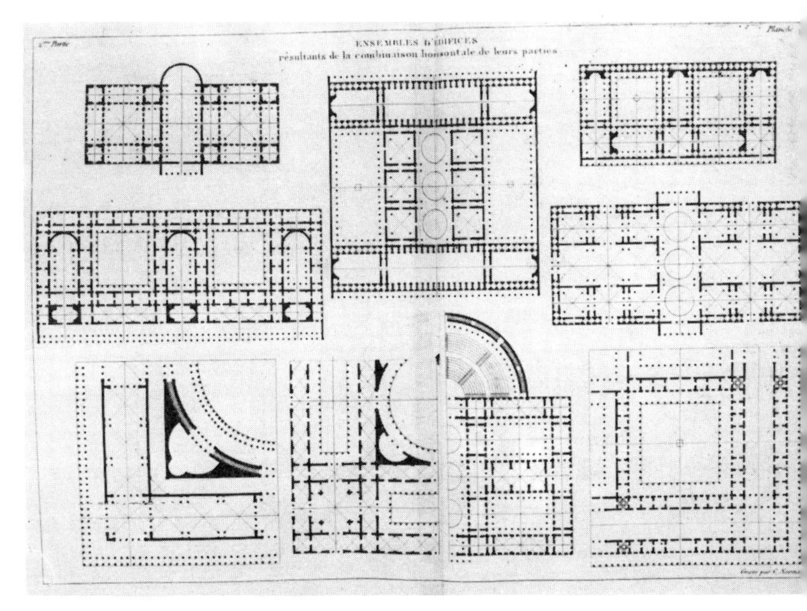

图 27 1860—1863 年间在皮埃尔丰府邸下的山谷中修建的房屋，欧仁－埃马纽埃尔·维奥莱－勒迪克设计(现为普列雷第二农业学校)

图 28 日内瓦附近普雷尼府邸柱廊，维奥莱－勒迪克和弗利克斯·纳尔茹斯设计(1875 年)

图 29 欧仁－埃马纽埃尔·维奥莱－勒迪克设计的角铁支柱市政厅方案，引自《建筑维护》第 12 册(约 1866 年)

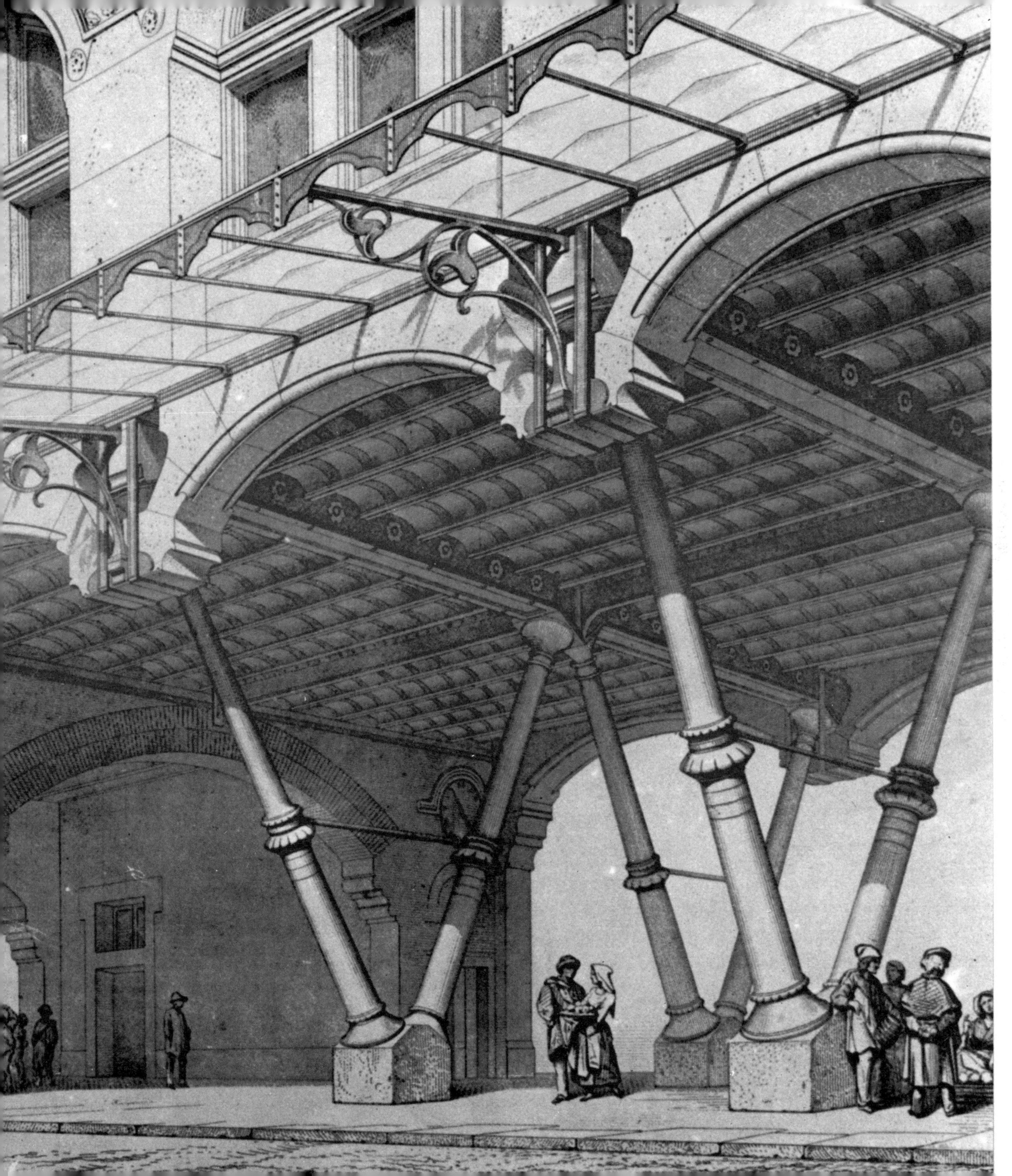

后来，他又对古典理性主义的堡垒——巴黎美术学院发起攻击。1875年，他先在波拿巴街(Rue Bonaparte)开办了一个独立的工作室，接收了拉布鲁斯特的一些学生。然后，在1863年，他又与皇后欧仁妮(Empress Eugenie)的老朋友普洛斯珀·梅里美阴谋策划，任命他自己为这所神圣学院的美术史教授。由于遭到学生们的断然拒绝，不久他便辞职了。他曾试图表明他所研究发展的、与哥特式建筑风格有关的理性主义理论也可以运用于所有大型建筑，其中包括希腊和拜占庭风格建筑。至于罗马风格的建筑则可有条件地运用。他对这些思想的阐述与《建筑维护》的阐述方法相同，而且从1858年以来，就在各个章节中出现。第一册于1863年完成，第二册于1872年完成。从第二册可以看出维奥莱－勒迪克是一个极有进取精神、一个坚持不懈的理论家，即使对最棘手的问题他也以坚强的毅力，信心百倍地通过详细分析去证明。不过，他一直未能找到一个令人信服的形式来表现他的思想。且不说他修复的建筑，他独自设计的房屋就有近百幢(很多还归功于他的学生和助手)，但他从未设计过能成功地与他的理论保持一致的建筑。他设计的房屋大部分是单体建筑，但都平平淡淡，毫无创见，其构思仅局限在哥特式和文艺复兴后期的建筑风格上。最令人失望的是他1875年设计的日内瓦郊外的普雷尼府邸(Chateau de Pregny)画廊。普雷尼府邸于1860—1864年为罗特席尔德男爵(Baron de Rothschild)而建，其建筑设计者正好是水晶宫(Crystal Palace，1851年)的设计人约瑟夫·帕克斯顿(Joseph Paxton)。其画廊就是过分讲究装饰时期的拼贴作品。

然而，他在《建筑维护》(大约发表于1867年)第12册屈指可数的插图里表明，只要有坚持不懈的毅力，他就能够设计出体现他理论的、几乎与水晶宫一样值得20世纪建筑学家纪念的有形作品。维奥莱－勒迪克的设计虽拙劣难看，但他最初为市政厅，后来为一系列更复杂的大掩蔽场，最后又为可容纳三千人的音乐厅设计的角铁支柱体系却正好为那些受理性实用建筑主义者理想训练，但总受到一系列历史建筑风格约束的建筑师们提供了他们所需的能量释放的兴奋剂。维奥莱－勒迪克为他们指出了抛弃过去，为未来而发展新建筑风格的方式。这不仅表明了结构问题的解决办法，还体现了以等边三角形为基础的绝对几何图形建筑的理想。维奥莱－勒迪克设计的巨大的音乐厅就是对他的信仰的说明，即自然界——整个宇宙的万事万物都是由以等边三角形为基础的多面体构成的。对他来说，这就是建筑风格的实质。

如画风格建筑产生的最引人注目的影响可能就是把环境作为建筑的一部分来强调。如今，"环境"这个非常时髦的术语，从广义上讲，不仅包括实实在在的农村或城市景象，还包括历史背景。换句话说，人们已开始逐渐认为，建筑拥有使人产生美好感情、富于故事情节的力量。这种把建筑作为某一事物、或某一历史事件、或某一景色的一部分来强调的做法促进了建筑是发展、变化的，而且具有灵活性的观念的产生。由此可见，如果人们能够从某一建筑看到它建成后许多年，甚至是几个世纪中的发展变化过程，那么它就会被认为是具有特殊价值的建筑。

也许，具有讽刺意味的是，18世纪新建筑观点最明显的一个表现方式就是迷恋废墟古迹。这种迷恋之情明显表现了人们的信仰，即一幢建筑除了设计师希望它具备的功能上的和观赏上的作用外，还有其更重要的方面。因此，有的建筑师一想到建筑的作用蕴含着的变迁时，会感到沮丧和激动，不由得想到当变迁和腐朽使得他们设计的建筑变为废墟古迹时将会是什么样的情况。最早的英国建筑设计就是1751—1752年由威廉·钱伯斯爵士设计的威尔士王子陵墓，它明显属于18世纪40年代在法国和意大利人圈子里发展起来的国际新古典主义建筑的一部分。这一陵墓的新古典主义风格无疑来源于诸如建筑师路易－约瑟夫·勒洛兰(Louis-Joseph Le Lorrain)设计的罗马中国宴大厅(Festa della Chinea in Rome)的风格。然而，钱伯斯令人意想不到的浪漫主义想法——不仅让这一陵墓处于自然景观中，而且在它变为虚墟时也要让它外貌依旧——破坏了它具有纪念意义的新古典主义风格。不过，像拉辛·德蒙维尔(Racine de Monville)那样极端化的人还是绝无仅有的。1780年，在弗朗索瓦·巴尔比耶的帮助下，他在离巴黎不远的雷斯沙漠园(Desert de Retz)以破败的柱子的形象为自己建造了一幢房子。这一离奇古怪的寓所周围的英国式花园是在画家于贝尔·罗贝尔(Hubert Robert)的帮助下设计的。这一事实突出了这项创新的最根本的形象化特点。如画风格建筑使新古典主义建筑不断瓦解是英国的一个特殊现象，而且由于约翰·索恩爵士(Sir John Soan，1753—1837年)而达到顶峰。索恩爵士委托约瑟夫·迈克尔·甘迪(Joseph Michael Gandy，1771—1843年)将他设计的，在当时可以说与皮拉内西(Piranesi)所画的建筑遗址具有相同地位的伦敦英格兰银行的圆形大厅描画出来。

约翰·范布勒爵士(Sir John Vanbrugh，1664—1726年)在1709年6月11日的备忘录中主张将布莱尼姆(Blenheim)庄园里伍德斯托克大宅第(Woodstock Manor)的遗迹保留下来。该备忘录是18世纪废墟古迹的重要历史文献。范布勒竭力主张修复古代建筑,原因在于"这些建筑比单纯的历史书籍更能激起人们对曾经在里面居住的人和发生的事以及修建这些建筑时的特殊背景等惟妙惟肖的想像"。范布勒继续分析说,由于布莱尼姆庄园"没有什么变化的景物",所以"需要尽可能地给予帮助……,如修建建筑物和种植植物"。在他看来"只要景物安排恰当,就能给那个地方提供大自然的一切需求。最令人愉快的处理方法就是将各种景物融为一体,而这个古老的庄园为此提供了非常美妙的可能性。因为,这里围墙周围树木葱郁(主要是坚硬细密而有弹力的紫杉和冬青属植物),那些还未长大的树木杂乱地生长在野生灌木丛中,留在两边斜坡上的所有建筑物都被树木所环抱,它构成了最杰出的风景画家所能创造出的最令人心旷神怡的景象"(B·多布雷和G·韦布版,《约翰·范布勒全集》,共四册,1928年,本文引自第4册,第29—30页)。这一引述概括了用如画风格建筑来废除建筑学,并用所有将建筑看成是自然和历史环境中的一个偶然事件的历史学家、浪漫主义作家和画家来取代文艺复兴时期传统的建筑学家的倾向。我们可以有效地将范布勒的三个主要论点列出如下:1. 与历史书籍相比,建筑更能栩栩如生地展现历史;2. 建筑可成为自然景观的内在部分;3. 在设计建筑与树木融为一体的景观时,如果要实现真正的如画风格,就应以17世纪的风景画为楷模。

从18世纪初的范布勒到20世纪初的埃德温·勒琴斯(Edwin Lutyens),我们都可以追溯到包含这三个论点的思想发展过程。着重强调建筑作为风景或自然环境一部分的观点在约翰·纳什(John Nash)的著作中体现得尤为明显,这种强调最终导致了对具体材料和具体技术的重视,菲利普·韦布(Philip Webb)和勒琴斯的著作就标志着这一特点。

范布勒虽然在与精明强干的马尔伯勒(Marlborough)公爵夫人就有关伍德斯托克大宅第的保护问题的争论中失败了,但最终的胜利仍属于他。因为他的思想后来在18世纪和19世纪被人们所接受。由此中世纪房屋或城堡的遗迹才作为如画风格的景物在许多新建筑的风景园中得以保存。约翰·卡尔(John Carr,1723—1807年)设计的柴郡塔布莱府邸(Tabley House,18世纪60年代)、詹姆斯·佩因(James Paine)设计的威尔特郡沃德尔城堡(Wardour Castle,18世纪70年代)、查尔斯·蒙克(Charles Monck)设计的诺森伯兰郡贝尔赛城堡(Belsay Castle,1807年),以及爱德华·赫西(Edward Hussey)、安东尼·萨尔文

图30 威尔士王子腓特烈陵墓设计方案,威廉·钱伯斯爵士设计(1751—1752年)

图31　英格兰银行，约瑟夫·迈克尔·甘迪绘图（约1830年）
图32　肯特郡的斯科特尼城堡，安东尼·萨尔文等设计（1835—1843年）

（Anthony Salvin, 1799—1881年）和威廉·索里·吉尔平（William Sawrey Gilpin）设计的最引人注目的肯特郡斯科特尼城堡（Scotney Castle）等都留下了中世纪的建筑遗迹。从某种意义上说，在斯科特尼城堡中，萨尔文设计的新建筑仅仅是一个俯视山谷下如诗如画的、以护城河围绕的城堡遗迹的窗口。赫西和萨尔文将17世纪扩建的大部分拆掉后，这一遗址更能表现大自然的诗情画意。在著名的如画风格建筑理论家的儿子、风景园艺师吉尔平的进一步推动下，这座旧城堡和新建筑从视觉上被与具有幻想风格和旖旎风光的风景园连在一起。在柴郡佩克福顿城堡（Peckforton Castle）中，萨尔文对类似的主题运用了不同的手法。从1844年到1850年，他在与13世纪的比斯顿城堡（Beeston Castle）相邻的一座小山上新建了一个巨大的城堡。同斯科特尼城堡一样，主要房间可俯瞰附近的古建筑遗址，但其相似之处仅限于此。因为比斯顿城堡在整个构图中只起着很小的作用，这里真正引人注目的核心不是风景，也不是古迹，而是宽阔的佩克福顿新城堡。

所谓如画风格并非开始于建筑，而是开始于花园。18世纪在英国发展起来的浪漫主义"自然"花园，或称公园，无疑先于文艺复兴时期的意大利。到目前为止，人们对意大利花园本身的研究，或英国人对意大利花园了解程度的研究均不足以判断意大利花园对英国人的影响程度。意大利花园的树丛、岩洞，有人造喷泉、雕像和花木的休息场所，以及一些不规整的空地等，与18世纪的斯图瑞德（Stourhead）一样富有古文化和神话般的象征意义。16世纪初梵蒂冈花园里的斯科利奥喷泉（Fontana dello Scoglio）就介于洞穴和废墟之间，要是诗人亚历山大·蒲柏（Alexander Pope）见了，他也会为之倾倒的。意大利贵族世家博尔盖塞家族（Borghese）别墅周围四块场地中最大的一块就是在17世纪初以花园方式设计的，这种设计方式，如果著名的设计师威廉·肯特（William Kent, 1685—1748年）能见到，他也会感到心旷神怡。1700年有一段关于博尔盖塞家族别墅的描述是这样的：花园这部分给人的启示是古色古香，它"看似不规整，但艺术和劳作却如此完美地将其规整起来，给人一种高山和平原，荒芜和开垦了的山谷交替变幻、相互映照的感觉。"［参见马森（G. Masson）的《意大利花园》，1961年，第154页］

在米德尔塞克斯郡的特威克纳姆（Twickenham, Middlesex），蒲柏自己的别墅就是早期的英国式风景园之一。它始建于1719年，花园中有少许零星的荒野，一个用贝壳装饰的庙宇和岩洞。新建筑倾向不仅在蒲柏的作品中，而且在沙夫茨伯里（Shaftesbury）的第一伯爵和约瑟夫·艾迪生（Joseph Addison）的作品中也带有浓厚的文学和哲学色彩。斯蒂芬·斯威策（Stephen Switzer）设计的花园和巴蒂·兰利（Batty Langley）的著作《花园建筑的新原则》（1728年）都给这种新建筑倾向以支持。18世纪30年代，威廉·肯特在牛津郡鲁沙姆（Rousham, Oxfordshire）设计的花园使得这一倾向达到顶峰。如画风格建筑史的第二阶段是以兰斯洛特"能人"布朗（Lancelot "Capability" Brown, 1716—1783年）为代表，他从约1750年至1780年的创作与其说是对肯特在鲁沙姆取得的成就的发展和推广，不如说是对他自己在尤斯顿（Euston）和霍尔克姆府邸（Holkham Hall）的设计的延伸和普及，因为前者从根本上说只是"花园"式的，而后者则是更大、更朴实的"庄园"式建筑。布朗略为温文尔雅的风景设计立刻引起了人们的反响，加上尤维达尔·普赖斯爵士（1747—1829年）和理查德·佩恩·奈特（Richard Payne Knight, 1750—1824年）在18世纪90年代的著作，便迎来了如画风格建筑的第三阶段。从我们目前叙述的目的来看，这第三阶段是最有意义的。因为它对建筑设计的影响超过了前两个阶段。不过，我们应该以风景园本身对自然和建筑的绘画处理方式来看待18世纪中叶一些伟大的风景园。

一位同时代的人把位于白金汉郡斯托的极乐世界（Elysian Fields at Stowe）描绘为花园里的"一幅画"。就在这个"圣境"中，肯特以其复杂的神化和政治象征手法，根据帕拉第奥设计的蒂沃利城的维斯塔神庙（Temple of Vesta at Tivoli）的图样，设计出圆形的古代美德庙（Temple of Ancient Virtue, 1734年）。这种古建筑渊源使得这一建筑和作为其一部分的田园风光在新古典主义建筑史上具有重要地位。因为在蒂沃利城，神庙和峡谷就是罗马惟一幸存下来的"圣境"。然而，肯特对意大利文艺复兴时期的建筑渊源同样敏感。这一点从极乐世界另一端举世瞩目的英国名人殿堂（Temple of British Worthies）便可得知。这个殿堂可能是受到罗马马泰别墅（Villa Mattei）室外场地的半圆形座椅或圆形凹地的启发而设计的。因此，认为肯特试图重塑克劳德·洛兰（Claude Lorrain）或普桑（Poussin）的绘画可能是不太准确的，虽然这种企图从格雷希安峡谷（Grecian Valley）中可以看出。该峡谷从极乐世界端部高地向外延伸，它可能是肯特离开斯托后于18世纪40年代，根据科巴姆勋爵（Lord Cobham）的设计而规划的，并于1748年因科巴姆勋爵的侄儿格伦维尔勋爵（Lord Grenville）设计的庄严的和平胜利神庙（Temple of Concord and Victory）而处于主宰地位，它是英国新古典主义建筑史的里程碑。早在1731年，肯特就在峡谷的另

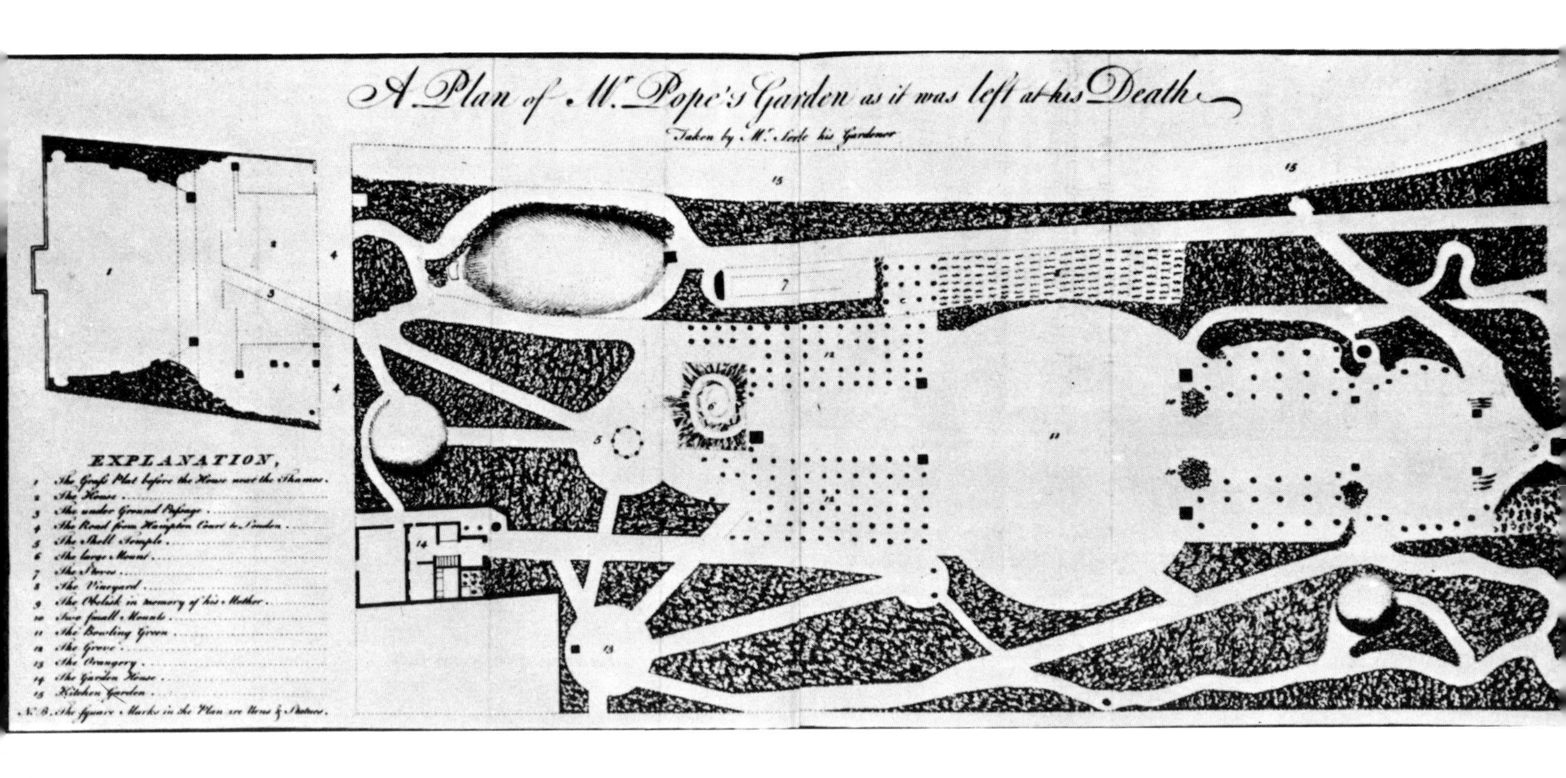

A Plan of Mr. Pope's Garden as it was left at his Death
Taken by Mr. Serle his Gardener
EXPLANATION,
1 The Grass Plat before the House next the Thames
2 The House
3 The under Ground Passage
4 The Road from Hampton Court to London
5 The Shell Temple
6 The large Mount
7 The Stoves
8 The Vineyard
9 The Obelisk in memory of his Mother
10 Two small Mounts
11 The Bowling Green
12 The Grove
13 The Orangery
14 The Garden House
15 Kitchen Garden
N.B. The square Marks in the Plan are Urns & Statues.

图 33 米德尔塞克斯郡的特威克纳姆的亚历山大·蒲柏别墅花园规划(始建于 1719 年)
图 34 白金汉郡斯托的古代道德天使神庙,威廉·肯特设计(1734 年)

图 35 白金汉郡斯托的英国名人殿堂细部图,威廉·肯特设计(1734 年)

一端设计了一个神庙,这一神庙在当时的欧洲也是举世无双的。它就是维纳斯神庙(Temple of Venus)。庙里帕拉第奥的扇形主题用朴实的新古典主义建筑风格处理得恰到好处。带有顶棚的半圆壁龛前敞开的柱列,30 多年后又在罗伯特·亚当(Robert Adam)和克洛德－尼古拉·勒杜(Claude-Nicolas Ledoux)的设计中重新出现。18 世纪 30 年代,肯特在牛津郡鲁沙姆设计了一个与斯托的极乐世界有许多共同之处的花园,但比起极乐世界来,它更富有变化,也更具统一性。该花园从引人注目的被称为“普雷尼斯特”(Praeneste)的、设有栏杆的露台处可以到达。正如帕拉第奥在《安德烈亚·帕拉第奥·维琴蒂诺(Andrea Palladio Vicentino)的古建筑构思》[1730 年由伯林顿勋爵(Lord Burlington)发表]中所显示的那样,露台可能是根据罗马温泉浴场中带有山花饰的连拱柱廊设计的。普雷尼斯特本身就是根据罗马的美德庙修建的,是从埃斯特别墅(Villa d'Este)到凡尔赛宫(Versailles)之间的大陆式花园设计的典型。它有带坡道的露台可俯瞰远处的景物,有一条小路从普雷尼斯特一直通向小峡谷。这个小峡谷最初被查尔斯·布里奇曼(Charles Bridgeman)设计成有许多曲折小路的荒地,肯特对其进行改造后才成为维纳斯峡谷。峡谷中的“开阔地和隐蔽地”都很受霍勒斯·沃波尔(Horace Walpole)的赞赏。肯特还将布里奇曼设计的标准正方形池塘改为八边形。八边形也许比正方形更柔和,但与能人布朗柔和而波浪起伏的设计相比仍相差甚远。池塘两侧有从岩洞流出的上、下两层小瀑布,这也许是根据弗拉斯卡蒂的阿尔多布兰迪尼别墅(Villa Aldobrandini,Frascati)的鲁斯蒂卡喷泉(Fontana Rustica)设计的。

从特威克纳姆到鲁沙姆的发展所代表的花园型建筑是作为“英国式花园”在法国推广的,但时间要晚得多。在那些朴素的建筑中,最典型的例子就是埃默农维尔(Ermenonville)的花园(1766—1776 年)和巴黎路易·卡罗日·德卡蒙泰勒(Louis Carrogis de Carmontelle)的蒙索花园(Jardin de Monceau,1773—1778 年)。

要欣赏 18 世纪 40—50 年代在威尔特郡斯图瑞德进行的工程,斯托和鲁沙姆的作品实际上只是一个序幕。在斯图瑞德比在欧洲其他任何地方更能欣赏到那独特的将诗歌、绘画、园林、建筑、旅游、古迹研究和地形地貌等融合在一起的如画风格的景观艺术。无论是建筑和其内部的一切——绘画、书籍和家具,还是地面和地面上的一切——树木、水和庙宇均融为一体,构成了一幅由强烈的场所感主宰的、田园诗歌般的、有故事情节的文化图景。这种场所感——地方守护神,或许就是英国如画风格建筑倾向给欧洲留下的特别宝贵的遗产。18世纪30年代，亚历山大·蒲柏在“关于财富的使用——给伯林顿勋爵的书信体诗文”中这样总结了创造斯图瑞德的精神：

“请问地方守护神，
是谁告诉潮水落了又涨，
是谁促使雄伟的大山媲美于天堂，
是谁在溪谷中掘出圆形剧场，
是谁唤醒了美妙的乡村风光，
是谁召来林中开阔的地方，
是谁将森林连成一片片阴凉，
是谁时而中断时而引导未来的航向，
是谁描绘出你耕作、劳动和设计的景象。”

斯图瑞德位于索尔兹伯里平原(Salisbury Plain)和格拉斯顿伯里(Glastonbury)之间，它是一个地理位置非常美妙，而且具有历史意义的中心，许多世纪以来那儿的神话和历史一直相互交织，交相辉映。一位富有的城市银行家亨利·霍尔(Henry Hoare)在萨默塞特郡、多塞特郡和威尔特郡偏远的交界处，修建了一幢巨大而阴森的帕拉第奥式别墅。该别墅于1718年由科伦·坎贝尔(Colen Campbell，1676—1729年)设计，它位于高地上，正面朝东，横亘在荒芜的平原上。在离西面300码(约274m)的地方，地势陡然而下，直插下面草木茂盛、如热带森林一样的隐秘的峡谷。长期以来人们都称它为“天堂”，里面还有一个斯托顿(Stourton)小村庄。1743年，霍尔的儿子(也叫亨利)用斯托和鲁沙姆的设计方式开始在峡谷周围设计一个表现如画风格的观光旅游景点。1744年8月，亨利·弗利克罗夫特(Henry Flitcroft，1697—1769年)完成了房子的室内装饰后，在给亨利·霍尔的一封信中就提到了他设计的“圆形、无遮掩的爱奥尼柱式的古庙”，还寄去了“我对湖前部如何造型的草图。周围用庄严肃穆的色彩装饰后，特韦尔(Twill)就构成了最惬意的景色和最富有变化的宜人环境。”这封信证明早在1744年霍尔就设想通过一个湖使峡谷中的园林建筑达到统一。事实上，使湖形成的堤坝是在10年后才建成。弗利克罗夫特设计的刻雷斯神庙(或芙洛娜神庙)[Temple of Ceres (or Flora)]里有他设计的圣坛，门上还有摘自罗马诗人维吉尔史诗《伊尼阿特》(Virgil's Aeneid)的铭文“Procul，o procul este profani”，意思是：“走开，所有那些未被接纳入会的人。”虽然在创作湖上景象时，霍尔心中可能想到过普利尼(Pliny)在《信件》第8册第8章中对克利滕纳斯起源(Source of the Clitumnus)的描述，但从神庙可看出，湖边带有维吉尔风格的色调是当初就确立下来的。湖上的景象正是斯图瑞德与斯托和鲁沙姆的区别所在。

1748年，在离芙洛娜神庙不远的湖的另一边还有一个精心设计的岩洞。岩洞里有居于山林水泽的格罗特仙女(Nymph of the Grot)雕像。雕像是奇尔(Cheere)用白铅仿照古代风格雕刻而成。岩洞与意大利风格主义的花园格调极为相似，即使是蒲柏见了也会为之动情的。的确，在岩洞内的大理石浴池里就刻有一段非常恰当的蒲柏的引文。1765年霍尔写道：“我从地下通道的蛇纹石开出了这个通道，以便更容易到达地狱之门。”这样就进一步证实了这一观点，即湖周围的小路就是一则寓言故事，它象征伊尼阿斯(Aeneas)穿过地狱的旅程。

从岩洞可到达具有克劳德和维吉尔风格的万神庙。万神庙是根据弗利克罗夫特的设计而修建的一幢杰出的新古典主义建筑，于1756年竣工。它那令人叹为观止的、朴实无华的内景中有约翰·里斯布拉克(John Rysbrack)设计的赫尔克里士和芙洛娜(Hercules and Flora)雕像，还有一个从赫库兰尼姆运来的，像刻雷斯神一样的古代利维娅·奥古斯塔(Livia Augusta)大理石塑像。在这里，由范布勒描绘出的，与风景画极为相似的景象比以往任何时候更有意义。因为万神庙的形体、位置以及它的象征意义似乎都是从克劳德的“伊尼阿斯神守护的提洛岛海滨景色”获得灵感。我们知道，霍尔有一本安德烈亚·洛卡泰利(Andrea Locatelli)的译本——克劳德的《圣灵守护的德尔斐景色》，书中正好有一个这样的万神庙。在湖的上端是弗利克罗夫特万神庙的翻版——又一个古庙。该庙于1765年竣工。弗利克罗夫特是根据原来位于巴勒贝克的罗马维纳斯神庙设计的。罗伯特·伍德1757年发表的《巴勒贝克遗迹》一书中就有这个神庙的图样。这种将古代具有纪念意义的建筑全盘融合在风景中的做法的意义非常重大，但有意识地将斯托顿乡村景色也包含在整个布局中同样值得评论。然而在斯托顿，中世纪的教区教堂都是有意相隔一定距离修建的。在斯图瑞德，一个非常肃静的景色就是高耸于所有乡间茅屋之上的教堂塔楼和乡村十字架。当然，这种英国乡村景色与如画风格伤感的田园诗的完美结合，无论从什么方面看都是一种虚幻的景象。这个乡村十字架并不是这村庄的，而是1768年从布里斯托尔大街(Bristol High Street)运到斯托顿的，它是一个非常精致的，1373年修建在城市市场上的十字架。而且，它甚至根本就不在这个村庄里，虽然从万神庙这个角度看上去好像是在村庄里。十字架后面的三角形草场看上去就

图 36　在威廉·肯特改建前的牛津郡鲁沙姆的花园平面图，查尔斯·布里奇曼设计（1715—1720 年）

图 37　牛津郡鲁沙姆的花园平面图，威廉·肯特设计（1730 年改建以后）

图 38　牛津郡鲁沙姆的维纳斯峡谷，威廉·肯特设计（1730 年以后）

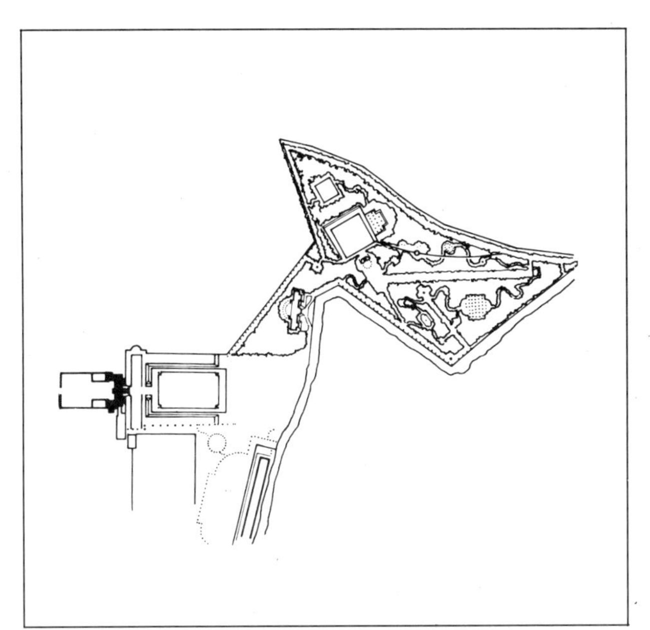

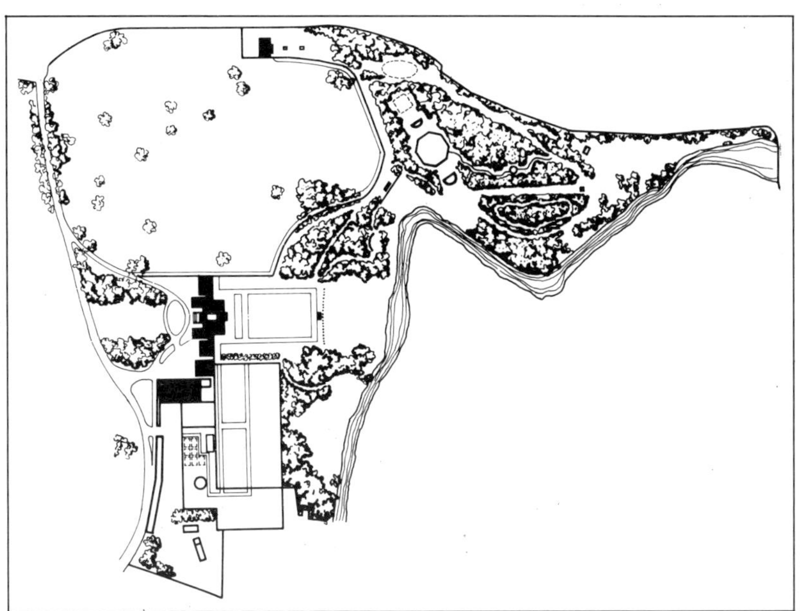

图 39　威尔特郡斯图瑞德 1743 年以后的平面图

图 40　威尔特郡斯图瑞德的太阳神庙,亨利·弗利克罗夫特设计(1765 年)

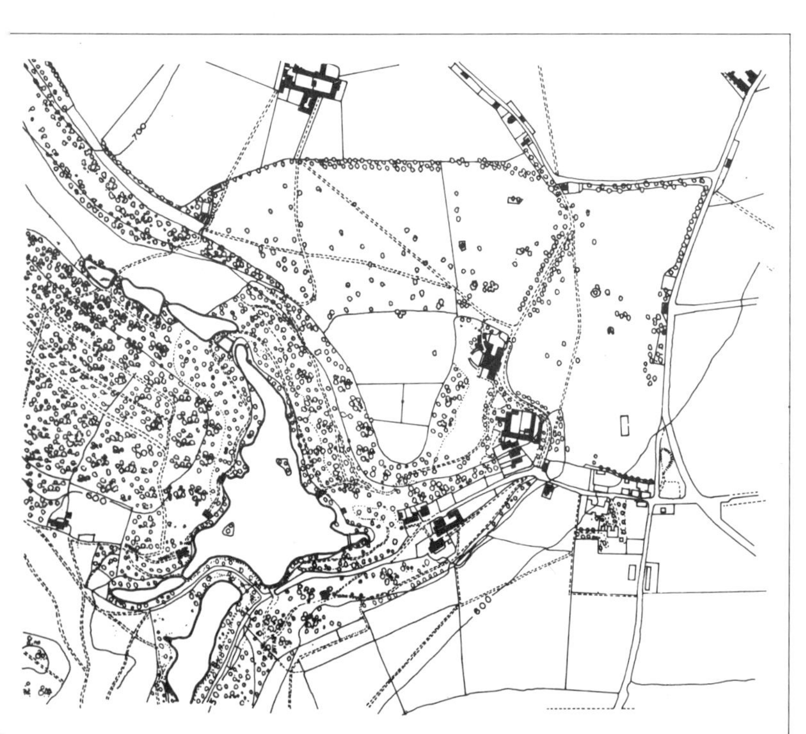

图 41　威尔特郡斯图瑞德面对万神庙的风景(1756 年竣工)

图 42　威尔特郡斯图瑞德的万神庙内景，亨利·弗利克罗夫特设计(1754—1756 年)

图 43　艾尔郡卡尔津城堡鸟瞰图，罗伯特·亚当设计(1777—1790 年)

像村中心的公共草地，其实它也在公园边界之内。这种表现大自然诗情画意的虚幻景象从霍尔1762年给他女儿的信中即可清楚地看到。信中对他在十字架前建的一座桥是这样写的："它是根据维琴察城(Vicenza)的帕拉第奥式桥设计的，该桥有5个拱，站在万神庙就可以看到水从拱桥下流过，看起来好像河流经村庄，该桥就像是一座村里人共用的村桥。从河的另一端看去，桥、村庄和教堂一起构成一幅迷人的加斯帕(Gaspard)景象。"霍尔这段话很有说服力，它使人想起半个世纪以前范布勒的断言：如果伍德斯托克庄园的建筑和树木融为一体，"使留在两边斜坡上的所有建筑物都被树木所环抱，那就构成了最杰出的风景画家所能创造出的最令人心旷神怡的景象。"

罗伯特·亚当设计的艾尔郡卡尔津城堡(Culzean Castle, Ayrshire, 1777年以后)引人注目地耸立于多岩石的海岸线上。它是亚当(1728—1792年)花去大部分业余时间描画的、用岩石砌成的具有幻想风格的园林建筑的具体体现。纳什(Nash)设计的什罗普郡克朗克希尔(Cronkhill，约1802年)就是建筑学家精心设计的著名建筑典范。该建筑看上去与克劳德的绘画不大一样。实际上这一圆塔式别墅的真正渊源就是克劳德画的《庞特摩勒景色》(Landscape with the Ponte Molle)背景中的建筑。而且庞特摩勒的形状很像斯图瑞德的桥。以绘画方式对待建筑和景色的一个奇特的例子就是约翰·马丁(John Martin)用凹版腐蚀制版法制成的格洛斯特郡塞因科特府邸(Sezincote House, Gloucestershire, 1810年)前门的印版，它表现了从镜子里反射出的如画风格的公园景色。这一卓越的印度风格乡村房屋刚一竣工，它的主人就委托马丁用凹版腐蚀制版法制成印版。这表明，只有当一幢房子以建筑方式来实现如画风格的绘画内容和印度风景后又被转换为画面形象时，它才能被人们充分认识。

甚至像查尔斯·罗伯特·科克雷尔(Charles Robert Cockerell, 1788—1863年)这样的深受古典主义考古学影响的建筑师也发现，一看到威廉·威尔金斯(William Wilkins)设计的汉普郡格兰奇庄园(Grange Park, Hampshire, 1809年)，不可能不立刻想到克劳德和普桑(Poussin)的山水画。威尔金斯(1778—1839年)设计这幢像庙宇一样的建筑时，心中是否有过这样的类比是不得而知的。但对科克雷尔来说，从他1823年日记中的一段至今都很著名的话可知，"没有任何东西比格兰奇庄园更好，更具有古典主义风格或更像最杰出的画家普桑的画。它实现了画家笔下或诗人手下最富有想像力的景象，……除世外桃源阿卡迪亚(Arcadia)外，还没有可以与之媲美的。"更令人感到奇怪的是，科克雷尔在1821年设计了摄政街汉诺威王室教堂(Hanover Chapel in Regent Street)后才想到它的起源在于克劳德的一幅画。看了1823年安格斯坦(J.J.Angerstein)收藏的克劳德画的几幅海港景色画后，科克雷尔在他的日记中写道："看到克劳德的画感到万分欣慰，我发现，在收藏的5幅画中有2幅在建筑入口处都有两个塔楼，就像我设计的礼拜堂一样。该礼拜堂采用这种做法的想法无疑是因为看了这些画和版画后产生的。从这些让人惊叹不已的画中，可以使人感觉到地中海宜人的玫瑰花香、惬意的空气……这一切我都记忆犹新。"使人意想不到的是，科克雷尔还发现，他的双塔礼拜堂使他想起了范布勒1716年设计的诺森伯兰郡的莫珀斯市政厅(Morpeth Town Hall)。1822年7月路过莫珀斯后，他在日记中写道：市政厅"就像我的礼拜堂一样如诗如画"。

毫无疑问，范布勒设计的建筑，特别是他"城堡风格"建筑的英雄传奇故事就是他的后辈(从亚当到科克雷尔)创作灵感的源泉，尽管他们的风格与他的不尽相同。亚当在给他的《罗伯特和詹姆斯·亚当先生的建筑作品》(1773年)作序时有一段对范布勒的悼文是非常有名的。作为18世纪美学史上最重要和最美的文字，有必要在这里引用。他是以描述自己的建筑在击败帕拉第奥的新古典主义建筑风格后所进行的变革开始的："那巨大的柱上楣构，庞大的格子平顶，笨重的构架……现在普遍被废除了。"在它们原来的位置上，他创造了所谓的"动态效果"。对于它的性质，他是这样定义的："动态效果就是要以各种不同形式，在建筑物的不同地方表现出高低起伏，以便明显地增加结构的生动性。因为高低起伏，凹凸不平以及大部件的形状变化，对建筑产生的效果与高山、峡谷、近景、远景、波浪起伏对风景画产生的效果是一样的，即它们可以产生宜人的、多彩多姿的外形，像画一样浑然一体，形成鲜明对照，还可以产生或明或暗，变化无穷的效果，使构图具有无限的活力，更美而且更有魅力……。"

"然而，我们不能这样对一个伟人的回忆不作出公正的评判就结束讨论，他作为建筑师的名望，长期以来被不明不白的偏见和诽谤的暗流所冲刷，沿历史的长河流传至今。"

"约翰·范布勒爵士的天才是第一流的，从动态效果、新颖和精巧来看，他的作品还未被现代任何建筑超越过。"(引自《罗伯特·亚当和詹姆斯·亚当先生的建筑作品》，1773年，第1册，第4页)。

亚当在他自己的建筑中所达到动态效果的程度如何是有争议的。他所设计的明显带有范布勒建筑风格的建筑就是他最后的作品东洛

图 44　什罗普郡克朗克希尔府邸，约翰·纳什设计（约建于 1802 年）

图 45　东洛锡安郡西顿城堡，罗伯特·亚当设计（1789—1791 年）

图 46　威廉·威尔金斯设计的汉普郡格兰奇庄园（1809 年）；由查尔斯·罗伯特·科克雷尔设计的温室侧翼（1823 年）

图 47　赫里福德郡唐顿城堡正面入口，理查德·佩恩·奈特设计（1772—1778 年）

锡安郡西顿城堡(Seton Castle,East Lothian,1789—1791 年),该建筑似乎是从范布勒在格林尼治的住宅——范布勒城堡(Vanbrugh Castle,1718 年)以及后来的扩建部分获得灵感的。范布勒城堡住宅以及与之相连的附属部分在构图上刻意将对称与不对称的形体结合在一起,对未来建筑产生了重大影响。然而,总的说来,范布勒的建筑设计对亚当产生的影响并非仅在于此。亚当试图达到的就是从他房屋体积的微妙变化以及内部设计上来再现范布勒在处理外部形体上所特有的"动态效果"。对此,最典型、最完美的例子就是亚当设计的米德尔塞克斯郡的西翁府邸(Syon House,Middlesex,1762—1769 年)。他在 1773 年指出:"各层面的不均等性经过恰当处理后,其景色更加丰富,更具动态效果,以至于明显的缺陷反而变成了实实在在的美景。"(出处同上,第 9 页)在这里,他又提出一个如画风格建筑理论的重要原则——建筑设计师应该利用而不是无视或者隐藏各种自然因素。

如画风格建筑最完美的典型是霍勒斯·沃波尔(Horace Walpole,1717—1797 年)自 1749 年以来在米德尔塞克斯郡草莓山庄(Strawberry Hill, Middlesex)创造的景色。他的山庄别墅缓慢形成的发展过程得以强调,而不是被隐蔽起来,这样人们就可以从一个简陋的村舍开始一直向北追寻其发展过程。草莓山庄被有意设计得不对称,而建筑设计师故意选择哥特式建筑风格也给人以无限遐思。其建筑原则在一幢宏伟但不对称的建筑中得到进一步阐述,这幢建筑是如画风格建筑运动中最伟大的理论家理查德·佩恩·奈特(Richard Payne Knight)设计的。奈特自己的住宅——赫里福德郡唐顿城堡(Downton Castle, Herefordshire,1772—1778 年)气派地坐落在蒂姆河(the Teme River)深谷上方,从城堡可以俯瞰后面的威尔士山,它是所有将绘画艺术和非对称结合在一起,以达到美的效果的最早而且最有影响的建筑之一。有幸的是,奈特在他著名而催人奋进的著作《对审美原则的分析性调查》(1805 年)中,对唐顿城堡的设计意图作了精辟的阐述:"自从该《调查》的作者胆大妄为地用所谓哥特式塔楼和城墙垛装饰外部,用希腊式顶棚、柱子和柱上楣构装饰内部至今已经 30 多年了,……然而,现在无论从哪个方向对其改建或扩建都非常方便,绝不会损伤它真正的原始特色。"

"不规则的如画风格的建筑是不可能被仿效的,其最好的风格就是混合式,它表现了克劳德和普桑的建筑特色。这是由于其风格来源于许多连续的时代中不同民族零零碎碎出现的范例,所以它无法用特定的建造手法和装饰类型,而是允许各种建筑风格的存在,既有最粗糙

图 48 米德尔塞克斯郡草莓山庄平面图，霍勒斯·沃波尔设计（1749—1792 年）

图 49 德文郡勒斯科姆城堡设计平面图，约翰·纳什设计（1799—1804 年）

图 50 德文郡恩兹利平面图，杰弗里·怀亚特维尔爵士设计（1810—1811 年）

图 51 米德尔塞克斯郡草莓山庄北面和西面，霍勒斯·沃波尔设计（1749—1792 年）

图 52 德文郡勒斯科姆城堡正南面（1799—1804 年）由乔治·吉尔伯特·斯科特爵士设计的小教堂（1862 年）

图 53 德文郡恩兹利细部图，杰弗里·怀亚特维尔爵士设计（1810—1811 年）

的砖石结构清水墙或扶壁柱，也有装饰最精美的科林斯式柱头……"

"建筑代表一个地区的主要特色，所以在选择环境时，应着重考虑。朝向它的景色，而不是它向外的景色。因为，任何住宅，舒适才是它的首要目标。从门或窗看出去就是一幅构图非常完美的风景画是不多见的，同样，它也不是我特意追求的。因为呆在房子里的时候，很少有人会寻求这样的景致，也不会对这种风景非常看重的。只有在公园、花园或娱乐场里散步或驱车兜风时，这样的景象才是人们追求和欣赏的，才会成为人们闲谈的主题……"

"据我所知，约翰·范布勒爵士是惟一能够根据上述原则设计或选择建筑位置的建筑学家。他的两幢主要建筑——布莱尼姆城堡和霍华德城堡(Blenheim and Howard Castle)……从两幢建筑正面向外看的景色均不理想，……但作为周围景色的对象物，它们的位置却是所能选到的最佳位置。"（1808 年，第 4 版，第 225—227 页）

这段话阐明了如画风格建筑将帕拉第奥和巴洛克传统建筑构思技巧融合在一起的革命化方法，即建筑是发展变化的，应该用绘画的方法来设计，使它与周围的景色融合在一起。在着重强调这一点时，奈特认为有必要对"伟大的能人"布朗提出批评。布朗设计的风景园，虽然在我们现在看来是非常美丽的，但过分矫揉造作，与奈特的审美情趣大相径庭。布朗设计的乡村住宅多半是传统的、帕拉第奥式的。不太公平的是，奈特还将汉弗莱·雷普顿(Humphry Repton，1752—1818 年)与对能人布朗的批评联系起来。然而，雷普顿和他的合伙人约翰·纳什(1752—1835 年)完成的建筑设计却与奈特、尤维达尔·普赖斯和威廉·吉尔平提出的理想非常接近。吉尔平(1724—1804 年)最早在他的著作《与如画风格的美息息相关的观察》(1789 年)中提出了"如画风格"的说法，并使它普及起来。不久，即 1794 年，三本重要出版物又相继使用了这一术语，一本是吉尔平自己的《三篇关于如画风格的美的论文》，另一本是奈特献给尤维达尔·普赖斯的《风景画即教诲诗》，还有一本是普赖斯的《论如画风格》。1795 年，汉弗莱·雷普顿的著作《风景园林草图和指南》对如画风格理论文集作出了自己的贡献。不过，与普赖斯和奈特的著作相比较，他的这部著作更实用，更少理论化。的确，就在第二年，即 1796 年，雷普顿就同实习建筑师约翰·纳什一起结成同盟，向世人表明建筑和风景可以按照相同的理论原则来设计。

雷普顿和纳什合作所取得的主要成就或许就是德文郡勒斯科姆城堡(Luscombe Castle，1799—1804 年)，该城堡是为斯图瑞德亨利·霍尔的侄孙查尔斯·霍尔建造的。雷普顿在向霍尔太太提出建议的《红皮书》中就有勒斯科姆景色，这一景色是根据能人布朗的想法设计的，它与纳什和雷普顿建议的景色形成鲜明对照。因为后者是根据普赖斯和奈特的想法设计的，它更有吸引力，更能表现如画风格的主题。小巧玲珑的勒斯科姆城堡设计就是得自于唐顿城堡的非对称构图。它以一个八面体塔楼为轴心，塔楼里有一个客厅，一直通向宽阔的暖房。该建筑设计变化多样，安排紧凑，而且实用性强，所有底层窗户均为落地式，可以充分领略整个公园和通向大海的峡谷景色，确实独具匠心。这一设计还预见到弗兰克·劳埃德·赖特(Frank Lloyd Wright)所谓的草原住宅中的"有机"的说法。早在 1799 年，欧洲任何国家还未有过这样具有革命化的设计。

其他建筑学家，特别是杰弗里·怀亚特维尔(Jeffry Wyatville，1766—1840 年)爵士，都接受了纳什大胆的、使人感到愉快的非对称观点。1810—1811 年，怀亚特维尔在德文郡恩兹利(Endsleigh，Devon)建造的房子是 19 世纪最引人注目的建筑之一。为了建造一幢巨大的、装饰华丽的别墅，贝德福德公爵(Duke of Bedford)在泰马河(the Tamar River)边林木丛生的山岭中选了一个被一幢简陋的茅屋所占的最佳位置。然后将雷普顿召去美化周围的环境，而怀亚特维尔则用混合式乡土风格设计了一幢又长又矮，奔放不羁的建筑。其木瓦式结构直到 19 世纪末才在美国出现。恩兹利的建筑在设计上奇特的对角连接、毛石阳台和凸窗等都同萨尔文的斯科特尼城堡(Salvin's Scotney)一样，是对如画风格的基本思想完美的视觉表达。尤维达尔·普赖斯在下面一段话中对这种思想阐述得非常清楚："如果这块土地的所有者不将建筑的正面和侧面设计成规整的样式，而坚持让所有窗户朝着各种景物都布置得最合理的景点，那么建筑设计师就不得不设计出各种表现大自然诗情画意的形体和各种形体的组合，否则，建筑师就不可能想到这些形体。而且，建筑师还不得不去做几乎是前所未有的事情——让建筑与周围的景物协调一致，而不是让周围的景物适应建筑。"(《论建筑》，1810 年，第 2 版，第 11 卷，第 268 页)

另一个非同寻常的如画风格的作品就是多索恩(W. J. Donthorn，1799—1859 年)设计的汉普郡海克利夫城堡(Highcliffe Castle，1830—1834 年)，该建筑的平面如同恩兹利的平面一样，形状奇特，史无前例。第一勋爵斯图尔特·德罗思赛(Stuart de Rothesay)雇来多索恩将法国 16 世纪初一幢火焰式的哥特式邸宅的残存部分与现代重建的建筑和谐地融为一体。这种有意模糊20世纪所谓"原有的"和"伪

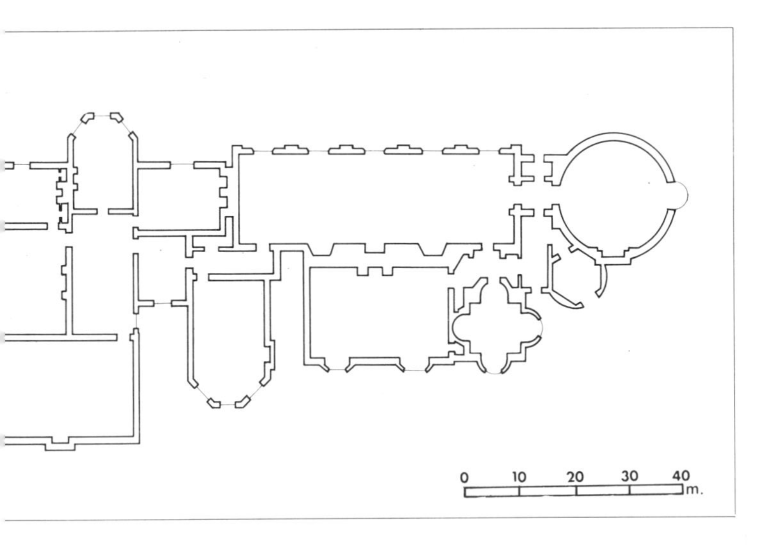
0
10
20
30
40
m.

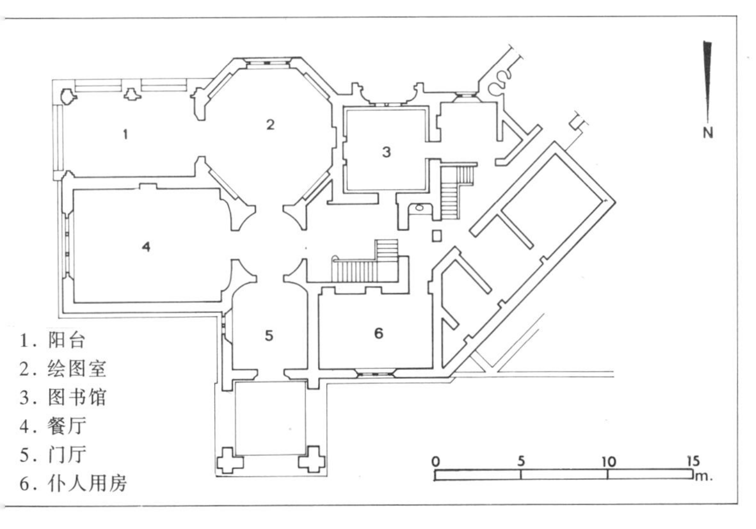
N
1
2
3
4
5
6
1. 阳台
2. 绘图室
3. 图书馆
4. 餐厅
5. 门厅
6. 仆人用房
0
5
10
15
m.

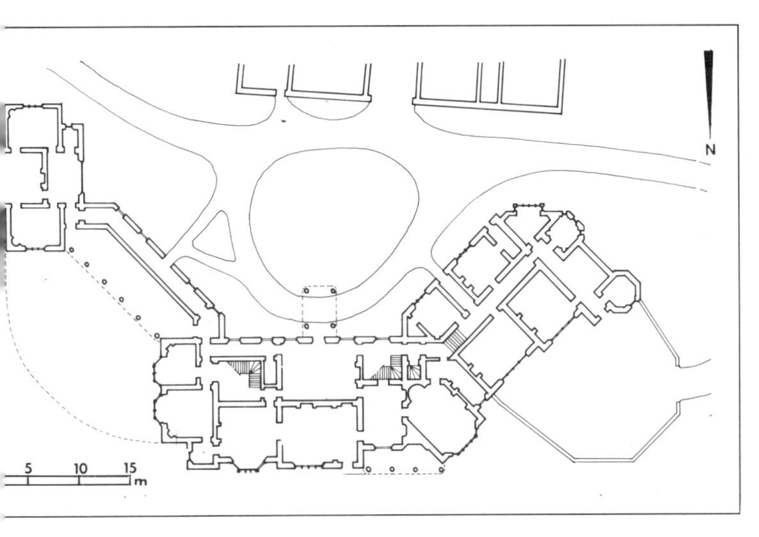
N
5
10
15
m

图 54 诺森伯兰郡博弗朗特城堡的马厩庭院，约翰·多布森设计（1836—1842 年）

造的"之间的有形界线就是新古典主义和如画风格建筑审美的特点。斯图尔特勋爵的女儿曾指责多索恩"具有强烈的荣誉欲，并想超过封希尔和阿什里奇（Fonthill and Ashridge）"。她还说，海克利夫城堡的奇异构思无疑归功于英国 18 世纪末如画风格建筑的实践者们所进行的设计变革。海克利夫城堡垂直耸立，切翼沿悬崖顶向前突出。从严格意义上讲，海克利夫城堡在这方面也是具有如画风格特征的，因为在重建这一诺曼底宫殿时，多索恩就是以科特曼（J.S.Cotman）在原来位置上设计的风景为依据。而这些景观是在斯图尔特·德罗思赛 1830 年将这座建筑引入英国前设计的。

又一幢大约与恩兹利同时建造的与众不同的建筑表明，不规则建筑不用哥特式或都铎式建筑风格来设计，照样可以与生机勃勃或如画风格的景色协调一致。哈丁顿郡的邓格拉斯（Dunglass, Haddingtonshire）就是一个很好的例子。该建筑建于 1807—1813 年，是根据理查德·克赖顿（Richard Crichton，1771—1817 年）的设计，为建筑史学家詹姆斯·霍尔爵士（Sir James Hall，1761—1832 年）修建的。邓格拉斯以坐落于多石的峡谷顶上的塔楼为中心，在风格上与范布勒、尼古拉·霍克斯莫尔（Nicholas Hawksmoor）的设计方式相似。看到它就使人想起普赖斯和奈特对范布勒的热衷。霍尔完全听信于普赖斯的建议，所以在召来建筑设计师之前，先雇来山水画家亚历山大·内史密斯（Alexander Nasmyth）为其建筑选址。

还有一幢建筑年代稍晚的如画风格建筑是诺森伯兰郡博弗朗特城堡（Beaufront Castle，Northumberland，1836—1842 年）。该建筑从某种程度上说借助于范布勒式的建筑构思。现在，尽管这位富于创造力的英格兰北部的建筑师约翰·多布森（John Dobson，1787—1865 年）主要以朴实无华的新古典主义乡村住宅为世人所缅怀，然而博弗朗特城堡形象化的集中表现却使人们回忆起这样一个事实——他曾是水彩画家约翰·瓦利（John Varley）的弟子，而且他执行的第一个任务就是改建诺森伯兰郡范布勒的具有强烈浪漫主义色彩的建筑——西顿·德拉瓦尔（Seaton Delaval）。

詹姆斯·怀亚特（James Wyatt，1746—1813 年）设计的格洛斯特郡多丁顿庄园（Dodington Park, Gloucestershire，1798—1808 年）和塞缪尔·佩皮斯·科克雷尔（Samuel Pepys Cockerell，1753—1827 年）设计的格洛斯特郡塞因科特府（Sezincote House，Gloucestershire，约建于 1805 年）都是依画构图的建筑中一些最成功的范例。虽然前者属于新古典主义风格，后者属于新莫卧儿（neo-Mogul）艺术风格，但两者均通过长

图 55　格洛斯特郡多丁顿庄园，詹姆斯·怀亚特设计（1798—1813 年）

图 56　格洛斯特郡塞因科特府邸，塞缪尔·佩皮斯·科克雷尔设计，约建于 1805 年

图 57 萨里郡迪普丁住宅平面图，托马斯·霍普和威廉·阿特金森设计(1818—1823年)

图 58 英国建筑设计收藏馆陈列的萨里郡迪普丁温室侧翼，托马斯·霍普和威廉·阿特金森设计(1818—1823年)

长的扇形温室将自然和建筑融为一体。托马斯·霍普(Thomas Hope，1769—1831年)最引人注目的乡村住宅——萨里郡多金附近的迪普丁(The Deepdene, near Dorking, in Surrey)虽然现已拆毁，但它与上述两幢建筑具有相同的意义。该建筑建于18世纪末，是霍普在1807年购买的。在1818年到1819年和1823年间，霍普对其进行了一系列如画风格式的不规则扩建。首先增加了一个新的入口立面和一个私用侧翼，其次，从外观上将哥特式建筑风格改为庞培式(Pompeian)建筑风格，最后以塔楼到达顶峰。塔楼采用伦巴第式建筑或托斯卡柱式(Lombard or Tuscan)为渊源的非对称布局，塔楼顶上设凉廊。霍普用这一具有鲜明特征的建筑一举创造出19世纪前半叶许多意大利风格的别墅所用的创作方式。查尔斯·巴里爵士(Sir Charles Barry，1795—1860年)、托马斯·丘比特(Thomas Cubitt，1788—1855年)以及他们的许多追随者们设计的意大利风格别墅就是以此为创作源泉。1819年4月，霍普的朋友，小说家玛丽亚·埃奇沃思(Maria Edgeworth)在一封信中曾这样写道：这房子坐落“在毫无特色的树丛中”，看似“奇形怪状，杂乱不堪”。但是，如果她比较熟悉奈特的著作的话，她可能会赞同这种混合式风格的。因为它实现了奈特关于“体现克劳德和普桑时期建筑特点的混合式风格”的建议。迪普丁不规则的天际线、塔楼和斜坡树丛中伫立的一排独立、不标准的办公楼以及楼上惹人注目的瞭望台和尖塔等等也是根据尤维达尔·普赖斯爵士的建议设计的。

当然，托马斯·霍普本人就是一个如画风格建筑的理论家。1808年，他发表了题为《论花园艺术》的文章。该文在霍夫兰太太《怀特-奈特……的描写性叙述》(1819年)一书中再版。文章中，霍普进一步揭示出普赖斯和奈特对能人布朗偶尔表现出的失望。因为布朗将房子周围所有幸存的真正的花园、露台和栏杆一扫而光，取而代之的是精心修剪过的草坪。所以霍普认为有必要热情洋溢地谈论一下“热那亚那些搁在一边无人问津的花园，罗马富丽堂皇的别墅，……珍奇的大理石与茂盛的草木的鲜明对比，雕像、瓶式雕刻和栏杆与落羽杉、海松和月桂树的相互交织以及从一条条柱廊延伸的汇集边界上看到的远处的小山……”(第11—13页)。

霍普希望，通过对普赖斯和奈特概括的思想的研究，19世纪下半叶将会出现像塔楼顶上设凉廊的创作实践。由此，才产生了巴里和威廉·伊登·内斯菲尔德(William Eden Nesfield，1835—1888年)设计的宽阔而正规的意大利风格花园。就在这篇文章中，他还提到了如画风格的新建筑。他希望能证实：“构成整个宅邸的一群装饰华丽、掩映在树

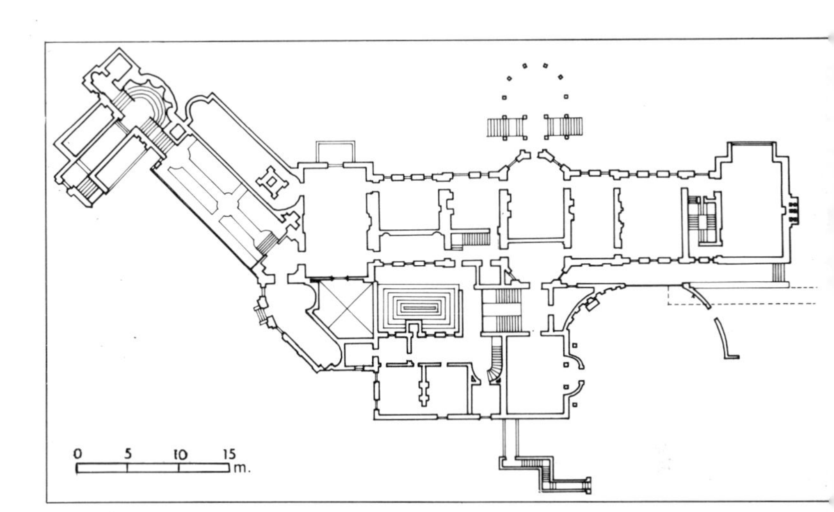

图 59　波茨坦夏洛滕霍夫宫，卡尔·弗里德里希·辛克尔设计（1826 年）

图 60　波茨坦夏洛滕霍夫宫，卡尔·弗里德里希·辛克尔设计（1826 年）

图 61　波茨坦夏洛滕霍夫宫园丁住宅，卡尔·弗里德里希·辛克尔和路德维希·佩尔希乌斯设计（1829—1836 年）

图 62，图 63　布里斯托尔附近的布莱斯小村庄，约翰·纳什设计（1811 年）

丛中的公寓……应该向外延伸。从某种程度上说，应该延伸到连拱柱廊、门廊、露台、花坛、棚架、林荫道等各个分支。"他 1823 年对迪普丁的扩建就十分显著地证明了这一点。其扩建部分就是由一个个温室、雕刻长廊和山下大约 45°拐角处的柑橘温室等构成的奇形怪状的建筑群。它代表了冲破自然和建筑分离的障碍及表现如画风格理想的最高峰。总的说来，多年来，它主要是英国人的理想。的确，它是英国送给欧洲和北美的礼物。不过，德国的卡尔·弗里德里希·辛克尔（Karl Friedrich Schinkel，1781—1841 年）在他的著作中对此也有清楚明白的叙述。

1824 年，柏林附近哈弗尔河（the Havel River）上波茨坦桥（the Potsdam Bridge）旁的一幢别墅——格利尼克宫（Schloss Glienicke）开始动工修建。它就是辛克尔为普鲁士国王弗里德里希·威廉三世的一个儿子——21 岁的卡尔王子修建的。它朴实、不对称，平铺在低洼处，并以塔楼为中心，形成一个简朴的意大利风格的院子，院墙上有古罗马雕刻和卡尔王子在意大利弄到的各种人像。这个由伦内（P. J. Lenne，1789—1866 年）装饰的，波浪起伏的小公园里有许多辛克尔设计的花园建筑，还有以华丽的拜占庭建筑风格设计的著名的克洛斯特豪斯（Klosterhaus）修道院。该修道院是在辛克尔去世后不久为储藏卡尔王子从威尼斯、帕多瓦和其他地方带回的拜占庭式雕刻品而修建的。在河岸边还有两幢辛克尔设计的建筑，一幢是园丁住宅，另一幢是娱乐楼（Kasino，1826 年）。从娱乐楼被藤本植物覆盖的凉廊可以观赏湖上景色。看到这高雅的意大利式建筑不禁使人想到，柏林人一定是希望忘记那令人讨厌的普鲁士气候，于是设想自己生活在意大利湖岸。波茨坦的夏洛滕霍夫宫（Schloss Charlottenhof at Potsdam）也是 1826 年以来，辛克尔英国之旅回国后设计的。它是卡尔王子的兄弟——王储消遣的凉亭。卡尔王子的兄弟也曾想成为一名建筑师，但未能如愿。不过，这些建筑的总体安排都是由他作出的。低矮的意大利式建筑以多立克柱式的门廊朝向周围的花园、凉廊、沟渠和凉亭，使它们之间配合得天衣无缝。从 1829 年到 1836 年，辛克尔和路德维希·佩尔西乌斯（Ludwig Persius，1803—1845 年）设计了一个水上花园，并由宫廷园丁住宅、茶馆和罗马式浴室等排列不规则的建筑作陪衬。这一设计使夏洛滕霍夫宫的如画风格特征愈加突出。这种自然和建筑微妙的但可以觉察到的相互交融，虽然是从迪朗、克拉夫特（J. K. Krafft）和皮埃尔－尼古拉·朗索内特（Pierre-Nicolas Ransonnette）的作品中得到的启示，但它完全可以同托马斯·霍普 1818 年到 1823 年设计的迪普丁宅邸和1805年到1820年以意大利民间风格在旺代建

图 64 伦敦摄政街和摄政公园平面图，约翰·纳什设计（1811—1830 年）

图 65 伦敦摄政街扇形建筑，约翰·纳什设计（1818—1820 年）

图 66 伦敦摄政公园切斯特街，约翰·纳什设计（1820 年以后）

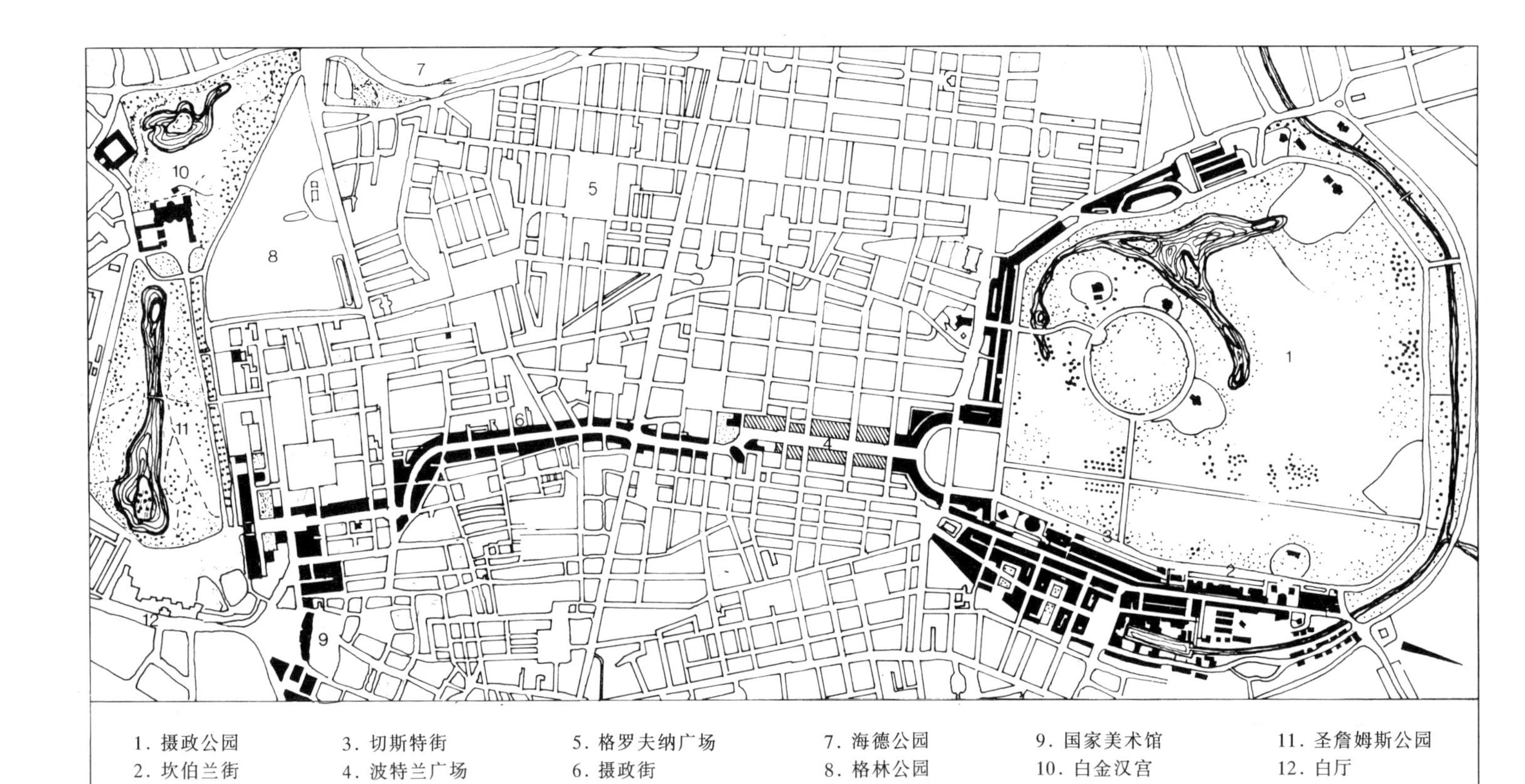

CHESTER TERR
ACG 160J

图 67　伦敦摄政公园坎伯兰街，约翰·纳什设计（1820 年以后）

造的杰出的克利松村庄（Clisson in the Vendee）相媲美。

辛克尔还在波茨坦附近以纳什的城堡式府邸建筑风格，为弗里德里希·威廉国王的另一个儿子——威廉王子设计了宽阔的巴伯尔斯贝格宫（Schloss Babelsberg，1833 年），从格利尼克宫透过树丛可以瞥见它的塔楼。王储肯定是参与了巴伯尔斯贝格宫样式的挑选。其建筑风格与纳什的勒斯科姆城堡、凯瑞斯城堡（Caerhayes Castle）和东考斯城堡（East Cowes Castle）非常相似，它无疑是德国最具英国风格的建筑。

至此，我们谈到的似乎如画风格的建筑只有在乡村才能实现。其实，它也适合于城市建筑设计，这一点约翰·纳什已予精辟证明。1811 年他设计的布里斯托尔附近的布莱斯小村庄（Blaise Hamlet near Bristol）与里夏尔·米克（Richard Mique）1778 年到 1782 年设计的凡尔赛小村庄（bameau at Versailles）极其相似。它是自理查德·诺曼·肖（Richard Norman Shaw）设计贝德福德庄园（Bedford park）以来近郊花园式村庄设计的尝试。但是，值得我们注意的是纳什从 1811 年开始的对伦敦市区的重建。

林业部总监约翰·福代斯（John Fordyce）非常推崇城市综合规划。当他得知国王出租给波特兰公爵（duke of Portland）的辽阔的马里莱本庄园（Marylebone estate）要在 1811 年归还国王时，福代斯就主张从查灵十字路口（Charing Cross）修一条一直通向该庄园的主干道。1806 年，他在林业部任命了两位建筑师，其中一位就是纳什。1810 年 10 月，林业部委任执行马里莱本庄园和新主干道两项建设计划中的一项。并要求部监督员托马斯·莱弗顿和托马斯·乔纳（Thomas Leverton and Thomas Chawner）、建筑师纳什和詹姆斯·摩根等拿出设计图。1811 年 7 月纳什的设计平面图被接受时，威尔士王子对设计的重大意义非常满意，以至于感慨地说："它简直使拿破仑也黯然失色。"

如果王子心目中有夏尔·佩西耶（Charles Percier）和皮埃尔－弗朗索瓦－莱昂纳尔·方丹（Pierre-François-Leonard Fontaine）设计的里沃利大街（Rue de Rivoli）的话，那么他的设想是相当正确的，即：纳什在城市规划上是观点完全不同的天才。纳什并不像莱弗顿和肖纳设想的那样，用棋盘式街道和广场来覆盖马里莱本庄园。他意识到，既然许多伦敦人都宁愿住在农村，那么建设马里莱本庄园最得人心的方法就是将其建成一个如画风格的乡村公园，其中散点布置一些别墅。在公园侧面，有平台的房屋断断续续连成一片，间或透过树丛就可以瞥见。事实上，纳什 1811 年的设计比起最后的方案来显得更不自然，更夸张。然而，1811年设计的一部分——波特兰广场（Portland Place）北

图 68　青特郡彭斯赫斯特别墅，乔治·迪维设计(1850 年)
图 69　青特郡贝特尚杰住所，乔治·迪维设计(1856—1861 年)

端环形建筑群的南半部在1812年就开工了。由于建设者后来破产了，所以北半部一直未能建成。其结果使得公园里的大部分建筑与纳什的最后方案更一致。而且人们还可以从波特兰广场观赏公园里的绿色植物。1812年，纳什还提出将公园里的新建筑与卡尔顿庄园王子寓所连成一体的方案，其寓意为：从这儿一直通向威斯敏斯特统治中心。纳什敏锐地看到了其他任何人还未想到的东西，即这条新干线应该穿过伦敦东区肮脏的索霍区和西区高雅的梅费尔住宅区之间奇特的分界线。这样，他就可以按索霍区相当便宜的价钱大量买进房产，然后按梅费尔区的价格卖出。亨利·霍兰(Henry Holand)设计的气象堂皇的柱廊式入口用在卡尔顿府邸上，使纳什设计的南端部分达到了登峰造极的地步。由于波特兰广场和通向马里莱本庄园的入口都位于西北部，长长的新路必须沿着弯弯曲曲的路线修建。在这里，纳什听从了如画风格理论家们的建议——充分利用，而不是隐藏各种自然因素。所以才有了摄政街著名的如画风格的"四分图"。对此，纳什认为它"酷似牛津大街"。还有那设计虽有些古怪，但置放于兰厄姆广场上优美风景中的万灵礼拜堂(All Soul's Church, Langham Place)，巧妙而富有魅力地把人们的视线吸引到轴心的缓慢交替变换中。

在摄政公园周围宽阔的露台后面，纳什还专门开辟了一块如画风格的场地，并分为公园东村和公园西村两部分，许多装饰华丽的意大利风格别墅坐落于此。它们都是以布莱斯小村庄为主题的产物，后来许多近郊花园住宅区也是以此为原型建造的。

18世纪如画风格理论对英国国内建筑的重视导致了19世纪将这类建筑作为一种建筑形式潜心研究的良好势头。这种潜心研究，在经历了19世纪前半叶哥特式复兴和迷恋教堂建筑之后继续保持不败之地，而且在19世纪70年代所谓安妮女王朝(Queen Anne)建筑倾向或国内复兴运动中又表现出来。这一运动是19世纪60年代由内斯菲尔德和肖发起的。的确，自1850年以后，房屋设计方法几乎成为一个严肃的道德问题，一种神圣的使命。这一点从拉斯金1853年在爱丁堡发表的关于建筑的演讲即可悟出。他关于国内建筑的演讲表明了他的观点，即民间建筑和乡村茅舍都是有价值的。具有讽刺意味的是，他的这种观点使他与如画风格建筑倾向和摄政时期的乡村建筑作品集联系在一起。这些茅舍与他极端鄙视的火柴盒式新古典主义建筑的最大区别就是房顶。他认为，这些房顶不仅本身表现了大自然的诗情画意，而且还深深地表达了人类对住所的需求。他论证说，茅屋屋顶"才是真正的屋顶"。在他看来，"茅屋的灵魂——它的精髓和意义就在于此。它既是构成住所的关键所在，也是与岩洞和林中遮荫棚的根本区别所在。茅屋的精髓以及它的殷勤好客全都浓缩在这被茅草严密覆盖、穿不透的、厚厚的屋顶上。想一想'在我的屋檐底下'和'在我的墙里'这两个表达方式"，拉斯金继续说："难道你会认为在茅屋中起着如此重要作用的屋顶，在你自己的住宅中会仅仅只有一点重要吗？……你可能会说屋顶是理所当然的。不过这种说法是毫无意义的，你最好还说人的盛情才是理所当然的。"从建筑意义和精神意义上说，"仅次于屋顶的就是凸窗。我们所有的人一定亲身体验过，而且也承认凸肚窗的舒适愉快。难以想像一间没有凸肚窗的屋子会是完美的。"

事实上，许多优秀建筑师都具有拉斯金的想像力。从19世纪50年代的乔治·迪维(George Devey, 1820—1886年)到19世纪90年代的埃德温·勒琴斯(Edwin Lutyens, 1869—1944年)，他们都将自己的想像力运用于实践。1850年，迪维在肯特郡彭斯赫斯特(Penshurst, Kent)为德利斯勒勋爵(Lord de L'Isle)设计的别墅就是对古老的英国农村生活方式的叙述。它成为如画风格建筑不仅出于上述原因，而且还因为它能使人回想起古老的乡村茅舍及其图景。迪维曾在哈定(J. D. Harding)门下学习水彩画，19世纪40—50年代，彭斯赫斯特成为艺术家们集居的地方。迪维的两个赞助人就住在他设计的两幢主要乡村住所里，沃尔特·詹姆斯爵士(Sir Walter James)住在贝特尚杰住所(Betteshanger)，哈蒙德(W. O. Hammond)住在圣奥尔本宫(St. Alban's Court)。他们俩人都是热衷于古代英国乡村传统建筑的水彩画家和欣赏家。从1856年到1861年和在1882年，迪维在贝特尚杰住所，通过再现18世纪如画风格理论家们对可以反映其发展变化过程的建筑的热情，创造了"瞬间历史"。迪维在贝特尚杰住所做出的历史性的、形象的和奇妙的发明，就是分别用伊丽莎白时代和17世纪和18世纪的建筑材料，对中世纪末期一幢建筑相继进行改建、扩建和修补。怀亚特维尔(Wyatville)1810年在恩兹利(Endsleigh)开创的缓慢向外扩展的设计，更加深了人们对这种随意性扩展的印象。圣奥尔本宫(1874—1878年)的设计更具有统一性，即使如此，其墙脚还是用石头砌成的，收束线凹凸不平，而墙身上部则是用砖砌成的。它给人们一种错觉，仿佛是在原地修复和利用原先某一建筑。事实上，原来的建筑位于峡谷底下，经过迪维恰如其分的修复，并使其浪漫化之后，其废墟如古老的斯科特尼城堡一样，在萨尔文的新斯科特尼城堡的土地上，构成一个如画风格的景物。

# 第三章 古代艺术珍品的考古发掘及其影响

图70 雅典帕提农神庙版画，引自雅各布·斯蓬《意大利、达尔马提亚、希腊和勒旺岛之行》（1676年）

图71 奥林匹亚的宙斯庙复原图，引自约翰·菲舍尔·冯·埃拉赫的《历史建筑纲要》插图（1721年）

1650年，希腊被罗兰·弗雷亚尔·德尚布雷（Roland Freart de Chambray）描绘成"神圣的国度"。克洛德·佩罗宣称，他的目的就是通过恢复古希腊庙宇的纯真来振兴建筑。在他的译著《维特鲁威全集》里，他对无柱脚、有凹槽的多立克柱式进行了详细说明。文艺复兴时期的评论家们也对此进行过阐述，只是没有那么准确。然而，尽管希腊建筑长期以来一直被看成所有辉煌建筑的基础，尽管人们也曾试图想像和探索希腊建筑的视觉形象，但人们对它却所知甚少。总的说来，它仍然是文学家的理想。直到1750年，苏夫洛及其弟子迪蒙对帕埃斯图姆的多立克柱式庙宇进行测绘后，法国建筑学家才开始对古希腊遗址进行认真考察。然而，他们并没有立即利用考察所得的信息。大约1758年，苏夫洛才将帕埃斯图姆的带有柱脚和基座的多立克柱式运用于圣热纳维耶沃教堂的地下室中。直到1764年，迪蒙才在《帕埃斯图姆三个庙宇的平面图集》中公布了实地考察的结果。即使如此，这样的出版物在当时也是第一次出现，可人们对此却没有反应。为什么呢？答案就在于审美情趣不同。直到18世纪末，欧洲建筑学家才开始对多立克式醒目的雕塑品质有所反应。不过，他们一直沿着文艺复兴时期前辈们所走的路，从古罗马建筑形体中寻找灵感。当科尔贝认为他的建筑师们应该对古代建筑模式有一个正确的认识时，就委派安托万·德戈德（Antoine Desgodets）去罗马实地考察。在那里他对49幢罗马建筑遗迹进行了测量，并将其雕刻作品发表于1682年金碧辉煌的《古罗马宏伟建筑》一书上。这一著作成为两百年来一直沿用的有关建筑的标准参考书。而科尔贝对另一本与之相似的有关希腊建筑的出版物却不予以赞助。不过20多年来，他花费了巨额费用，委派其代理人到希腊大陆及各岛屿、土耳其、巴勒斯坦、叙利亚，甚至波斯及其他地方，为他大量收集手稿、圆雕饰和硬币。尽管这些代理人都受克洛德·佩罗的兄弟夏尔的指挥，并奉命随身带上帕夫萨尼亚斯（Pausanias）的复制本，走遍所有可能到达的古代建筑遗址，但他们对已有的希腊建筑的了解究竟增加了多少却难以说清。早些时候，许多到希腊进行贸易和执行外交使命的人都只是停留在雅典，对当时几乎是完好无损的帕提农神庙（Parthenon）进行深入了解，并记下它们创造的奇迹。比如，1668年曾去过那儿的罗贝尔·德德勒（Robert de Dreux）评论说，帕提农神庙如此雄伟壮观，看到它，完全没有必要再去进一步寻求建筑的完美性了。

早期最开明的大使之一努安特尔侯爵（Marquis de Nointel）在1674年曾考察过雅典和其他几个岛屿，与他同行的随从都是花费昂贵代价，经过仔细挑选的，其中包括《一千零一夜》的作者安托万·加朗（Antoine Galland）、艺术家龙博·费德布（Rombaut Faydherbe）和雅克·卡雷（Jacques Carrey）。他们本应将帕提农神庙的雕刻艺术品都记录下来，可事实上，他们几乎没做什么工作就将其调查结果发表了。不过努安特尔侯爵将耶稣会传教士巴班（J.-P. Babin）所作的笔记和观察寄回法国。学者兼医生雅各布·斯蓬（Jacob Spon）立即将其公布于众。斯蓬本人深受其鼓舞，也在科尔贝的资助下出发去希腊。在威尼斯，他巧遇英国植物学家乔治·惠勒（George Wheler），于是带着他一同来到希腊。1676年底，他回到了自己的故土里昂，发表了《意大利、达尔马提亚、希腊和勒旺岛之行》一书，该书叙述了雅典建筑。在近70年的时间里，从建筑学观点看，它一直是最可信、最使人大开眼界的著作。书中记有少得可怜的一点帕提农神庙雕刻，表明其柱式非常协调，柱身上有凹槽，而且没有柱脚。尽管其插图并不足以激发起建筑师们的兴趣，但它却非常著名。因为，惠勒在"与斯蓬同行"的叙述中，抄袭了这些插图，并于1682年在英国发表。科尔内利奥·马尼（Cornelio Magni）从1679年到1692年在意大利发表的《雅典描述》中也复制了这些插图。当贝尔纳·德蒙福孔（Bernard de Montfaucon）发表他浩翰而不朽的古代所有已知艺术品汇编《古代建筑说明》（1719年到1724年，15册对开本）时，他也不得不依赖斯蓬关于多立克式庙宇的记载。同样，贝尔纳·德蒙福孔能用插图说明巴勒斯坦独有的巴勒贝克神庙，也被迫求助于17世纪的雕刻，即约1680年让·马罗（Jean Marot）根据科尔贝的另一个代理人M·德蒙索（M. de Monceaux）提供的绘画所作的雕刻。因为德蒙索1668年曾参观过此地。正如我们所看到的一样，佩罗的兄弟可能参与了马罗对巴勒贝克的巴屈斯酒神庙（Temple of Bacchus at Baalbek）的改建工作。马罗在改建中，新修了一个中厅，并用圆柱将其与侧廊隔开，圆柱上有一个用镶板装饰的筒拱。这种改建，尽管不恰当，却很有吸引力。因此，它一出现在德蒙福孔的著作中，就成为约翰·菲舍尔·冯·埃拉赫（Johann Fischer Von Erlach，1656—1723年）重建巴尔迈拉（Palmyra）和奥林匹亚（Olympia）庙宇的根据。埃拉赫在《历史建筑纲要》一书中，第一次全面阐述了建筑史。该书于1721年第一次发表，后来又在1725年、1730年、1737年和1742年再版。它才是建筑师们感兴趣的著作。书中每一个雕刻下只有几行正文说明。

书中插图再现了一系列不同凡响、令人赞叹不已的建筑。它们既有真实感，又有想像力，其中还包括君士坦丁堡的清真寺，中国的宫殿

图 72 努安特尔侯爵赴雅典考察图，据信由雅克·卡雷（Jacques Carrey）所画，法国沙特尔美术博物馆藏

和桥梁等古代奇迹和十几幢菲舍尔·冯·埃拉赫自己设计的建筑。18世纪末，部雷将埃拉赫重建的这些建筑作为他设计金字塔的依据。19世纪初，菲舍尔的模拟海战场也被路易吉·卡诺尼卡（Luigi Canonica）改为米兰角斗场。菲舍尔的描述，尽管在他自己看来并没有观察得非常细致，但近一百年来，却一直具有举足轻重的影响。

直到18世纪中叶，人们对希腊建筑的更多了解才成为可能。因为在理查德·波科克（Richard Pococke）的著作《东方及其他国家的叙述》（1745年）第3卷，以及另一个爱尔兰人理查德·多尔顿（Richard Dalton）随后出版的著作《希腊和埃及古迹》（1752年）里均有各种雅典庙宇的测绘图。同时，随着潘克拉齐（G. M. Pancrazi）的著作《古代西西里岛》第2卷的出版，人们对西西里岛多立克式庙宇的性质也有所了解。然而，这些著作，既没有什么可信的东西，也没有什么迷人的地方。在早期进行的一系列学术研究中，使人们对古建筑真正有所了解，并能作为仿效甚至伪造样品的只有《巴尔迈拉遗迹》（1753年）和《巴勒贝克遗迹》（1757年）。它们是1750年詹姆斯·道金斯（James Dawkins）和罗伯特·伍德（Robert Wood，1716—1771年）与约翰·布弗里（John Bouverie）以及这两本书的起草人乔瓦尼·巴蒂斯塔·博拉（Giovanni Battista Borra）一起探险取得的成果。这两本书确立了他们在英国，特别是在作为古迹探险家和赞助人的艺术爱好者协会中的权威地位。后来出版的所有重要考古学著作都发源于不列颠群岛。在法国，除了迪蒙关于帕埃斯图姆庙宇的著作外（1769年他还发表了修订版），只有朱利安－达维德·勒鲁瓦（Julien-David Le Roy）的《希腊雄伟壮观的纪念性建筑遗址》（1758年）可说是为建筑师们提供了确凿的考古学信息。然而，这些信息很快被证明并不像人们想像的那样真实可靠。勒鲁瓦的对手詹姆斯·斯图尔特（James Stuart）和尼古拉·雷维特（Nicholas Revett）在他们的《雅典古迹》（1762年）第1卷里评论说："他的多数错误都曾被惠勒和斯蓬提起过，尽管只有寥寥数语。"（第1卷，第35页）事实上，勒鲁瓦的著作是受了斯图尔特和雷维特的启示。1751年他们对自己的工作发表了两份详细提案，并在希腊开始了旷日持久的研究。1754年初，勒鲁瓦来到希腊。不久，他也根据斯图尔特和雷维特的提案发表了他自己的提案，并于1758年底发表了他自己的著作。这一成果后来被罗伯特·塞耶（Robert Sayer）剽窃，并发表于《雅典遗址和其他有价值的希腊古迹》（1759年）一书中。勒鲁瓦的著作，尽管仓促成稿，而且不准确，但却提供了一系列最诱人的观点以及雅典、阿提卡和科林斯等古迹的测绘图。它至少在法国的影

图 73　约翰·菲舍尔·冯·埃拉赫的著作《历史建筑纲要》(1721 年)插图:"中国建筑,人造石山和吊桥"

图74 埃及金字塔，引自约翰·菲舍尔·冯·埃拉赫的《历史建筑纲要》（1721年）插图

图75 雅典帕提农神庙景色，引自朱利安－达维德·勒鲁瓦的《希腊雄伟壮观的纪念性建筑遗址》（1758年）

响是相当大的。1770年第2版出版时，他又对书中所有插图进行了重新整理，以表示对斯图尔特和雷维特的谴责，并表明他们的第1卷著作中所包含的雄伟建筑——伊利瑟斯（Ilissus）庙宇、利西克雷茨的音乐纪念亭（Choragic Monument of Lysicrates）、风塔（Tower of the Winds）以及雅典列柱长廊（Stoa at Athens）等都是伯里克利统治时期（约公元前495年—前429年）以后的成果，所以风格上比较随便。至于他们对他错误的嘲笑，他反击说，他对测量琐事毫无兴趣，他并不指望为人们提供模仿的样品，他只想描绘出建筑的效果和特性。这一陈述大概就是法国人一直未能唤起希腊复兴或者甚至是脱离实际的罗马复兴的原因吧。虽然法国人继续以极大的热情参观古希腊和古罗马遗址，亲眼目睹法国寄宿生（通常为罗马艺术大奖获得者，被送往罗马法兰西学院学习的学生）的研究，亲自阅读许多不朽著作，其中包括理夏尔·德圣农神父（Abbe Richard de Saint-Non）1781年到1786年间发表的《风景旅游：那不勒斯王国和西西里王国旅行记》、让－皮埃尔·韦尔（Jean-Pierre Houel）1782年到1787年间发表的《美丽的西西里岛、马耳他岛和的黎波里岛游览纪行》和舒瓦瑟尔－古菲耶伯爵（Comte de Choiseul-Gouffier）1782年到1809年间发表的《希腊风景旅行记》，但法国人并不热衷于照搬古希腊和古罗马的建筑形式。正如他们对哥特式建筑的研究一样，他们只重视其建筑原理、分类和创作方法以及处理大小比例的手段和建筑技巧。他们寻求的是古代艺术及哥特式建筑的精髓，而不是细部。

不过，在18世纪60年代法国还是出现了较小范围的希腊复兴，即所谓“希腊风”，而且就希腊建筑的优点进行了激烈辩论，这一辩论是为反对罗马激昂的皮拉内西而进行的。

“希腊风”是凯吕斯伯爵（Comte de Caylus，1692—1765年）的创造发明。他于1716年开始寻找特洛伊遗址，在小亚细亚漂泊了将近一年时间，走访了以弗所的狄安娜神庙（Temple of Diana at Ephesus）。但当母亲召他回去时，尽管还未游历雅典，他仍立即返回了。他后来成为鉴赏家和古文物收藏家。1729年，他开始组建类似于1693年德蒙福孔组建的古迹收藏馆。其收藏品成为他艺术展览厅的核心和他1752年至1767年间出版的七卷《古迹汇编》的基础。尽管《汇编》后面几卷包括法国南部罗马帝国统治下的高卢人古迹，但其建筑古迹为数并不多。他主要是通过他个人的努力以及他的几个朋友——收藏家兼出版商皮埃尔－让·马里耶特（Pierre-Jean Mariette）、批评家让－巴蒂斯特·勒布朗神父（Abbe Jean-Baptiste Leblanc）和让－雅克·巴泰

图 76,图 77　路易－约瑟夫·勒洛兰最初设计的罗马中国宴大厅(1746 年、1747 年)

图 78　路易－约瑟夫·勒洛兰为安热－洛朗·拉利夫·德朱利设计的写字桌陈列柜和时钟(1756 年)

图 79 巴黎沙瓦讷大厦设计方案，皮埃尔－路易·穆罗－德普鲁设计（1756 年）

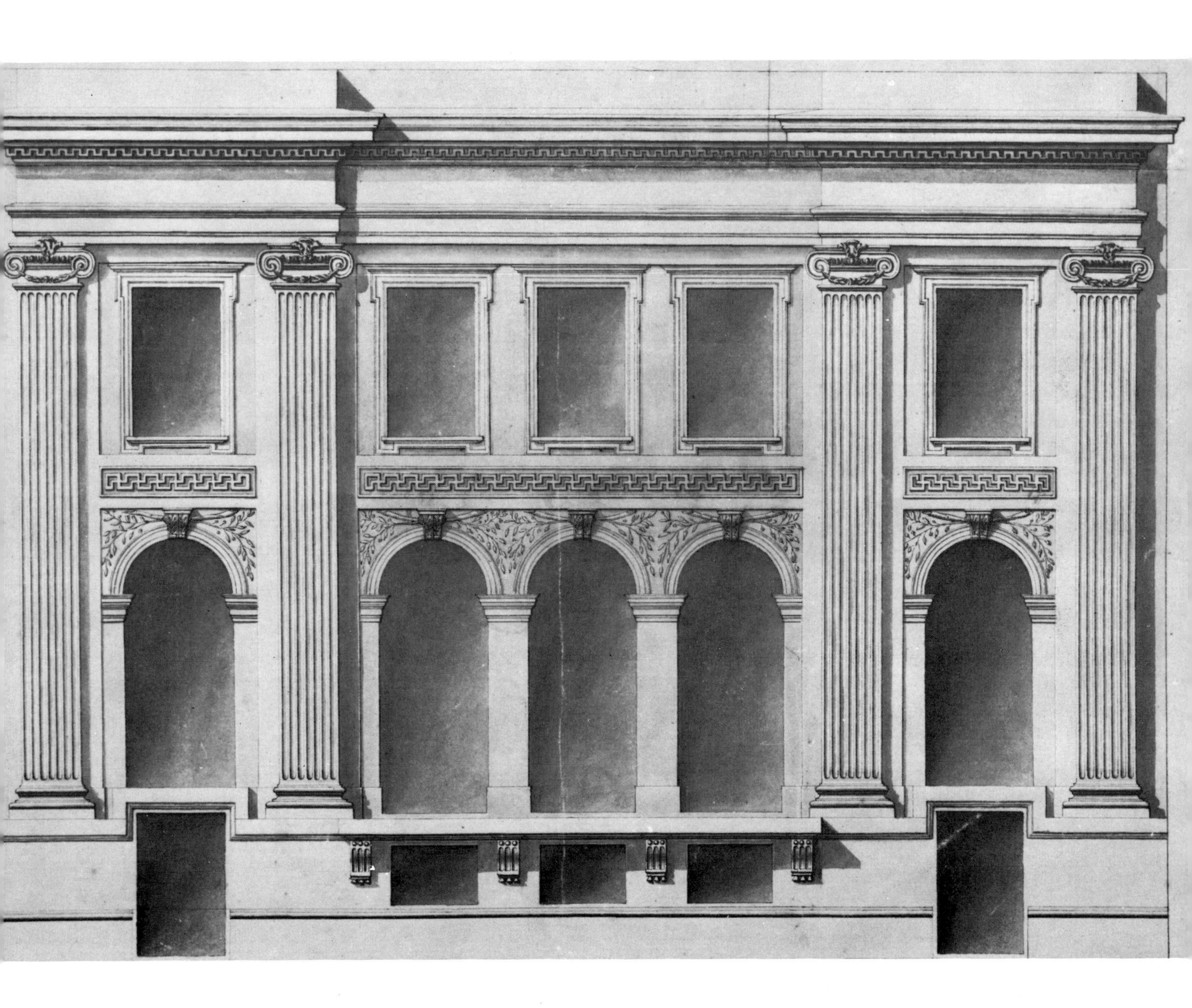

图80 蒂沃利的锡比尔神庙图，让-奥诺雷·弗拉戈纳尔绘制，贝桑松美术博物馆藏

勒米神父(Abbe Jacques Barthelemy)等对后人产生影响。

年轻画家路易-约瑟夫·勒洛兰(Louis-Joseph Le Lorrain，1715—1759年)是一个罗马寄宿生，他因为1745年、1746年和1747年三次设计中国宴大厅(Festa della Chinea)而著名。这些设计可说是完成了佩罗未竟的事业。凯吕斯热情地将他推荐给法庭仪式的法官助理昂热-劳伦·拉利夫·德朱利(Ange-Laurent La Live de Jully)。1756年洛兰为他设计了一套乌树木和镀金青铜家具，一张写字桌、一个陈列柜和一个灵感和形体都相当希腊化的时钟。每件家具都比当时的法国家具笨重，但并非古董一样。看到它们人们不禁会想到路易十四统治时期的家具。这些家具虽然无用，但却很快风行一时，并唤起了人们对希腊式物品——风扇、鼻烟盒，间或还有椅子或桌子和建筑等的兴趣。关于古董真品的详细情况都来自苏夫洛的同事的著作。他1751年去科钦旅行时发表了关于1738年开始发掘的赫库兰尼姆(Herculaneum)遗迹的书。尽管1754年进行了修改，但这一出版物并没有提供什么特别信息。真正给人以启示的是自1755年到1792年间出版的九卷大型著作《埃尔科拉诺(Ercolano)古迹》，但这些发现却被画家而不是设计师和建筑学家所接受。凯吕斯的门生约瑟夫-马里耶·维安(Joseph-Marie Vien)在他那平淡无味的希腊研究《在三脚架上烧香的一名女祭司》(1763年)(后来以《贞洁的雅典人》而著名)中，介绍了看起来非常逼真的古代青铜三脚祭坛。值得注意的是，1761年，罗马加文·汉密尔顿(Gavin Hamilton)的著作《安德洛玛刻为赫克托耳的死而哀伤》以及安东·拉斐尔·门斯(Anton Raphael Mengs)的著作《奥古斯都和克娄巴特拉》都曾努力对古代家具进行描述。但是，正如我们所看到的一样，法国人对考古学的翔实性却无特别兴趣。

洛吉耶神父曾将1756年至1758年间由皮埃尔-路易·穆罗-德普鲁(Pierre-Louis Moreau-Desproux，1727—1793年)负责修建的巴黎坦普尔大道上的沙瓦讷大厦(Hôtel de Chavannes)誉为希腊新型建筑的典范。但尚存的立面图表明，能够将它与希腊建筑联系起来的惟一特点就是浮雕细工的扁带饰和用巨大壁柱所带来的巨大的尺度。其中扁带饰可能得自文艺复兴时期的建筑。但不久，这种样式就两次在化妆舞会上受到以德卡蒙泰勒(1717—1806年)而著称的伶俐活泼的演员路易·卡罗日(Louis Carrogis)的嘲笑。第二次是在1771年，他穿的是与第一次类似的，由埃内蒙-亚历山大·珀蒂托(Ennemond-Alexandre Petitot，1727—1801年)设计的服装。珀蒂托在罗马时曾是勒洛兰的学生，但1753年在凯吕斯的亲自鼓动下，他以建筑师的名义

图 81，图 82　帕尔马宫化妆舞会上希腊牧羊人的服装，埃内蒙－亚历山大·珀蒂托设计（1771 年）

图 83　镶饰的室内布景，让－弗朗索瓦·德纳福热设计(1757 年)

图 84　圆形庙宇图，让－洛朗·勒热设计(1765 年)

被派往帕尔马宫廷。在凯吕斯的推荐下，勒洛兰也被雇去整理勒鲁瓦《希腊雄伟壮观的纪念性建筑遗址》中的插图。后来，他又在俄国找到一个职位，直到 1759 年去世。

尽管“希腊风”流行是短暂的，但它却是不可忽略的。凯吕斯的另一个门生，比利时出生的建筑师和雕刻家让－弗朗索瓦·德纳福热(Jean-Francois de Neufforge，1714—1791 年)对勒鲁瓦著作中的大部分插图进行了翻版，1757 年开始发表他的《建筑基础文集》，到 1772 年底，该文集共出版九卷，900 幅插图。因为文集传播和推广所谓古典式粗糙沉重的几何形体，所以可以说它为路易十六统治时期更成熟的古典风格奠定了基础。这种新风格第一个完美的例子就是苏夫洛的弟子图桑－诺埃尔·卢瓦耶(Toussaint-Noel Loyer，1724—1807 年)设计的里昂的瓦雷府邸(Hotel de Varey in Lyons，约 1758 年)。它令人信服地反映了凯吕斯及其助手们所灌输的粗犷风格，但无论从奥古斯特－孔德街(Rue Auguste-Comte)的正面或从贝勒库尔街(Place Bellecour)，还是从府邸的沙龙里的装饰线条上看，均不能感受到古典建筑精细高雅的风格。

1761 年发起的有关希腊建筑价值的论战，开始于皮拉内西与勒鲁瓦之间的争执，后来发展到皮拉内西与马里耶特(Mariette)的交锋。这场论战与其说是学术信仰不同引起的，不如说是民族自豪感和对自己生活的真正关心引起的。詹巴蒂斯塔·皮拉内西(Giambattista Piranesi，1720—1778 年)19 岁就从威尼斯来到罗马，以前曾在威尼斯学过蚀刻，可能还吸收了卡洛·洛多利(Carlo Lodoli)的一些激进观点。在罗马，当他见到遗址时，先是大为震惊，随后又被深深地打动。他深受许多艺术家和建筑师的影响，其中包括像比比恩纳夫妇(the Bibiennas)和瓦莱里亚尼(Valeriani)兄弟那样的艺术家兼舞台设计师、菲利波·尤瓦拉(Filippo Juvarra)那样的建筑师，特别是吉安·保罗·帕尼尼(Gian Paolo Panini)那样的画家。帕尼尼 1711 年从北部的皮亚琴察(Piacenza)来到罗马，在那里他确立了自己作为最多产的现实和想像遗址景物画家的地位。帕尼尼后来在法兰西学院教透视图，为整整一代法国建筑师打开了眼界，使他们认识到建筑遗址如诗如画的特点和更具美感的建筑学观点。他教导建筑师们从美术角度来看待建筑学。让－洛朗·勒热(Jean-Laurent Legeay，约 1710—约 1788 年)、G.-P-M·迪蒙、尼古拉－亨利·雅尔丹(Nicolas-Henry Jardin)、夏尔－路易·克莱里索、热罗姆－夏尔·贝利卡尔(Jérôme-Charles Bellicard，1726—1786 年)和珀蒂托(Petitot)等人 18 世纪 40 年代时都在罗马。他们也学会了用具有美感和美术的方式提出方案，这种方式赋予他们的作品更多、甚至有时超过其实际价值的影响。皮拉内西不但与上述所有建筑师有紧密联系，而且与许多当时在罗马学习的法国画家和雕刻家们也有接触，其中包括让－巴蒂斯特·拉勒芒(Jean-Baptiste Lallemand)、勒洛兰、沙勒兄弟(the Challe Brothers)、雅克·萨利(Jacques Saly)、克洛德－约瑟夫·韦尔内(Claude-Joseph Vernet)、维安(Vien)以及后来的于

图 85　科林斯柱廊式教堂立面图，让－弗朗索瓦·德纳福热设计(1757 年)

贝尔·罗贝尔(Hubert Robert)等。皮拉内西赞助的早期著作之一——福斯托·阿米代(Fausto Amidei)的《古代与现代罗马建筑的不同观点》(1745 年)也含有许多勒热画的插图，在其后来的版本中还增加了贝利卡尔的观点。

皮拉内西以自己的成就很快确立了自己的地位。1743 年 7 月，他发表了他的第一套蚀刻画《建筑及展望第一部分》。尽管这套画是受了菲舍尔·冯·埃拉赫和比比恩纳家族作品的影响，但它反过来也对勒洛兰设计的中国宴大厅(1746—1747 年)产生了巨大的影响。1748 年他又发表了《共和时代和帝国初期的罗马古迹》，确立了他作为罗马以及周围地区新旧建筑记录者的名望和风格。紧接着他又有一些独具风格的作品相继问世，其中包括 1744 年与蒂耶波洛(G. B. Tiepolo)接触后，在其影响下创作的 4 幅洛可可式的神秘而矫揉造作的作品《怪诞》(Grotteschi)和 14 幅戏剧性的监狱设计最早的版本《奇特的监狱设计》(Invenzioni capric, de carceri)。所有这些作品并非都是同样的成功，因此，它们就以各种形式组合在一起发表。那些到罗马参观的鉴赏家和博学者们首先想得到的就是这座城市大型建筑的表现图。4 年来，皮拉内西狂热地工作，对古代遗址进行挖掘和测绘，并利用想像力来解决不能亲自研究的那些问题。1756 年，他开始发表他那最伟大、最令人震惊的著作《罗马古迹》。该书共有 200 幅插图，每幅 2 英尺(约 0.6m)宽。他一方面将妻子的嫁妆用来支付插图印版费，另一方面还利用他的巨大影响获得减免税收以降低纸张成本。他的未来就这样与他的事业紧紧连在一起了。当勒鲁瓦关于希腊古迹的著作于 1758 年问世时，斯图尔特和雷维特的著作也即将出版。面临着这样的威胁，皮拉内西决定粉碎对手所有想享有建筑学上的独创和辉煌的要求。在当地几个学者的帮助下，他策划了冗长而杂乱无章而且有 38 幅插图的著作《雄伟壮丽的古罗马建筑》，并于 1761 年问世。皮拉内西驳斥了勒鲁瓦的罗马建筑学起源于希腊，希腊建筑学又发源于埃及的观点，否定了苏格兰画家阿伦·拉姆齐(Allan Ramsay)早在 1755 年发表的《关于鉴赏力的对话》中所作的类似的历史分析，并试图证明罗马建筑学是从古代伊特鲁里亚(Etruscan)建筑发展而来，绝不能归功于希腊。如果说没有多少现存的建筑可以证明这一点，至少有多得惊人的工程成就，如马克西玛下水道(Cloaca Maxima)、地下建筑、高架输水道和尚存的道路等可以证明。希腊建筑在工程学上从未有过这样的条理性和辉煌。况且罗马建筑比希腊建筑更富有变化，所以深受人们的喜爱。在皮拉内西的宣传中几乎没有什么推理。凯吕斯的

图 86 引自詹巴蒂斯塔·皮拉内西的《建筑及展望第一部分》(1743 年)插图:寺庙门厅

H
I
D
C
B
A

图 87　引自詹巴蒂斯塔·皮拉内西的《罗马古迹》(1756 年以后)插图:马尔塞鲁斯剧院基部

图 88　引自詹巴蒂斯塔·皮拉内西的《罗马古迹》(1756 年)插图:阿朗蒂厄斯陵墓参观人

图 89　引自詹巴蒂斯塔·皮拉内西的《建筑及展望第一部分》(1742 年)插图

朋友马里耶特 1764 年 11 月在《欧洲文艺报》上对这种突如其来的进攻作了简要的回答,并在勒鲁瓦的简史中增加了一个论点,即罗马建筑不仅完全依赖于希腊建筑,而且它所拥有的任何技巧也归功于希腊奴隶的劳动。这一论点激怒了皮拉内西,于是 1765 年他又匆忙印刷一系列反驳马里耶特论点的非同寻常的文章《对马里耶特书信集的评论》和与此相关的《对建筑风格的看法》等,在这些文章中他抛弃了所有考古学上貌似真实的东西,赞扬了具有独创性的作品。1769 年,他那同样杰出、同样使人感到震惊的作品《各种壁炉装饰方法》问世了。1765 年,凯吕斯写信给考古学家保罗·马里亚·帕西奥迪(Paolo Maria Paciaudi)说"对于皮拉内西过多的笔墨,我与你的看法完全一致,但有什么办法呢? 这是他的风格。"(《通讯》,第 2 卷,第 95 页,1877 年)凯吕斯不得不对这些早期作品发出赞叹。但那时,皮埃尔·帕特(Pierre Patte)正在巴黎出售皮拉内西的蚀刻。皮拉内西的名声经久不衰,他的作品继续畅销。与法国的这场争斗很快就被忘记了。1778 年,皮拉内西逝世前,他又发表了最引人注目、最严肃的一组关于帕埃斯图姆各个庙宇的蚀刻,并以法语命名为"现仍存于佩斯托(Pesto)古城中心的三大宏伟建筑遗迹景观"。也许最能向建筑学家们展示希腊古迹真正辉煌的就是这些具有神圣魔力的画。

然而,还有另外一些鼓动家,其中最伟大的当数约翰·约阿希姆·温克尔曼(Johann Joachim Winkelmann,1717—1768 年),他们也与希腊艺术"崇高中见朴素,纯朴中见富丽"的理想联系在一起。温克尔曼尽管有三次被邀请去参观希腊庙宇,但与凯吕斯一样从未去参观过。他宁愿希腊永远是一幅远景。他想得到的是理想的形象而非现实。1755 年当他第一次在德累斯顿(Dresden)为希腊艺术写下"对复制古希腊绘画和雕刻艺术品的看法"的祷文时,他还从未去过罗马。他靠老普利尼(Pliny the Elder)和帕夫萨尼亚斯(Pausanias)的著作获得了对希腊的了解。他完全从拉斐尔的艺术角度,特别是以他在德累斯顿熟悉的《西斯庭圣母》来想像希腊艺术。拉斐尔艺术匀称而完美的形体确立了温克尔曼的理想,那就是平淡无色。温克尔曼在他的《古代艺术史》第二章写道:"从美的角度看,颜色只占很小的一部分,因为美的真谛不在颜色,而在形体。有知识、有才智的人都会这样认为的。"他在其他地方也写过,伟大的艺术不应该有调料,而应像纯净的水一样。

正如人们可能预料的那样,温克尔曼的兴趣主要在雕刻上,在"阿波罗观景楼"(Apollo Belvedere)和"拉奥孔雕像"(Laocoön)上。他不了解菲迪亚斯(Phidias)的作品,从未见到过公元前 5 世纪以前的雕像,

也没有真正体验过他所颂扬的希腊艺术崇高的纯朴。他对建筑学的关注是极其有限的。1759 年,他曾在《西西里岛吉秦梯庙宇(Tempel zu Girgenti in Sizilien)建筑艺术注释》中描述过阿格里真托庙(Agrigento),但只是根据苏格兰建筑学家罗伯特·米尔恩(Robert Mylne,1734—1841 年)的观察予以概括性的描述。至于其他部分,他仅限于

图 90　引自詹巴蒂斯塔·皮拉内西的《现仍存于伯斯托古城中心的三大宏伟建筑遗迹景观》(1778 年)插图：尼普顿海神庙

对希腊和罗马建筑这一主题进行综合评述。他赞美的却是以圣彼得大教堂为代表作的米开朗琪罗的作品。他的著作均无意用一种能激励建筑师的方法来阐述，所以他对建筑学的直接影响可以忽略不计。但是，他的确促使了建筑学领域有影响的鉴赏家们对希腊艺术的重新评价。因为，无论他的假设是多么不可靠，也无论他的阐述是多么个人化，但他关于希腊和罗马艺术风格演变过程的叙述却庄严而迷人，不但引起他同时代人的注意，甚至他的后人也非常赞赏。迟至 19 世纪末，沃尔特·佩特(Walter Pater)还以无比崇拜的心情引用他的话。温克尔曼的著作所产生的巨大影响是不可否认的，特别是他 1764 年发表的《古代艺术史》，第一次系统化地阐明了古代艺术的演变形式。他是 18 世纪末希腊神话最重要的传播者。他的著作虽然在英国出现稍晚一些，但几乎刚发表就被译成了法文。18 世纪 60 年代末，瑞士画家亨利·富泽利(Henry Fuseli)翻译了温克尔曼早期的一些著作，但《希腊古代艺术史》直到 1849 年才发表，后来又在美国出版。

人们可能会注意到，温克尔曼的一生也有其吸引人的一面，这对他同时代的人来说是感兴趣的。他是普鲁士一个补鞋匠的儿子，很快便从一名小学教员上升为出版社特约审稿人和图书馆管理员，然后又像让－雅克·卢梭(Jean-Jacques Rousseau)一样转学天主教教义，继续他的生涯。1755 年，在他 38 岁时，他移居罗马，成为红衣主教阿尔金托(Archinto)的图书管理员。阿尔金托逝世三年后，温克尔曼又来到红衣主教阿尔瓦尼(Albani)的图书馆，在那里他可能就著名的天顶画《帕尔纳索斯山》(Parnassus，1760 年)向安东·拉斐尔·门斯提出过建议，也为红衣主教别墅外即将竣工的三个古希腊式庙宇向建筑师卡洛·马尔基翁尼(Carlo Marchionni)出过主意。

1763 年，温克尔曼移居梵蒂冈，在那儿，他成了古文物的保管人。他是一个活跃而有影响的鼓动家，并被看成是一个极有鉴赏力的人，但有时他也会失去洞察力。他在德累斯顿认识的朋友门斯仿照赫库兰尼姆城的一幅湿壁画，用古代风格画了一幅朱庇特和侍酒俊童该尼墨得(Jupiter and Ganymede)的壁画。温克尔曼就将其称誉为古代真品。他喜欢这位侍酒俊童。他曾写信给他的朋友弗里德里希·赖因博尔特·冯·贝格(Friedrich Reinbolt von Berg)说："朱庇特的情人无疑是自古以来最美的人物。我简直找不到可与他的脸蛋同日而语的东西。他的脸上散发出如此诱人的气息，仿佛他的整个灵魂都陶醉在这一吻中。"歌德也喜欢这个该尼墨得。

温克尔曼的一生也有过阴影。1768年他在的里雅斯特(Trieste)

Temple de Neptune à Pesto, vu de côté et dessiné plus
en grand qu'on ne le voit dans la première planche

被犯罪分子所残杀。然而，这一骇人听闻的事件使得人们不仅对他本人，而且对他的著作和他所赞成的一切都给予了不同寻常的关注。法国人更是被迷住了，不过还未激动到要发起一场希腊复兴运动的程度。

英国人尽了最大的努力，把新的考古学知识运用于从古希腊和古罗马雕刻及建筑样式中直接获得灵感的新建筑创作中。比起法国建筑师来，英国建筑师更少受建筑理论和建筑思想的干扰，随着如画风格传统建筑的兴起，他们的创造力也进一步被激发起来。

伯林顿勋爵(Lord Burlington)(理查德·博伊尔)(Richard Boyle，1694—1753年)和帕拉第奥新古典主义建筑风格派的人，预料到会出现人们对古希腊和古罗马雕刻及建筑式样的新热情(这一热情被我们看成18世纪中叶英国建筑的转折点)，所以，尽管英国不能与法国理论家们提出的新理性主义建筑的古老传统同日而语(法国新理性主义建筑放弃了以装饰曲线追求动势与起伏的巴洛克风格)，但许多具有新古典主义建筑特色的形体却被伯林顿风格建筑所利用。特别是一系列有穹顶和半圆壁龛的室内空间都得自于罗马温泉浴场。伯林顿勋爵决心通过再现古典主义建筑风格的协调来净化以铺张浮华为特色的英国巴洛克建筑。他认为，帕拉第奥的建筑理论和建筑设计已对这种协调作了编纂整理，并奉之为神圣不可侵犯的原则。人们对古罗马、古希腊雕刻及建筑式样的热情，虽说只是通过帕拉第奥的眼睛和研究间接地产生的，但它却使英国18世纪初的建筑在欧洲无与伦比，并说明了英国建筑与欧洲建筑不合拍，而在某些方面，其风格又领先于欧洲的原因。

伯林顿1730年设计的最有影响的建筑之一——约克宴会厅是一幢彻底的教条主义的古典主义建筑。也许为了了解古人设计宴会厅的方式，他被贾科莫·莱奥尼(Giacomo Leoni，1686—1746年)派去，根据维特鲁威著作中的描述，用埃及人的方式修复一幢帕拉第奥式大厅和一幢希腊式建筑庭院。莱奥尼本人在他1726—1729年问世的《公共建筑与私人住宅设计》一书中也发表过类似的设计图。但在实际建筑中第一次实现这种建筑思想的应归功于伯林顿。因为甚至帕拉第奥也不能使他的计划得到实施。同样，在霍尔克姆府邸(Holkham Hall)，威廉·肯特(William Kent)和伯林顿勋爵又实现了虽由帕拉第奥创作但从未完全实施过的设计样式。伯林顿在约克设计的阴森的大厅采用了显著的独立式圆柱支撑整体的水平柱上楣构。这一设计为18世纪以及后来的建筑开创了先例。从肯特郡未署名的梅里沃思教

图 91　引自詹巴蒂斯塔·皮拉内西的《各种不同的壁炉装饰方法》(1769 年)插图:壁炉设计

Cavaliere Piranesi inv. ed inc.

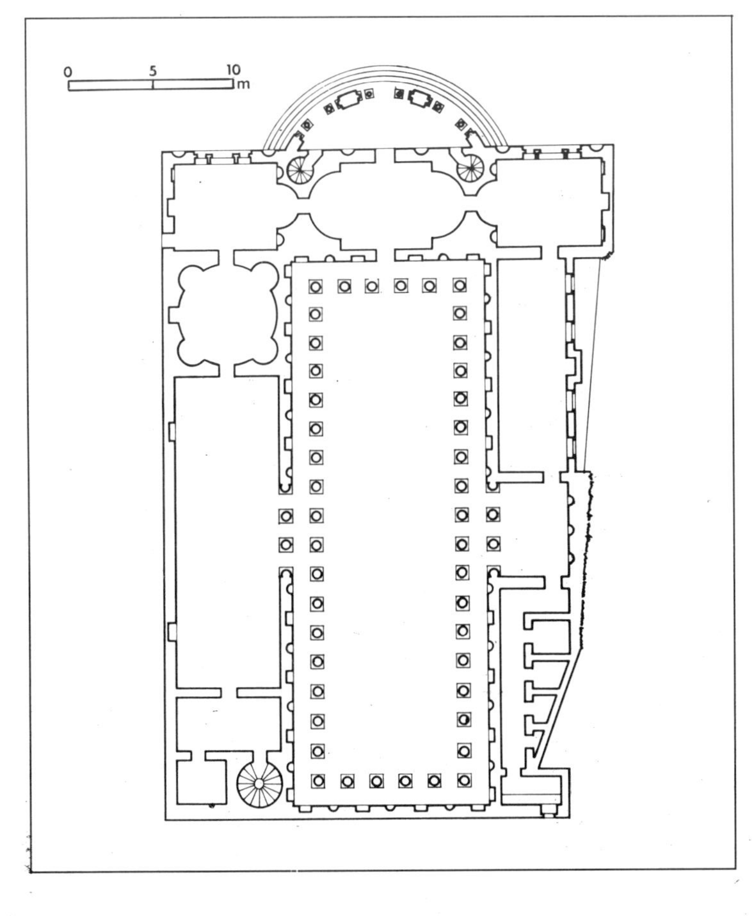


图 92 引自詹巴蒂斯塔·皮拉内西的《对建筑风格的看法》(1765 年)插图

图 93 约克大厅平面图,伯林顿勋爵设计(1730 年)

图 94 约克大厅,伯林顿勋爵设计,内景(1730 年)

堂(Mereworth Church,1744—1746 年)到亚当设计的德比郡凯德尔斯顿府邸(Hall at Kedleston,1760—1770 年)再到莱奥·冯·克伦策(Leo von Klenze)设计的慕尼黑公馆(Munich Residenz,1832 年)觐见室都采用了伯林顿的设计方式。

1730 年,即与伯林顿的约克大厅设计同一年,为修复他从维罗纳(Verona)主教那儿买来的罗马温泉浴场,他印发了帕拉第奥原始设计版本供私下流传。这本名为《安德烈亚·帕拉第奥·维琴蒂诺的古建筑构思》的著作是对考古学的重大贡献。伯林顿设计约克柱廊大厅侧面的圆形和半圆形房屋及著名的具有曲线形柱廊的入口正面(现已毁掉)时就是从中获得灵感的。其正面入口窗户与戴克里先温泉浴场(Baths of Diocletian)窗户很相似。

作为考古学家的伯林顿是一个重要的建筑先驱者,这一点在后来一百年里已经被斯图尔特、雷维特、亚当、威廉·威尔金斯、科克雷尔和亨利·威廉·因伍德等人所证明。对用帕拉第奥式风格重建维特鲁威的埃及大厅感兴趣的另一个建筑师是伊尼戈·琼斯的弟子约翰·韦布(John Webb,1611—1672 年)。我们不应该忘记,在英国 17 世纪时曾有过帕拉第奥建筑风格的复兴。17 世纪 30 年代,琼斯为古老的圣保罗大教堂增加了一个巨大无比的科林斯柱式的门廊。其规模之大,二百年之后的科克雷尔仍然印象深刻。1655 年,韦布设计了汉普郡的维恩府邸(The Vyne),其巨大的科林斯门廊可能也是从马塞尔的巴尔巴罗别墅(Villa Barbaro, Maser)的帕拉第奥式小教堂获得灵感的。韦布的门廊设计是最早使英国乡村住宅增辉的,它开创了 18 世纪欧洲和北美无数柱式门廊设计之先河。

伯林顿是一个有学问、有影响的建筑师,但作为一个设计师,他缺少闪光和值得炫耀的东西。而他最亲密的朋友和追随者威廉·肯特却有许多这样的东西。伯林顿和肯特合作为莱斯特勋爵(Lord Leicester)设计的诺福克郡霍尔克姆府邸(Holkham Hall, Norfolk)的门厅(约 1734 年)成为欧洲 18 世纪最豪华的室内之一。在帕拉第奥的维特鲁威式大厅上,除了在约克大厅中重塑的主题外,还加上了巨大的半圆壁龛。这种设计一方面是受帕拉第奥重建古代的长方形柱廊大厅时的启发,另一方面也从他自己设计的威尼斯教堂中获得灵感。其柱顶过梁与挑檐之间华丽的雕带、用镶板装饰的穹窿以及按罗马命运女神维里利斯神庙(Temple of Fortuna Virilis)设计的 18 根有凹槽的爱奥尼柱式的细部,都是以德戈德著名的考古学著作《古罗马宏伟建筑》(1682 年)的插图为依据。德比郡的条纹大理石和突起的希腊式肋板

图 95　德比郡凯德尔斯顿府邸，罗伯特·亚当设计（1760—1770年）

图 96　诺福克郡霍尔克姆府邸，威廉·肯特设计（约 1734 年）

上淡淡的色彩，以及维特鲁威式涡卷形饰带，在其布局明显带有某种巴洛克或戏剧性色彩的房间里，也有助于创造一种彻底的古典主义建筑风格的效果。

肯特的才华是多方面的，在此不可能详细讨论。但其中最令人瞩目的就是他对伊特鲁里亚城(Etruscan)或庞培城(Pompeian)室内装饰风格的兴趣。这些室内装饰在罗马文艺复兴时期由拉斐尔和乔瓦尼·达·乌迪内(Giovanni da Udine)兴起，并在罗伯特·亚当一系列著名室内布置中给予重点突出。肯特将伦敦肯辛顿宫(Kensington Palace，1724年)觐见室和会议室以及牛津郡鲁沙姆(1738—1740年)接待室的顶棚均用欢快的古典主义风格装饰。框在醒目的希腊式肋板里的鲁沙姆顶棚特别引人注目，因为肯特还在顶棚上画了两幅浪漫主义风景画，这些画也为未来绘画的发展指明了方向。

从17世纪20年代和30年代肯特的革命化室内装饰到有时被认为是英格兰第一个新古典主义室内布置的伦敦斯潘塞府邸(Spencer House，1759年)，从詹姆斯·斯图尔特设计的装饰屋再到克莱里索(Clerisseau)设计的巴黎雷尼耶的格里莫大厦(Hotel Grimod de la Reyniere，1774年或1775年)著名的室内布置，肯特的设计只是室内革命中的一步。提到詹姆斯·斯图尔特，人们不禁会想起艺术爱好者协会。该协会创建于1733—1734年，十分引人注目，被理所当然地看成英国新古典主义建筑的发源地。参加过“考察大旅行”的大约40个多数在25—30岁之间的年轻贵族和绅士聚集在一起，成立了一个俱乐部，宣传所谓“希腊风格和罗马精神”。从某种程度上说，他们的目的就是要将伯林顿及其圈子里的人间接表现出的对古希腊和古罗马建筑风格的兴趣，从制度上确立下来。在后来一个世纪里，一个又一个协会成员相继通过对设计师、建筑师、考古学家和学者们的赞助来施加他们对发展这种兴趣的影响。从某些方面看，18世纪中叶的斯图尔特和雷维特以及19世纪初的威尔金斯和科克雷尔应是协会中最有代表性的人物，因为他们四人都是集考古学家和建筑师于一身。当然，步伯林顿勋爵后尘的一些赞助人，如1784年被选为协会成员的乔治·博蒙特爵士(Sir George Beaumont)和1800年被选为协会成员的托马斯·霍普(Thomas Hope)等，与他们相比几乎是同样重要的。尽管艺术爱好者协会的影响主要在贵族阶层，但它的会员身份却反映了英国社会的流动性和辉格党寡头政治的强大力量。像这样的协会在欧洲其他任何国家都是不可能有的。

詹姆斯·斯图尔特(1713—1788年)出身卑微。他最早在扇面画家路易·古皮(Louis Goupy)那儿干活。路易·古皮曾陪同伯林顿勋爵去意大利旅行。古皮的扇子用古典主义建筑景物装饰。斯图尔特1742年出发去罗马，在那儿，他作为绘画鉴赏家，可能还作为参加“考察大旅行”的英国人的导游而著名。1748年，他陪同加文·汉密尔顿、马修·布雷丁厄姆(Matthew Brettingham)和他后来的搭挡尼古拉·雷维特一起去那不勒斯探险。在探险中，他们第一次讨论了去雅典参观的计划。雷维特(1720—1804年)是萨福克郡一个乡绅的儿子，他的家庭背景与斯图尔特大不一样。1742年他同卡瓦利埃·贝尼法尔(Cavaliere Benefiale)一起到罗马学习绘画。汉密尔顿、布雷丁厄姆、斯图尔特和雷维特是四位完全不同的人，他们的友谊导致了他们作出测量雅典建筑的决定。他们还受到驻罗马的英国艺术爱好者马尔顿勋爵(Lord Malton)、沙勒蒙勋爵(Lord Charlemont)、詹姆斯·道金斯(James Dawkins)和罗伯特·伍德等人的鼓励。筹措了资金资助探险队，但最后布雷丁厄姆和汉密尔顿没能参加。1748年斯图尔特和雷维特提出“出版雅典古迹详述的建议”。其目的就是要实现一种途径，即让“罗马借用希腊艺术和希腊工匠，并通过塞利奥(Serlio)、帕拉第奥、圣巴尔托利(Santi Bartoli)和其他善于发明创造者的办法永远记住曾使她生辉的最著名的雕刻艺术和宏伟建筑。”他们还指出：“一件人们非常渴望得到的作品，必定会受到所有古物爱好者和对优秀艺术品有鉴赏力的绅士们的赞赏。正如我们所确信的那样，那些追求尽善尽美的艺术家们，从离艺术发源地更近的地方获取各种典型建筑范例，更会感到无限的愉快，得到更多的教益。”

1748年，这一新古典主义美学理论的明确表述，强调了考古学研究和建筑实践之间的紧密联系。1750年，斯图尔特和雷维特离开罗马去希腊。途中，他们在威尼斯住了一段时间。在那里，英国驻外公使詹姆斯·格雷爵士(Sir James Gray)获得他们的推举，参加了艺术爱好者协会。1751年3月，他们到达了雅典，4年之后返回英国，准备出版他们的绘画。当然，为这次探险旅行提供资金的艺术爱好者协会的会员们非常渴望见到这一成果。正如我们从《对古代建筑艺术的注释》(1762年)序言中得知的一样，德国的温克尔曼的心情也与协会会员们同样急切。该书的序言写于1760年，比斯图尔特和雷维特著作第1卷出版时间早两年。

1748年和1762年间，斯图尔特和雷维特改变了关于第1卷内容的初衷。所以，最后出版时，第1卷中包含的不是雅典卫城的主要建筑，而是雅典城区中较小、较晚的一些次要建筑。对此，他们没有太多

图 97 伦敦斯潘塞府邸的装饰房，詹姆斯·斯图尔特设计(1759 年)

的奢望，只希望这些建筑可以提供“有关希腊建筑装饰模式”的线索。的确，他们所选的建筑，如利西克雷茨的音乐纪念亭(the Choragyic Monument of Lysicrates)、风塔和广场入口等都是典型的古希腊艺术，特别适合改造为英国公园的花园装饰。英国早期如画风格建筑传统往往就是用这种方式来消除任何纯粹的新古典主义表现方式。斯图尔特甚至在他的《雅典古迹》第 1 卷 1762 年问世前，也亲自作过这样的改造。所以，欧洲第一幢希腊复兴建筑就是最典型的英国风景园的花园装饰，即斯图尔特 1758 年为利特尔顿勋爵(Lord Lyttelton)设计的伍斯特郡哈格利庄园(Hagley Park, Worcestershire)的庙宇。该庙宇用红沙岩建成，最初表面做了抹灰。它虽不是任何一幢希腊建筑的翻版，但它具有多立克六柱式门廊，其内殿入口两边各有一根柱子，这些大概都是受到雅典忒修斯神庙(Theseum in Athens)的启发。1758 年 10 月利特尔顿勋爵写信致伊丽莎白·蒙塔古夫人(Mrs. Elizabeth Montagu)说：“斯图尔特将用真正的雅典式建筑，即六柱式柱廊，来装饰我的一座小山。从柱廊可以俯瞰最美的乡村景色。柱廊还对我的新房子产生良好的效果。”因此，希腊复兴从一开始就被看成人造景观对如画风格形成影响的一部分。

哈格利庄园建成 6 年后，斯图尔特开始以一种特有的方式研究将希腊建筑改为花园装饰的主题。自 1764 年以来，在斯塔福德郡(Staffordshire)的舒格区(Shugborough)，斯图尔特为另一个辉格党的土地所有者和艺术爱好者协会的创始人之一——托马斯·安森(Thomas Anson)将一系列根据雅典小建筑修建的如画风格建筑布置在长期以来用花园饰物和形状大小各异的古迹(包括中国古迹在内)来装饰的公园里。

从某种程度上说，斯图尔特将考古学知识运用于现代家具和室内装饰设计比运用于建筑更成功。他从希腊回到英国后不久，就应邀为两名为《雅典古迹》第 1 卷出版捐资的辉格党土地所有者进行室内设计。斯图尔特约 1757 年为德比郡凯德尔斯顿的斯卡斯代尔勋爵(Lord Scarsdale at Kedleston, Derbyshire)设计的青铜三角祭坛座，1759 年至 1760 年为伦敦斯潘塞府邸的斯潘塞勋爵(Lord Spencer at Spencer House, London)设计的一对大枝形烛台，都是以利西克雷茨音乐纪念亭顶上的青铜三角祭坛为原型，但却用新颖、美观而实用的方式发扬光大。斯图尔特为凯德尔斯顿设计的室内布景最后没有实施，但他 1759 年在斯潘塞府邸设计的装饰屋，却作为欧洲最早的伊特鲁里亚复兴式房间而保存下来，并被认为与室内家具形成一个完美的统一体。这些家具还包括 4 个奇异的沙发和 6 张边上有镀金狮身鹰首兽的椅子，这些座椅均起源于古罗马大理石座椅，斯图尔特可能是在梵蒂冈或意大利其他收藏馆中见到过。他们闪光华丽的戏剧效果预示了摄政时期和英帝国家具的风格，这在 1760 年确实是相当了不起的。

斯图尔特真正具有重要意义的作品中，惟一幸存下来的就是他在火灾之后重新修建和装饰的由克里斯托弗·雷恩设计的格林尼治皇家医院小教堂(Christopher Wren's Chapel at the Royal Hospital, Greenwich)。这一工程是在斯图尔特非常有才华的工程秘书威廉·牛顿(Willian Newton)的帮助下，于 1779 年到 1788 年间进行的。该建筑中具有决定性影响的就是一个富丽堂皇的金丝细工饰品，该饰品细部给人的整体印象虽然不是希腊式的，但实则来源于希腊。该小教堂反映了成熟的亚当风格的影响。其中最富有想像力的地方就是布道坛。

它显然是受了斯图尔特最喜爱的建筑——利西克雷茨音乐纪念亭的启发建成的。

从后面的叙述可以清楚地看到,斯图尔特一生明显表现出某种缺乏勇气的特征。他从未创造出他的同时代人一直盼望的新建筑。他的因循使得具有重要意义的《雅典古迹》第2卷直到1789年才发表,书中详述了帕提农神庙。实际上,甚至在该书第1卷发表前,尼古拉·雷维特已经对这一共同出版事业失去了兴趣。作为一个悠闲安逸的绅士,他当然仍保持着对希腊建筑和考古学的兴趣。1764年,艺术爱好者协会推选他与理查德·钱德勒(Richard Chandler)和威廉·帕尔斯(William Pars)一起去小亚细亚海岸探险。其结果就是他1769年到1797年间编辑出版的两卷《爱奥尼古迹》。书中描述的建筑与《雅典古迹》第1卷中描述的建筑具有同样重要意义。特别是在离米利都不远的辉煌的迪迪马阿波罗神庙(Temple of Apollo at Didyma, near Miletus)更具重要意义。但奇怪的是,这些建筑并不像它们本能够和应该的那样对现代建筑产生影响。其中一个原因可能在于,雷维特只是在他自己设计的一幢建筑中采用过这些建筑风格。能与他的名字联系在一起的重要建筑只有三幢,其中两幢都使用了提洛岛阿波罗神庙柱式。对此,他在《雅典古迹》第1卷中已有详细叙述。雷维特为他的朋友亨利·道金斯设计的威尔特郡斯坦德林奇(现在的特拉法加)别墅[Standlynch (now Trafalgar) House, Wiltshire,约1766年]和赫特福德郡阿约特·圣劳伦斯(Ayot St. Lawrence, Hertfordshire)教堂(1778年)均借鉴了提洛岛这幢4世纪末的多立克式风格建筑。在斯坦德林奇,其多立克柱廊构成主要是巴洛克风格,而在阿约特·圣劳伦斯教堂,其整个构图,即一排排列柱廊将侧翼与中间的亭子连在一起,则起源于帕拉第奥风格。虽然,雷维特在白金汉郡西威科姆庄园(West Wycombe Park, 1770年)曾根据《爱奥尼古迹》书中描述的公元前2世纪在泰奥斯的迪俄尼索斯酒神庙(Temple of Dionysus at Teos)为原型,为艺术爱好者协会的创始人之一——弗朗西斯·达什伍德爵士(Sir Francis Dashwood)设计过一幢气象堂皇的西侧柱廊,但他显然不可能真正用希腊方式进行思维。

对人们的审美力产生过重大影响的其他考古学著作还有罗伯特·伍德的《巴尔米拉遗迹》(Ruins of Palmyra)和《巴勒贝克遗迹》(Ruins of Balbec)。所以,在贝德福德郡沃本修道院(Woburn Abbey, Bedfordshire, 1757—1761年)西立面,亨利·弗利克罗夫特(Henry Flitcroft)设计的帕拉第奥式后期建筑的贵宾室就采纳了伍德著作中描述的公元1世纪初巴尔米拉太阳神庙(Temple of the Sun at Palmyra)内殿南端门厅的顶棚样式。将弗利克罗夫特对古建筑的简单模仿与亚当对18世纪60年代开工,1773年竣工的奥斯特利庄园(Osterly Park)客厅更为离奇的改建相比较是很有趣的。亚当在18世纪60年代设计的西翁府邸(Syon House)里巨大客厅的顶棚就是一个富于想像力的各种风格的结合。它将伍德的描述与拉斐尔和乔瓦尼·达·乌迪内设计的罗马马达马别墅(Villa Madama)凉廊的拱顶装饰巧妙地结合起来。

伍德的《巴尔米拉遗迹》一书中的雕刻图是1751年皮埃蒙特的一位建筑师乔瓦尼·巴蒂斯塔·博拉根据他在巴尔米拉所画图样在伦敦描画的。从1752年到1755年他设计白金汉郡斯托别墅(Stowe House)贵宾馆的顶棚时也是采用巴尔米拉的主题。1775年在法恩扎(Faenza),画家出身的建筑师温琴佐·瓦尔德雷(Vincenzo Valdre,约1742—1814年)在斯托设计了豪华的椭圆形客厅,客厅侧翼由16根独立式柱子支撑着一个纯粹的多立克式柱上楣构和一根描绘罗马凯旋队伍的饰带。其封闭的、纪念碑似的内部——无窗,有穹顶,而且顶上通明透亮,一直通向仍由瓦尔德雷设计的气派的庞培城音乐厅(1777年)。客厅里瓦尔德雷根据斯图尔特和雷维特描述的利西克雷茨音乐纪念亭柱式,对希腊科林斯柱式进行了改造。柱廊南端的巴屈斯酒神饰带也来自斯图尔特和雷维特。

斯托的庞培城音乐厅建成10年后,另一个出生于意大利、但在英国工作的建筑师设计了一间在考古学意义上更精确的房间。它就是性格古怪的约瑟夫·博诺米(Joseph Bonomi, 1739—1808年)为艾尔斯福德勋爵(Lord Aylesford)设计的沃里克郡帕金顿府邸的庞培城画廊(Pompeian Gallery at Packington Hall, Warwickshire)。博诺米是罗马人,克莱里索的学生。1765年克莱里索曾作为家庭教师、导游和陪伴受聘于罗伯特·亚当。1767年,博诺米来到英国为亚当工作,并与亚当的一个装饰画家安杰利卡·考夫曼(Angelica Kauffman)的侄女结了婚。在亚当的兄弟艾德尔菲做投机生意(泰晤士河联立式住宅房地产开发)失败后,博诺米大概在1774年就离开了他们,来到托马斯·莱弗顿(1743—1824年)办公室工作。1782年在帕金顿府邸开始的长廊装饰工程好像是博诺米第一次独立承担的任务。艾尔斯福德勋爵是一名杰出的人物,一位天才的画家,一个想当建筑师却未能如愿的人,一个旅行家和鉴赏家,他还是如画风格理论家尤维达尔·普赖斯爵士和收藏家乔治·博蒙特爵士的朋友。他是任何一个新古典主义建筑师梦寐以求的赞助人。博诺米在帕金顿府邸为他设计的庞培城画廊就是

图 98　沃里克郡帕金顿府邸的庞培城柱廊，约瑟夫·博诺米设计（约 1786 年）

图 99　沃里克郡帕金顿庄园教堂，约瑟夫·博诺米设计（1789 年）

图 100 沃里克郡帕金顿庄园教堂，约瑟夫·博诺米设计，内景（1789 年）

图 101 格洛斯特郡多丁顿庄园小教堂，詹姆斯·怀亚特设计，内景（约 1805 年）

一个英国人和三个意大利工艺师共同劳动的成果。其中贝内代托·帕斯托里尼(Benedetto Pastorini)是一个画家和雕刻家，他曾受聘于罗伯特和詹姆斯·亚当，为他们的《建筑作品》画插图；多梅尼科·巴尔托利(Domenico Bartoli)是一个仿云石制造商；小约瑟夫·罗斯(Joseph Rose, Jr.)是亚当的抹灰工；乔瓦尼·博格尼斯(Giovanni Borgnis)是一个湿壁画家。还有一个也许是最重要的人物是来自都灵的画家约翰·弗朗西斯·里戈(John Francis Rigaud)。他于 1771 年经由巴黎来到英国。该画廊从墙壁下端一直到壁炉台架都采用仿云石，即用锡耶纳大理石包边的斑岩仿造板。这种设计安排正好与在庞培城发掘的古迹相对应。虽然这种装饰的真正起源既不是古希腊，也不是庞培城，而是古罗马，但其深黑和赤褐色彩却使人想起艾尔斯福德热衷于收藏的希腊花瓶。其装饰色彩不是取自卢多维科·米里(Ludovico Mirri)和朱塞佩·卡莱蒂(Giuseppe Carletti)的《蒂托的罗马公共浴场古老的浴室和它们的绘画》(1776 年)书中的插图，就是得自温琴佐·布雷纳(Vincenzo Brenna)的卢多维科·米里和弗拉尼泽克·斯穆格列维茨(Franiszek Smuglewicz)的《蒂托的古罗马公共浴场遗迹》(约 1780 年)书中的插图。后来，尼古拉·蓬斯(Nicolas Ponce)在他的《蒂图斯温泉浴场描述，或在这位皇帝的温泉疗养所废墟上发掘的画集》(1786 年)中均引用过这两本书中的插图。与画廊醒目的考古学装饰有同样意义的还有现在仍旧装饰着画廊的 8 个一套的希腊复兴时期的椅子。博诺米不是以罗马家具，而是以希腊花瓶装饰画中描画的椅子作为这些有凹曲靠背围栏和弯曲椅腿的希腊式椅子的依据。这种样式后来被托马斯·霍普所推广。

继画廊设计之后，博诺米将其注意力转向帕金顿庄园一个新教堂的设计。在艾尔斯福德的积极帮助下，该教堂的设计于 1788 年完成，1789 年 4 月开始奠基。该教堂阴森而恐怖，用他很熟悉的勒杜式“城关”设计，具有革命性的突破。由于大胆使用了至今仍具有革命意义的希腊多立克柱式，其内部装饰也不失卓越非凡。该教堂大概是以梅杰的《帕埃斯图姆遗迹》(1768 年)中叙述的帕埃斯图姆的尼普顿海神庙(Temple of Neptune at Paestum)为原型修建的，只是它没有用帕金顿庄园所用的非常引人注目的圆柱收分。艾尔斯福德勋爵的希腊遗址蚀刻画可以在亨利·斯温伯恩(Henry Swinburn)的《西西里二岛旅行记》第 4 卷(1783 年)中看到。也许，正是他而不是博诺米在圆柱上运用了收分的处理。约翰·索恩爵士和詹姆斯·怀亚特在 18 世纪 90 年代所做的好几个室内设计好像都是受多立克柱式支撑的十字拱的

图 102 剑桥唐宁学院大门方案，威廉·威尔金斯设计(1806 年)

图 103 切斯特城堡大门，托马斯·哈里森设计(1810—1822 年)

图 104 慕尼黑神殿入口，莱奥·冯·克伦策设计(1846—1860 年)

图 105 诺森伯兰郡贝尔赛府邸外貌细部图，查尔斯·蒙克爵士、威廉·盖尔爵士和约翰·多布森设计（1806—1817 年）

内部装饰的影响，如索恩设计的白金汉郡蒂林厄姆大厦(Tyringham Hall)、米德尔塞克斯郡本特利修道院(Bentley Priory)、未完成的上议院大厦(House of Lords)方案和怀亚特于 1798—1805 年间设计的著名的格洛斯特郡的多丁顿庄园(Dodington Park)小教堂。

帕金顿教堂外部那十足是故意制造的绝无仅有的气氛也是仿效海因里希·根茨 (Heinrich Gentz)的柏林铸币局(Berlin Mint，1778—1800 年，1886 年拆毁)设计的。根茨是将希腊多立克柱式引入德国的先驱。他参观过帕埃斯图姆和西西里岛，去英国、荷兰和法国旅行过。他还是艺术家阿斯穆斯·雅各布·卡斯滕斯(Asmus Jakob Carstens)和出版商威廉·蒂施拜因(Wilhelm Tischbein)的朋友，并娶了法国 18 世纪最有创造性的建筑学家弗里德里希·吉利(Friedrich Gilly，1772—1800 年)的妹妹为妻。尽管那时许多德国建筑师都指望从勒杜的帕里斯(Paris of Ledoux)获得灵感，但在 19 世纪末，从本质上与德国建筑最相似的，还是英国新古典主义建筑以及英国对希腊多立克复兴的考古学兴趣。的确，第一幢根据雅典卫城入口修建的建筑是在德国，而不是在英国，更不是在法国。它就是卡尔·戈特哈德·朗汉斯(Carl Gotthard Langhans，1732—1808 年)设计的勃兰登堡城门(The Brandenburg Gate，1789—1791 年)，它不仅是通向柏林的门户，从某种程度上说，还是通向德国新古典主义的道路。它可能是受了《希腊雄伟壮观的纪念性建筑遗迹》中勒鲁瓦重建的辉煌的雅典卫城山门的启发设计的。朗汉斯于 1768—1769 年访问了意大利，1775 年又去了荷兰、法国和英国，1788 年成为柏林的皇家公共建筑办公室主任。他设计的辉煌的希腊复兴式城门，给去那个城市参观的人留下了深刻的印象。例如，1794 年 12 月，有影响的鉴赏家、资助人兼设计师托马斯·霍普看到它后非常激动，以至于 10 年后，当他着手写有关建筑风格的小册子时，就认为：剑桥的唐宁学院应该采用这种大门的设计，并建议将它作为修建该学院大门的范例。可以肯定，霍普的门生——尽职尽责的威廉·威尔金斯(William Wilkins)1806 年在神殿入口处设计了一个无比宽阔的门房。威尔金斯设计的希腊多立克风格非常精确，而且以希腊原始资料，即 1807 年在剑桥出版的《伟大的希腊古迹》为基础进行直接研究，而朗汉斯仅仅使用了一种无装饰的罗马多立克柱式。它的柱廊与希腊多立克柱廊不一样，一是过分纤细，有柱脚，二是间隔不等地分布在周围的亭子里，并在雕带末端用半块陇间板，而希腊人在雕带末端确定地运用三陇板。

继朗汉斯和威尔金斯之后是建筑师托马斯·哈里森(Thomas Har-

图 106　诺森伯兰郡贝尔赛府邸，查尔斯·蒙克爵士、威廉·盖尔爵士和约翰·多布森设计，内景（1806—1817 年）

图 107　柏林皇家警卫队大楼，卡尔·弗里德里希·辛克尔设计（1806—1818 年）

图 108　柏林国家剧院，卡尔·弗里德里希·辛克尔设计（1818—1821 年）

图 109 什罗普郡奥克利庄园(Oakly Park)楼梯,查尔斯·罗伯特·科克雷尔设计(1823 年)

rison,1744—1829 年)自 18 世纪 80 年代就开始策划的切斯特城堡(Chester Castle,1810—1822 年)大门的设计。这种大门设计的主题,最后由莱奥·冯·克伦策(Leo von Klenze,1784—1864 年)在慕尼黑的国王广场(Konigsplatz in Munich)西端设计的雅典卫城山门殿的城门(1846—1860 年)达到辉煌而富于想像力的高峰。这一方案于 1817 年最先提出,克伦策最初的草图更接近于雅典卫城山门,但他的最后方案则是宏伟壮观的塔式门楼。

本杰明·拉特罗布(Benjamin Latrobe)、詹姆斯·怀亚特和约瑟夫·甘迪(Joseph Gandy)都程度不同地运用了希腊多立克柱式。1796 年在北美开始他的飞黄腾达的事业前不久,拉特罗布就在萨塞克斯郡用帕埃斯图姆式的多立克柱帽设计了哈默伍德门房(Hammerwood Lodge)。18 世纪 90 年代,怀亚特用粗壮的希腊多立克柱廊环绕白金汉郡斯托克·波吉兹公园一幢不大起眼的房子,使之成为一幢新古典主义幻想风格建筑;另一幢风格相似的建筑是性情古怪的约瑟夫·甘迪 1808 年设计的威斯特摩兰郡斯托斯府邸(Storrs Hall)。甘迪后来还将在巴斯的锡永山上的多立克式府邸(Doric House,Sion Hill,Bath,约 1810 年)的一个庙宇彻底翻新了一遍。在所有那些从古建筑获得灵感的雄伟壮丽的英国建筑中,诺森伯兰郡的贝尔赛府邸(Belsay Hall)可算是其中之一。该建筑于 1806 年到 1817 年间完成,它是一件严肃的作品,由它的拥有者查尔斯·蒙克爵士(Sir Charles Monck)、鉴赏家威廉·盖尔爵士(Sir William Gell)和建筑师约翰·多布森(John Dobson)合作建成。自温克尔曼第一次赞扬希腊艺术"崇高中见朴素,纯朴中见富丽"以来,贝尔赛府邸才真正使每一个欧洲人体会到这句话的含义,它的确是希腊艺术的完美典型。法国建筑学家莱昂·德富尔尼(Leon Dufourny,1754—1818 年)设计的西西里岛巴勒莫壮丽的朱利亚别墅在形式上近似于贝尔赛,但多布森建筑那绝对权威的特点和气派却使得它在当时的欧洲无与伦比。卡尔·弗里德里希·辛克尔(Karl Friedrich Schinkel)设计的建筑也具有同样令人信服的特征。这一点从他第一次接受的重要设计——柏林翁特登林登皇家警卫队大楼(1816 年)可以证明。两年之后,辛克尔在柏林中心区设计了一幢更伟大的杰作——国家歌剧院。对此,辛克尔曾这样写道:"在这一复杂的工程中,我竭尽全力模仿希腊的建筑形体和建筑方法。"除了希腊爱奥尼柱廊外,这幢建筑最显著的特点是很多地方都使用了一种功能主义的壁柱带。为此,辛克尔引用了具有希腊渊源的斯拉西洛斯领袖纪念碑(the Choragic Monument of Thrasyllus)的风格(斯图尔特和雷

图 110 腓特烈大帝纪念堂大门方案，弗里德里希·吉利设计（1797 年）

图 111 爱丁堡皇家中学，托马斯·汉密尔顿设计（1825—1829 年）

维特 1789 年发表的《雅典古迹》第 2 卷中的插图，该纪念碑自那以后已荡然无存）。辛克尔争辩说，将这些壁柱运用于窗户设计可以照进更多的阳光。辛克尔设计的歌剧院被查尔斯·巴里爵士在后来设计曼彻斯特皇家学院（现在的市艺术陈列馆）（1823—1835 年）时所仿效。

从某种程度上说，科克雷尔是最典型的考古学建筑师。他为时 7 年的希腊、土耳其和意大利考察旅行非常成功，导致了埃伊纳岛山花雕刻、巴赛雕带和帕提农神庙圆柱收分线运用等重大发现。他早期的建筑表明，把希腊建筑知识与当时正在英国风行的古典主义传统结合起来是相当困难的。他 1823 年在什罗普郡奥克利庄园（Oakly Park）设计的楼梯厅就带有巴赛雕带的痕迹，是巴赛独立的爱奥尼柱式的变体。其细部也得自于雅典风塔的柱帽（不过，科克雷尔越来越多地依赖意大利文艺复兴和风格主义的渊源来活跃他的古典主义词汇，对于这一点本书后面将会涉及）。

具有最伟大考古学意义的两幢建筑有威尔金斯设计的汉普郡格兰奇庄园（Grange Park，1809 年）和威廉·因伍德（William Inwood，约 1771—1843 年）和他的儿子亨利·威廉（1794—1843 年）设计的与奥克利庄园同时代的伦敦圣潘克勒斯教堂（St. Pancras Church，1819—1822 年）。1819 年，亨利·因伍德来到希腊学习雅典建筑学，收集了少量希腊古物，后来将这些东西都给了大英博物馆。1827 年，他发表了《雅典伊瑞克提翁庙，雅典建筑片断及阿提卡、墨伽拉和伊庇鲁斯少量遗迹》。同时，他和他的父亲还耗费巨大开支建造了他们自己的圣潘克勒斯教堂。该教堂令人惊叹的女像柱位于门廊两侧，它完全是伊瑞克提翁神庙的变体。一代又一代的参观者无不对此赞叹不已。

同样令人感到惊异的还有威尔金斯的格兰奇庄园——欧洲最雄伟的庙宇式建筑。它那用砖和灰泥修建的巨大柱式门廊以雅典忒修斯神庙为依据，建筑四周巨大的方形支柱则取自斯拉西洛斯领袖纪念碑的支柱。其效果很像舞台布景，但在这种雅典式的戏剧效果下面，威尔金斯将这幢 17 世纪的红砖建筑几乎原封不动地照搬下来。格兰奇庄园与汉普郡林木茂盛、水源丰富的美景融合在一起，体现出英国新古典主义所具有的考古学和如画风格的特征。因此，威尔金斯用他小型的希腊式花园或庙宇，完成了 15 年前斯图尔特在哈格利庄园开创的事业。利特尔顿将它称为“真正的雅典建筑……，可以俯瞰这个国家最美的景色”。那高高耸立的希腊式庙宇形象从 18 世纪中叶到 19 世纪初一直深刻地印在人们的记忆中。它对德国的影响更是绝无仅有。1797年，弗里德里希·吉利在柏林腓特烈大帝纪念堂设计投

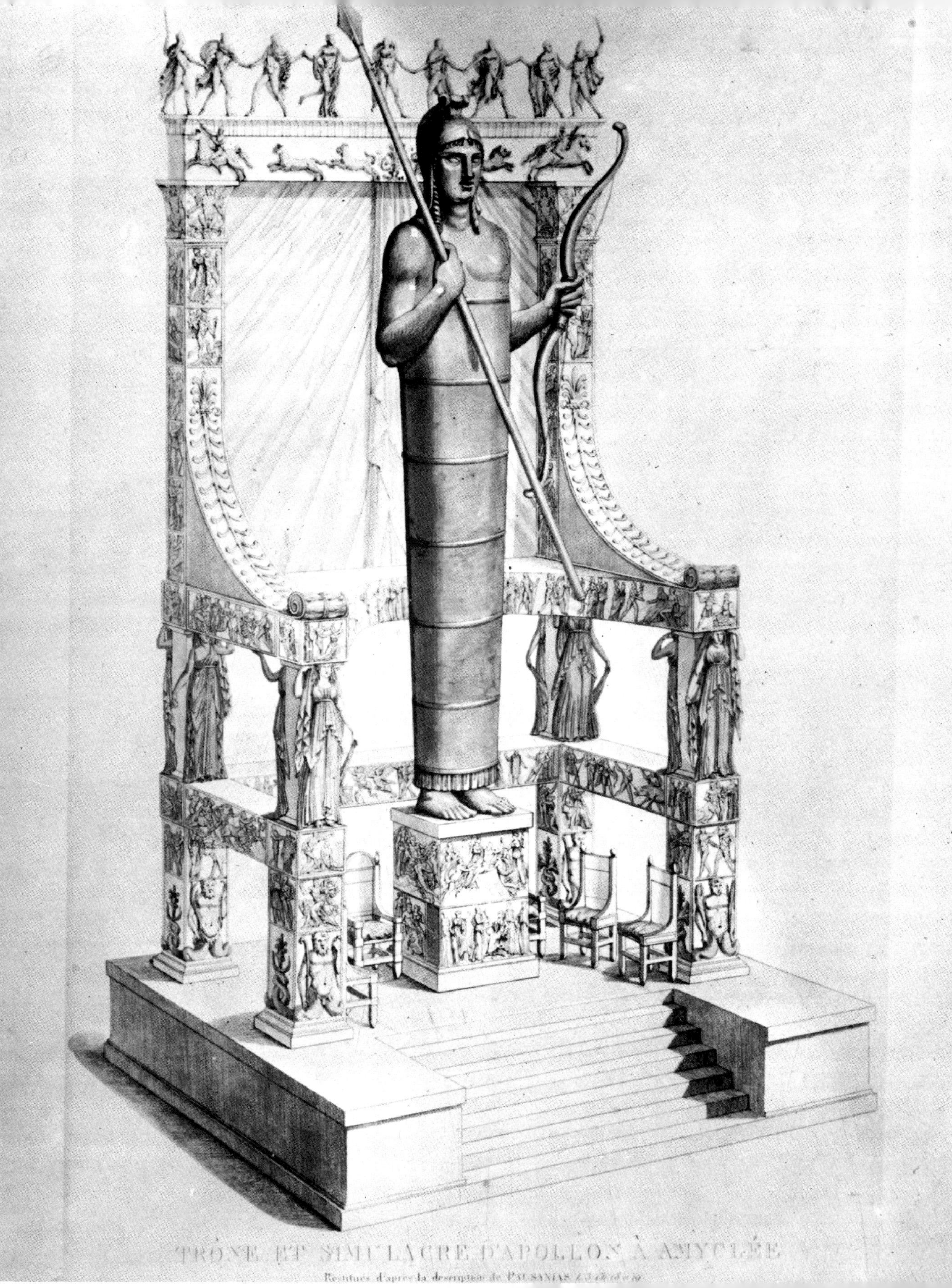

TRÔNE ET SIMULACRE D'APOLLON À AMYCLÉE

Restitués d'après la description de PAUSANIAS

图 112 用金子、象牙和青金石重建的阿波罗神像，引自安托万－克里索斯托姆·卡特勒梅尔·德坎西的《奥林匹斯山神朱庇特》(1815 年)插图

图 113 巴黎马勒塞布Ⅱ城(1858 年)若利韦别墅，A·A·贾尔设计，意大利锡釉陶装饰

标竞赛中脱颖而出。尽管违背了竞赛条款，但他在圣地建造的神圣的多立克式庙宇却鼓舞了整整一代建筑师。人们为纪念腓特烈大帝建立一个恰如其分的纪念碑的强烈愿望与建立德意志民族统一和同一性的过程联系在一起。所以，从某种程度上说，对腓特烈大帝的真正纪念就是 1871 年德意志帝国的建立。

事实上，为设计腓特烈大帝纪念堂进行的投标竞赛并未导致任何一幢建筑的落成。奇怪的是，吉利设计的那种基调却产生了举足轻重的影响，也许这种影响在苏格兰和英格兰北部最能感受到。例如，在爱丁堡，托马斯·汉密尔顿(1784—1858 年)设计的皇家中学(1825—1829 年)、普莱费尔(W. H. Playfair，1789—1857 年)设计的苏格兰皇家学院(1822—1835 年)以及科克雷尔和普莱费尔未完成的民族纪念堂，或称英灵纪念堂(1821 年)，都带有吉利的设计格调。达勒姆郡阴森而引人注目的彭肖(Penshaw)纪念堂，于 1830 年根据本杰明·格林(Benjamin Green，1858 年去世)的设计落成。它与苏格兰民族纪念堂一样，是以帕提农神庙为原型建造的。在此，我要作一个异乎寻常但肯定令人印象深刻的补充，由詹南托尼奥·塞尔瓦(Giannantonio Selva)协助，安东尼奥·卡诺瓦(Antoinio Canova，1757—1822 年)亲自设计的卡诺瓦庙(the Tempio del Canova，1819—1833 年)，就是帕提农神庙与位于博莎诺村庄高山上的罗马万神庙相结合的产物。把英灵纪念堂(1830—1842 年)建在巴伐利亚雷根斯堡附近的高山之巅，并以温克尔曼认为有价值的希腊艺术赋予它崇高的力量，无疑使如画风格的幻想达到顶峰。但是，在考察莱奥·冯·克伦策这一杰作之前，我们将再一次转向法国看一看，因为英灵纪念堂的设计是受了新一轮考古发现和开始于巴黎的关于多色法讨论的影响。

19 世纪初法国孕育着一种教条主义的古典主义，其代表人物是安托万－克里索斯托姆·卡特勒梅尔·德坎西(Antoine-Chrysostome Quatremere de Quincy，1755—1849 年)。此人是一个成就不大的雕刻家。1816 年，他成为美术学院的终身秘书，在这个位置上一直干了 23 年，最后被一个与他几乎同样前途有限的古典主义者德西雷－拉乌尔·罗谢特(Desiree-Raoul Rochette，1790—1854 年)接任。

卡特勒梅尔·德坎西虽然有时为了适应新的发现也随时准备改变其理想，但总的说来，他是支持温克尔曼理想的。1816 年，他来到伦敦，在同科克雷尔一道亲眼目睹了埃尔金大理石雕(Elgin Marbles)时，他大为感动，并为此对他自己制定的标准作了一些修改。但这小小的修改几乎毁了他为之奋斗一生的纯正的古典主义形象。1815年，他

图 114 雷根斯堡附近的英灵纪念堂，莱奥·冯·克伦策设计（1830—1842 年）

图 115 雷根斯堡附近的英灵纪念堂，莱奥·冯·克伦策设计（1830—1842 年）

的主要研究作品《奥林匹斯山的朱庇特①；或古代雕刻艺术》已经问世。书中表明，风靡一时的伟大的希腊雕像可能不是纯白大理石雕，它大概是金和象牙、青金石和半宝石结合的产物。他并不想再现丰富多彩的古代形象，而是想仿效 19 世纪初在西西里岛发现希腊古迹颜色残留痕迹的爱德华·多德韦尔（Edward Dodwell），更重要的还想以法国的伟大学者、热衷于多立克柱式的莱昂·迪富尔尼（Leon Dufourny）为榜样。迪富尔尼是希腊复兴时期的建筑设计师，在巴勒莫的奥尔托·博塔尼科的朱利亚别墅（the Villa Giulia，in the Orto Botanico，Palermo）就是他早期创作的成果。迪富尔尼将他的调查结果直接报告给了卡特勒梅尔·德坎西。许多年以后，卡特勒梅尔·德坎西对这一发现的仓促解释又被雅克－伊尼亚斯·希托夫（Jacques-Ignace Hittorff）所接受。正如我们所见到的一样，希托夫试图彻底改变已被人们接受的古建筑形象，用一系列最鲜明的色彩将其展示出来，作为更生动，更丰富多彩的现代建筑风格的基础，这就是最近一次考古学研究对现代设计产生的使人记忆犹新的影响。

1823 年，希托夫在罗马巧遇后来成为英国建筑师皇家研究院院长的托马斯·莱弗顿·唐纳森（Thomas Leverton Donaldson，1795—1885 年）。当时，唐纳森刚写了一篇关于一批年轻的英国学者和建筑师的发现的短论。其中包括威廉·金纳德（William Kinnaird）、约瑟夫·伍兹（Joseph Woods）、科克雷尔和查尔斯·巴里（Charles Barry），是他们发现了希腊建筑颜色的残留痕迹。那时希托夫正希望通过自己的努力获得考古学发现。当他听说威廉·哈里斯（William Harris）和塞缪尔·安杰尔（Samuel Angell）在西西里岛进行类似观察时，立即赶赴那儿，并追上了同路的莱奥·冯·克伦策。在塞利农特（Selinunte）和阿格里真托（Agrigento），希托夫让 18 个挖掘者一起工作。在那里他如愿以偿，发现了他想发现的东西，并立即写信给各学术刊物的编辑，确立自己对这一发现的权利。1824 年，希托夫回到法国时，他开始大力宣传古代塑像色彩丰富的观点。他认为，希腊庙宇全部是用黄色涂料粉刷的，其雕塑和各种造型在明亮的蓝、绿、红和金色涂料粉饰下更加生动活泼。他简短的宣言《希腊色彩斑斓的建筑；或完全重建的恩培多克勒雅典卫城的恩培多克勒神庙》于 1830 年在意大利和法国相继出版，引起了最激烈的辩论。罗谢特站在传统的立场上，法兰西学院古典主义考古学教授安托万－让·勒特罗纳（Antoine-Jean Letronne）则代表希托夫辩论。不久，这一辩论便广泛流行起来。1834 年，戈特弗里德·森佩尔（Gottfried Semper）表达了他的观点，即希腊建筑的基本颜色是雾里透红，而不是黄色。次年，弗朗茨·库格勒（Franz Kugler）发表了他不大离奇古怪的重建作品。1837 年，英国建立了一个特别委员会对埃尔金大理石雕进行检测，以便发现其颜色残留痕迹。后来，唐纳森、弗朗西斯·克兰默·彭罗斯（Francis Cranmer Penrose）和科克雷尔继续积极地关注这一问题，但直到 1854 年，欧文·琼斯（Owen Jones）和马修·迪格比·怀亚特爵士（Sir Matthew Digby Wyatt）才在锡德纳姆的水晶宫（the Crystal Palace at Sydenham）建起一幢色彩斑斓的希腊王宫。他们的思想的影响，特别是在装饰设计领域的影响是巨大的。在法国，希托夫也试图把他的思想注入现代设计中。1840 年建于巴黎香榭丽舍林荫大街上的国立马戏场色彩鲜艳的柱廊就是这种作法的一个尝试。后来，到 1852 年，他在冬季马戏场又修建了一个柱廊。该柱廊如今仍然屹立在菲勒－迪－卡尔瓦伊（Filles-du-Calvaire）林荫大道上，只是颜色已不如以前那么鲜艳夺目了。不过，对建筑色彩最重要的证明是始建于 1824 年，于 1830 年由希托夫接管的巴黎拉斐特广场（Place Lafayette）的圣樊尚－德保罗（St-Vincent-de-Paul）教堂。16 年后，他根据《圣经》里描述的景色，用色彩鲜艳的搪瓷饰板将柱廊外

---

① 罗马神话中的主神朱庇特（Jupiter）等同于希腊神话中居住于奥林匹斯山的主神庙斯（Zeus）。——译者注

图 116 伦敦泰特画廊的英灵纪念堂开幕详图，约瑟夫·马洛德·威廉·特纳画(1842 年)

墙装饰起来。但不久，在神职人员的要求下，外墙装饰又被拆掉了，因为他们对装饰色彩以及亚当和夏娃的裸体画极为不满。

此教堂的内部装饰方案是西西里岛蒙雷阿尔(Monreale, Sicily)的诺曼式大教堂装饰的变体，在 19 世纪 40 年代才开工。建筑师贾尔(A. A. Jal)1858 年为艺术家皮埃尔－朱尔·若利韦(Pierre-Jules Jollivet)在马勒塞布 11 城建造的房子无声地实现了希托夫的某些意图。尽管希托夫表达自己思想的愿望并无多大效果，尽管他对自己理论的最后总结《赛利农特恩培多克神庙的重建；或希腊色彩斑斓的建筑》在 1846 年到 1851 年间终于问世时，可能没有多少人去阅读，但有一点却是可以肯定的，即他对整个建筑领域所产生的影响是至关重要的，甚至像亨利·拉布鲁斯特和夏尔·加尼耶那样与他完全不同的建筑师也深受其影响。他向建筑师表明，对古建筑的重新评价是可能的，而且也是非常必要的。希托夫是一个平庸的考古学家，也是一个笨拙而平凡的设计师，但他几乎完全凭借自己的力量打破了法国空想古典主义者的紧箍咒，并为第二帝国建筑的蓬勃发展铺平了道路。

西西里岛希托夫的对手莱奥·冯·克伦策也深受有关希腊建筑色彩斑斓辩论的影响，这一点从他设计的几幢建筑即可清楚表明。一是雷根斯堡附近的英灵纪念堂所使用的丰富色彩，特别是彩色大理石雕；二是与希托夫设计的圣樊尚－德保罗教堂极为相似的精致的镂雕房顶。1833 年，克伦策在慕尼黑的英国花园里设计了一座庙宇，当时被描绘为“现代有色岩石第一范例”。修建英灵纪念堂的初衷是在 1813 年在莱比锡(Leipzig)打败拿破仑时向巴伐利亚王储路德维希(Crown Prince Ludwig)提出的。1814 年宣布设计招标，条件是用希腊建筑形式。因为人们争辩说，帕提农神庙与希腊战胜波斯人，取得统一紧密联系在一起。1815 年，建筑师哈勒尔·冯·哈勒斯泰因(Haller von Hallerstein, 1774—1817 年)与科克雷尔同行，在雅典参观希腊遗址时，从雅典提交了他的设计方案。1829 年重新制订竞标设计要求，克伦策在巨大的地下建筑上设计的纪念殿堂方案中标了。究竟什么是英灵纪念堂呢？在古代斯堪的纳维亚神话中，它是战死英雄灵魂的聚集地，英雄们是被瓦尔基里(Valkyrie)带到那儿去的。对路德维希来说，它也是“德国英雄纪念碑，因此叫做英灵纪念堂”。他强调说，建造英灵纪念堂的目的是为了让德国人参观后更像一个真正的德国人。它是一个伟人祠，里面有许多政治和智力出众者的半身雕像。德国自然科学家莱布尼茨(Leibnitz)、诗人席勒(Schiller)、作曲家格鲁克(Gluck)和莫扎特(Mozart)、建筑学家门斯、天主教修士托马斯·阿·肯皮斯(Thomas a Kempis)和陆军元帅布吕歇尔(Blucher)的雕像都在里面。瓦尔基里的雕像也在里面，但是以希腊女像柱形式立在那儿，穿的是斯堪的纳维亚的熊毛皮。英灵纪念堂外面的两个山花均做了雕刻，一个象征拿破仑在莱比锡的失败，另一个则标志公元 9 年奥古斯都军团被德国中部和西北部联合部落打败，使德国从罗马统治中解放出来。

面对这既有古典主义意义，又有浪漫主义色彩，既是考古学的一部分，又是 19 世纪德国如此重要的一部分的建筑，我们不禁想起这样一个自相矛盾的荒谬说法，即新古典主义可以被公正地看成是浪漫主义运动的一部分。伟大画家特纳(J. M. A. Turner)将《英灵纪念堂开幕》作为他的一幅最著名的画的主题，并以此命名，这一事实足以清楚地强调了上述观点。

# 第四章　新古典主义建筑的繁荣

## 第一节　法国:从加布里埃尔到勒杜

在法国18世纪后期,建筑形式的变化应适应于自然环境的思想最早起源于佩罗、弗雷曼、科尔德穆瓦等建筑师。到1753年,洛吉耶神父对这种思想进行了概括并在其《论建筑》(Essai sur l'architecture)一书中作了非常清晰的阐述。然而,这种极其重要的形象化灵感——把这种新的建筑风格准确而生动地展现出来的灵感,却是间歇地表现出来的。洛兰借鉴了佩罗设计的卢浮宫立面的主题,同时也借鉴了皮拉内西的表现手法,在1745年、1746年和1747年对中国宴大厅进行了三次设计,这些设计对以后这种建筑思想的发展提供了重要线索。许多外观和细部的设计可以追溯到洛兰的设计,但是,建筑师们把大胆采用新的体量、尺度的骤然变化以及富丽堂皇和不加装饰的墙面的鲜明对比直接归功于皮拉内西。皮拉内西的想像力在建筑领域占主导地位。古罗马遗迹或其翻版都是新建筑风格的主要源泉。

乔瓦尼·尼科洛·塞尔万多尼(Giovanni Niccolò Servandoni,1695—1766年)恰巧是第一位受到这种新思想影响的建筑师,他在罗马接受了皮拉内西的导师帕尼尼(G.P.Panini)的培训,同时也接受了佛罗伦萨建筑师朱塞佩·伊尼亚齐奥·罗西(Giuseppe Ignazio Rossi)的指导。塞尔万多尼是以舞台设计师的身份开始他的职业生涯的,并以此游遍了整个欧洲:里斯本、伦敦、布鲁塞尔、斯图加特和维也纳。他的设计鲜为人知,他大概是在1726年在为歌剧《比拉缪斯和蒂斯博》(Pyramus and Thisbe)设计奢华的舞台布景时在法国首次露面。1732年,他通过竞争赢得了巴黎圣绪尔比斯教堂西立面的设计。与早在6年前吉尔-马里·奥珀诺德特(Gilles-Marie Oppenordt)的设计相比,他的设计并不高明,在几何形体的简洁性方面的确不值得推荐,而且很明显是取自伦敦圣保罗大教堂的西立面。由于工程进展缓慢,细部设计因此而经过多次修改。1742年,塞尔万多尼提出了另一个立面方案,把第一层柱上楣构连续延伸横过立面。到1752年,又把第二层的柱上楣构同样改为连续横跨立面。这时,在两个塔楼间建造了第三层柱式,并在教堂前设计了一个广场。他仅存的作品是他在1752年至1757年为自己设计和建造的那幢坚固的住宅,它位于巴黎卡内泰斯路(Rue des Canettes)拐角处的广场上。1766年塞尔万多尼去世后,第三层柱式被拆毁,取而代之的是一个巨大的山花。1770年这个山花被雷电击坏,随后又替换成简易栏杆——奥珀诺德特最初设计方案的复原,这些栏杆迄今犹存。

北面的塔楼是后来由塞尔万多尼的一个学生让-弗朗索瓦-泰雷兹·沙尔格兰(Jean-François-Thérèse Chalgrin)设计的。布隆代尔在他的《建筑学讲义》(Cours d'architecture)中对塞尔万多尼是这样评论的:"塞尔万多尼的作品洋溢着古典的美,他已意识到他所有的作品中应当保持古希腊的风格,而帕里斯当时却沉溺于一些离奇古怪的幻想。"(第3卷,第351页)这并非故意夸张,因为与同时期的作品相比,巴黎圣绪尔比斯教堂西立面在1777年竣工时看起来更具有几何形体的确定性、规整性和古希腊庙宇中柱子排列的节奏感。实际上,这座教堂是巴黎当时最坚固结实和令人吃惊的建筑之一。但其设计工作却经历了很长的时间,并有许多建筑师参与。其中,沙尔格兰做的工作一点也不亚于塞尔万多尼。

过渡时期的主要建筑师皮埃尔·孔唐·迪夫里和苏夫洛的教堂设计,尤其是苏夫洛的圣热讷维耶沃教堂(Ste.-Genevieve)的设计,第一次揭示了新的建筑应当采用的建筑形式。迪夫里没有去过罗马,而苏夫洛第一次到罗马是18世纪30年代,那是在创新精神伴随着法国平民与意大利风景画家相互沟通和相互影响的时代出现以前。因此,苏夫洛的想像缺乏新颖。两位建筑师吸收了已确立的建筑传统:迪夫里的设计风格是法国式的,而苏夫洛的设计风格却属于文艺复兴后期建筑式。这两位建筑师对新颖形式的处理手法在任何情况下都没有多大兴趣,鼓舞他们从事建筑的是结构技巧。迪夫里在阿拉斯(Arras)的埃斯科河畔孔代(Condé-sur-l'Escaut)的一个教堂的设计过程中,甚至在1747年至1756年设计巴黎格雷内莱路106号庞迪蒙皇家修道院(Abbaye Royale de Penthémont,106 Rue de Grenelle,Paris),以及1761年在未完成工程马德莱娜(Madeleine)大教堂的设计过程中,他总是把设计的重点放在建筑结构的精致优雅上。为了减轻结构的体量和更大胆地采用拱顶技巧,迪夫里连续不断地做了许多实验。

苏夫洛对建筑用什么方法建筑和建筑怎样才能被高效使用的关注,从他1754年在里昂开始建造剧院时就明显地表现出来。里昂剧院观众席的形状是通过已在意大利的剧院中做过实验的视线和音响效果来决定的。不过,他在引进采暖系统、消防水箱和新的灯光设备方面却比意大利人更进了一步。他设计的立面值得称道但显得单调。正如我们从圣热讷维耶沃大教堂所见,他非常注重外观几何形状,整

SAINT JEAN
SAINT MARC

图 118　巴黎圣绪尔比斯教堂西立面，已增加第三层柱式，乔瓦尼·尼科洛·塞尔万多尼设计(约 1752 年)

图 119　巴黎圣绪尔比斯教堂西立面，乔瓦尼·尼科洛·塞尔万多尼设计(1732—1777 年)

图 120　巴黎庞迪蒙皇家修道院，穹顶及拱顶内部，皮埃尔·孔唐·迪夫里设计(1747—1756 年)

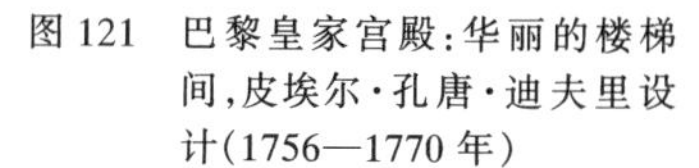
图 121　巴黎皇家宫殿：华丽的楼梯间，皮埃尔·孔唐·迪夫里设计(1756—1770 年)

图 122　阿拉斯的圣瓦斯大教堂室内，皮埃尔·孔唐·迪夫里设计(1754 年)

图 123 巴黎马德莱娜大教堂平面图,皮埃尔·孔唐·迪夫里设计(1761 年)

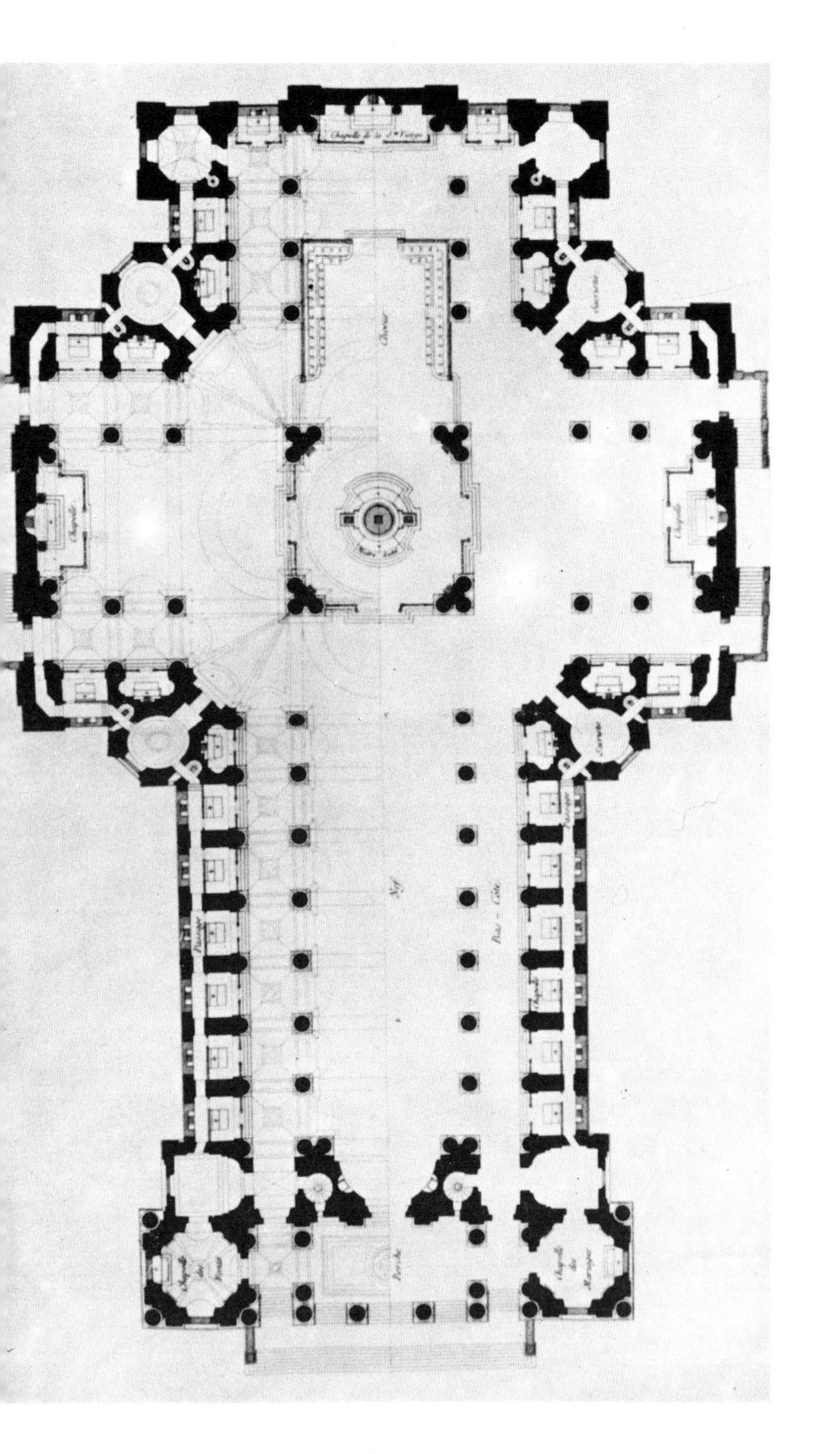

座大教堂建在一个规整的方格网上,又逐步形成穹顶,使大教堂的外形更加完美。然而,正是这项使苏夫洛感到愉快的结构设计工作耗尽了他毕生的精力,据说也导致了他的死亡(死于焦虑症)。苏夫洛把他自己称为建筑革新者,并得到马里尼(Marigny)侯爵的全力支持,但苏夫洛的作品却令人十分失望,尤其是那些结构探索没有能够起到多大作用的建筑,如 1756 年修建的巴黎圣母院圣器收藏室;1771 年至 1783 年修建的面向圣热讷维耶沃大教堂的法学院;为马里尼侯爵修建的住宅,包括 1769 年在鲁勒区(Faubourg du Roule)修建的一幢住宅,这幢住宅以帕拉第奥式的窗户闻名;还有在梅纳斯府邸(Château de Ménars)的柑橘园和水仙喷泉。在这些作品中,苏夫洛过多地依赖于他在意大利所学到的知识。

安热－雅克·加布里埃尔(Ange-Jacques Gabriel,1698—1782 年)是第一位为新的和经过改革的古典主义风格提供范例,并把这种风格融入优雅得体的法国传统风格的建筑师。尽管洛可可式建筑侵入法国,加布里埃尔的这种建筑风格从法国路易十四统治时期以来一直长盛不衰。他没有到过意大利,只是跟他在法国宫廷做首席建筑师的父亲学习。由于他的能力得到了皇室的充分信任,他于 1742 年成功地继承了法国国王首席建筑师的头衔(同时还获得了法兰西建筑学院院长的头衔),并在 1774 年退休前一直享有这个头衔。他只在国王的直接指令下工作,他在凡尔赛、枫丹白露、贡比涅(Compiègne)和舒瓦西(Choisy)的皇家宫殿的扩建和复杂而无甚作用的改建方案上耗费了相当多的时间和精力。他所设计的数量上相当多的巨大建筑和小型住宅,当然也包括他 1770 年在凡尔赛为法国皇太子婚礼而设计建造的华丽的剧院(现已修复一新),都是值得我们研究学习的,而且这些建筑无疑对建筑的发展方向产生了影响,然而他在 18 世纪 50 年代为宫廷连续建造的一些小型而比较简朴的建筑,给其同龄建筑师揭示了建筑应当怎样进行改革。他在 18 世纪 50 年代设计建造的宫廷建筑有:1749 年至 1750 年在凡尔赛小特里阿农(Petit Trianon)为蓬巴杜夫人设计的法兰西亭(Pavillon Français);1749 年在枫丹白露为蓬巴杜夫人建造的幽静的乡间住所;1750 年在凡尔赛附近森林里建造的勒比塔尔(Le Butard)猎庄;1755 年至 1757 年建造的圣于贝尔(St.-Hubert)猎庄;1756 年建造的勒福塞－雷波塞(Les Fausses-Reposes)猎庄(事实上没有记载)和 1764 年建造的拉米埃特(La Muette)猎庄。这些建筑在处理方法上是简洁而有节制的。加布里埃尔建筑生涯的顶峰作品是他1761年献给蓬巴杜夫人的小特里阿农。小特里阿农于

图 124　巴黎马德莱娜大教堂室内，皮埃尔·孔唐·迪夫里设计（始于 1764 年）

图 125　巴黎鲁勒区马里尼住宅，雅克－日尔曼·苏夫洛设计（1769 年）

图 126　梅纳斯府邸中为马里尼侯爵而建的水仙喷泉，雅克－日尔曼·苏夫洛设计（1764 年）

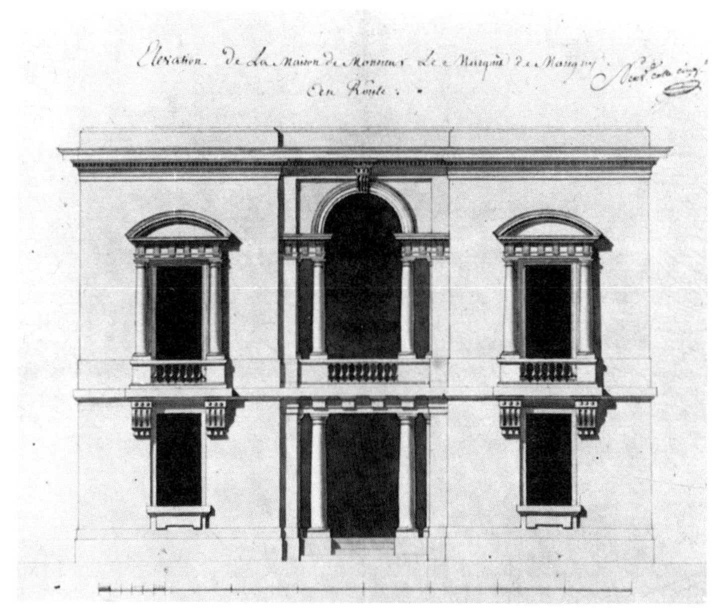

图 127，图 128　凡尔赛歌剧场，安热·雅克·加布里埃尔设计（1748—1770 年）

图 129　凡尔赛小特里阿农花园中的法兰西亭，安热·雅克·加布里埃尔设计（1749—1750 年）

图 130　马利附近的比塔尔猎屋，安热·雅克·加布里埃尔设计（1750 年）

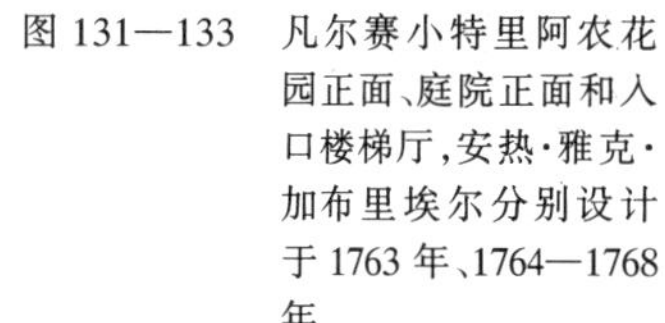

图 131—133　凡尔赛小特里阿农花园正面、庭院正面和入口楼梯厅，安热·雅克·加布里埃尔分别设计于 1763 年、1764—1768 年

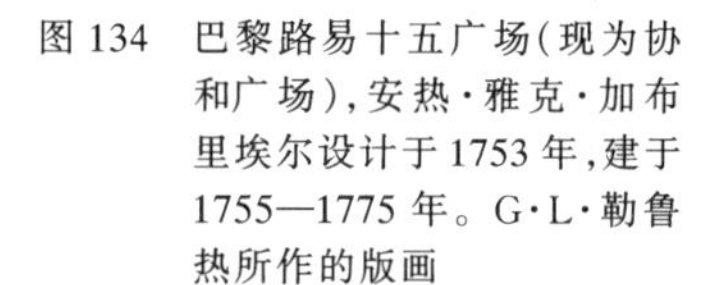

图 134　巴黎路易十五广场（现为协和广场），安热·雅克·加布里埃尔设计于 1753 年，建于 1755—1775 年。G·L·勒鲁热所作的版画

图 135　巴黎协和广场，安热·雅克·加布里埃尔设计

1762 年开工，但直到 1764 年——法国七年战争结束后的那一年，也是蓬巴杜夫人去世的那一年，建造工作才走上正轨。包括奥诺雷·吉贝尔（Honoré Guibert）承做的室内镶板在内的装饰工程，直到 1769 年才竣工，这是部雷、勒杜等先驱建筑师所在时代最精致优雅风尚的最佳范例。人们都崇拜加布里埃尔的作品，但他作品的影响力只在巴黎，通过他为蓬巴杜夫人建造亭榭的创作才再次最强烈地被感受到。甚至在蓬巴杜夫人弟弟于 1751 年成为建筑公司总经理以前，加布里埃尔就已应召设计威严的军事学校，这次设计工作始于 1751 年，但在 1765 年作了大幅度的修改，后又经许多其他建筑师之手，直至 1788 年才完成。

1748 年许多建筑师应邀为修建国王纪念雕像而提交一份城镇规划设计报告，大约有 150 份在巴黎选址的设计报告被送进王宫，国王惊于征购所建议场地所需的巨额费用，划出巴黎杜伊勒里宫花园（Tuileries gardens）尽头处的一大片场地，并下令在 1753 年再次举行设计竞赛。仅有 19 名建筑师参加了 1753 年的这次角逐。加布里埃尔的设计最后在 1755 年被选中，同年建造工作开始，直到 1775 年底才竣工，这样，在巴黎有了欧洲最宏伟同时也是最独特的广场——路易十五广场，现改名为协和广场（Place de la Concorde）。矩形的场地由明沟和栏杆界定，用顶上立有雕像的小亭子来突出切角的转角处，两幢雄伟而设有柱廊的高楼俯视整个广场，其建筑风格与佩罗在卢浮宫上所采用的建筑风格类似。洛吉耶在 1765 年的《建筑观察》中挑剔地评论道："还可以建造得更好。可删除这两个立面巨大的基座，在底层增加几步台阶，台阶之上再设立柱廊，从而使整个建筑有足够的高度。"（第 35 页）但个性不那么倔强的勒杜在他的《建筑》一书中写道："看看耸立的路易十五广场……，人们可以从约 300 法米之外的北岸看见它；它映入人们的视野，令人产生奇妙的暇想。从这些气势磅礴的建筑上可以看出法国建筑上那丰富的内涵和迸发出不灭的激情火花。"（第 1 卷，1804 年，第 108 页）人们不能完全肯定这里有没有故意的讽刺，因为像洛吉耶一样，勒杜也嘲弄过其细部过分的浮华烦琐。然而，加布里埃尔对后代建筑师的影响却是深远而巨大的。与他完全配对的建筑师是雅克－弗朗索瓦·布隆代尔。布隆代尔是一个温和而对所有事情都通情达理的人，在建筑上主张节制，不做大的更新，主张平衡而无强烈的动感或鲜明的对比。他们俩共同为建筑的未来打下了坚实的基础。

由于 1763 年巴黎条约的签署和七年战争的结束，建筑活动在巴

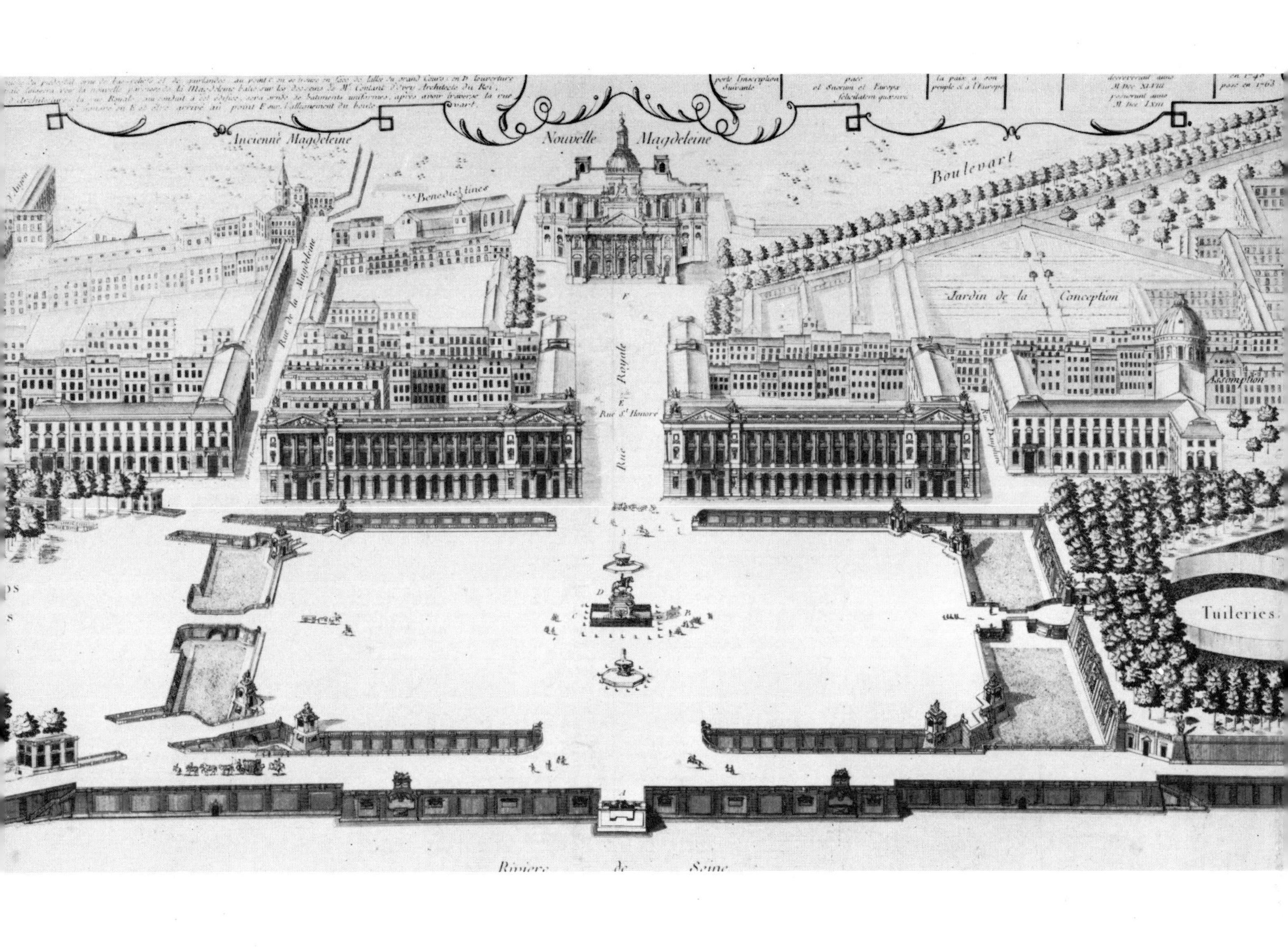
Ancienne Magdeleine
Nouvelle Magdeleine
Boulevart
Benedictines
Jardin de la Conception
Rue de la Magdeleine
Rue Royale
Rue S.t Honoré
Assomption
Tuileries.

图 136 巴黎协和广场北面的建筑，安热·雅克·加布里埃尔设计（1758—1775 年）

图 137，图 138 巴黎麦市场外观和室内，尼古拉·勒加缪·德梅齐埃雷斯设计，马雷夏尔绘制，建于 1763—1767 年

黎再度以空前的规模进行。全新的建筑物几年里在靠巴黎北面防护墙的场地上如雨后春笋般地拔地而起，并建起了新的林荫大道。在朝蒙马特尔（Montmartre）更北，靠香榭丽舍林荫大道以西，巴黎南面分散的小块地区上建起了一幢幢雅致的别墅，这些别墅是意大利乡间住宅——维特鲁威式建筑的翻版，标志着郊区开发的开始并被称之为巴黎郊区的"游乐园"。这不是想入非非，虽有些稀奇古怪，然而却是蓄意把别墅建成远离城市喧嚣、掩隐在树荫中的幽静住宅。新的一代建筑师在那时出现了，他们在建筑业占主导地位并传播其思想。他们是受布隆代尔、加布里埃尔和苏夫洛影响的一代，但追求的目标有所不同，他们所追求的目标是更肃穆的古典主义，更加完全的雄伟和庞大的规模。

"我们大部分学生对此经常误会，"布隆代尔在 1773 年《建筑学讲义》第 4 册中写道，"对于美观建筑的比例而言，他似乎更容易地实现了作品宏大的效果。"然而，他却能欣赏粮食市场（Halle aux Blés）庞大的规模和简洁的几何形状。麦市场由尼古拉·勒加缪·德梅齐埃（Nicolas Le Camus de Mézières）1763 年至 1767 年建造在马雷城（Marais）的正中心，这里曾是古老的苏瓦松府邸。严格地说，这并不是一个受古典主义影响的作品，虽然同代人的确把它比做古时的圆形剧场。洛吉耶甚至在 1765 年粮食市场竣工以前就动情地写道：粮食市场有可能成为巴黎最杰出的建筑。在 1782 年和 1783 年雅克－纪尧姆·勒格朗（Jacques-Guillaume Legrand，1743—1808 年）和雅克－莫利诺（Jacques Molinos，1743—1831 年）用巨大的穹顶覆盖在圆形中央庭院上，穹顶直径为 39m（129 英尺），用精巧的木结构做成，类似菲利贝尔·德洛姆（Philibert de l'Orme）建议在蒙马特尔修女宿舍采用的穹顶。这幢建筑最完整地体现了人们当时在法国所钟爱的那种大胆的几何形状，它可与巴黎万神庙媲美，尺寸几乎与其相同，令新一代建筑师钦佩不已。

下面首先要介绍的建筑师是佩雷、德瓦伊和穆罗·德普鲁，这三位建筑师都曾去过罗马，虽然只有两位曾获得"罗马艺术大奖"。最为激进的建筑师是马里－约瑟夫·佩雷（Marie-Joseph Peyre，1730—1785 年），一位具有伟大力量的创新者。他在 1765 年发表了献给马里尼侯爵的建筑作品，他的影响因此而迅速遍及国际建筑领域，他的建筑风格也随即为人们所吸收。与同时代的大多数建筑师相比，他的建筑风格持续的时间更长。他是布隆代尔、德尼·若斯纳伊（Denis Jossenay）和路易－亚当·洛里奥（Louis-Adam Loriot）的学生。1751 年，他因设计一个公共喷泉而获"罗马艺术大奖"。这座公共喷泉气势壮观，场地的边上有由对称的多立克柱式支撑着不加修饰的檐部和山花构成的向前突出的亭子。雕塑和穹顶以及穹顶上看起来像古代石棺的装饰物使轮廓线富有活力。但这决不是一个具有古罗马风格的设计，而是一个特征非常鲜明的布隆代尔学派的设计作品。佩雷 1753 年春到达罗马，并在那里至少找到了一名学生，威廉·钱伯斯，在后来的 18 个月里又接收了两名学生，夏尔·德瓦伊（Charles de Wailly，1730—1798 年）和皮埃尔－路易·穆罗·德普鲁。佩雷与他的学生一起对罗马的纪念碑进行了勘测，并测量了公共浴场、圆形广场，尤其测量了哈德良别墅（Hadrian's Villa）。

佩雷很快运用了他研究的成果。到罗马不久，他便在圣卢卡学院（Accademia di San Luca）参加了为一座大教堂和两座与之相关的邸宅——一座是大主教邸宅，另一座是牧师邸宅的设计竞赛，并在设计赛中获奖。虽然他仔细研究过米开朗琪罗和贝尔尼尼（Bernini）在圣彼得大教堂（St. Peter's）上所做的工作，但他仍在他的作品中吸取了古代建筑的许多特点，并在这个时期开始显示出他对独立支柱的特别爱好。他设计的这座大教堂，采用希腊十字式平面，用四个小穹顶包围中间的巨大穹顶，形成一个环状柱廊，外接一个环形空间和一圈更大的环形柱廊，这种建筑形式是贝尔尼尼建筑风格的临摹。两个邸宅为围绕着露天庭院而建的方形建筑，分别位于大教堂外缘环形柱廊的两侧。方案规模之庞大，不亚于他几年后在 1756 年设计的学术中心，也许只是不那么先进。学术中心的主楼在平面布置上是方形的，但其面积由于有两个巨大的半圆形庭院而减小。学术中心在构思上已明显地远远超越古罗马的风格，其主楼有不同几何形状的房间和大厅，均采用顶部采光，并且巧妙地构成一体。这种建筑布置格局大部分源于哈德良别墅，但毫无疑问，他也参照了皮拉内西就同一主题所作的不同设计。主楼的顶部是一个有外柱廊的鼓形楼，主楼位于一个方形庭院之中，四周也被柱子包围，方形庭院的周围是一组带有更多独立式柱廊的建筑群。这个庭院的两侧分别是革命军事竞技场和一个水池，水池是古罗马圆形广场上水池的逼真仿造，但其端头是以一系列圆柱所组成的一些半圆形作为结束。

这些设计中的巨大形体虽然在圣卢卡学院举行的一些设计竞赛中一点也不稀罕，但当这些设计方案与类似的但更有些平庸的国王宫殿设计方案于 1765 年在《建筑作品集》（Oeuvers d'architecture）上一起发表时，对建筑的未来却产生了深远的影响。毫无疑问，这些设计方

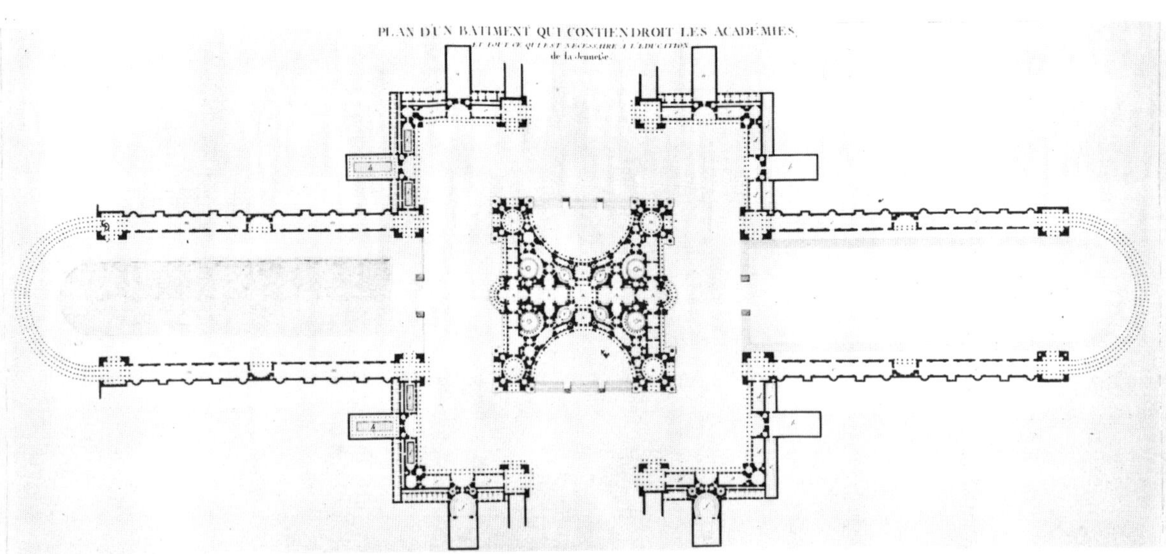
PLAN D'UN BATIMENT QUI CONTIENDROIT LES ACADÉMIES
de la Jeunesse

图 139　马里－约瑟夫·佩雷 1753 年提交给罗马圣卢卡学院的教堂设计竞赛方案图

图 140　马里－约瑟夫·佩雷 1756 年在罗马为一高等院校所作的设计图

图 141,图 142　马里－约瑟夫·佩雷 1756 年在罗马为高等院校设计的主楼

图 143　巴黎香榭丽舍林荫大道圆形剧场平面图,路易－德尼·勒加缪设计,建于 1769—1771 年

图 144　圆形剧场的庆祝会图,加布里埃尔·德圣奥班绘制,伦敦华莱士收藏馆藏

图 145　巴黎奥尔良别墅立面图和平面图,亨利·彼得与亚历山大·泰奥东·布龙尼亚设计,或更可能是布龙尼亚单独设计(1774 年)

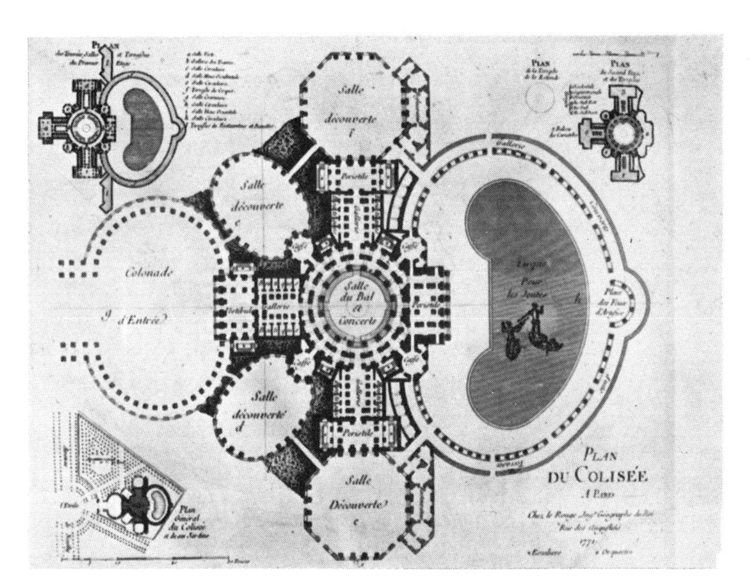

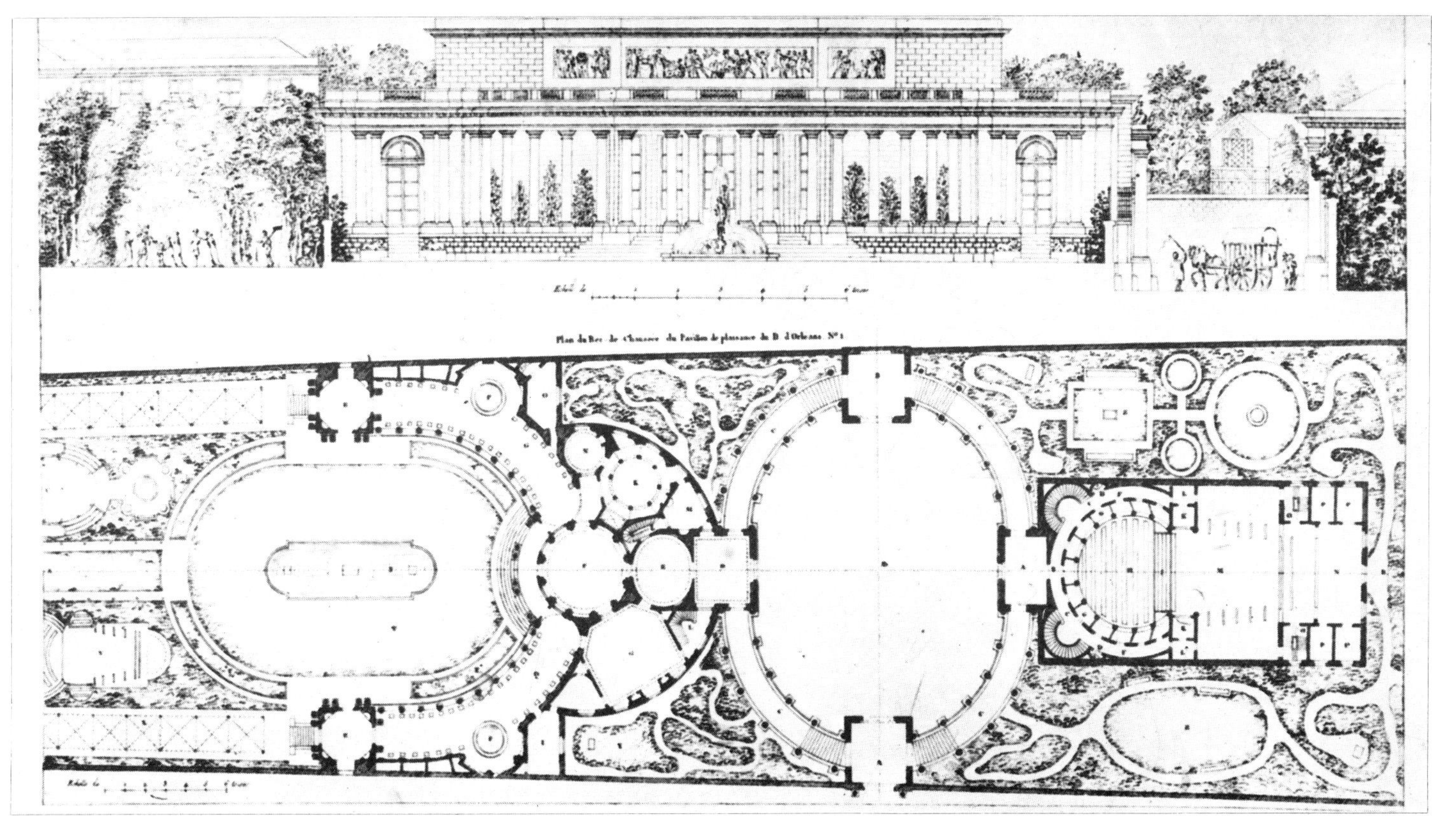

图 146 巴黎附近克洛斯·帕延的诺布尔的勒普雷特里住宅，马里－约瑟夫·佩雷设计，1762 年迪朗作的版画

案甚至在发表以前就已经对许多建筑师产生了强烈的影响，它们所展现出的纯粹的巨大尺度与 18 世纪 60 年代初期在设计大奖赛中获奖建筑师的作品非常一致。佩雷对使用柱子的偏爱可以追溯到像雅克·贡杜安(Jacques Gondoin)和罗伯特·亚当(Rorbet Adam)的作品，这些作品问世于用柱子来改造 18 世纪后期法国和英格兰的建筑很早以前。由于他对柱子的偏爱，以至所有的建筑看起来都是一连串的圆柱序列，这使人们回想起弗雷齐耶对科尔德穆瓦可怕的评论："他总是喜欢采用孤立的或无装饰的圆柱。"佩雷特别钟爱顶部采光的建筑形式，在 18 世纪 60 年代末之前，贡杜安、亚当和小乔治·当斯(George Dance)在他们的作品中也同样效仿了这一建筑形式。在这同一时期，佩雷为《法兰西信使》(Mercure de France)撰写了几篇文章，并于 1795 年在他的《建筑作品集》上再版，其中一篇文章论述了古罗马的规划布局，赞同效仿古罗马的两层楼房，楼房顶部采光，由不同形状和面积的房间组成，楼底为服务区。他写道："古罗马人如此推崇由拱顶明亮大厅所形成的美感效果，不仅在皇宫和公共纪念建筑上采用这种建筑手法，而且也运用于私人房舍的建造。因此，我们总是可以在这类建筑中见到几个类似的大厅。"(第 11 页)

然而，这种建筑规模庞大、设计复杂、采光效果新异的建筑在巴黎却为数不多，并且都属稀奇古怪之类。最富有雄心的建筑是位于香榭丽舍林荫大道尽端的巴黎圆形剧场，由路易－德尼·勒加缪(Louis-Denis Le Camus)设计，建于 1769 年至 1771 年间。这座用于娱乐的穹顶建筑很快就坏掉了，15 年以后被拆除。不过，加布里埃尔·德圣奥班(Gabriel de Saint-Aubin)已用素描描绘了它的壮观场面。1770 年维克托·路易(Victor Louis)为布洛涅林园(Bois de Boulogne)作了一个类似的但布局没有那么复杂的音乐会场设计，可这个音乐会场却从未建过，倒是实施了一个相关的工程，那就是由尼古拉·勒努瓦·勒罗曼(Nicolas Lenoir le Romain)或雅克·塞莱里耶(Jacques Cellerier，1742—1814 年)设计的皇家马戏场，建在布洛涅林园的林荫大道旁，于 1775 年投入使用。在 1774 年至 1785 年间，亨利·彼得(Henri Piètre，约 1725—1785 年后)，这位让－西尔万·卡尔托(Jean-Silvain Cartaud)的学生，与 A·T·布龙尼亚(A. T. Brongniart)一起在普罗旺斯路(Rue de Provence)为奥尔良公爵(Duc d'Orléans)设计建造了一座别墅，这座别墅较小，坚固而富有私密性，因此而更为杰出。它与布龙尼亚为公爵的平民妻子蒙泰松夫人(Mme. de Montesson)所修建的住宅相邻，是一件非凡的作品，从外观上与佩雷的理想最接近，尤其如 J·K·克拉夫特

图 147　北安普顿郡的韦克菲尔德猎庄，威廉·肯特设计（约 1746 年）

和 P·N·朗索内特 1802 年在《巴黎周围最美观的建筑平面、剖面和立面》中所展示的那样，当然画得不够准确。

佩雷 1756 年就从罗马回到了巴黎，但直到 1762 年他才应召设计建造他的第一个、也是非常卓越的作品——巴黎南郊克洛斯·帕延(Clos Payen)的一座园林式的豪华住宅：德诺布尔的勒普雷特里住宅(Hôtel Leprêtre de Neubourg)。这幢住宅的建造与加布里埃尔完成，同样卓越、但更精致典雅和更少节制的"小特里阿农"别墅的修改设计方案同年，也是英国伍斯特郡(Worcestershire)哈格利庄园(Hagley Park)中由斯图尔特设计的多立克式的庙宇竣工 4 年以后的那一年。然而与斯图尔特不同的是，佩雷并不注重效仿古罗马的建筑，而推崇帕拉第奥，他希望能吸收其精华并运用于自己的作品。实际上，德诺布尔的勒普雷特里住宅属于新古典主义建筑风格的作品。它也许是法国第一幢纯粹新古典主义建筑风格的建筑，虽然它在外观上一点不像约建于 1745 年或稍后的在英国北安普顿郡(Northamptonshire)波特斯普雷(Potterspury)由威廉·肯特设计的韦克菲尔德猎庄(Wakefield Lodge)。像芒萨尔(Jules Hardouin Mansart)设计的许多住宅一样，韦克菲尔德猎庄建在列柱基座上，由两个带有山花的体块组成，中间由一矩形体块连接，由 6 根多立克柱构成的门廊附在矩形部分上，柱上支撑着水平的柱上楣构，通向门廊的是一段双分折角楼梯。该建筑构图紧凑，除几个壁龛外，墙面简洁无装饰，间距适度的门和窗洞无缘饰。尽管该建筑采用了对称的手法，然而，它却有着真正的新古典主义建筑风格所具有的不太强调中心的特点。主要入口不在建筑的主轴线上，而在边上，这种布局显示出对不强调中心的建筑手法的偏爱。楼梯设有围栏并往下延伸，正如佩雷所注意到的一样，这种处理手法通常出现在古建筑上。用柱子装饰的入口和楼梯厅通向餐厅，从餐厅可依次通向沙龙、主卧室和化装室，中间不设通道。这里没有被布隆代尔称赞为法国对建筑伟大贡献的那种奇异复杂和精巧别致的布置，而是一个不加虚饰的帝国风格的布局，在特征上几乎是古典建筑风格，表明佩雷的创新甚至在最小的家居尺度上也是适用的。

佩雷接下来的一个设计就没有那么严肃。1763 年 4 月他为孔戴亲王(Prince de Condé)的一座府邸做了几个设计方案，打算把它建造在卢森堡宫对面，即以现在的孔戴路(Rue de Condé)与蒙西厄尔亲王路(Rue Monsieur-le-Prince)和范古拉尔德路(Rue de Vangirard)为界的地方。《建筑作品集》一书中有插图说明，其罗马风格的方案所具有夸张的一面在透视草图上非常明显。但平面图一点也没有透视草图所

表现出来的那种新颖。的确，它与布隆代尔为教学绘制的理想别墅毫无差别。显然，佩雷设计的主要特点是采用最新和纯正的罗马万神庙的建筑形式：低穹顶的圆形建筑，有一圈独立的柱子，柱子后面是 4 段对称的楼梯与平顶柱廊相接。但最突出的特点是由柱列形成的屏幕，并用凯旋门围合入口庭院。这个主题可以追溯到同一时期的科尔德穆瓦以及德拉迈尔设计的苏比斯大厦(Delamair'sa Hôtel de Soubise)，也体现在 18 世纪 50 年代布隆代尔和纳福热(Neufforge)繁荣时期的作品中。1764 年加布里埃尔在贡比涅(Compiègne)设计的庄园也采用了这一主题，贡杜安几年以后在巴黎外科学校(École de Chirurgie)的设计中使之绝对化了。然而，对佩雷建筑风格最直接的模仿是尼古拉-马里·波坦(Nicolas-Marie Potain)的女婿皮埃尔·卢梭(Pierre Rousseau, 1751—1810 年)的派生名作——萨尔姆府邸(Hôtel de Salm)，现为授勋殿(Palais de la Légion d'Honneur)。萨尔姆府邸位于巴黎里尔路 64 号(64 Rue de Lille)，建于 1782 年至 1785 年间。亚当从意大利回英格兰不久，在 1759 年为伦敦白厅的海军部柱廊设计上也采用了佩雷的构思，但漏掉了在柱廊后面直接建造空白幕墙这一部分。

佩雷从一开始就意识到他自己是创新者。他在《建筑作品集》一书中声称他的目的是展示如何模仿古罗马的建筑作品，以便与法国已

图 148　巴黎孔戴府邸，马里－约瑟夫·佩雷设计(1763 年)

图 149　巴黎萨尔姆府邸(现为授勋殿)入口门廊，皮埃尔·卢梭设计(1782—1785 年)

图 150　巴黎萨尔姆府邸(现为授勋殿),位于安纳托尔岸边的正立面,皮埃尔·卢梭设计(1782—1785 年)

图 151　夏尔·德瓦伊获"设计大奖"的一宫殿(1752 年)

图 152　罗马圣特里尼塔山修道院墓室遗迹，夏尔－路易·克莱里索设计（约 1765 年）

图 153　巴黎雷尼耶的格里莫府邸沙龙的装饰墙板，夏尔－路易·克莱里索设计（1774 年或 1775 年）。伦敦维多利亚和阿伯特博物馆藏

图 154　巴黎雷尼耶的格里莫府邸沙龙的墙面，夏尔－路易·克莱里索设计（1774 年或 1775 年）

图 155，图 156　梅斯法院立面和庭院，夏尔－路易·克莱里索设计（1776—1789 年）

图 157 巴黎圣绪尔比斯教堂圣母玛丽亚祭台，夏尔·德瓦伊设计(1777—1778 年)
图 158 巴黎圣绪尔比斯教堂布道台，夏尔·德瓦伊设计(1789 年)

有的建筑传统相融合。这本书发表后，他几乎没有设计出重要的作品。他在舒瓦西担任过监督员，于 1767 年成为法兰西美术学院的成员。在晚年，他作过一些改造和新建楼房的设计方案，他在巴黎设计建造的房屋中至少有两幢至今幸存：尼韦奈府邸(Hôtel de Nivernais)，位于图尔农路 10 号(10 Rue de Tournon)和与之毗连的加朗西埃雷路 11 号(11 Rue Garancière)。但他惟一重要的作品是他与他的朋友夏尔·德瓦伊合作设计的法兰西剧院(Théâtre-Français)，后来改为奥德昂剧院(Théâtre de l'Odéon)、新法国剧院(New Théâtre de France)。

勒热(Legeay)和布隆代尔的学生德瓦伊以一个庞大宫殿的立面设计在 1752 年获得了“罗马艺术大奖”。此宫殿由巨大的科林斯柱构成柱廊，形成了凹形的集中式建筑特征，前面屹立着凯旋门和效仿贝尔尼尼在圣彼得大教堂设计的一排很低矮的弧形柱廊。显然，佩雷后来的“大方案”都是受了这个设计的影响。德瓦伊慷慨地与他的朋友穆罗·德普鲁共享他获得的“罗马艺术大奖”，但德普鲁在随后的三年中表现出他只是一名才干平平的建筑师。他设计了我们前面讨论过的沙瓦纳大厦(Hôtel de Chavannes，1756—1758 年)、皇家宫殿的歌剧院(Théâtre de l'Opéra，1763—1770 年)和梅尼尔蒙唐区(Ménilmontant)布杜安的卡雷亭(Pavillion Carréde Beaudouin，1770 年)。所有这些作品都具有影响力和发展前途，但由于缺乏设计的力度而不令人满意。德普鲁保持了他 1763 年继承的家族世袭头衔“巴黎城市建筑大师”(Maître des Bâtiments de la Ville de Paris)，是家族中最后一个拥有这种头衔的人。然而，德瓦伊却是一个富有挑战性的建筑师。他从罗马回国后开了一个画室，许多建筑师拜他为师，其中有俄国建筑师瓦西里·伊万诺维奇·巴热诺夫(Vasili Ivanovich Bazhenov，1737—1799 年)，伊万·叶戈罗维奇·斯塔罗夫(Ivan Yegorovich Starov，1743—1808 年)和费奥多尔·伊万诺维奇·沃尔霍夫(Fiodor Ivanovich Volkhov，1755—1803 年)。德瓦伊于 1767 年成为加布里埃尔手下在凡尔赛宫的监督员，同年他被马里尼强制编入皇家绘画雕塑学院(Académie Royale de Peinture et de Sculpture)的最高班级，马里尼非常崇拜他的作品。4 年后，他被选为皇家绘画雕塑学院成员，除独具风格专画古遗迹的画家克莱里索以外，他是惟一获得这种荣誉的建筑师。夏尔－路易·克莱里索(charles-Louis Clérisseau，1722—1820 年)是罗马圣特里尼塔山修道院(S. Trinità dei Monti)墓室遗迹的画家，他的这幅画使皮拉内西十分钦佩。他也是布瓦西－丹格拉斯路(Rue Boissy-d'Anglas)雷尼埃雷格里莫德府邸(Grimod de la Renière)的沙龙

图 159　巴黎圣勒于－圣吉勒教堂地下墓室，夏尔·德瓦伊设计（1773—1780年）

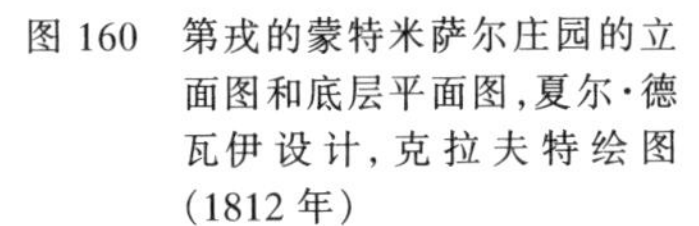

图 160　第戎的蒙特米萨尔庄园的立面图和底层平面图，夏尔·德瓦伊设计，克拉夫特绘图（1812年）

图 161　第戎的蒙特米萨尔庄园（现为圣多米尼克学院的一部分），夏尔·德瓦伊设计（1764—1772年）

图 162　夏尔·德瓦伊1764年设计的蒙特米萨尔庄园的细部绘画，让－巴蒂斯特·拉勒芒约在1770年绘制，第戎美术博物馆藏

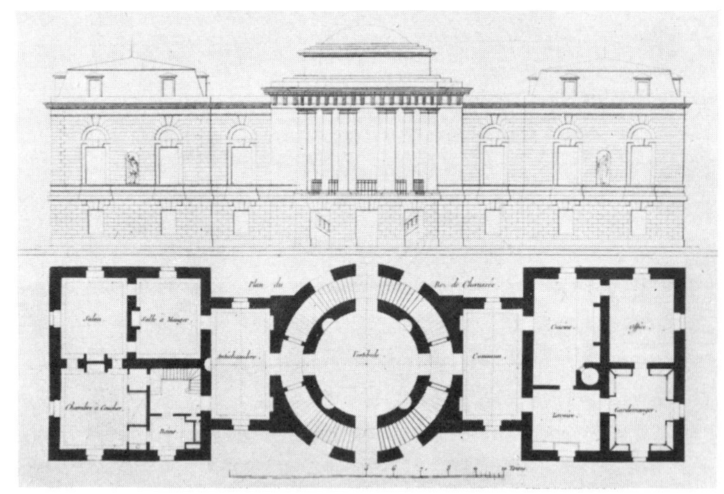

图 163 巴黎佩皮尼埃路夏尔·德瓦伊的住宅剖面,夏尔·德瓦伊设计(1778年)

图 164 巴黎佩皮尼埃路住宅立面图和平面图,夏尔·德瓦伊设计

(建于 1774—1775 年间)早期阿拉伯风格装饰的设计师,也是梅斯总督府邸[Palais du Gouverneur,建于 1776—1789 年间,现改为法院(Palais de Justice)]的建筑师。德瓦伊的建筑设计活动涉及面广,但发展不太连贯,其作品的确有些令人迷惑不解。例如,在罗马,他绘制了杰苏宫(l Gesù)顶棚的图案和贝尔尼尼设计的圣彼得大帝御座的图案,体现了他对形式的丰富性和能渲染氛围的采光的明显兴趣。他的许多室内设计运用了巴洛克式手法,显得异常丰富浮华。例如,意大利热那亚的斯宾诺拉宫(Palazzo Spinola)的沙龙(建于 1772—1773 年),巴黎圣绪尔比斯教堂里的圣母小教堂(Chapelle de la Vierge in St.-Sulpice,建于 1777—1778 年间),还有古老的阿根索府邸(Hôtel d'Argenson)的房间(于 1784 年重新装饰)。1771 年他为阿根索侯爵的乡间住宅勒·奥梅埃斯(Les Ormes)设计建造了一段精美别致的楼梯(钱伯斯也参与了一些设计工作)。此楼梯源于皮亚琴蒂尼(G.B. Piacentini)设计的 1695 年在意大利博洛尼亚城(Bologna)拉努齐府邸[the Palazzo dei Ranuzzi,现改名为朱斯蒂齐亚(Giustizia)]建成的楼梯。1755 年,他在意大利博洛尼亚成为美术学院成员。他于 1768 年或许是 1769 年为马里尼侯爵在梅纳斯庄园设计了一个花园亭榭,亭榭使用了部分带有凹槽的多立克式圆柱,与在提洛岛的阿波罗神庙所使用的圆柱类似,这是在法国对古希腊多立克柱式的惟一直接模仿。他在巴黎设计圣勒于－圣吉勒教堂的地下墓室(St.-Leu-St.-Gilles,建于 1773—1780 年间)时,采用了源于帕埃斯图姆神庙的柱式,但使用了方形柱脚和细凸嵌线装饰,而没有采用凹槽装饰,这种设计处理在效果上是哥特式的而不是古典主义的手法。他在设计的整个手法上存在着同样的视觉上的不协调:一些建筑由小而对比鲜明的不同形状和尺度的要素组成,另一些建筑则由大而简化了的几何体量组成。然而,他的主要作品,如果不总是像他同龄建筑师设计的作品那么坚固和刻板的话,不可否认地属于新古典主义的建筑风格。

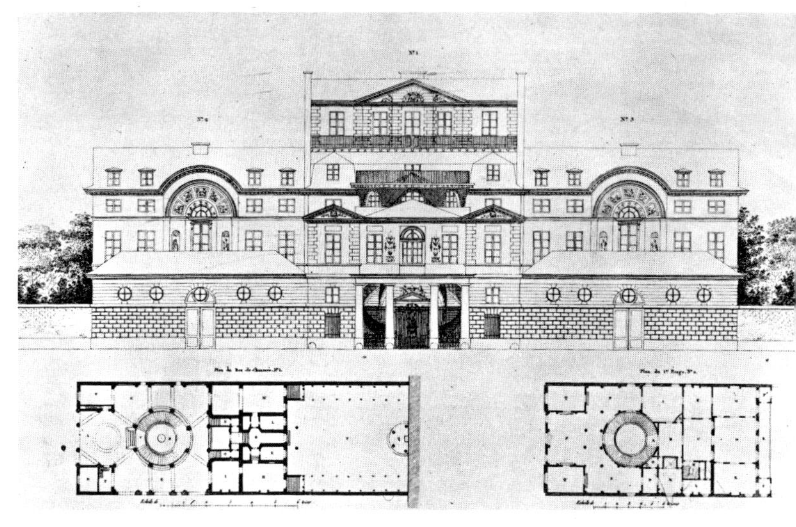

第戎(Dijon)郊区的蒙特米萨尔庄园(Montmusard)是德瓦伊设计的第一幢,也是最大胆的一幢乡间住宅,这是 1764 年为勃艮第(Burgundy)国会第一任主席奥利维耶·菲奥·德拉马尔什(Olivier Fyot de la Marche)而做的。平面图由复杂而非常清晰的几何图形构成,在风格上蓄意仿古,这是 18 世纪法国第一座作为庙宇而建造的世俗建筑——一个供奉缪斯女神(the muses)的庙宇,这一点在其布局上已得到了清晰的体现。这座建筑只建了一部分,但德瓦伊最初的设计方案却通过帕尼尼的学生让－巴蒂斯特·拉勒芒(1716—1803年)所绘制的

图 165,图 166　巴黎法兰西剧院(后改为奥德昂剧院,现为法国剧院)剖面、门厅和楼梯厅,马里－约瑟夫·佩雷和夏尔·德瓦伊 1770 年合作设计

图 167　巴黎法兰西剧院,马里－约瑟夫·佩雷和夏尔·德瓦伊合作设计(1779—1782 年)。于 1799 年大火后重建,剧院左边的房子是为雕塑家奥古斯丁·帕容于 1776 年始建

图 168　里昂大剧院平面，雅克－日尔曼·苏夫洛设计（1753 年）
图 169　亚眠剧院立面，让·卢梭设计（1778 年）

一幅画而流传了下来，表达了建筑师的意图。平面为矩形，但与四个角楼相接后看起来几乎是方形。在靠花园的一面有一个穹顶圆形沙龙，沙龙向外突出以构成一个半圆形。在入口的前面建一个带露天柱廊的庙宇，其中一部分嵌入这座建筑的主体。详细的布局比通常的更为复杂，虽然立面设计为单层，上面带有阁楼和栏杆，但各个立面通过凹形图案取得了统一，门窗洞口周围都不设线脚。如果蒙特米萨尔庄园当时以这种形式建成的话，它一定是法国最大胆最宏伟壮观的建筑。但早在蒙特米萨尔庄园完工以前，建造资金在 1772 年就已经用完了。1773 年德瓦伊在沙龙为俄国女皇叶卡捷琳娜二世（Catherine the Great）展览了他就同一主题所作的更加宏伟壮观、具有创新的设计，以供奉罗马神话里的智慧女神密涅瓦（Minerva）。很多年以后，在 1812 年，克拉夫特发表了他为蒙特米萨尔庄园所作的截然不同的设计，它由一个圆筒体和两个与之相接的立方体构成。这种布局的原因是在二楼上有一个由穹顶覆盖的露天圆形夏季沙龙，其周围是两排柱子，楼梯间在两排柱子间升上来。毫无疑问，这是源于佩雷为孔戴府邸设计的楼梯厅，虽然人们也许会把它与巴尔塔扎·诺伊曼（Balthasar Neumann）设计、1731 年建成的在巴登－符腾堡州（Baden-Württembert）布鲁赫萨尔（Bruchsal）的埃皮斯科帕尔宫（Episcopal Palace）椭圆形楼梯厅隐约地联系起来。这种把中心放在楼梯厅的作法在法国是不常见的。在英国，楼梯厅设计为圆形并带有穹顶和柱廊的尝试始于钱伯斯爵士 1759 年为蓓尔美尔街（Pall Mall）约克府邸的楼梯厅设计。正如我们所见，他可能在 1774 年与德瓦伊合作设计了奥梅埃斯庄园的楼梯厅，并作了更为复杂的变化。然而，最著名的楼梯厅是由詹姆斯·佩因于 1770 年在威尔特郡（Wiltshire）为瓦德尔城堡（Wardour Castle）设计的楼梯厅。

德瓦伊为巴黎佩皮尼埃路（Rue de la Pépinière）设计了 5 幢城镇住宅，但在开始仅建造了两幢——建于 1776 年的雕塑家奥古斯坦·帕容（Augustin Pajou）的住宅和建于 1778 年的他自己的住宅，后来在 1779 年建造了第三幢住宅。这些住宅由一组简单的体块组成，一些体块上面有小山花，另一些体块顶部是弧形山墙，这些体块意在构成一幅统一而栩栩如生的建筑全景。如果我们用克拉夫特和朗索内特在《巴黎最美观建筑的平面、剖面和立面》一书中的描述来进行评判的话，这些住宅在形式处理上是非常明智的。另一个圆形柱廊楼梯厅的使用也形成了建筑的中心，但是由于许多小而不同的要素在构图上所形成的不断缩进，削弱了整体效果。

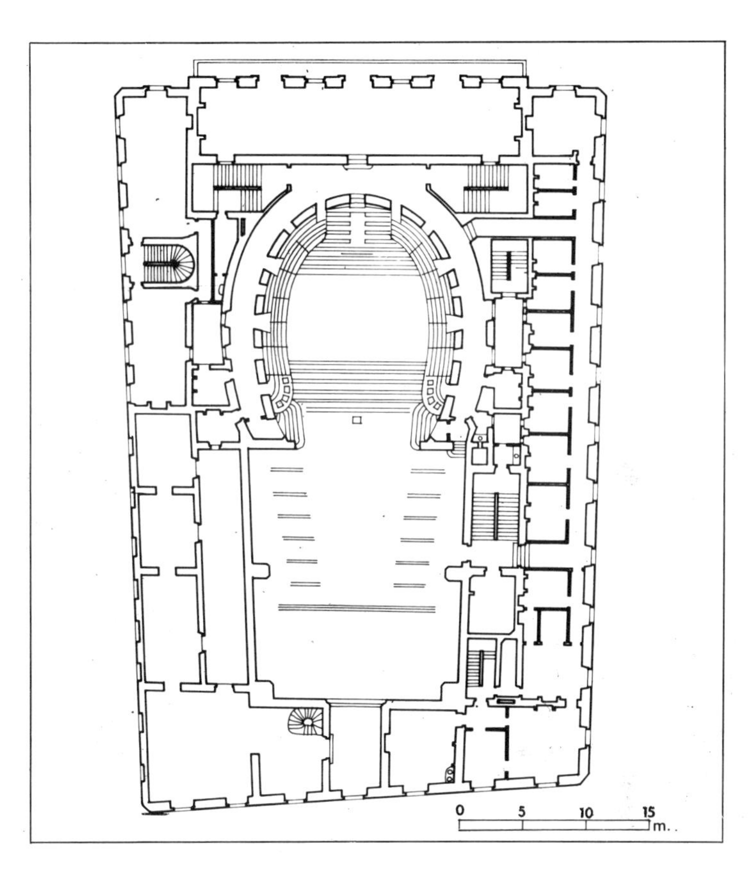

图 170　波尔多大剧院透视图，维克托·路易设计

图 171　波尔多大剧院纵剖面，维克托·路易设计

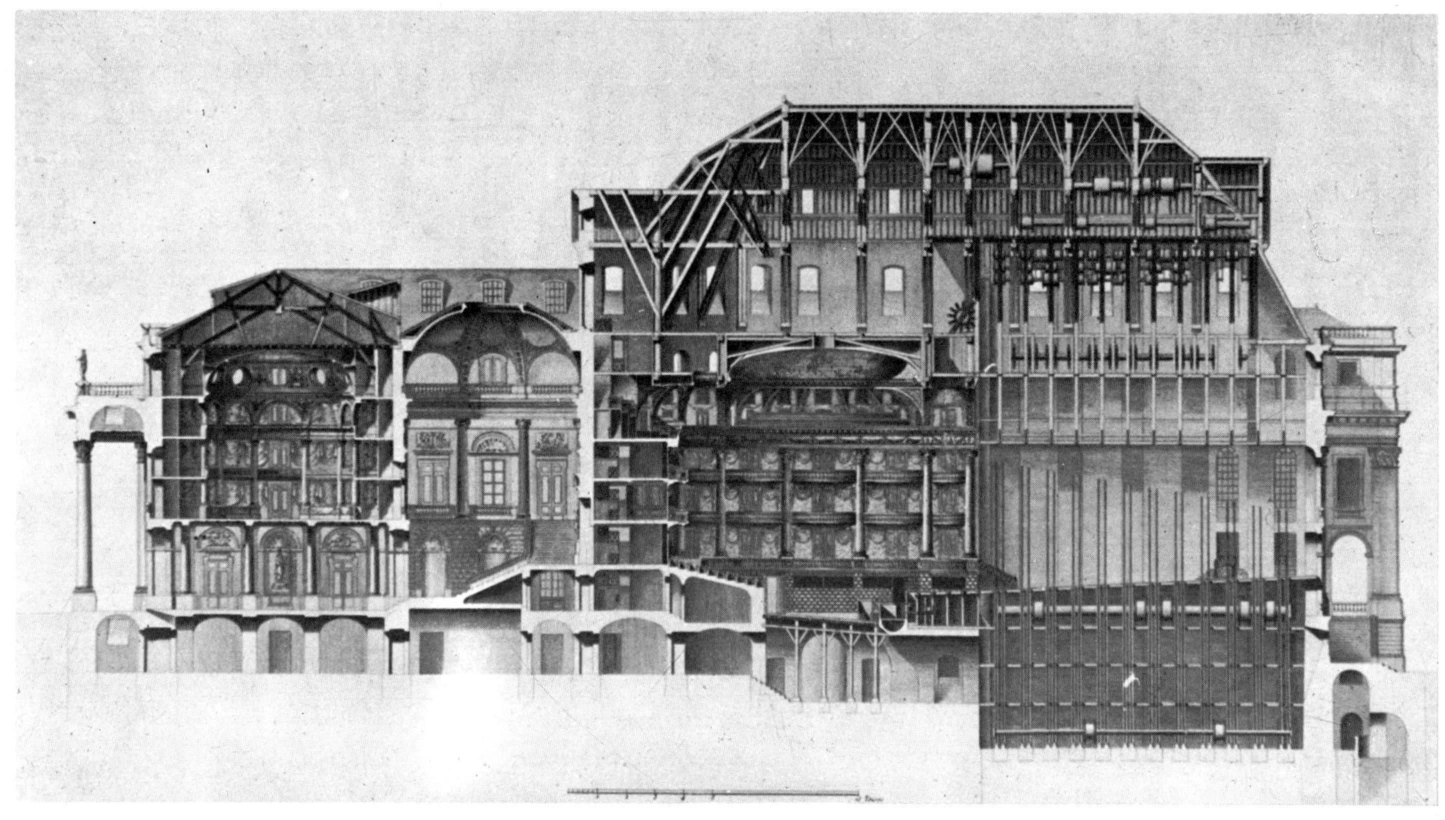

图 172　波尔多大剧院横剖面，维克托·路易设计（1773—1780年）

图 173　波尔多大剧院观众席，维克托·路易设计

图 174　波尔多大剧院外观，维克托·路易设计（1773—1780 年）

图 175　波尔多大剧院楼梯厅，维克托·路易设计（1773—1780年）

1767 年德瓦伊应召与佩雷一起在孔戴府邸的场地上设计了他最伟大的作品法兰西剧院，后来改为奥德昂剧院，现为新法国剧院。为了研究剧院，他在随后的几年里游览了英国、德国，并两次游览了意大利。这一建筑的历史是复杂的，涉及到许多场地、业主的变化和激烈的竞争，包括曾经一度由德普鲁接替设计法兰西剧院的工作。作为学生，德普鲁不仅获益于与德瓦伊的友谊，而且当时他还是佩雷的妹夫。法兰西剧院的基础工程于 1779 年 5 月由德普鲁设计建造，该剧院 1782 年竣工，与德普鲁和德瓦伊 1770 年被批准的合作设计在很多方面非常相似。圆形剧院观众厅完全位于一个用粗琢石装饰的矩形体块中，沿观众厅底楼的两侧和后面是连拱廊，二楼有矩形窗，阁楼层有圆形开口，高高的金字塔状的屋顶覆盖着整个建筑。剧院的前面是带水平柱上楣构的多立克柱式门廊，曾经打算用来支撑两尊斜倚雕像和一个七弦竖琴，象征性地献给阿波罗神。后来在 1786 年，当要把剧院改建为歌剧院时，德瓦伊做了一个设计，在门廊上方设置了两个包厢和一个位于更后部的带有一个威尼斯式窗户、一些壁龛和雕塑饰物的阁楼，以形成与其他部分不同的三位一体的特点。但这样建起来的形式上更加庄严朴素的歌剧院，只不过比在 1779 年的大火之后由沙尔格兰重建的歌剧院稍纯正一点罢了。

对佩雷和德瓦伊建筑生涯的简要描述，表明了 1763 年以后在住宅建筑领域里所发生的富有戏剧性的变化：体量组合和墙面处理方法的变化；布局上的变化，即从依赖简单的贯通处理变为复杂的不同形状和大小的房间的连锁组合；同时还有细部设计的变化。所有不同类型的建筑都有类似明显的变化和发展，而且从来没有修建过这么多的公共建筑。在这个时期，法国修建的剧院成倍地增加，为研究法国建筑提供了特别富有成果的天地。对音响效果、视线、采光、防火以及构造的实际需求导致了对传统建筑规范的明显摒弃。这的确是一个值得回顾的进步，最初始于梅斯(Metz)的新剧院，或者更确切地说，始于苏夫洛设计于 1754 年在里昂开始建造的剧院，也包括在巴黎占主导地位的、由佩雷和德瓦伊设计的法兰西剧院在内的 20 多座剧院。建造剧院也扩展到了各省的中心：在亚眠(Amiens)，1778 年卢梭设计建造了一座剧院；在贝桑松(Besançon)，勒杜从 1775 年至 1784 年进行了积极的建筑活动；尤其是在波尔多(Bordeaux)，法国最雄伟壮观的剧院于 1773 年至 1780 年建成，庞大的矩形体块前面是由 12 根巨大的科林斯式圆柱组成的门廊，其楼梯厅——18 世纪法国建筑最辉煌壮观的部分之一，至今仍然保存完整。设计师是洛里奥的学生路易-尼

图 176　圣安德烈·德库伯扎克的布伊尔府邸设计图，维克托·路易设计（始于 1786 年）

图 177　建于波尔多原特龙佩特宅地（现为贡当广场）上的路易十六广场（1785 年）

图 178 贝桑松总督府(现省府邸),维克托·路易设计,尼古拉·尼科尔建于 1772—1776 年

图 179 巴黎皇家宫殿长廊,维克托·路易设计(1781 年)

古拉 - 维克图瓦·路易(Louis-Nicolas-Victoire Louis,1731—约 1807 年),他在 1755 年获得了类似"罗马艺术大奖"的大奖以后把自己称为维克托·路易(Victor Louis),并在罗马呆了 3 年。从罗马一回到法国,他就开始完全为上流社会提供设计服务,首先是在若弗兰夫人(Mme. Geoffrin)的庇护下做波兰国王的建筑师;随后是为西班牙大使做皇家临时舞厅的设计师,此舞厅用于庆祝法国皇太子 1770 年的婚礼招待会(沙尔格兰为奥地利大使也做过与之高雅豪华相当的舞厅)。但路易成名和维持生计主要是在波尔多,在那里他在与他剧院相邻的新区设计建造了许多住宅:赛热住宅(Hôtels Saige,建于 1774—1780 年),丰弗雷德住宅(Fontfrède,建于 1774—1776 年),勒格里住宅(Legrix),莫莱雷住宅(Molére),罗利住宅(Rolly)和奈拉克住宅(Nairac,于 1775 年动工)。同时他也负责建造了几幢乡间住宅,如马尔芒德(Marmande)附近的维拉塞尔府邸(Château de Virasel)。在当时最富有雄心的建筑是在圣安德烈 - 德库伯扎克(St.-André-de-Cubzac)为松塔侯爵(Marquis de la Tour du Pin)修建的布伊尔府邸(Château de Bouilh),它于 1786 年动工,但只建成了一部分。虽然没有完成,布伊尔府邸却依然体现了作为 18 世纪最卓越的乡间住宅的特色。路易在 1785 年为位于波尔多的特罗姆佩泰住宅(Château Trompette)的旧址[现为坎贡斯广场 Place des Quinconces)]上的路易十六广场(Place Louis XVI)所做的设计方案具有同等的巨大尺度:一个直径为 400m(1320 英尺)的由房屋连成的半圆形,面对并沿加隆河(Garonne River)而建,但这一方案却从未实施。在 1772 年,当路易还在波尔多奔忙时,就设计了在贝桑松的总督府(Hôtel de l'Intendance),现为贝桑松省府邸,并在以后的 4 年里由布隆代尔的学生尼古拉·尼科尔(Nicolas Nicole,1702—1784 年)按设计严格实施建造。后来,路易回到了巴黎,在 1781 年与尼古拉磋商采用皇家宫殿长廊和一个与其相连的剧院的形式来建造总督官邸。剧院是在一场大火后于 1902 年由朱利安 - 阿扎伊斯·加代(Julien-Azais Guadet)重建的。剧场以其铸铁屋架和加固物而闻名,加代的儿子保罗(Guadet's son Paul)在剧院被烧毁后的现场真实地拍下了其残骸照片。

巴黎卡隆尼的圣马格丽特(Ste.-Marguerite-de-Charonne)教堂的炼狱堂(Chapelle des Âmes du Purgatoire)是路易的早期作品之一,设计于 1763 年,他对教堂设计的发展所作出的卓越贡献一点也不亚于他对剧场设计所作出的贡献。礼拜堂从表面上看起来两侧排列着几排爱奥尼式柱子,支撑着一段水平的没有凸出的檐口线脚、模仿一石棺

图 180　巴黎卡隆尼的圣马格里特教堂的炼狱堂，维克托·路易设计，保罗·安东尼奥·布鲁内蒂绘画装饰(1763—1765年)

图 181　巴黎圣菲利普－迪鲁莱教堂室内，让－弗朗索瓦－泰雷兹·沙尔格兰设计，设计方案于 1768 年批准，建于 1772—1784 年，迪朗的版画

檐壁而设计的柱上楣构，也支撑着一个方格状的筒拱，实际上是一幅由保罗·安东尼奥·布鲁内蒂(Paolo Antonio Brunetti)绘制的栩栩如生的画。保罗与他父亲加埃塔诺(Gaetano)和夏尔－约瑟夫·纳图瓦雷(Charles-Joseph Natoire)一起曾经在博夫朗的孤儿院(Boffrand's Enfants-Trouvés)礼拜堂的墙上绘制了毁灭的场景(画于 1746—1751 年间)。这是一个令人吃惊的创新，在洛吉耶的《建筑观察》中受到了高度的称赞："它是巴黎最优美的建筑画之一。"(第 115 页)路易因此而承认，一年或两年后三个巴西利卡式教堂的设计为教堂设计的变革提供了令人信服的形式。这一变革是佩罗兄弟首先在圣热讷维耶沃教堂设计中提出来的，随后，科尔德穆瓦和洛吉耶也提出了教堂设计的变革，并在这个时期以苏夫洛的圣热讷维耶沃教堂和迪夫里的马德莱娜教堂达到教堂设计变革的高潮。三个前面提到的巴西利卡式教堂是：巴黎的圣菲利普·迪鲁勒教堂(St.-Philippe-du-Roule)，凡尔赛的圣桑福里安教堂(St.-Symphorien)，和在圣日耳曼－昂莱(St.-Germain-en-Laye)的圣路易教堂。值得注意的是，这些教堂都先于在里昂的圣樊尚·德奥古斯坦教堂(St.-Vincent-des-Augustins)，后者由苏夫洛的一个助手莱奥纳尔·鲁(Leonard Roux，1725—约 1794 年)于 1759 年设计，在 1789 年才竣工，因此不在受巴黎式风格影响的作品之列，也不享有其典范作品的声誉。

不过，这些教堂中最著名的要数巴黎圣菲利普－迪鲁勒教堂，它是洛里奥也是部雷的另一位学生让－弗朗索瓦－泰雷兹·沙尔格兰(1739—1811 年)的作品。

沙尔格兰 19 岁就获得了"罗马艺术大奖"，20 岁到罗马游览。他在罗马与苏夫洛保持通信。回到法国后，他成为在德普鲁领导下工作的巴黎城市建筑工程监督员(Inspecteur des Travaux de la Ville de Paris)，监督管理按加布里埃尔设计的圣弗洛朗坦大厦(Hôtel de Saint-Florentin)的建造工作，该大厦离路易十五广场不远。沙尔格兰自己设计了大厦的门道和入口。1764 年，他受皇家庶务总管(Minstre de la Maison du Roi)圣弗洛朗坦伯爵的委托设计一座新的教堂。建造场地在 1767 年 5 月就已得到，但设计方案却在 1768 年 8 月才获法兰西学院的批准，工程最后于 1772 年动工，1784 年竣工。新教堂的设计别具一格，独立的爱奥尼式柱子顺教堂中厅排列，然后沿教堂半圆形的后殿延伸，支撑着方格状的筒拱，外面是一个低矮的托斯卡柱式门廊。但直到 18 世纪末，这种别具一格的建筑风格才为人们所欣赏。

今天，这座教堂已非常明显地在古代雕塑方面失去了往日的连贯

图 182 巴黎圣菲利普－迪鲁莱教堂，让－弗朗索瓦－泰雷兹·沙尔格兰设计，设计方案于1768年批准，建于1772—1784年

图 183 凡尔赛蒙特利尔的圣桑福里安教堂东立面，路易－弗朗索瓦·特鲁阿尔设计(1764—1770年)

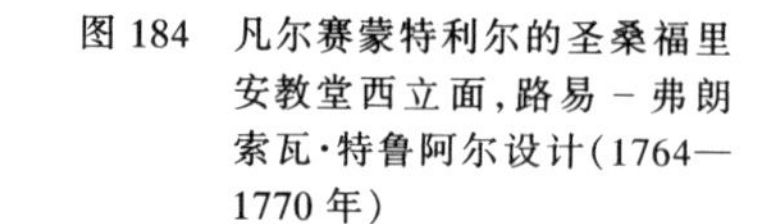

图 184 凡尔赛蒙特利尔的圣桑福里安教堂西立面，路易－弗朗索瓦·特鲁阿尔设计(1764—1770年)

图 185 凡尔赛蒙特利尔的圣桑福里安教堂室内，路易－弗朗索瓦·特鲁阿尔设计(1764—1770年)

图 186 让－巴蒂斯特·克莱贝尔1774年为斯特拉斯堡嘉布遣会修女设计的小教堂

图 187 凡尔赛圣路易传教教堂，路易－弗朗索瓦·特鲁阿尔设计(1764—1770年)

图 188 引自詹巴蒂斯塔·皮拉内西的《未来建筑的主要构图》的插图：多立克柱式门廊(1743年)

图 189 马利港的圣路易教堂西立面，艾蒂安－弗朗索瓦·勒格朗设计(1778年)

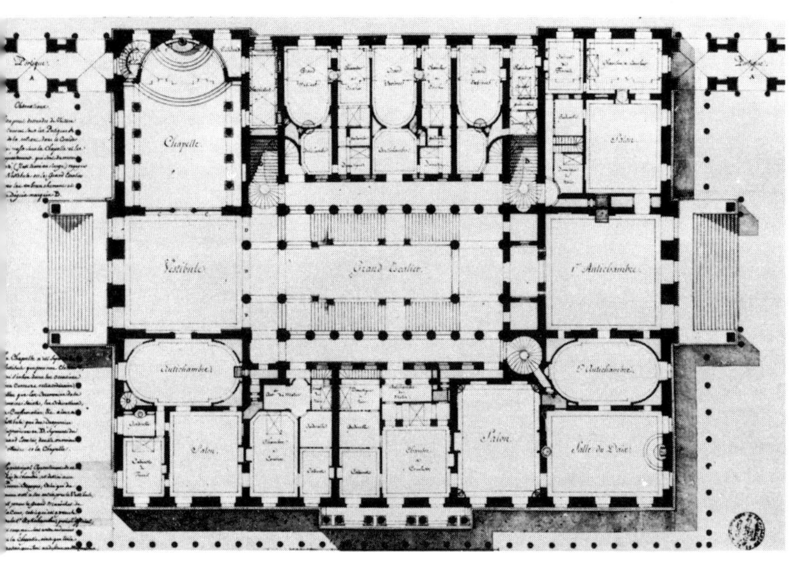
Chapelle
Salon
Vestibule
Grand Escalier
1re Antichambre
Antichambre
Salon
Salon
Salle du Dais

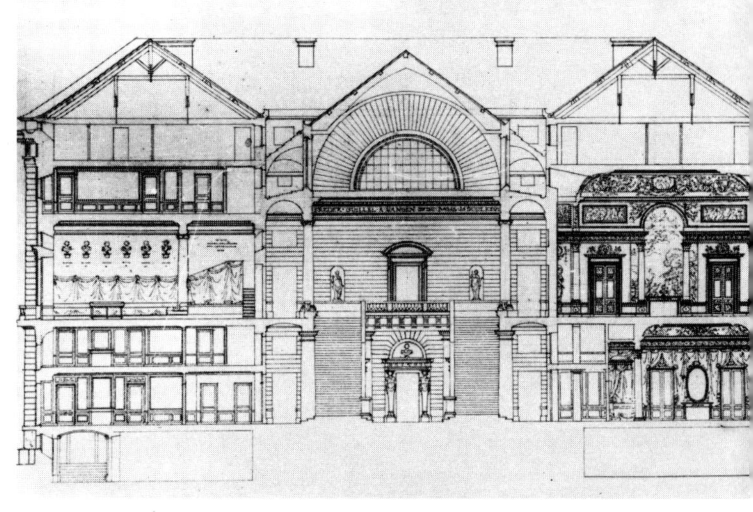

图 190，图 191 皮埃尔－阿德里安·帕里斯在波伦特鲁为巴塞尔主教设计的宅邸，外观细部和底层平面

图 192—194 皮埃尔－阿德里安·帕里斯在波伦特鲁为巴塞尔主教设计的宅邸，立面图和花园平斜台剖面（1776 年）。贝桑松城市图书馆藏

图 195，图 196 纳沙泰尔市政厅，皮埃尔－阿德里安·帕里斯设计（1784—1790 年）

性和古典主义的整体美感，因为教堂两次被改建：一次是在 1846 年，由艾蒂安－伊波利特·戈德（Étienne-Hippolyte Godde）改建，他在拱顶上采用了窗子，并在东端建造了维耶热礼拜堂（Chapplelle de la Vierge），透过礼拜堂半圆形后殿的屏风可以看到一幅狭长的景色；另一次是在 1853 年，由维克托·巴尔塔（Victor Baltard）改建，增建了卡特希斯梅小教堂（Chapelle des Catechismes）。尽管这样，其原始的一些风格特点仍为沙尔格兰的学生、未来的总设计师让－巴蒂斯特·克莱贝尔（Jean-Baptiste Kléber，1753—1800 年）所采用，1774 年他在斯特拉斯堡（Strasbourg）建造嘉布遣会小教堂[①]（Capuchin Chapel）时效仿了圣菲利普·迪鲁勒教堂的布局。的确，克莱贝尔的作品与沙尔格兰最初的意图更为接近，他完整地保留了带有飞扶壁的石拱顶。由于经济原因，这种飞扶壁在建造圣菲利普·迪鲁勒教堂时被取消，取而代之的是由木材和灰浆建造的拱顶。

在沙尔格兰的教堂竣工很久以前，在凡尔赛修建了一座仿巴西利卡式的教堂。这座教堂设计于 1764 年，部分刻有凹槽的多立克式柱子支撑着一段水平的柱上楣构，由方格状筒拱覆盖，拱上开有窗，立面上有独立的托斯卡式柱列。这就是 1770 年竣工的圣桑福里安·德蒙特勒伊教堂（St.-Symphorien de Montreuil），建筑师又是洛里奥的一位学生：路易－弗朗索瓦·特鲁阿尔（Louis-François Trouard，1729—1794 年）。特鲁阿尔于 1753 年获得“罗马艺术大奖”，1754 年秋到达罗马，三年后回到凡尔赛工作。在凡尔赛，他主持了法国皇室卫队营房和其他一些一般建筑的设计建造工作。他担任了奥尔良大教堂（Orléans Cathedral）和皇家庶务部（行政机构，资金来源于空缺主教职位的工资和没收新教徒财产）的建筑师。任职期间，他在 1764—1770 年间设计了凡尔赛圣路易大教堂东端的圣桑福里安教堂和卡特希斯梅两座小教堂。用柱列来划分内部空间的卡特希斯梅教堂设计似乎直接取自詹巴蒂斯塔·皮拉内西《未来建筑的主要构图》一书中的一幅插图。另外一个受意大利风格影响的教堂是在马利港（Port Marly），也称伊夫林（Yvelines）的圣路易教堂，这座教堂曾被认为是特鲁阿尔的作品，现在更令人信服地表明了是艾蒂安－弗朗索瓦·勒格朗（Étienne-François Legrand）的作品，他是继特鲁阿尔之后在皇家庶务部和奥尔良大教堂任职的建筑师。圣路易教堂于 1778 年动工，即与尼古拉·雷维特在英格兰阿约特·圣劳伦斯（Ayot St. Lawrence）建造的教堂同年，

① 嘉布遣会（Capuchin）是天主教方济各会的一支。——译者注

图 197　圣日耳曼－昂莱的圣路易教堂室内，尼古拉－马里·波坦 1764 年设计，德马奇绘图

图 198　位于日村的圣桑福里安教堂室内，亨利·弗里涅和夏尔·科隆博设计（1769—1785 年）

并可与之媲美。

按时间次序，勒格朗在奥尔良的继任建筑师是他的学生皮埃尔－阿德里安·帕里斯（Pierre-Adrien Pâris，1747—1819 年）。帕里斯虽然没有获过“罗马艺术大奖”，但与特鲁阿尔的儿子一起在 1770 年至 1771 年间游历过罗马，于 1774 年回到罗马。4 年后，他加入了皇家娱乐消遣俱乐部（Menus-Plaisirs）——负责皇家庆典节日及公开场面的机构，同时服务于时装世界，也为城镇住宅提供整洁、清新、具有整体魅力的设计。帕里斯的主要成名作品是位于波朗特吕（Porrentruy）为巴塞尔（Basel）大公设计的巨大的意大利风格的邸宅，于 1776 年开始建造，但未能完工。不过，这部作品取源于他的规模更大的作品，如纳沙泰尔（Neuchâtel）市政厅，由当地的营造师雷蒙（Raimond）建于 1784 年至 1790 年间；还有布雷塞地区（Bourg-en-Bresse）医院。他 1819 年逝世时，给他的贝桑松家乡同胞留下了一批无与伦比的艺术家收藏画，如弗朗索瓦·布歇（François Boucher）的画，让－奥诺雷·弗拉戈纳尔（Jean-Honoré Fragonard）的画，于贝尔·罗贝尔的画，还有他早年游历意大利所作的题材更广泛的一大批画。在 1783 年多次考察罗马期间，他作了一些其他的画，1806 年以后，当他担任罗马法兰西学院院长（Académie de France à Rome）时，他与他的学生一起也作过一些画。这些画表明他研究过所有的建筑，无论是古典主义建筑、文艺复兴建筑，还是文艺复兴以后的建筑，不仅包括帕拉第奥的作品、朱利奥·罗马诺（Giulio Romano）、老圣加洛和小圣加洛（the Sangallos）的作品，而且还包括皮罗·利戈里奥（Pirro Ligorio）设计的建筑和其他奇形怪状的建筑，如在米兰的瑞士参议院（Collegio Elvetico）——贡杜安对此建筑极其钦佩，和在埃玛（Ema）的塞尔托萨（Certosa）——此建筑总是令勒·柯布西耶（Le Corbusier）兴奋不已。所有帕里斯的原版设计现仍然保存在贝桑松，展示了他的构思奇异的创作源泉，这些都急待着人们去探索和研究。

这里要涉及的第三座重要教堂是在圣日耳曼－昂莱（St.-Germain-en-Laye）的圣路易教堂。与圣桑福里安教堂一样，也是设计于 1764 年，两年以后才动工，后来工程中断，到 1787 年才复工，那正是在法国大革命以前，最后由亚历山大－雅克·马尔皮耶斯（Alexandre-Jacques Malpièce）和穆捷（A.-J. Moutier）在 1823—1824 年间建成。最初的建筑师是尼古拉－马里·波坦（Nicolas-Marie Potain，1713—1796 年），他是苏夫洛的同辈人，于 1738 年获“设计大奖”，并在罗马一直呆到 1744 年。像苏夫洛一样，他也测量了圣彼得大教堂。后来，他为了

图 199,图 200 巴黎圣富瓦住宅立面图和底层平面,亚历山大－泰奥多尔·布龙尼亚设计(1775年)

图 201 巴黎波旁－孔戴的梅勒住宅花园立面,亚历山大－泰奥多尔·布龙尼亚设计(1780—1781年)

研究剧院,游历了整个意大利,结果是 1763 年在一个拐角的场地上建造了一座非凡的剧院。轴线在对角线上的观众厅,其平面呈椭圆形,厅内有层层向后抬高的排座,宽阔的舞台台口由柱子来划分,但柱子被佩雷和德瓦伊取消。不过,立面不那么引人注目:顶部有栏杆的两个爱奥尼柱式的门廊使这座建筑表现出大胆的气势,但窗洞口的式样和装饰都流露出对加布里埃尔式的古典主义建筑风格的推崇。波坦从 1754 年到 1770 年是加布里埃尔设计建造路易十五广场的助手。毫不奇怪,他的作品备受沙尔格兰的赞赏。因此,在 1762 年,当苏夫洛全身心投入巴黎圣热讷维耶沃大教堂的设计建造时,沙尔格兰决定让波坦接替苏夫洛做雷恩(Rennes)新教堂的建筑师。苏夫洛此项工程的任命始于 1754 年,波坦在苏夫洛设计的基础上对新教堂进行了设计,并在 1762 年 7 月 26 日向法兰西学院呈交了他的设计方案。第二年,他的设计方案被修改,又在 1764 年 5 月 9 日得到国王的批准。保存下来的方案图显示出独立式的柱子沿中厅排列,坐落在被毁的哥特式教堂的基础之上,拱顶的特征没有在图中显示出来。这座教堂于 1786 年动工,但由于法国大革命而中断。虽然今天仍然耸立的大教堂建于 1811 年至 1844年间,但人们总会误认为这个典型的巴西利卡式教堂体现了波坦的早期设计特点(即爱奥尼柱沿中厅排列,并围绕教堂半圆形的后殿延伸,还有水平柱上楣构和方格状筒拱),因此也间接地展现了苏夫洛 1754 年的第一个设计方案的特点。毫无疑问,这个方案为三个大约在 1764 年设计的巴西利卡式教堂提供了原型,也在一定程度上体现了他们两人当时不谋而合的构思。

人们在后来的几年里相继修建了许多这类教堂,但最优美雅致的教堂是在日村(Gy)的圣桑福里安教堂,由亨利·弗里涅(Henri Frignet)和当地建筑师夏尔·科隆博(Charles Colombot)为贝桑松大主教设计,建于 1769 年至 1785 年间。这种建筑式样在 19 世纪初叶极为流行,并作为习以为常和可靠的模式为人们所接受,那时还没有人在乎或没有意识到哥特式建筑的作用,它在 18 世纪的建筑探索中曾是一个极其重要的方面。

佩雷、德瓦伊、路易和沙尔格兰被描述为法国 18 世纪末修正古典主义建筑风格的第一批真正的代表,但部雷、雅克－但尼·安托万(Jacques-Denis Antoine)、勒杜、贡杜安、布龙尼亚和贝朗热都起了同样重要的作用,虽然贡杜安的确去过意大利,但他们中没有一个在设计大奖赛中获奖。他们在 18 世纪 60 年代崭露头角,但并不都是革新者。他们中最年轻的成员亚历山大－泰奥多尔·布龙尼亚(Alexandre-

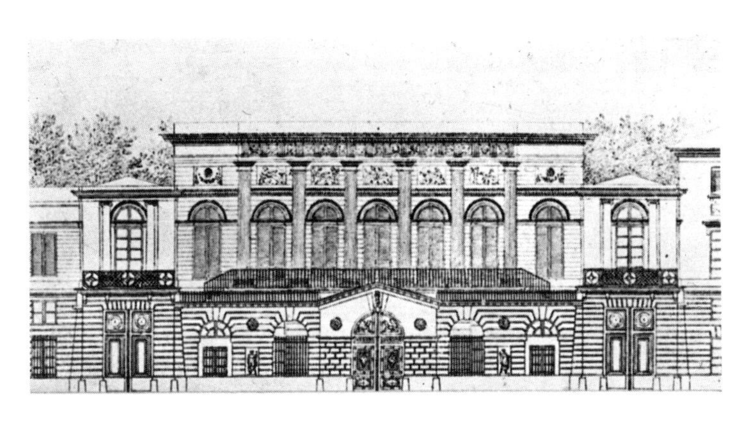

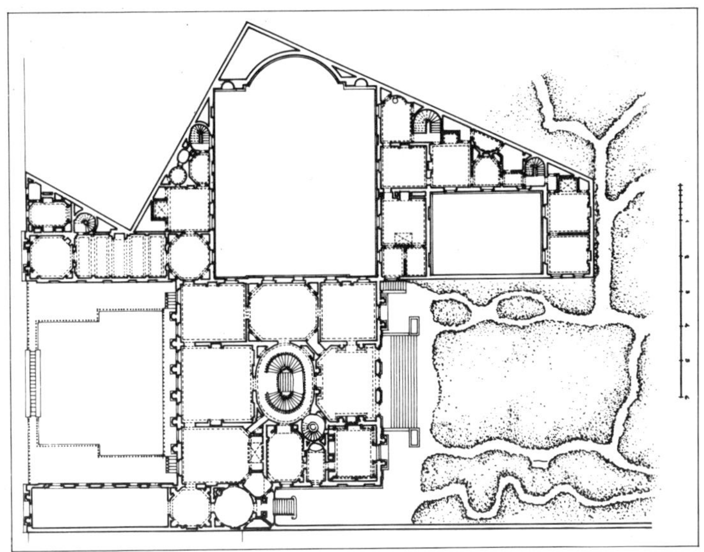

图202 巴黎古蒂埃尔府邸院子入口,J·梅蒂维耶设计(1780年)

图203 巴黎泰博路布朗卡府邸(拉莎府邸)花园里的洛拉格亭立面图,弗朗索瓦-约瑟夫·贝朗热设计(1769年)

图204 伦敦兰斯多恩府邸谢尔伯尼勋爵的画廊纵剖面,弗朗索瓦-约瑟夫·贝朗热设计(1778年)

Théodore Brongniart，1739—1813 年）和弗朗索瓦 - 约瑟夫·贝朗热（François-Joseph Bélanger，1744—1818 年）的确属流行建筑模式的倡导者而不是新建筑风格的先锋。作为加布里埃尔的继承人、卓越的规划师和有品位的设计师，他们尽力捕捉加布里埃尔 18 世纪中期最佳作品中的优雅和精美，并将其融入他们的新的、更庄重甚至更宏伟的巴黎风格。

布龙尼亚是布隆代尔和部雷的学生，其建筑生涯始于 1765 年，那年他在卡昂（Caen）设计建造了一座剧院——一座影响不大的建筑，但体现了他对苏夫洛作品的偏爱，自然也包括对布隆代尔作品的偏爱。他在巴黎后来的几年里所设计建造的无数建筑，也依然体现了德瓦伊的影响和发展到盛期的古典主义所具有的流畅、圆滑和傲视一切的审美特点。他设计建造的所有住宅都具有外观节制、形式简洁、规划巧妙的优点，大多数的房间为矩形或方形，仅少数房间为圆形或其他几何形，形成一定的变化。房屋底层正面几乎千篇一律地有规则的圆头形洞口，上面楼层正面有矩形浮雕嵌板或窗户，每一单元由巨大的壁柱隔开，房顶线总是采用水平线。后来，他放弃了使用壁柱，仅保留了最简洁一致的粗琢石面。他的第一部成熟作品是位于肖塞 - 德昂坦（Chaussée-d'Antin）的蒙泰松住宅（Hôtel de Montesson），建于 1770 年至 1771 年间，与加布里埃尔许多晚期建筑作品相似，但人们认为它更含蓄，几何图形更干净利落。现在蒙泰松住宅与他的最富有雄心的建筑——建于 1775 年的巴塞 - 迪 - 雷姆帕特路（Rue Basse-du-Rempart）的圣富瓦住宅（Hôtel de Sainte-Foix），均已被拆毁，但他后来设计建造的许多住宅都幸存了下来，虽然其中有些只剩下了一部分。可供参观的有：圣多米尼克路 57 号（57 Rue St.-Dominique）的莫纳科住宅（Hôtel de Monaco），现为波兰大使馆，建于 1775 年至 1777 年间；还有附近的一些，包括蒙西埃于尔路 12 号（12 Rue Monsieur）的波旁 - 孔戴的梅勒住宅（Hôtel de Melle. de Bourbon-Condé），建于 1780 年至 1781 年间，克洛迪昂（Clodion）设计制作的浮雕嵌板现已去掉；在蒙西埃于尔路 20 号（20 Rue Monsieur）的孟德斯鸠住宅（Hôtel de Montesquiou），约建于 1782 年；在恩瓦立德林荫大道 49 号（49 Boulevard des Invalides）的布龙尼亚的住宅，建于 1782 年；在马塞朗路 3—5 号（3—5 Rue Masseran）的钱布林住宅（Hôtel Chamblin），约建于 1789 年；以及马塞朗路 11 号（11 Rue Masseran）的马塞朗住宅，时间始于 1787 年。

在法国大革命以前，布龙尼亚仅设计建造了两座重要的非民用建筑：一座是巴黎罗马城（Romainville）的圣日耳曼 - 洛克塞鲁瓦教堂

图 205 巴黎布洛涅林园中的巴格泰勒别墅，弗朗索瓦 - 约瑟夫·贝朗热设计（1777 年）

图 206 巴黎巴格泰勒别墅中阿图瓦伯爵的卧室，弗朗索瓦 - 约瑟夫·贝朗热设计（1777 年）

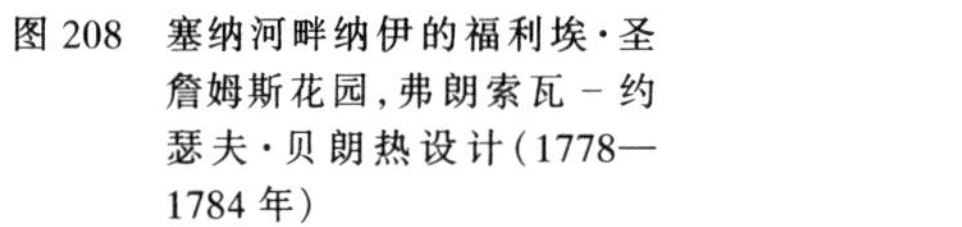

图 207　巴黎巴格泰勒公园中的英国式花园平面布局，弗朗索瓦－约瑟夫·贝朗热和托马斯·布莱基设计（1778—1780年），勒鲁热的版画

图 208　塞纳河畔纳伊的福利埃·圣詹姆斯花园，弗朗索瓦－约瑟夫·贝朗热设计（1778—1784年）

图 209，图 210　巴黎亚历山大府邸立面图和底层平面，艾蒂安－路易·部雷设计（1763—1766年）

图 211　巴黎亚历山大府邸，艾蒂安－路易·部雷设计（1763—1766年）

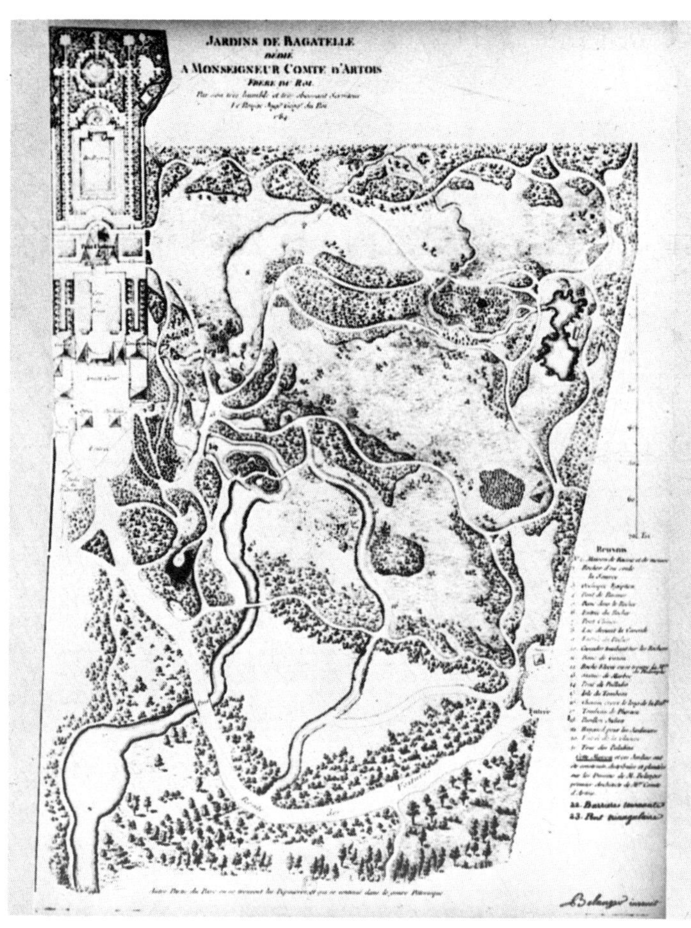

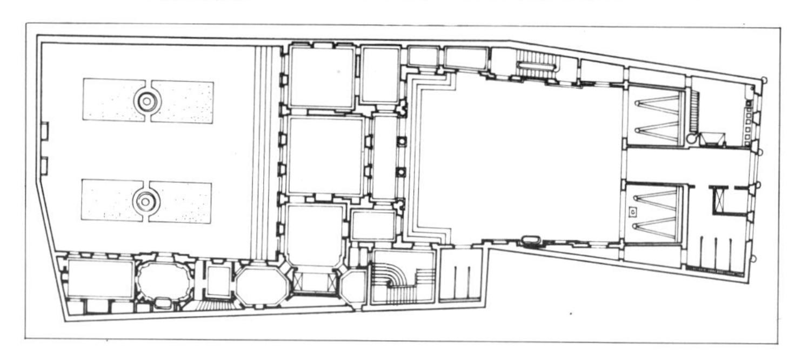

图 212,图 213 巴黎布吕努瓦府邸花园前部的平面和立面图,艾蒂安-路易·部雷设计(1775—1779年)

图 214 巴黎蒙莱埃斯府邸主立面,雅克-德尼·安托万设计,始建于1767年

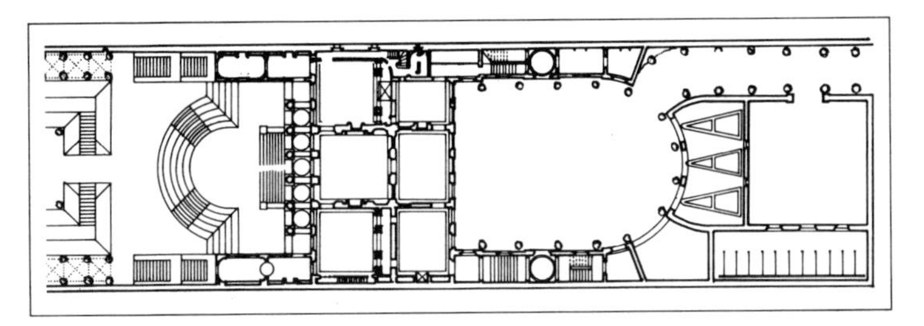

(St.-Germain-l'Auxerrois),建于1785年至1787年间,其内部布局使人联想起圣菲利普·迪鲁勒教堂,但中厅多立克柱式更为坚实;另一座是肖塞德·昂坦的嘉布遣会修女修道院(Couvent des Capucins de la Chaussée-d'Antin),现为孔多塞中学(Lycée Condorcet)和圣路易·德昂坦教堂(St.-Louis d'Antin),建于1780年至1783年间。在这座修道院的设计中,布龙尼亚第一次展现了他最初的设计构想。在庭院里,他采用了帕埃斯图姆式柱子,但柱头要小些,而柱身上也不设凹槽。主立面也更雄伟和更富有几何性。两个带有山花的楼阁通过一个较低的体块相接起来,每个楼阁都有出入口,要不然就采用空壁龛和两条细长的浅浮雕嵌板稍加强调。然而整座建筑都倾向于精确,而不是雄伟强劲。

法国大革命后,布龙尼亚的重大作品是巴黎证券交易所(Bourse),它设计于1807年,那年他已68岁,同样,这部作品不再是一个擅长于宏伟壮观设计风格的建筑师的创作,但在同龄建筑师看来却体现了他们的许多建筑观念,甚至,佩罗和科尔德穆瓦的理论也得到了充分的表现。巨大的科林斯柱支撑着朴素的柱上楣构和檐口,柱子围绕着坚实的矩形结构部分,其上为间距规整的带券矩形洞口。这座建筑即使在1903年改建为希腊十字形状以前,也仍未能体现出巨大或雄伟的气势,因而缺乏成为杰作的力度。

贝朗热是勒鲁瓦和迪夫里的学生,于1767年开始从事建筑,23岁时被聘为皇家消遣俱乐部的素描画师。他大概在22岁那年到英国旅游过,并在笔记本里记录了他的一些印象。这本笔记本现收藏在老巴黎美术学院。1778年他在英国伯克利广场(Berkeley Square)和附近的兰斯多恩府邸(Lansdowne House)为谢尔伯尼勋爵(Lord Shelburne)的艺术画廊进行设计,他是继承了从1773年的亚当到1819年的罗伯特·斯默克(Robert Smirke)的建筑风格的设计师之一。但是,他后来的建筑活动和工作都全部集中在凡尔赛和巴黎,他通过名人录与阿图瓦伯爵(Comte d'Artois)取得了联系,并成为他的建筑师。同时,也认识了著名歌唱家索菲·阿尔努(Sophie Arnould),后来也成为她的情人和建筑师。在以后的20年里,他几乎专门为索菲·阿尔努赫赫有名的一批崇拜者进行设计,因此而赢得"时髦大师"的桂冠,但实际上他是一位能力极强、技艺超群的建筑师。他早在1769年因设计泰博路(Rue Taibout)布朗卡府邸(Hôtel de Brancas)花园里的洛拉格别墅(Pavillon Lauraguais)而奠定了他在建筑设计上的地位,这是在克莱里索帮助下完成的一座临时性的小屋,是一件令人眼花缭乱的精美

图 215 巴黎蒙莱埃斯府邸沙龙，雅克－德尼·安托万设计，始建于 1767 年

图 216，图 217 戈多咖啡店的细木护壁板，克洛德－尼古拉·勒杜设计（1762 年）。巴黎卡尔纳瓦勒博物馆藏

工艺作品。但他最引人注目的作品是在 1777 年 9 月 21 日到同年 11 月 26 日期间设计建造、并完成装修的巴格泰勒别墅（Pavillon de Bagatelle），在短时间内完成这项工程是由于阿图瓦和玛丽·安托瓦妮特（MarieAntoinette）打赌的结果。根据苏格兰建筑师托马斯·布莱基（Thomas Blaikie）的建议，在那里修建了一座英国式的花园，布莱基在诺曼底第一次受雇于洛拉格伯爵。不过，贝朗热也很快证明了他自己对英式花园风格很在行，其享有盛名的作品有塞纳河畔讷伊（Neuilly-sur-Seine）附近的圣詹姆斯花园（Folie Saint-James），也是在布莱基的帮助下于 1778 年开始动工的，还有 1784 年在埃唐普（Etampes）附近梅雷维尔（Méréville）皇室银行家让－约瑟夫·德拉博德（Jean-Joseph de Laborde）的庄园上动工修建的规模最庞大的英国式花园。后来，于贝尔·罗贝尔继承了这种建筑风格，并声称这座花园为他自己的作品。

部雷、勒杜、贡杜安当时在技巧上虽然还不够内行，业务也不繁忙，但他们是具有影响力和实力的革新者，并且都是布隆代尔的学生。部雷曾打算从事画家的职业，曾跟让－巴蒂斯特·皮埃尔（Jean-Baptiste Pierre）学过艺，后来又跟建筑大师皮埃尔·艾蒂安·勒邦（Pierre Étienne Lebon）和勒热学艺；勒杜也为特鲁阿尔工作过，但他们中谁也没有获得过"罗马艺术大奖"。贡杜安，一个舒瓦西的技艺高超的园艺师的儿子，在国王的鼓励下于 1761 年被送往罗马学习。在罗马的两年期间，他成为并后来也一直是皮拉内西的挚友。在部雷和勒杜的想像中，罗马仍是一座汇集了皮拉内西式雕塑的虚饰的城市。虽然人们今天不加批判地把它视为夸大的幻想，但在当时皮拉内西的影响处于鼎盛时期，即这批建筑师的青年学生时代，部雷和勒杜想像中的罗马城市没有能够成为现实，而使之成为现实的是在法国大革命的前几年，尤其是其后空闲的几年。相比之下，他们的早期作品几乎都很有节制。

艾蒂安－路易·部雷（Étienne-Louis Boullée）是这批建筑师中最年长的成员，几乎没有重要的作品，但他以作为教师而建立其声誉和展示其能力。他大概早在十几岁时就开始在桥梁公路工程学院（École des Ponts et Chaussees）任教，后来开了一间自己的画室。就是在这间画室里，他培养了像布龙尼亚、沙尔格兰、迪朗（J.-N.-L. Durand）、吉拉尔丹（N.-C. Girardin）、雅克－皮埃尔·德吉索尔（Jacques-Pierre de Gisors）、佩雷、帕里斯和让－托马斯·蒂博（Jean-Thomas Thibault）这样一批卓越的建筑师。部雷虽然从事教学 50 多年，但并不是那种纯粹的教书匠。他的建筑生涯始于1752年，同年他的导师皮埃尔（J.B.

图 218 巴黎哈利府邸临街的立面图和花园正面，克洛德·尼古拉·勒杜设计（1766—1767年）

图 219 巴黎哈利府邸，克洛德－尼古拉·勒杜设计（1766—1767年）

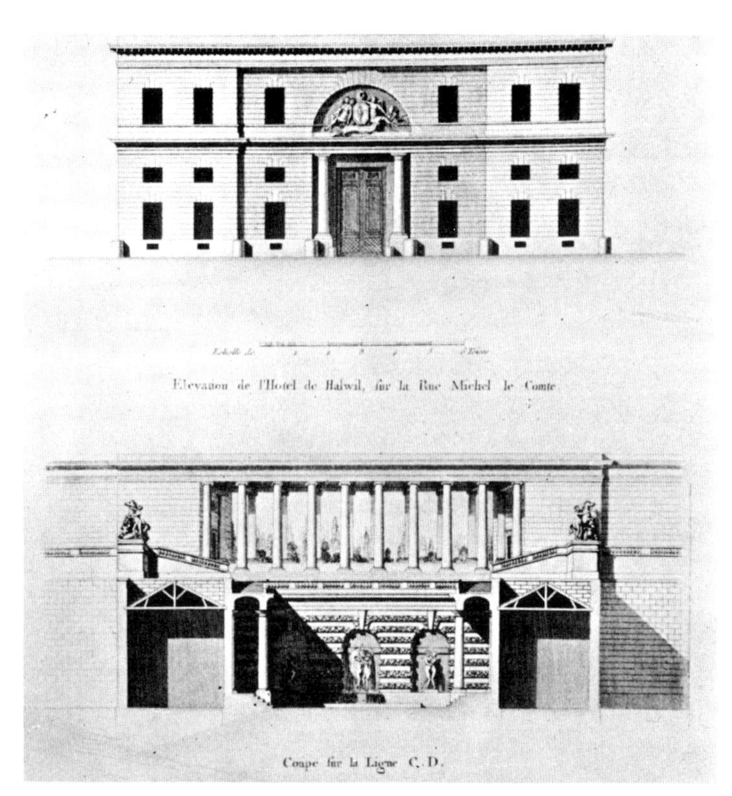

图 220 巴黎于泽斯府邸主院，克洛德－尼古拉·勒杜设计（1767—1768年）

图 221 巴黎于泽斯府邸的细木护壁板，克洛德－尼古拉·勒杜设计，1769年（细木护壁板由J·B·波瓦斯图和J·梅特维埃尔1769年雕刻）。巴黎卡尔纳瓦勒博物馆藏

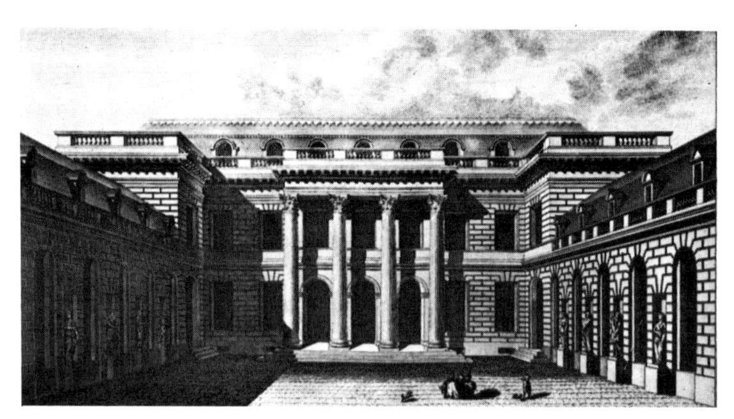

图 222　巴黎于泽斯府邸花园正面，克洛德－尼古拉·勒杜设计（1767—1768 年）

图 223　巴黎于泽斯府邸的房间，克洛德－尼古拉·勒杜设计（1767—1768 年）。巴黎卡尔纳瓦勒博物馆藏

Pierre)和雕塑大师艾蒂安－莫雷塞·法尔科内(Étienne-Maurice Falconet)一起开始对在巴黎圣罗克(St.-Roch)的卡尔瓦伊雷教堂(Chapelle du Calvaire)从欣赏的角度进行富有戏剧性的装饰，这些装饰受到了苏夫洛的赞赏。但是，最早为他赢得声誉的作品是对图罗勒宫(Hôtel de Tourolle)的重新装饰(所用的一些细木护壁板至今仍保存完好)，以及为雅各布路(Rue Jacob)慈善医院(Hôpital de Charité)设计的大门，这两项工程均在 1762 年开工。此后，是一个接着一个的巴黎 8 座府邸的设计：亚历山大府邸(Hôtel de Alexandre，建于 1763—1766 年)；两座蒙维尔府邸(Hôtel de Monville，建于 1764 年)；佩尔农府邸(Hôtel de Pernon，建于 1768—1771 年)；图恩府邸(Hôtel de Thun，建于 1769—1771 年)；埃夫勒府邸(Hôtel d'Évreux，建于 1774—1778 年)的重新装饰；布吕努瓦大厦(Hôtel de Brunoy，建于 1775—1779 年)；以及在皇家路进行的一项探索活动(1777—1778 年)。在巴黎附近，他设计建造了 4 幢庄园(包括扩建庄园)：在伊西－勒－莫里诺(Issy-les-Moulineaux)的金融家尼古拉·波容的庄园(Nicolas Beaujon，建于 1760—1773 年)；佩勒庄园(Château de Perreux，始建于 1761 年)；夏维尔庄园(Château de Chaville，建于 1764—1766 年)和肖夫里庄园(Château de Chauvry，建于 1783 年)的扩建。在这些建筑中，仅有在主教城街 16 号(16 Rue de la Ville-l'Évêque)的亚历山大府邸还依然幸存。但面积更大的布吕努瓦庄园的设计图使我们能想象其建筑效果，其布局简洁明了，主要由矩形房间串联而成。构图上运用超常的矩形，显得非常紧凑，体块之间相互紧倚，并用连续的上楣和束带层连接起来。主体建筑的各立面按惯例用巨大的爱奥尼式壁柱来转折联系，由此而形成的每一开间由矩形或圆头形门洞和其上方的有浅浮雕的嵌板来予以强调，形成编织很密实的表面图案，壁柱条格叠在束带层和线脚之上——这一主题很快就被布龙尼亚所吸收采用。亚历山大府邸和夏维尔庄园的入口面展示了门廊在格式上的一种变化，即采用对称独立式柱构成的门廊，两侧为矩形洞口，每一个洞口的上方嵌有扭曲椭圆形浮雕，但这种变化的效果无甚区别。仅有夏维尔庄园花园的入口面表现出一种刻意的新颖，粗琢墙面的整体式样由矩形洞口来予以强调。细部的处理手法与德瓦伊同期作品蒙特米萨尔庄园的细部处理方法完全相同。

部雷也在其建筑生涯的初期负责莫奈府邸(Hôtel des Monnaies)的一系列工程，这些工程于 1755 年动工，一直继续到 1767 年把工程委托给了雅克－但尼·安托万(1733—1801年)时才结束。安托万是

图 224　贝努维尔(卡尔瓦多斯)府邸正面,克洛德－尼古拉·勒杜设计(1770—1777 年)

图 225　贝努维尔府邸宽敞的楼梯厅,克洛德－尼古拉·勒杜设计(1770—1777 年)

图 226　巴黎马德莱娜·吉玛庄园正立面,克洛德－尼古拉·勒杜设计于 1770 年,建于 1773—1776 年

图 227　巴黎马德莱娜·吉玛庄园平面,克洛德－尼古拉·勒杜设计(1770 年)

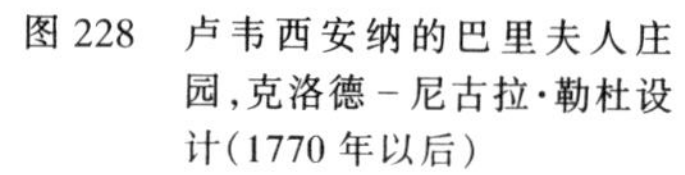

图 228　卢韦西安纳的巴里夫人庄园,克洛德－尼古拉·勒杜设计(1770 年以后)

图 229　卢韦西安纳的巴里夫人庄园平面,克洛德－尼古拉·勒杜设计

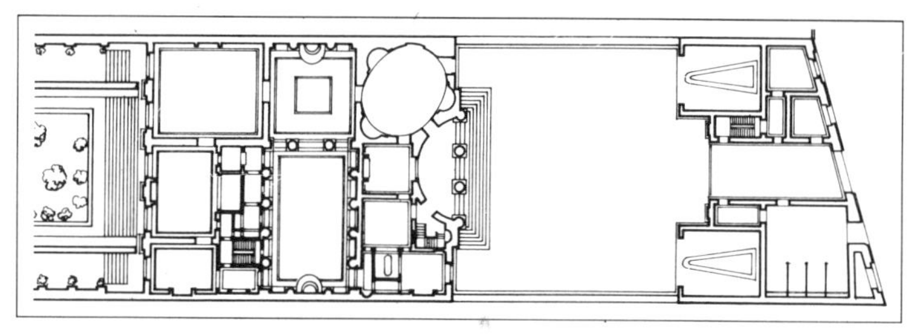

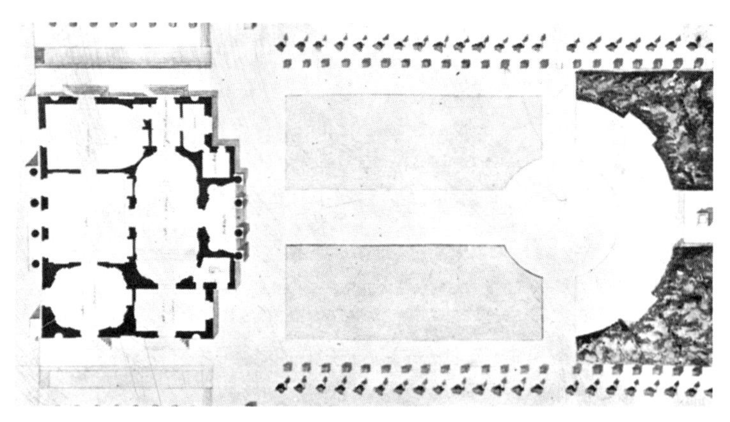

一位细木工的儿子，他从一位建筑承包商那里学得建筑知识。他相当成功地采纳了部雷所提出的一些建议，在孔蒂码头(Quai de Conti)上营造了一座宏伟壮观、长约 300 多米(接近 1000 英尺)的建筑。这座建筑立面上的洞口密集，其间仅被一个稍微突出的中央大厅所打断，大厅由坐落在拱形粗面底层上的粗大的爱奥尼柱支撑，从立面上看去，柱上是厚重的上楣、高高的阁楼和一些雕像。然而，这样的建筑效果与其说是雄伟，还不如说是千篇一律的单调。正如勒加缪·德梅齐埃评论的一样：这座建筑朝向没有阳光的北面，排列太有序，缺乏动感。令人满意的只有带双柱的三连拱入口，以及宽敞的楼梯厅——从入口通向楼上同样豪华的沙龙。1764 年，部雷为把乔瓦尼·贾尔迪尼的波旁宫(Giovanni Giardini's Palais-Bourbon)改建成孔戴亲王府而准备了一个设计方案，佩雷也提交了一个设计方案，佩雷把它给其侄子描述为“一幅巨作”，虽然这座建筑在今天看起来并不那么特别惊人，而更像是对佩雷早期民用建筑的放大处理。1775 年部雷成为阿图瓦伯爵的建筑总监，在圣殿(Enclos de Temple)内为阿图瓦伯爵设计建造了一套豪华的房间，其中包括一间土耳其风格的房间。两年后，他辞去了建筑总监的职务，但在 1780 年他又为阿图瓦伯爵在佩皮尼埃·鲁勒(Pépinières du Roule)的场地上设计建造一座宫殿。这是一项巨大的工程，其巨大的形象和长长的柱列形成的深远的景象体现出幻觉效应。然而，标志着部雷建筑手法和活动的变化的是吕努瓦大厦。虽然他早期作品在设计上简洁连贯，但在平面组合上却缺乏活力，不像该建筑所具有的凸出的集中式特征，前面用 6 根爱奥尼柱组成门廊，整座建筑线条完美流畅，用一系列低矮的券来限定。屋顶为奇妙的阶梯形，顶端为一座芙洛拉女神的雕塑，使人联想起普利尼对位于哈利卡纳苏斯的陵墓(Mausoleum at Halicarnassus)的描述。这是部雷有意识地对考古学的曲解。因而，这座建筑被称为芙洛拉庙(Temple de Flore)。此后，部雷开始用一种夸张而自负的新特征进行设计。大概是他决心要成为一名天才，或者至少要恢复他早年对绘画的兴趣，因此而放弃了建筑设计工作。1778 年 10 月他成为巴黎皇家残废军人院的建筑监理，两年后他在军事学院被任命为类似的职位。从此，他开始了做建筑官员的生涯，做官是他同时代的大多数同行奋斗的目标。然而不知何故他在 1782 年辞去了这两个职位。他仍然继续接受一些较小的官方委托，但更加沉湎于幻想式作品的设计。令人遗憾的是，正如我们所见，这些作品所表现的都是历史题材。这些作品使他的影响变得深远，尤其是在法国大革命以后，几乎所有这个时期的建筑师

图 230 巴黎塔贝里府邸立面图，克洛德－尼古拉·勒杜设计(1771 年)

图 231 巴黎泰吕松庄园正面和凯旋门式的主入口，克洛德－尼古拉·勒杜设计(1778—1783 年)

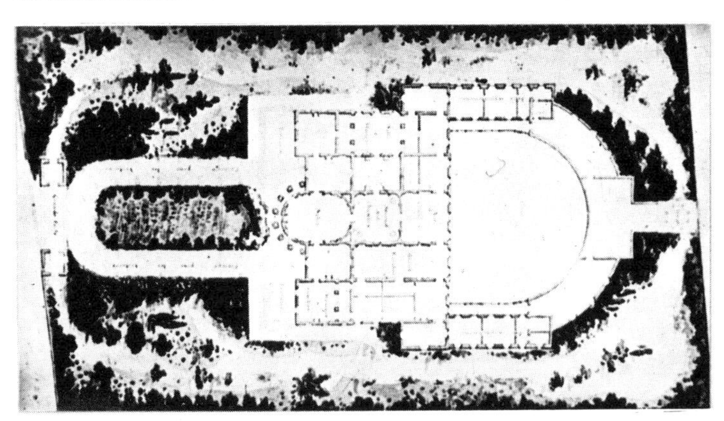

图 232 巴黎泰吕松庄园平面，克洛德－尼古拉·勒杜设计(1778—1783 年)

图 233　巴黎外科学校前的广场，雅克·贡杜安设计(1769 年)。布局的重要特征包括圣科梅教堂的一个新立面和紧靠修道院墙而建的喷泉

图 234　巴黎外科学校(现为医学院)与解剖教学大厅，雅克·贡杜安设计(1769—1775 年)

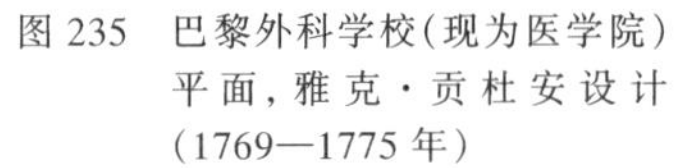

图 235　巴黎外科学校(现为医学院)平面，雅克·贡杜安设计(1769—1775 年)

图 236　巴黎外科学校(现为医学院)主立面，雅克·贡杜安设计(1769—1775 年)

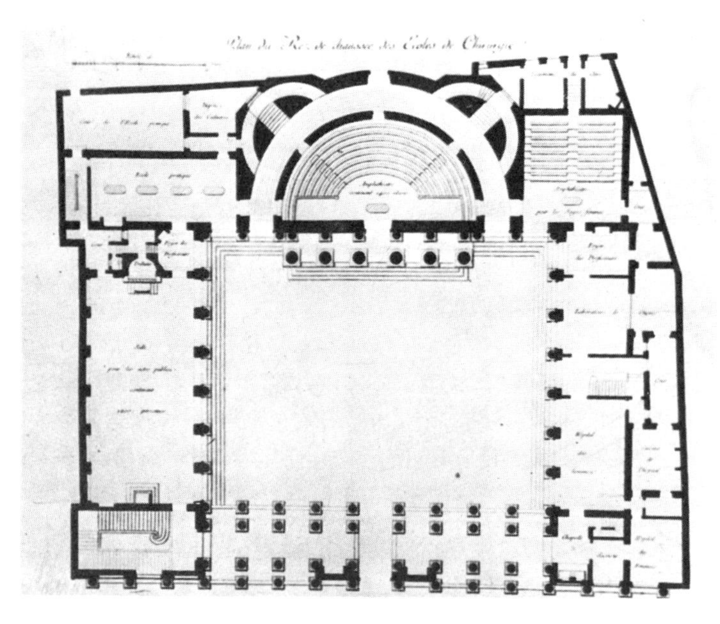

图 237　巴黎外科学校(现为医学院)
庭院立面细部,雅克·贡杜安
设计(1769—1775 年)

都从他复杂而技艺高超的设计中衍生出他们自己的设计风格。可惜，他们中没有一个人能够像勒杜那样成功地把部雷的雄伟壮观的风格在其作品中淋漓尽致地表现出来。

克洛德-尼古拉·勒杜(1736—1806年)设计的早期建筑并非独特，作为布隆代尔的学生和特鲁阿尔的助手，他未能获得“罗马艺术大奖”。像部雷一样，他也没有去过罗马。1762年，他在26岁时开始为一家曾位于圣奥诺雷路(Rue St.-Honoré)，现在卡纳瓦雷特博物馆(Museé Carnavalet)内的军人咖啡店——戈多咖啡店(Café Godeau)作细木护壁板设计。这种细木护壁板上嵌有战利品，嵌板边框为扭曲长矛构成的装饰柱，其顶部为插羽毛的头盔。这些设计和制作虽然属17世纪的，但表现出格外的大胆。在后来的4年里，勒杜在许多省如香槟(Champagne)、弗朗什孔泰(Franche-Comte)和勃艮第的建筑活动很活跃：在为河泊森林管理处(Service des Eaux et Forêts)工作时，他参与了桥梁、喷泉、学校和5座教堂的建造监督工作，但这些建筑都没有名气。到1776年，他回到巴黎为哈利伯爵在米歇尔伯爵路28号(28 Rue Michel-le-Comte)重建博利格纳庄园(Hôtel de Bouligneux)。这是一座有名的建筑，特别是花园围墙两侧具有透视效果的柱廊，一直延伸到另一座建筑的墙前为止。实际上，这是部雷根据17世纪卢梭设计当若府邸(Hôtel de Dangeau)的墙所采用的透视手法的效仿，同时也是受勒杜的《建筑》(1847年第二次再版)“应当从艺术、风格和法规方面来考虑建筑的表现力”的影响，人们普遍认为这座建筑本应该更为先进。临街正面雕刻凝重的连续上楣表现出独特的连贯性和对建筑物的拉力，并强调了凹进的中央部分。沿平面轮廓设计的檐口部分，至今仍完好无损，表现出更传统的风格。建筑的两端为中部缩进的两个阁楼。其建筑效果与于泽斯府邸(Hôtel d'Uzès)完全不同，该府邸又一次建于原有的结构上，是勒杜几个月后与其他两位建筑师皮埃尔-诺埃尔·鲁塞(Pierre-Noël Rousset)和马蒂兰·谢皮泰尔(Mathurin Cherpitel)竞争时设计的，同样缺乏活力。它由矩形体块组成，由于采用密集的洞口而大幅度地减小了建筑物的整体拉力强度，这些洞口都是千篇一律的矩形或圆头形，粗石面墙体格调拘谨。前院有4根巨大的科林斯柱构成的柱廊，支撑着非常凸出的檐口和粗壮的栏杆，这些都强有力地说明了他在构图设计上所固有的大胆，并更成功地用室内镶板展现出来，镶板由让-巴蒂斯特·布瓦图(Jean-Baptiste Boistou)和约瑟夫·梅蒂维耶(Joseph Métivier)于1769年雕刻，其中一些镶板现收藏在卡纳瓦勒特博物馆。勒杜设计的第一幢乡村住宅贝努维尔府邸(Château de Bénouville)，又称卡尔瓦多斯(Calvados)，也是一项重建工程，其建筑处理手法与于泽斯府邸的建筑处理手法相似，1770年开工，1777年竣工。它由许多矩形构件组成一个庞大的水平体量。窗户非常狭窄但成比例，府邸的正中央有巨大爱奥尼柱组成的柱廊。直到1804年勒杜才发表这座建筑的设计，与以前一样，此设计在概念上比实际完成的工程更为大胆，毫无疑问，勒杜在发表他的设计前进行了更新调整。与安托万同时期的蒙莱埃斯府邸的楼梯厅相比，即使是在今天，宽敞的石质楼梯厅更为人们所喜爱。

勒杜的设计成熟期始于后来的一批巴黎住宅。1770年蒙莫朗西府邸(Hôtel de Montmorency)为其中最早建筑的建筑，它位于一个很特殊的转角处——在蒙莫朗西林荫大道和拉肖塞-德安坦路(Boulevard de Montmorency and Rue de la Chaussée-d'Antin)的转角处。这幢建筑为立方形体块，在两个临街立面上以爱奥尼式柱廊予以强调，这表明它是波坦1763年设计的剧院的一部有特色的仿造作品。根据蒙莫朗西世袭王子和公主的要求，在两个临街立面上能分别体现出各自套房的划分。室内由许多圆形、椭圆形和一些不完全几何形的空间组成，所有空间都沿对角线布置得非常巧妙。同年，勒杜在蒙莫朗西府邸的附近为舞蹈家玛丽·马德莱娜·吉玛(Marie Madeleine Guimard)设计建造的庄园超过了这部杰作，取得了成功。4根爱奥尼柱掩蔽着门廊处开敞的半穹顶式前厅，并支撑着柱上楣构，其上方为忒耳西科瑞女神(Terpsichore)的雕像，体现出非常成功和富有独创性的设计的中心。毫无疑问，这种创意是受了佩雷和德瓦伊测量和研究罗马公共浴室的启发，但人们却把它归功于肯特早在1732年设计的与其相似的斯托的维纳斯庙(Temple of Venus at Stowe)，更有甚者，归功于亚当设计的西翁府邸、肯伍德庄园、纽比府邸类似的室内主题，因为人们知道勒杜曾游览过英格兰，据说他在英格兰为克莱夫勋爵(Lord Clive)设计建造过一幢住宅。一年以后，勒杜在卢韦西安纳为巴里夫人(Mme. du Barry)设计庄园时运用了这种富有魅力的建筑手法。与通常的设计一样，半圆敞开式入口门廊前有4根爱奥尼柱式，但有半穹顶设在立面上的柱上楣构和栏杆的后面。这种布局，虽然典型，但仍不如吉玛庄园的布局那么富有创新精神。

一系列小巧玲珑、造价昂贵的住宅在这个时期开始风靡一时，这些建筑布局奇妙合理，设计上变化多端，常常属于帕拉第奥式建筑。这种建筑的第一幢是福布尔格·普瓦索尼埃尔(Faubourg Poissonnière)设计的塔贝里府邸(Hôtel Tabery)，建于1771年，可以与苏夫洛早些

图 238　约克郡斯托克尔德庄园外观，詹姆斯·佩因设计(1758—1763 年)

图 239　约克郡斯托克尔德庄园楼梯厅，詹姆斯·佩因设计(1758—1763 年)

时候在鲁勒区为马里尼做的住宅设计中处理同样主题的方法相媲美，并在雄伟壮观方面达到了顶峰。另外，还包括普罗旺斯路风格放纵的泰吕松府邸，该府邸于 1778 年动工，1783 年竣工。这座建筑采用了凯旋门，凯旋门被设计成仿佛一半被掩埋似的，与皮拉内西罗马风景画中的凯旋门一样。

勒杜所有的杰作都是在他中年以后才问世。1771 年他被任命为弗朗什孔泰盐矿的监理，作为佩罗内(Perronet)的助手，他三年内完成了设计，并开始建造著名的塞南门盐矿(Salines d'Arc-et-Senans)工程。两座盐矿建筑都采用了刻意粗琢的建筑手法，并于 1779 年竣工。他当时未能实施的独特设计在后来得到了发展，表明他是路易十五统治时期含蓄而威严的建筑风格的崇拜者，同时也是对采用无装饰墙面及凝重简单体块有明显喜好、建筑手法放纵的开创者。他在 1785 年和 1789 年为巴黎设计建造的城关，即征税所，最充分地体现了他的设计特点。用法国传统的建筑风格来看，这些城关从表面上仿佛是非常雄伟壮观的，但若仔细观察，就会发现古典建筑的形式和尺度，尤其对勒杜来说，可解释为固执任性和刚愎自用。这些城关是 18 世纪最雄伟壮观的建筑作品，皮拉内西的承诺在这里得以实现。不过，勒杜试图设计出更大规模的同类建筑，但未能取得立刻成功的结果。他 1786 年开始在普罗旺斯地区的艾克斯(Aix-en-Provence)建造法院(Palais de Justice)和与之相关的监狱，但工程进展缓慢，并于 1790 年完全停工，取而代之的是 19 世纪彭肖德拘留所(M.-R. Penchaud's Marson d'Arrêt)。但勒杜的蚀刻图纸表明，这些建筑中的监狱为蓄意头重脚轻的坚固的简单实体。4 座高耸的角楼控制着整座建筑，除奇妙的低矮柱式门廊外，建筑的所有富丽堂皇和精雕细琢都集中表现在屋檐上。法国在 18 世纪没有任何完全与其相似的建筑。然而在 1804 年，勒杜在《建筑》上部分地发表了他从 1786 年起所做的许多卓越而令人惊奇的建筑设计(特别是他被监禁在强制监狱中 14 个月后空闲的几年里的设计，他因被怀疑暗中破坏法国大革命于 1793 年 12 月被捕入狱)和与其相适应的独特理论，都作为实例说明了他对建筑美的概念，即：尺度大、简单、成团块状，用明确的轮廓线围合起来并加以扩大。这也是许多勒杜同期建筑师对建筑美所共有的概念，也许这个概念源自部雷。虽然风格上为更严格的古典主义，但勒杜更偏爱连续的体块和完整的轮廓线。因此，勒杜也许曾是 19 世纪许多浮华风格建筑的先驱。

如果没有贡杜安，部雷和勒杜都不可能形成他们早期对连续性和

图 240　赫特福德郡布罗基特庄园楼梯厅，詹姆斯·佩因设计（1760 年以后）

图 241　赫特福德郡布罗基特庄园沙龙，詹姆斯·佩因设计（1760 年以后）

图 242　伦敦英格兰银行圆形大厅，罗伯特·泰勒爵士设计（1765 年）

图 243　伦敦英格兰银行过厅，罗伯特·泰勒爵士设计（1765 年）

图 244　威尔特郡瓦德尔城堡楼梯厅，詹姆斯·佩因设计（1770—1776 年）

图 245　白金汉郡哈利福特庄园平面，罗伯特·泰勒爵士设计（1775 年）

图 246　都柏林附近玛丽诺娱乐场，威廉·钱伯斯爵士设计，始建于 1758 年

图 247　伦敦索默塞特府邸门厅，威廉·钱伯斯爵士设计（1776—1796 年）

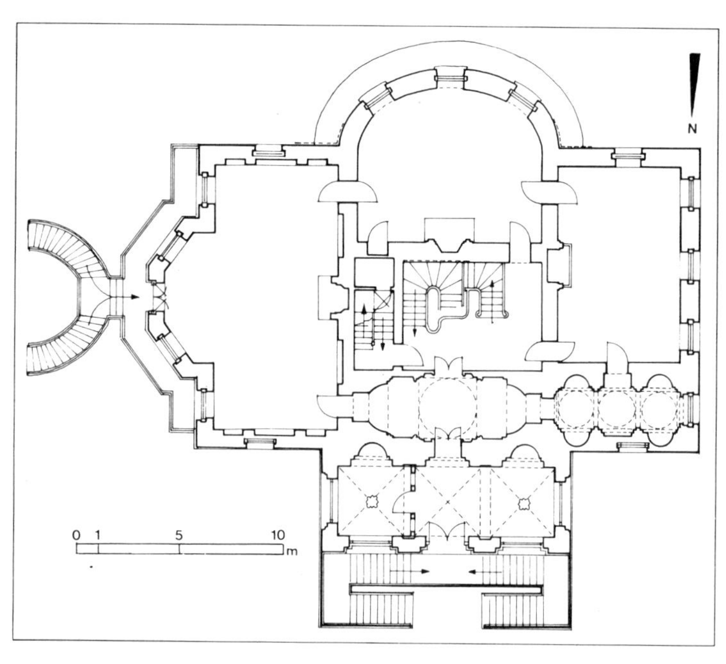

不间断线条的认识。雅克·贡杜安（1737—1818 年）比部雷小 9 岁，比勒杜小一岁，他首次在建筑上的露面比勒杜晚 5 年。但他始终是一名严谨而一贯的古典主义者。的确，他仅因为他的一部作品而出名，几乎没有任何其他作品能让人们记住他，这部作品就是巴黎医学院路的外科学校，可以说是 18 世纪末古典主义运动的缩影："一句话，应该赞美这座丰碑性的建筑"，古典主义传统的拥护者卡特勒梅尔·德坎西（Quatremère de Quincy）在 19 世纪初写道："它是 18 世纪的经典建筑。"（1821 年，"贡杜安简介"，发表在 1834 年巴黎《传记集》上，第 201 页）

贡杜安途经荷兰和英格兰从意大利回到了法国，三年后他接受了巴黎外科学校的设计委托，工程于 1769 年动工，1775 年竣工。在 1769 年的那个年代里，设计这座学校不需要新颖，细部布置也不重要。但半圆形讲演厅却是一个天才的创造，其座位为阶梯式排列，墙为无装饰的弧形墙，还有方格半穹顶和呈半圆小窗（demi-oculus）。这种建筑的模式频繁地被用于执政府（1799—1804 年）和帝国时期的所有会议厅：众议院（Chambre des Députés），由吉索尔和艾蒂安－谢吕班·勒孔特（Étienne-Chérubin Leconte）设计，建于 1795 年至 1797 年间；卢森堡宫的元老院大厅（Salle du Sénat at the Palais du Luxembourg），由沙尔格兰设计于 1804 年；法案评议委员会大厅，几年以后由德博蒙（C. E. de Beaumont）建造于皇宫。不过，这的确是贡杜安的立面创意，即立面由嵌入连续的爱奥尼柱廊的一座凯旋门构成，一些柱与凯旋门相接，一些柱为独立柱，在最末端为巨大的科林斯柱式门廊。简而言之，戏剧般相互交融延伸的柱廊使外科学校成为非常卓越和完美的作品。从佩罗开始，这种建筑概念就已成为法国建筑思想的一部分，并在后来得到了佩雷的加强。不过，这种自由的促进因素源自意大利，源自庞培的埃西斯神殿（Temple of Isis）的布局，外科学校被人们想像为埃斯枯拉乌斯神庙（Temple of Aesculapius），更令人惊奇的是源自米兰的瑞士参议院（Collegio Elvetico）的第一座庭院，这座庭院由法比奥·曼戈内（Fabio Mangone）于 1608 年开始设计建造。独立式柱子的运用在这座庭院里显得更加简洁统一和令人着迷，而连续的上楣线脚和立柱围绕着整个立面，仿佛突然背离了法国建筑上组合式要素的传统。这种建筑手法也源自意大利，也许源自罗马的拉斐尔风格的维多尼·卡法雷利府邸（Raphaelesque Palazzo Vidoni-Caffarelli），该建筑始建于 1515 年，但在 18 世纪中叶作了大面积的扩建。与此同时皮拉内西将其绘制并编入《罗马名人作品选集》（Varie vedute di Roma）。但是对贡杜安同时期的建筑师来说，外科学校与其正面的广场

DRIVE SLOWLY

图 248　都柏林四庭院，詹姆斯·冈东设计(1786—1802 年)

图 249　都柏林皇家证券交易所(现为市政厅)，托马斯·库利设计(1769—1779 年)

图 250　南斯拉夫达尔马提亚地区斯普利特(斯巴拉托)的戴克里先皇宫临港口正立面图，罗伯特·亚当设计(1757 年)

图 251　德比郡凯德尔斯顿庄园沙龙，罗伯特·亚当设计(约 1760—1770 年)

图252　伦敦西翁府邸接待室，罗伯特·亚当设计（1762—1769年）

图253　约克郡纽比府邸雕塑大厅，罗伯特·亚当设计（始于1767年）

图254　亚尔郡卡尔泽恩城堡楼梯厅，罗伯特·亚当设计（1779—1790年）

和喷泉所形成的鲜明对比，是一个全新的展示，颇独具匠心。但这部作品却遭到了许多建筑师的抨击，布隆代尔勉强地承认这座建筑具有独特的古罗马建筑风格的影响力，而佩雷却为其进行了有力的辩护。勒格朗在1803年兰登（C.P.Landon）的博物馆年鉴中写道："整个法兰西旧建筑学体系被这个出乎意料的典范打乱了，那些陈规的支持者被惊得发呆，他们看到了中央没有前凸部分的正立面建筑；它也没有后凸部分，其柱顶上楣两端既无凸出部分也无造型，一反法兰西那种根深蒂固的老俗套。而在此之前不久，孔唐、加布里埃尔、苏夫洛等建筑师们刚刚花巨资建造了材料耗费极大的军事学院、马德莱娜教堂、圣热讷维耶沃教堂。然而，舆论开始对新体系有利了，批评家们住口了。外科学校满足了所有人们的口味，宣告了我们现代建筑学杰作的诞生。"（第5卷，第127页）

这项作品的成功为贡杜安赢得了许多的委托工程。他于1769年成为皇室家具设计师，并立刻开始为玛丽·安托瓦妮特（Marie Antoinette）设计家具。据说他建造了许多城市和乡村住宅，虽然仅有少数作品被认为是他的作品，如在法莱塞（Falaise），又称卡尔瓦多（Calvados）的维克多·雨果路12号的圣莱奥纳尔府邸（Hôtel Saint-Léonard, at 12 Rue Victor Hugo），和在同座城市的维尔府邸（Hôtel de Ville）。18世纪80年代末，他也在默伦（Melun）附近的塞纳河畔（Seine）开始为自己建造住宅，营造工作一直持续到法国大革命之后的几年。他变得很富有，在1775年第二次旅游到意大利时，他试图买下在蒂沃利的哈德良别墅。但他的愿望没有能够实现，因为涉及到太多的个性强、好争执的地产主。迫不得已，他对别墅进行了测绘，以测绘图来满足自己的心愿。后来，他把测绘图赠给了他的朋友皮拉内西，皮拉内西与加文·汉密尔顿和克莱里索曾在那里对其考察研究了好几年。贡杜安的图纸发表于皮拉内西逝世后的1781年，并被用作重大场地设计的依据。

18世纪古典主义运动，正如卡特勒梅尔·德坎西所坚持认为的那样，是"一个教育与学识相结合的共同体，……在所有欧洲国家体现出某种相同的爱好和学识。"（L.沃特格尔，《罗马18世纪末叶古迹的新生》1912年，第224页）

## 第二节　英格兰：从钱伯斯到怀亚特

在接下来的这一部分，我们将主要介绍威廉·钱伯斯爵士（Sir

图255　伦敦圣詹姆斯广场20号第二客厅，罗伯特·亚当设计（1772年）

图256　伦敦西翁府邸门厅，罗伯特·亚当设计（约1765年）

William Chambers）、罗伯特·亚当（Robert Adam）、詹姆斯·怀亚特（James Wyatt）和亨利·霍兰（Henry Holland）。与前面章节论述关于古代建筑风格的影响时所涉及的建筑师相比，他们更有名气，作品更多，更富有创造性。钱伯斯、亚当、霍兰和怀亚特并非对古代建筑风格不感兴趣，相反，他们既不想让考古学也不想让理论干扰他们规模庞大而成功的实践，他们雄心勃勃、时髦、受人欢迎，并且在风格上博取众长。在此，我们还得从欣赏帕拉第奥建筑式传统建筑师具有开拓意义的成就开始，尤其是两位第二代帕拉第奥建筑师罗伯特·泰勒爵士（Sir Robert Taylor，1714—1788年）和詹姆斯·佩因（James Paine，1717—1789年）。佩因基本上按帕拉第奥的标准进行设计，创作出许多有影响力的建筑，如约克郡的斯托克尔德庄园（Stockeld Park，建于1758—1763年），它有一壮观的拱形立面和华丽的楼梯间；赫特福德郡的布罗基特庄园（Brocket Hall，Hertfordshire，建于18世纪60年代以后），其外观单调，但室内楼梯间风格独特，豪华的沙龙有由约翰·汉密尔顿·莫蒂梅尔（John Hamilton Mortimer）绘制的表现历史和寓言的装饰画，是更柔和的亚当风格的一种重要的替换品。18世纪70年代，佩因在威尔特郡的瓦德尔城堡（Wardour Castle）创作了他最令人惊叹的室内设计——一座位于中央、带圆形楼梯间的万神庙。

1765年，泰勒在英格兰银行也创作设计了一座万神庙。受罗马早期基督教堂哥斯坦赞（S. Costanza）的影响，他在万神庙的两侧设计了4间完全相同的过厅，在18世纪被看作是古罗马巴屈斯神庙（Temple of Bacchus）。18世纪60年代末，他在汉普郡（Hampshire）珀布鲁克庄园（Purbrook）的中央建造了一个罗马式的中庭，这也许是他第一次重建这种类型的建筑。该庄园的平面与佩因设计的德比郡（Derbyshire）凯德尔斯顿府邸（Kedleston Hall，1757年）类似。但泰勒更因一系列优美别墅的创作而出名，其中典范之一是戏剧性地建在夏普汉（Sharpham）的德文别墅（Devon，约建于1770年）。它由形状对比强烈、相互倚连的房间构成，富有想像力的设计使帕拉第奥的传统建筑变得生气勃勃。尽管泰勒早在1755年在白金汉郡（Buckinghamshire）哈利福德庄园（Harleyford Manor）就开始运用了这种建筑传统，但直到18世纪末才被约翰·索恩爵士、约翰·纳什和詹姆斯·刘易斯完全开发运用。

佩因和泰勒几乎没有到国外旅游过，但威廉·钱伯斯爵士（Sir William Chambers，1723—1796年）却揭示了我们称之为新古典主义的建筑风格在世界范围内的基本特征。新古典主义建筑风格出现于18

图 257　威尔特郡鲍伍德陵墓，罗伯特·亚当设计(1761—1764年)

图 258　威尔特郡鲍伍德陵墓室内细部，罗伯特·亚当设计（1761—1764 年）

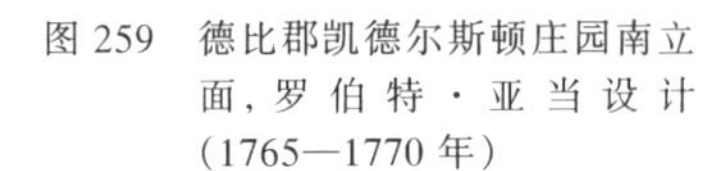

图 259　德比郡凯德尔斯顿庄园南立面，罗伯特·亚当设计（1765—1770 年）

图 260　爱丁堡大学办公大楼，罗伯特·亚当设计（1774—1792 年）

图 261 伦敦牛津街万神庙平面，詹姆斯·怀亚特设计(1769 年)

图 262 牛津街万神庙室内，威廉·霍奇斯设计(约 1771 年)。利兹城市美术馆纳桑殿藏

图 263 兰开郡希顿府邸花园正面，詹姆斯·怀亚特设计(1772 年)

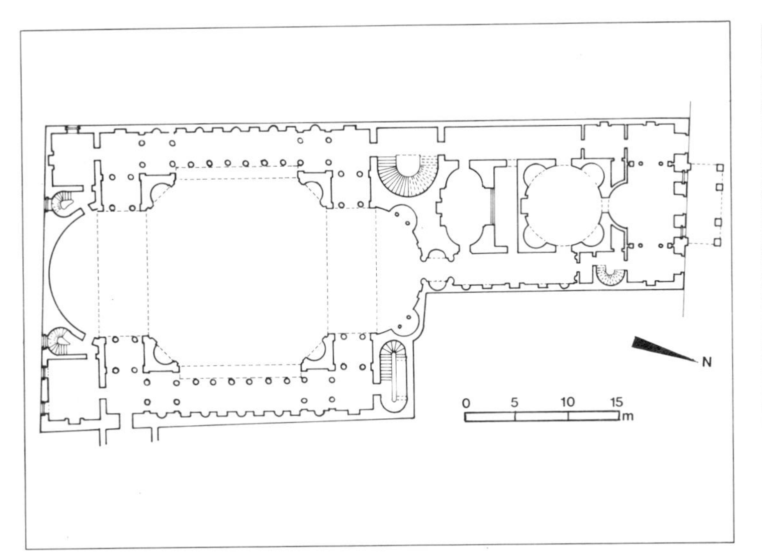

图 264 爱丁堡大学，罗伯特·亚当设计（1789—1793 年）。穹顶由安德逊爵士设计（1887年）

图 265 兰开郡希顿府邸穹顶客厅，詹姆斯·怀亚特设计（1772年）

图 266 在米德尔塞克斯的奥斯特利庄园埃特鲁斯坎风格的起居室，罗伯特·亚当设计（1775—1779 年）

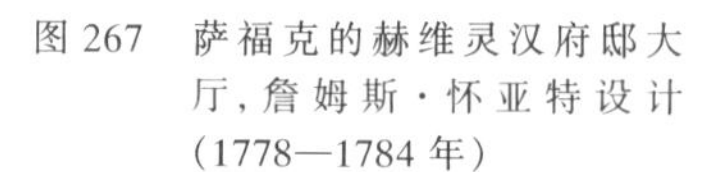

图 267 萨福克的赫维灵汉府邸大厅，詹姆斯·怀亚特设计（1778—1784 年）

图 268　伦敦汉普斯特德的肯伍德庄园书房，罗伯特·亚当设计（1767—1769 年）

图 269　弗马纳镇库利城堡沙龙，詹姆斯·怀亚特设计（1790—1797 年）

世纪 40 年代和 50 年代。作为布隆代尔 1749 年至 1750 年在巴黎期间的学生，钱伯斯爵士与许多卓越的设计师有着密切的交往，这些设计师开创了一种新的法国式意大利建筑风格——反洛可可的和新古典主义的建筑风格，他们是：洛兰、勒热、德瓦伊和佩雷。钱伯斯很自然从巴黎迁移到了罗马，并从 1750 年呆到 1755 年，跟皮拉内西和克莱里索学到了许多技巧知识。他所有学习和活动的结果可以清楚地从他 1751 年至 1752 年在罗马为威尔士王子弗雷德里克（Frederick）设计的陵墓中表现出来。从某种程度上来说，这些设计，即钱伯斯的第一批建筑作品，形成了英国新古典主义建筑的开端，但也代表他随后在风格上倒退的一个起始点。钱伯斯把古罗马建筑如梅特拉皇帝陵墓（Tomb of Caecilia Metella）和万神庙上的建筑要素与基于法国建筑师洛兰和珀蒂托（E.-A Petitot）等人于 18 世纪 40 年代设计的中国宴大厅（Festa della Chinea）而出现的特点相结合，所设计的陵墓显得太草率，以至于在 18 世纪 50 年代初期在英国难以被接受。他 1775 年从罗马回国后着手为约克郡的哈雷伍德府邸（Harewood House）进行设计，但误解了设计大奖赛的要求。当其设计于 1756 年被埃德温·拉塞尔斯（Edwin Lascelles）拒绝时，他最终变得不知所措，因而从其建筑生涯中退却下来，进入受伊萨克·沃雷（Isaac Ware）影响的、安全的第二代帕拉第奥主义的阵营，并从加布里埃尔（生于 1698 年）到苏夫洛（生于 1713 年）以及安托万（生于 1733 年）这些法国建筑师的作品中优美的母题得到启示。就其小尺度建筑而言，如在都柏林（Dublin）附近玛里诺（Marino）的娱乐楼（Casina）上，这些母题就很迷人，但在像萨默塞特府邸（Somerset House，建于 1776—1796 年）这样重要的公共建筑上就显得极不般配。像许多 18 世纪的英国建筑师一样，钱伯斯最擅长于楼梯间的设计。他撰写的《论民用建筑》（1759 年）在第三次再版时扩展为《论民用建筑装饰部分》（1791 年），该书介绍了专家学者对采用古罗马和文艺复兴建筑的柱式所进行的广泛调查研究，在英国和法国享有广泛的影响。钱伯斯的学生詹姆斯·冈东（James Gandon，1743—1823 年）在某种程度上比其导师在法国新古典主义作品影响下创作的雄伟建筑更为成功。冈东 1785 年从托马斯·库利（Thomas Cooley）那里接过都柏林的四庭院（Four Courts，1740—1748 年）的设计工作，设计出一座非常雄伟壮观的建筑。佩雷对这座建筑的设计影响很大，如果继续追溯，可以看到克里斯托弗·雷恩爵士（Sir Christopher Wren）在更早期的影响。库利，一位罗伯特·密尔恩的助手，也是一位比钱伯斯更卓越的建筑师。他巧妙而独具匠心设计的都

图 270 肯特的科伯汉府邸的陵墓，詹姆斯·怀亚特设计（1783年）

图 271 林肯郡布鲁克斯比庄园里的陵墓，詹姆斯·怀亚特设计（1787 年）

柏林证券交易所(Dublin Exchange，建于 1769—1779 年)，体现出他对当时法国建筑作品的深入了解，是欧洲当时最杰出的建筑物之一。

库利和冈东几乎只在爱尔兰进行设计工作，他们设计建造的建筑在英格兰几乎没有影响。如果说钱伯斯缺乏从他在巴黎和罗马亲眼目睹过的建筑实践中创造出一种新的建筑语言的能力的话，那么，亚当就是一位决心把不同建筑风格完全综合起来的建筑师。亚当 1754 年离开故乡苏格兰到了法国和意大利，像钱伯斯一样，他在法国也成了皮拉内西和克莱里索的挚友。1757 年他在克莱里索和另外两名工匠的帮助下，在南斯拉夫达尔马提亚地区(Dalmatia)的斯普利特(Split)制作了杰出的晚期罗马宫殿测绘图，并于 1764 年以豪华的方式将其发表在《在斯帕拉托的戴克利先皇宫遗迹》(Ruins of the Palace of the Emperor Diocletian at Spalato)一书中。亚当在斯普利特仅呆了 5 个星期，他的工作速度反映出他的性格，也体现出他用如画风格和引人入胜的建筑手法引起公众兴趣的能力。由弗朗西斯科·巴尔托洛齐(Francesco Bartolozzi)和其他建筑师设计制作的具有魅力的雕刻带有一种受皮拉内西影响的浮夸风格，亚当再次在他的建筑雕刻中采用了这种风格，并编入《罗伯特与詹姆斯·亚当的建筑作品集》，于 1773 年和 1779 年分别发表。亚当作自我广告的才能和取得成功的决心，对人们了解他的引人注目、包罗万象而独具特色的建筑风格起到了举足轻重的作用。他没功夫做空谈理论家，希腊风格的建筑、罗马风格的建筑、帕拉第奥主义的建筑、新帕拉第奥主义的建筑、新古典主义风格的建筑以及如画风格的建筑，这些都是他设计创作的源泉。他对他周围的事物具有敏锐的洞察力，并且把所观察到的东西吸收到优雅独特的风格中，这种风格很快在后来设计建造的建筑中成熟起来，如约克郡的哈雷伍德府邸(始建于 1759 年)；德比郡的凯德尔斯顿庄园(Kedleston Hall，始建于 1760 年)；米德尔塞克斯(Middlesex)的奥斯特利庄园(Osterley Park，始建于 1761 年)；米德尔塞克斯的西翁府邸(Syon House，建于 1762—1769 年间)；贝德福德郡(Bedfordshire)卢顿·霍府邸(Luton Hoo，建于 1766—1770 年间)；约克郡的纽比府邸(Newby Hall，建于 1767—1785 年间)；以及汉普斯特德(Hampstead)的肯伍德庄园(Kenwood House，建于 1767—1769 年间)。取悦的愿望通过这些建筑中富丽堂皇的系列房间表现得淋漓尽致，坦率地说，这种愿望并不是与新古典主义运动特别联系在一起的雄心，虽然在考古学中寻求新古典主义特征的那些人将会从古罗马的公共浴场，尤其是从西翁的公共浴场得到许多的启发。亚当风格最基本的适用性在他的《建筑

图 272 格洛斯特郡多丁顿庄园楼梯厅，詹姆斯·怀亚特设计（约 1798 年）
图 273 格洛斯特郡多丁顿庄园门厅，詹姆斯·怀亚特设计（约 1798 年）

作品》(Works in Architecture)第二部分的序言中得到了清晰的阐述。例如，他是这样评论柱式的：托斯卡柱式没有必要那么严肃，复合柱式也没有必要那么精雕细琢，“希腊式的爱奥尼柱式上螺旋饰的巨大尺度显得太凝重”，而罗马人“把这种螺旋饰用到了另一个极端”，他最后结论道：“因此我们一般采用折衷的手法。”也许英国的中间道路是一种惬意的折衷，在考虑亚当的成就时应当考虑在内。他从希腊式的爱奥尼式柱头上的螺旋饰吸取了被称为“双线嵌条”的部分，“在精美别致方面远远地超过了罗马人所采用的螺旋饰”。他的确指出过罗马建筑上的曲线形线脚比希腊纪念性建筑上的要用得相对少些，因此他更喜爱希腊建筑的外形。表现他经验主义的一个例子是他拒绝在每一柱式上安置一个明确的檐部，他认为：“这方面的自由常常充满了新颖、变幻和美感。”

实际上亚当这种处理手法所包含的意义在 18 世纪 60 年代中期享有盛名的西翁府邸前厅里可以尽情地领略到。柱头上螺旋饰的线脚取自埃雷克托伊庙(Erechtheum)，该建筑的插图和说明登载在 1758 年勒鲁瓦开创性的出版物《希腊最壮观的建筑古迹》上。不过，这种源自罗马公共浴室的柱颈是完全按照罗马风格来设计的，后来查尔斯·卡梅伦(Charles Cameron)的《罗马公共浴室的描述》(Description of the Baths of the Romans，发表于 1772 年)一书对这种柱颈也有插图说明。亚当大胆而巧妙地把埃雷克托伊庙柱颈的装饰运用到柱上楣构的中楣上。房间其他装饰为带有帝国风格的镀金战利品，取源于皮拉内西有关罗马奥古塔维安·奥古斯都皇帝(Octavian Augustus)在坎皮多格利奥(Campidoglio)的战利品的插图，曾在马达马别墅(Villa Madama)被模仿采用过。另外，顶棚的设计可追溯到 18 世纪 20 年代由科伦·坎贝尔(Colen Campbell)在诺福克郡霍顿府邸(Houghton Hall，Norfolk)建造的英国式的帕拉第奥式建筑。但其房间却令人联想起另一时期的建筑，因为 12 根华丽的蓝色蛇纹石柱为古罗马风格，据说是从台伯河(Tiber)的河床上挖凿出来的，并于 1765 年 4 月由詹姆斯·亚当从意大利奇维塔韦基亚(Civitavecchia)发送到英国诺福克郡。然而，这一房间却显示出亚当卓越地对古典主义风格的综合已超越所有已知的不同历史时期建筑风格的界限。这种对不同历史时期建筑风格的综合最初表现得并不那么理智，但景色优美而具有如画风格的特征，正如前面第二章所描述。

亚当在 18 世纪 60 年代所创立的独树一帜的建筑风格 70 年代流传到了伦敦，而 18 世纪 60 年代正是第一代和第二代帕拉第奥主义建

图 274　施罗普郡威利庄园门厅，刘易斯·威廉·怀亚特设计（1812 年）

筑师改建许多著名辉格党人的乡村住宅的年代。从更小的尺度上来说，亚当在伦敦创建了且不说是 18 世纪独具风格的室内，也是最为精雕细琢的室内。如：詹姆斯广场 20 号（No.20　St.James's Square，建于 1771—1774 年间）；德比庄园（Derby House）；格罗斯韦诺广场 23 号（No.23 Grosvenor Square，建于 1773—1774 年间，于 1862 年拆毁）；波特曼广场 20 号（No.20 Portman Square，建于 1775 年）。亚当这种高雅别致的风格没有能够流传到欧洲大陆，大概因为建造这种风格的建筑只能依赖于泥水匠小约瑟夫·罗斯率领的一批经过严格训练的工匠，而小约瑟夫·罗斯总是马不停蹄地奔忙于一座又一座的住宅之间。

不过，人们不应当认为亚当的天才仅仅局限于设计建造这些色彩柔和的闺房。他 1759 年在白厅（White hall）设计建造的英国海军部大楼的柱廊，为以后许多类似的建筑树立了典范，如贡杜安为巴黎外科学校（建于 1769—1785 年间）设计建造的更为大胆开放的柱廊；霍兰在伦敦设计建造的卡尔顿住宅（Carlton House，建于大约 1794 年）；卡尔·弗里德里希·辛克尔在柏林为阿尔布莱希特亲王（Prince Albrecht）设计建造的宫殿（建于 1829—1833 年间）。1761—1764 年间，亚当在威尔郡的鲍伍德（Bowood）设计建造了一座简洁朴实的托斯卡柱式的陵墓，陵墓有穹顶和筒拱，令贡杜安这样的建筑师羡慕不已。亚当在埃塞克斯（Essex）的米斯特利（Mistley）设计建造的双塔教堂（建于 1776 年，1870 年部分拆毁）是一个大胆的创举，对设计建造索恩（Soane）的达利奇美术馆（Dulwich Gallery，建于 1812 年）也许起到了启发的作用。亚当在德比郡凯德尔斯顿庄园设计的正立面是从阿尔伯蒂（Alberti）到 C·R·科克雷尔对罗马凯旋门这一主题予以长期运用的一个实例。同时，他创建了一些 18 世纪极其卓越不朽的公共建筑，如爱丁堡的办公大楼（Register House，建于 1774—1792 年间）和爱丁堡大学（University at Edinburgh，建于 1789—1793 年间）。

虽然亚当在浮华方面的创新不受建筑学术传统的权威人士钱伯斯爵士的欢迎，但他几乎不缺委托，也无需做广告。钱伯斯爵士为他自己获得了当时许多官方的工程设计，并且阻止亚当入选皇家美术学院（The Royal Academy）。同时，亚当还不得不面对许多另一类型的困难，即被一位与钱伯斯完全不同的建筑师詹姆斯·怀亚特（James Wyatt）的模仿。怀亚特比亚当年轻近 20 岁，由于在牛津街（Oxford Street）建造了万神庙而以一名非常年轻的建筑师一举成名。万神庙设计于 1769 年，1772 年 1 月首次作为参观游览的场所对外开放。卓越而完全超出人们想像的平面设计，展现出由一个相当简朴的临街入口通向优雅而小巧的门厅、纸牌室，最后进入令人惊叹的圆形建筑，这种设计布局与约克郡伯林顿勋爵的会议室（Lord Burlington's Assembly Rooms）相比，形成了鲜明的对比。然而，伯林顿的主要房间是按照维特鲁威式建筑和帕拉第奥式建筑进行过严格的考古学上的重建，体现出庄严和仿古。怀亚特的万神庙实际上是一幅风景优美的作品，但并非取源于众所周知的罗马万神庙（万神庙依此命名），而是取源于君士坦丁堡不太为人们所熟悉而更富有异国情调的索菲亚大教堂(Hagia Sophia)。源于拜占庭式的这种设计构思虽有些异端,但它使建筑具有如画风格的特征,从而把握住时代的基调。在欧洲任何一个其他国家,如果伯林顿会议室建造在1769年至1772年间,一定会显得十分的新颖,然而在当时,英国由于在18世纪初帕拉第奥复兴期间已经欣赏原始的新古典主义风格,则需要一些更富有刺激性的东西来刺激其饱和的胃口。对怀亚特在万神庙上所展现出的才能的反应是令人极其兴奋的,霍勒斯·沃波尔在其自己的印象记中把这种反应描述得淋漓尽致:"它使我自己感到新奇,想像华丽辉煌的化妆舞会吧!曾经在万神庙举行了一次化妆舞会,它是那样的辉煌壮观,以至于使我仿佛感到如同在古老的万神庙或德尔斐神庙或以弗所神庙(Temple of Delphi or Ephesus)一般……。所有的中楣和壁龛都安装有绿色和紫色灯罩交替的灯,散发出许多奇异的光彩……。"

怀亚特因建造了这么一座建筑而骤然达到其建筑职业生涯的顶峰,从此以后便不再缺乏委托。万神庙成功的第一个成果是1772年得到曼彻斯特附近希顿府邸(Heaton Hall)的设计委托。怀亚特26岁那年在皇家美术学院展出了为希顿府邸所作的设计图,他的委托人托马斯·埃杰顿爵士(Sir Thomas Egerton)——后来的威尔顿(Wilton)第一伯爵当时年仅23岁。像亚当得到的许多委托一样,这次委托基本上是对早期的住宅进行改建和扩建。怀亚特在这座府邸的两边都增建了很长的带柱廊的单层侧翼,侧翼的端头为一个切了角的开间,以形成简洁朴实而又形状不同的组合——这种布局亚当曾尝试过多次,但常以失败而告终。这种复杂的组合曾导致人们对詹姆斯是否没有得到其弟弟塞缪尔·怀亚特(Samuel Wyatt,1737—1807年)的帮助的猜测,因为用于希顿府邸的手法后来被塞缪尔运用于萨塞克斯(Sussex)的赫斯特蒙苏广场(Hurstmonceux Place)、柴郡(Cheshire)的温宁顿庄园(Winnington Hall)、斯塔福德郡(Staffordshire)的舒格博鲁(Shugborough)、肯特(Kent)的贝尔蒙(Belmont)以及其他一些地方的建筑。希顿府邸南立面中部优美的半圆形突出部分的设计给人以法国建筑风格的感觉。不过,人们应当清楚地记得亚当早在10年前在肯特的梅尔萨姆-勒哈奇(Mersham-le-Hatch)就已建造出这种特征完全相同的建筑。在第一层楼,怀亚特设计的突出部分包含有被认为是伊特鲁斯坎(Etruscan)建筑风格的穹顶客厅,亚当曾先后5次采用过这种穹顶客厅,最有名的一例仅幸存于米德尔塞克斯的奥斯特利庄园(Osterley Park,建于1775—1779年间)。亚当设计的是一间普通的矩形房间,大概是受皮拉内西1769年《各种壁炉装饰方法》一书中插图的启发,房间里布满了类似蜘蛛网状的装饰。怀亚特在希顿府邸设计的房间,由比亚焦·丽贝卡(Biagio Rebecca)绘画装饰,在形状上更富有想像力,装饰与结构更为契合。18世纪70年代末另一精美别致的伊特鲁斯坎建筑风格的房间是由托马斯·莱弗顿(Thomas Leverton)在哈德福郡的伍德霍尔庄园(Woodhall Park)设计建造的。这种建筑风格很快在法国得到人们的青睐,并在18世纪70年代随同那些见过汉密尔顿爵士的第一批古希腊图案花瓶收藏品的人开始流行开来,当时这些花瓶的图案被认为具有伊特鲁斯坎风格。

希顿府邸之后很快就是在萨福克(Suffolk)的赫维宁汉府邸(Heveningham Hall)的设计。在这个府邸上,怀亚特于1778年到1784年间的一段时间里创建了大概是他一生中最精美的一系列室内装饰。就像亚当被召到凯德尔斯顿(Kedleston)取代当时被认为是守旧的佩因一样,怀亚特也被召到赫维宁汉取代泰勒。泰勒在1778年设计了这座房屋,但很快被解雇。怀亚特的资助人杰勒德·范内克(Gerard Vanneck)爵士是一个没有乡村背景的商人,因此,范内克打算建造一幢展示性的房屋——一幢造型美观供展览的样品房。结果,从某种意义上说,是一幢落成在遥远的萨福克乡村的伦敦风格的宅第。客厅的空间有一层半高,像这一时期在伦敦的一些府邸那样,因而只有很少的几间卧室,也没有一间是像样的。泰勒曾经设计过一间有两排柱子的大门厅,很像他在汉普郡珀布鲁克(Purbrook, Hampshire)建造的前厅。但怀亚特认为门厅的高度应得到充分的展示,也不允许柱子向上延伸以妨碍门厅上方美妙的筒拱,这种筒拱与许多新奇的哥特式的凹弧面扇形拱相连。把这间门厅与其最原始的设计——亚当在伦敦汉普斯特的肯伍德庄园(建于1767—1769年间)的图书馆相比,是颇有教益的。亚当设计的图书馆的平面布局和柱廊分隔取源于古罗马公共浴场,其非凡的曲线拱顶由泥水匠小约瑟夫·罗斯和画家安东尼奥·祖基(Antonio Zucchi)装饰完成,其平面布局、柱廊分隔以及曲线拱在当时都体现出变革。如果有区别的话,怀亚特设计的房间更具统一性。拱肋的设置、墙上的壁柱和横穿地面的红色和黑色大理石嵌条之间存在着逻辑上的关系。墙和顶棚的基色为苹果绿,壁柱为人造大理石的深黄色,柱头和附加装饰为白色。室内坐具也由怀亚特设计,以与整个房间保持风格、色彩的协调。虽然这间门厅体现了这座房屋的精华,但具有伊特鲁斯坎风格的房间、书房以及客厅也不失为高质量的杰作。

图 275 赫特福德郡伯林顿庄园楼梯厅，亨利·霍兰设计（1778年）

图 276　伦敦卡尔顿庄园平面,亨利·霍兰设计(1783 年)

图 277　伦敦卡尔顿庄园入口门廊和幕墙,亨利·霍兰设计(约 1794 年)

图 278　伦敦卡尔顿庄园沙龙,亨利·霍兰设计(1783—1789 年)

图 279　伦敦卡尔顿庄园门厅,亨利·霍兰设计(1783—1789 年)

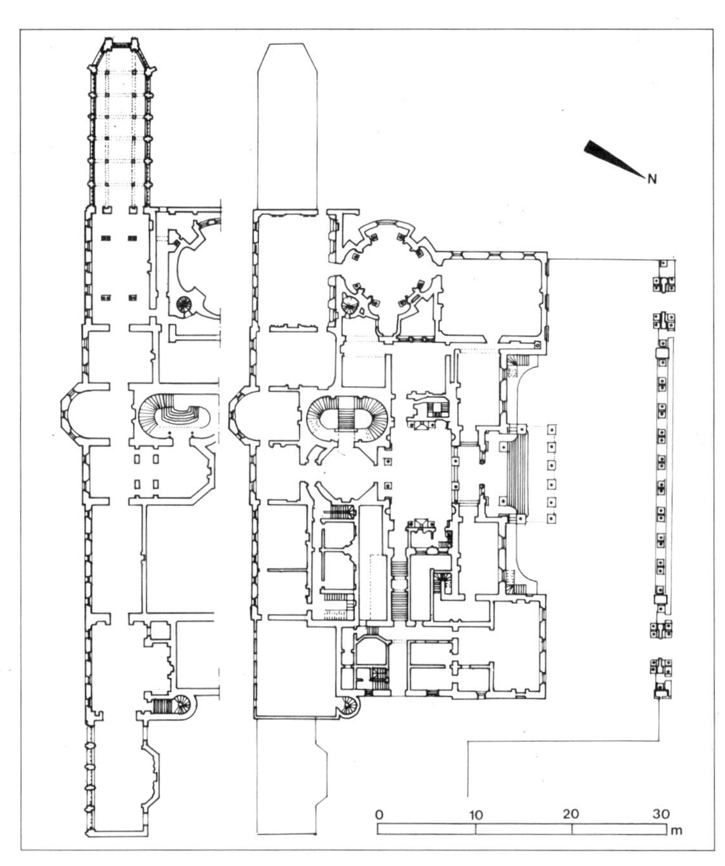

图280　贝德福郡南山庄园色彩鲜明的书房中的壁炉，亨利·霍兰设计(1795年)

图281　贝德福郡南山庄园客厅，亨利·霍兰设计(1795年)

在弗马纳镇(County Fermanagh)的库利城堡(Castle Coole)建造初期，怀亚特又一次被聘来为另一建筑师已开始的建造工作加以现代化和时髦的修饰。该城堡由理查德·约翰斯顿(Richard Johnston)于1789年在都柏林设计，但在设计实施以前，怀亚特就已对这些设计挥舞起了伦敦风格的指挥大棒。按照怀亚特修改后的设计，正立面所有不必要的装饰物都被取消，无线脚的窗外包层不设柱上楣构，约翰斯顿的罗马多立克柱式被改换成怀亚特自己创作设计的不纯的希腊多立克柱式，这些通向大厅的柱廊取源于钱伯斯在玛里诺建造的娱乐楼。库利城堡的内部，门厅为两层楼高，列有成排的多立克式柱，这也许是受希腊庙宇内部布置的影响。但令人最满意的室内是花园正面中间椭圆形的沙龙，该沙龙的人造大理石工程由多梅尼科·巴尔托利(Domenico Bartoli)完成，抹灰工程由小约瑟夫·罗斯完成。整座城堡的建造方法独特，人们怀疑怀亚特本人是否曾经见过这座城堡。怀亚特的资助人贝尔莫尔勋爵(Lord Belmore)同时也是承包商，要求怀亚特送去从顶棚到窗帘、家具以及所有一切的细部图，细木工人一完成门窗工程就立刻着手制作怀亚特设计的家具，这些家具至今仍幸存于按其设计的房间里。城堡的建造费用远远超过原预算费用的一倍，导致费用超支的部分原因是全部采用从英格兰进口的波特兰石料(Portland stone)。1790年6月工地上一共有60名石工和砖工在进行建造工作，整座城堡从设计、材料、抹灰粉刷乃至家具都是不折不扣的从英格兰进口，使惊人的梦幻成为现实，显示出人们所说的爱尔兰统治阶层的那种荣华富贵。

在库利城堡显示出萌芽、并通过多丁顿庄园得以发展的钱伯斯式的建筑风格开始频繁地出现在怀亚特设计的作品里。怀亚特从肯特的科伯汉府邸(Cobham Hall，建于1783年)的陵墓领略到钱伯斯某些早期新古典主义的抱负，带有双柱的切角墙角与钱伯斯为泰尔尼伯爵(Tylney)设计的庙宇形成一种呼应，庙宇顶上的金字塔形使人联想起纳福热(Neufforge)的一个设计。怀亚特在林肯郡布鲁克斯比庄园(Brocklesby Park，Lincolnshire，建于1787年)所设计建造的更为奢侈的陵墓令人回想起钱伯斯为威尔士亲王设计建造的陵墓，有趣的是还有尼古拉·霍克斯莫尔(Nicholas Hawksmoor)在约克郡霍华德城堡(Castle Howard)设计建造的陵墓。这两座陵墓基本上是取源于阿壁古栈道(Appian Way)上的凯西利亚·梅特拉墓(Tomb of Caecilia Metella)，但霍克斯莫尔设计建造的柱子比古典主义风格惯用的柱子更为密集，因此而产生出一种拥挤不堪、令人感到烦躁的巴洛克风格

的建筑效果。就多立克柱式来说，怀亚特设计的柱间距恰到好处。由于怀亚特参考了分别在罗马和蒂沃利的维斯塔庙(Temple of Vesta)，其设计使这座建筑增辉不少。在室内，霍克斯莫尔把柱子放在高高的基座上，而怀亚特则把柱子直接放在地面上。

在怀亚特设计的许多乡村住宅中，我们最后要介绍的一座乡村住宅是1796年在格洛斯特郡(Gloucestershire)建成的多丁顿庄园，然而，在这一时期，怀亚特所设计的哥特式建筑比他设计的古典式建筑更为闻名。他早在18世纪80年代就已通过建造许多建筑使哥特式建筑风格流行，如：苏塞克斯的谢菲尔德广场(Sheffield Place)、伯克郡(Berkshire)的桑德尔福德修道院(Sandleford Priory)、哈德福郡的皮西奥伯里庄园(Pishiobury Park)、肯特的李修道院(Lee Priory)，以及米斯镇(County Meath)的斯莱恩城堡(Slane Castle)。他在1813年逝世以前都一直设计建造这种风格的建筑，但威尔特郡令人惊讶的丰希尔教堂(Fonthill Abbey)是一个例外，它无法与其古典主义风格的作品相比。

在亚当去世以后设计的多丁顿庄园代表着一个新的起点。与库利城堡严格对称的布局有着显著的区别，多丁顿庄园的西正面被自由地展示出来，就像"能人"布朗的景观要素那样。扇形的温室，其后面有条随其曲线建造的画廊，缓缓地向造型别致的穹顶十字形教堂延伸，这座十字形教堂由怀亚特设计建造于一座中世纪教堂的旧址上。庄园西立面宽敞的入口门廊所形成的鲜明对比是：整体建筑风格为古希腊式的，而建筑细部却是古罗马科林斯式的。南立面又不相同，又回到了钱伯斯式的构图模型，其壁柱和阁楼使人联想起萨默塞特庄园。就不足之点来看，东立面显得很简单，不般配，仅使用了弧形尽端开间来进行点缀。这三个正立面都完全不同，并且毫无关联，其表面上的随意不对称在东立面办公侧楼(于1932年拆毁)得到了延续，并且以其希腊多立克式圆形大厅所形成的优美的椭圆短轴线而告终。庄园的设计和建造过程甚为缓慢，最初设计始于1796年，但到1800年立面的细部设计还没确定，直到1813年建造工作才缓缓结束。幸存的设计图有700多张，但有签名或日期的设计图却是寥寥无几——这实际上是对怀亚特有些笨拙的工作方法的典型反映。

宏伟壮观的入口门廊与室内庞大的规模相呼应，尤其是空间巨大的门厅，全长为20m(约65英尺)，从规模、独创性和质量方面可以和英格兰最优秀的新古典主义风格的大厅——他在赫维宁汉(Heveningham)设计建造的大厅相媲美。怀亚特此时已完全摆脱仅局限于受亚当影响的古典式建筑风格的模仿，这种古典式建筑风格使赫维宁汉大厅具有比罗马式的中庭更朴实的特征。门厅中央大量镀金的方格顶棚与黑色大理石板、红色苏格兰石板和淡黄色佩斯威克石板(Painswick stone)所组成的地板图案交相辉映，石板间嵌有装饰性的细铜条。带花纹的人造大理石柱用来隔开每一房间末端被抬高的部分，石柱上浮刻着受罗马马克森特尤斯王宫(Basilica of Maxentius)影响的更轻灵的菱形状方格。年轻建筑师C·R·科克雷尔在19世纪20年代参观这座建筑后，对其大厅赞不绝口，但又不得不在日记里写道："我必须说大厅采用带花纹的人造大理石、镀金柱头和顶棚是极其不明智的。如果以这种装饰来开始，又以何种装饰来收场呢？起居室无法装饰，其他的厅和房间的装饰也无法与其相协调。"事实上，科克雷尔对怀亚特的评论太苛刻，因为楼梯间毫无疑问地保持了门厅的壮观和富有戏剧性的效果。从真正的如画风格的手法上来说，楼梯间并不在轴线上，而位于门厅的一个角，因此，只能通过处在阴影中的三联拱才能隐约地看见它。在三联拱的后面光线从隐蔽的穹顶直接射入大厅。这间建筑华丽的楼梯间和拱形门廊取源于钱伯斯白厅的高尔府邸(Gower House, Whitehall，建于1765—1774年间，1886年拆毁)，又称卡林顿府邸(Carrington)，而高尔府邸的楼梯间则是受了巴尔达萨雷·隆盖纳(Baldassare Longhena)在威尼斯吉奥尔奥·马吉奥雷(S. Giorgio Maggiore，1643年)设计建造的楼梯间的影响。

多丁顿庄园对詹姆斯·怀亚特的侄子刘易斯·威廉·怀亚特(Lewis William Wyatt，1777—1853年)有着巨大的影响，刘易斯在1801年至1802年间帮助设计过这座建筑，于1817年被召唤到柴郡塔顿庄园(Tatton Park)以完成他另一个叔父塞缪尔·怀亚特早在1785年动工的住宅工程。刘易斯在1807年提出的建议包含修建一座巨大的6根科林斯柱的门廊，与多丁顿的门廊完全相同。但这项计划没能实施。按刘易斯的设计实施建造的新门厅与多丁顿的门厅也不尽相同，带斑纹的爱奥尼柱廊支撑着扇形的方格拱顶。然而，由多丁顿所取得的真正成果并不是塔顿庄园，而是施罗普郡(Shropshire)的威利庄园(Willey Park)。1812年，刘易斯在这里实现了随后由佩因和詹姆斯·怀亚特共同发展的伯林顿式的帕拉第奥主义的最后综合。由于该庄园具有其晚期特征，所以现在看来，这座建筑比在同样情况下在18世纪建造时显得更如诗如画和更富有古香古色的情趣。它与如画风格的公园极其相似，其室内比任何其他英国新古典主义风格的住宅的室内更像神殿。

最后，我们要介绍与詹姆斯·怀亚特完全同时代的建筑师亨利·霍兰(Henry Holland，1745—1806年)。毫无疑问，亚当-怀亚特式建筑风格的综合——英格兰18世纪下半叶的伟大成就，从风格上吸引了霍兰。他在追寻一种平静、惬意的设计路径的同时，也始终坚定不移地把注意力集中在法国路易十六的风格上，正是这种风格使其大多数的作品没有引起争议，而采用精美典雅、连贯的希腊复古式建筑风格、如画风格和古建筑风格却引起了争议，在当时，这些风格都没有引起人们的真正重视。

霍兰第一个重要的委托是在1776年设计建造伦敦圣詹姆斯街(St. James's Street)的布鲁克俱乐部(Brook's Club)。该俱乐部基本上仍然采用帕拉第奥式平面布局。立面为黄色砖墙，预订室位于底层，在这一房间里，霍兰把亚当式的装饰控制到了最低限度。对于霍兰来说，这一工程是相当重要的委托之一。因为俱乐部由威尔士亲王及其至爱亲朋提供工程委托，是伦敦最时髦的俱乐部之一。考虑周密、精美典雅的室内备受俱乐部成员的喜爱，霍兰不仅因此而获得了为威尔士亲王设计卡尔顿庄园的委托，而且俱乐部的成员也以亲王为榜样给他提供委托工程如著名的贝德福德公爵的沃伯恩修道院(Woburn Abbey)、斯潘塞勋爵(Lord Spencer)的阿尔索普庄园(Althorp)、塞缪尔·怀特布雷德(Samuel Whitebread)的南山庄园(Southill House)、谢里丹(R. B. Sheridan)的特鲁利待戏院区(Drury Lane)以及考文特·加登的剧院(Covent Garden theaters)。

霍兰1778年在赫特福德郡开始为建造伯林顿庄园工作。著名的园林设计师“能人”布朗于1775年开始从事这座庄园的设计，并从1771年起就是霍兰的合伙人，1773年成为他的岳父。伯林顿庄园的外观是令人难以忘怀的，其门廊纤细，显得突出，宽敞的办公室庭院呈几何形状，位于这座建筑的后面。自从卡尔顿庄园被毁坏后，华丽的楼梯间便成为霍兰幸存的最富丽堂皇的室内设计。其建筑基调也许不是我们所倾向的与霍兰联想起来的那种，但有助于我们了解霍兰在威尔士亲王心目中的地位。伯林顿大厅有一条引人注目的双轴线，或说是模糊的轴线，大厅事实上仅通向后面的楼梯间，大厅里有带方格的拱形壁龛。因此，如果从门厅进入大厅，你就会看到扇形拱廊下部戏剧般的透视景致。当你在装有玻璃的穹顶下沿悬挑的楼梯拾级而上时，你所感觉到的画家似的皮拉内西式氛围与一年多以后由托马斯·莱弗顿在赫特福德郡伍德霍尔庄园建造的楼梯间类似。霍兰在伯林顿设计建造的客厅、书房和小客厅都是极其精美别致的，不过，他受到亚当作品的影响和启发是清楚可见的。这些房间装饰得格外富丽堂皇，展现出1781年哈利先生(Mr. Harley)的女儿和海军大臣罗德尼(Admiral Lord Rodney)的儿子举行婚礼的盛大场面。

霍兰最重要的作品卡尔顿庄园的设计委托于1783年，同年，威尔士亲王进入成年，这座庄园成为威尔士亲王的寓所。庄园的原建造场地上有1709年为卡尔顿勋爵修建的一片杂乱的建筑，在1733年由亨利·弗利克罗夫特进行过部分改建。霍兰大面积的改建工作到1789年才完成，不过，著名的带入口门廊的北立面和通向蓓尔美尔街的开敞式幕墙到1794年才建好。1785年，霍兰游览了巴黎，参观过一些有名的建筑，如：卢梭的萨尔姆府邸、勒杜的泰吕松府邸、皇家宫殿、孔戴府邸和贡杜安的外科学校，这些建筑使他受到了许多的启发，尤其是沿道路的露天爱奥尼柱廊。复杂而倚连在一起的小房间的布局大概最初源于法国，不过，整个布局都以中央八角形讲坛为中心的手法也许源于亚当，尤其是源自亚当在贝德福德郡卢顿·霍所设置的类似圆形讲坛。霍兰雇佣了许多法国工匠以帮助他设计装饰和家具，其中有两名工匠特别引人注目，他们是亚历山大-路易·德拉布里埃尔(Alexandre-Louis Delabriere)和多米尼克·达盖尔(Dominique Daguerre)。他们在1777年就已开始为18世纪最精美典雅的巴黎风格的住宅之一，即贝朗热为路易十六的弟弟阿图瓦伯爵在布洛涅林园(Bois de Boulogne)设计的巴格泰勒别墅(Pavillon de Bagatelle)进行装饰。随着1786年《英法贸易条约》的签署，英国和法国之间的交往在这些年里达到了最高峰。此外，由于达盖尔扮演了一个重要的中间角色，许多货物和家具在法国大革命以后被走私偷运出法国，并在英格兰销售。卡尔顿庄园庞大的规模和威尔士亲王的积极性，使霍兰能够开拓出受法国式建筑影响的自己的独特风格，并深受当时辉格党人士的喜爱。我们主要从威廉·亨利·派恩(William Henry Pyne)出版的《皇家住宅》(Royal Residents，出版于1819年)一书第二卷的精美插图中了解卡尔顿庄园的室内装饰。虽然在那时室内曾由建筑师约翰·纳什作了很多的润饰，并由室内装饰家沃尔什·波特(Walsh Porter)用浮华的帷幕和坐具进行点缀，花岗岩绿色的门厅看起来与霍兰当时的设计几乎一样，淡紫色和蓝色交织在一起的圆形沙龙优美典雅，两侧仍挺立着带镀银柱头的希腊爱奥尼柱子，看上去却依然如故。

霍兰在1794年至1796年期间雇佣了建筑师夏尔·希斯科特·泰瑟姆(Charles Heathcote Tatham，1772—1842年)，让他在意大利绘制古式装饰片断草图，其中包括古式家具的草图，使霍兰能够作为模型进行仿造。泰瑟姆用船运回许多古式装饰和建筑片断，这些片断后来由约翰·索恩爵士大约在1821年买下，并用于装饰“林肯法律学会外的空地”(Lincoln's Inn Fields)里的小书房和客厅，使其显得静谧、风格独异。因此，霍兰对摄政时期(Regency)的家具式样和风格产生了重要的影响。

关于18世纪80年代末卡尔顿庄园的直接影响，我们只需看看白厅的多佛宫(Dover House，Whitehall)便可一清二楚。威尔士亲王的弟弟弗雷德里克亲王(Prince Frederick)在20多岁时需要一座在伦敦的寓所，这项任务自然由霍兰来承担。为弗雷德里克亲王选定的房子原由佩因在18世纪50年代设计建成，离白厅不远。由于受法国式平面布局，如纳福热《基础建筑汇编》(Recueil elementaire d'architecture，第9卷，1757—1772年)一书中的那些平面布局的影响，霍兰在庭院里增建了一座美妙的穹顶圆形门厅，使寓所更宽敞一些，并增强私密性。在这座房子前加了一道无洞口的粗琢幕墙以挡住外界的视线，并按伊利萨斯山(Ilissus)神庙柱式布置了希腊爱奥尼柱加以强调，《斯图尔特与雷维特》(Stuart and Revett)一书中有该神庙的插图。柱附墙的方式，也采用了该书插图中的一座希腊化建筑——雅典的哈德良图书馆的处理方式。

霍兰于1786年12月被辉格党显贵斯潘塞勋爵召到北安普顿郡(Northamptonshire)的阿尔索普，对这座伊丽莎白式(Elizabethan)的住宅进行了改建，其室内成为晚期路易十六最令人折服的室内之一。客厅由法国艺术家佩诺蒂(T.H.Pernotin)在1790年至1791年间用绘画予以装饰，佩诺蒂当时在卡尔顿庄园受雇于霍兰。霍兰在贝德福德郡沃伯恩修道院(Woburn Abbey)为贝德福德公爵所设计的作品更折衷一些。除一些特征上节制的英法式室内以外，他还根据钱伯斯1757年的《中国设计》一书中的插图设计了风格上与希腊多立克柱式接近的车辆出入门道(于1950年拆毁)和一座中国式的牛奶场。1801年，他在雕塑美术馆的一侧设计建造了一座精美别致的自由神庙(Temple of Liberty)，以伊利萨斯山神庙的希腊爱奥尼柱式为蓝本，自由神庙里存放着贝德福德公爵所推崇的政界人物半身雕像，为首的是由约瑟夫·诺莱肯(Joseph Nolleken)雕塑的辉格党首领查尔斯·詹姆斯·福克斯(Charles James Fox)的半身雕像，希鲁克斯俱乐部里也存放着他的雕像。

霍兰最后一次重要的委托是1795年来自啤酒商塞缪尔·怀特布雷德的委托——改造其贝德福德郡18世纪中叶建造的住宅，即南山庄园。怀特布雷德夫人的休憩室和闺房由画家德拉布里埃尔用绘画来装饰，采用了高雅的白色和灰色色调，并用一些庞培式的装饰物进行点缀，于1800年4月竣工。德拉布里埃尔还用油漆装饰过一些家具，这些家具在南山庄园至今仍保存完好。休憩室和餐厅仍然存放着由霍兰设计的家具，但其风格与从路易十六时期到摄政时期的却截然不同。庞大的规模和四处镀金的家具创造出一种强盛的、近乎皇家的气氛，与设计考究、形式拘谨的房间形成了鲜明的对比。霍兰富有创造性的高卢(Gallic)风格使他在他的同龄建筑师中独树一帜，但没有人能够否认他像更为著名的亚当和怀亚特一样，博取众多不同建筑风格之长处，成功地实现了诸多风格的综合。18世纪期间，这种有关不同建筑风格的信息积累是非常迅速的，这些信息包括：希腊本土式、泛希腊式(Hellenistic)、罗马式、文艺复兴式和新古典主义式的建筑风格。

# 第五章　幻想风格建筑

## 第一节　法国：部雷与勒杜

通常与18世纪末期的幻想风格建筑联系在一起的建筑尺度的庞大与钟爱规整的几何体甚至早在18世纪初叶的建筑设计图中就已有显露，尤其是在那些参加罗马圣卢卡学院的参赛作品中显露。该学院组织的年度竞赛，甚至在1754年帕尼尼执掌学院之前就已是建筑界的一大盛事。其作用是要囊括国内建筑界，更重要的是国际建筑界那些有抱负和尝试新风格的建筑设计作品。许多朝觐罗马的青年建筑师都期盼赢得一项奖项来奠定自己的声誉。前面已经谈到，马里－约瑟夫·佩雷的初出茅庐之作是一座雄伟的大教堂(包括两座毗邻的主教邸宅)；后来又设计了同样是气势非凡的罗马邮政局(envoi de Rome)，它是一座学术中心。这两项设计在他1765年的《建筑作品集》中都有图例说明。竞赛极大地激励了法国的大学生。而且就18世纪50年代以来的参赛作品来看，法兰西学院所倡导的风格华丽、激发幻想效果的建筑式样已经牢牢成为学术传统的一部分。众所周知，布隆代尔对此并不认同。但无论他持什么保留态度，学生们并不予以理睬。18世纪末期罗马艺术大奖赛获奖的设计愈益具有宏伟的风格。对此，法兰西学院的院长们也颇感不安。1787年8月，在一封三人联合署名致罗马法兰西学院院长的信件中，德瓦伊、帕里斯和部雷抱怨说："寄给学院的方案很难予以肯定；其中大部分均是一些无法实施的宏伟设计方案。经后来得到的消息证实，那些准备回国的建筑师，希望其作品能得到同胞们的理解。"(《法兰西学院院长通信集》，第15卷，第161页)部雷本人在这封信中还算是做了些妥协。他后来认为，有必要在"巨大"与"庞大"之间划出一条界限。在法国大革命后这种追求视觉上的宏伟被视为是获得了新生的法国公民的一种积极需要，一种肯定自身权利与生存的手段。在1791年12月对巴黎省议会所作的《论大型公共建筑》(Discours sur les monuments publics)的学术报告中，阿蒙－居伊·凯尔桑(Armand-Guy Kersaint)宣称："让我们坚定自由的信念，一切都将会变得容易起来。为达此目的，让我们遵循纪念性建筑那行之有效的建筑语言法规。要稳定新法规就必须有信心，而这种信心是自然而然地建立在旨在保留这些法规并使其代代相袭的坚实而牢固的大厦之上的。"在这以后的几年中，建筑师们设计出无数座宏大的公共建筑来，但大革命中的几届政府都没有留下什么实在的东西，甚至他们对上帝表现出的几许敬意也仅是昙花一现，过眼云烟。

要证明幻想派建筑在18世纪末期法国所取得的辉煌，可以列举出一大批建筑师的名字：让－尼古拉·索勃尔(Jean-Nicolas Sobre)，雅克－皮埃尔·德吉索尔(1755—1818年)，皮埃尔－朱尔－尼古拉·德莱皮纳(Pierre-Jules-Nicolas Delespine，1756—1825年)，安托万－洛朗－托马·沃杜瓦耶(1756—1846年)，梯波特(J.-T. Thibault，1757—1826年)，迪朗(J.-N.-L. Durand)和让－雅克·塔地尤(Jean-Jacques Tardieu，1762—1833年)就是其中的代表。然而最具创意、影响也最大的当数部雷和勒杜。他俩的设计特征鲜明，尽管二人之间明显互有影响。部雷可算是打破建筑设计传统清规戒律的第一人，并且他树立了一种全新的幻想式风格，虽然这种风格的首创者有可能是勒杜。但是，两人最初的实验之作都是实际的设计项目，甚至有些是委托项目。

1779年布吕努瓦大厦的竣工标志着部雷风格的根本改变，即变得更庄严宏伟，又更加华而不实。1780年他为凡尔赛宫的重建做了一系列的设计方案，但只有最后一个方案，即"大方案"(grand project)依然保存至今。在这个方案图上，经过了庞大扩建后的凡尔赛宫显得非常单调呆板，难看之极。部雷可能从来没想过这个方案会付诸施工。加布里埃尔在凡尔赛宫的工作中断过5年，这是因为资金短缺，国王对大型建筑工程又没有多少兴趣。同样地，在紧接其后部雷设计的剧院和教堂，尽管设计的显然都是些实际工程，却依然毫不实用。这些设计不过是一种风格练习罢了。他在1781年为巴黎的卡鲁塞尔广场(Place du Carrousel)设计的剧院，虽然是与苏夫洛(Soufflot)先前设计的一项工程配套的，但他却将剧院放在一座有着扁平穹顶和围廊式鼓形座的建筑中，与原来的建筑显得格格不入。据他说，教堂[①](同年设计的几个工程之一)原本打算建在由孔唐·迪夫里(Contant d'Ivry)设计、但尚未竣工的马德莱娜大教堂(Madeleine)的基础上，但后来的图纸表明他在逐渐地把苏夫洛的圣热讷维耶沃[②](Ste.-

---

① 这里指的是部雷1781年设计的巴黎主教大教堂(Metropolitan Cathedral)，它原来是准备为马德莱娜教堂作的方案，以苏夫洛的万神庙为摹本，故有下文之说。——译者注

② 这里指准备建在巴黎的万神庙(Pantheon)。圣热讷维耶沃是巴黎的守护神。万神庙是原准备献给他的。——译者注

图 282　巴黎卡鲁塞尔广场剧院平面方案，部雷设计(1781 年)

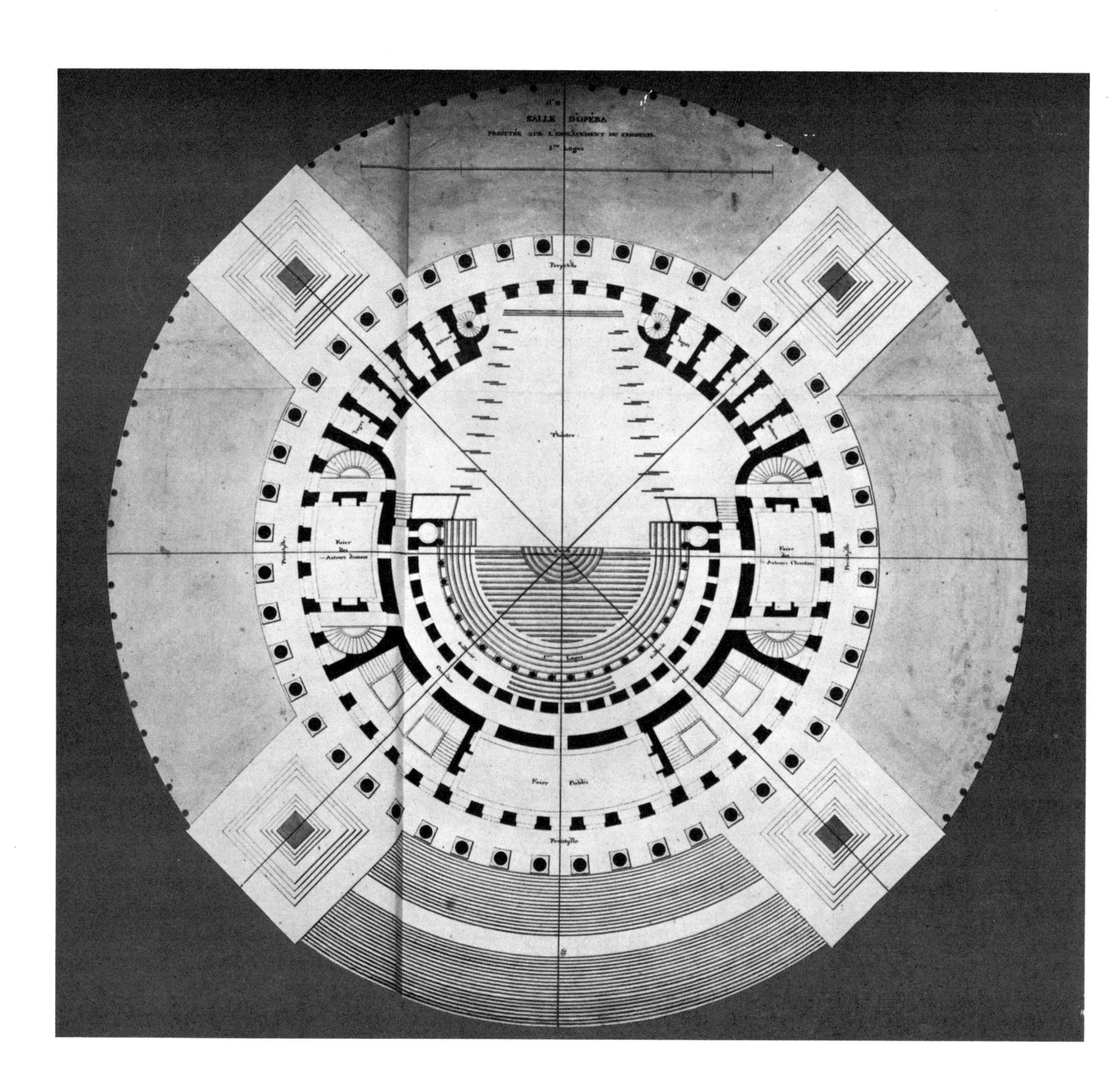

图 283　巴黎卡鲁塞尔广场剧院方案,部雷设计(1781 年)

图 284　某大型教堂,透视图,部雷设计(1781 年以后)

图 285　晚祷中的一座天主教大教堂的内部效果，部雷设计（约1781 年）

图 286　巴黎新国家图书馆大厅方案，部雷设计（1784 年）

图 287　某大型博物馆方案，部雷设计（1783 年）

图 288　牛顿纪念堂方案，部雷设计（1784 年）

图 289　平顶埃及金字塔式纪念碑方案，部雷设计

图 290　某葬礼纪念碑方案，部雷设计

Genevieve）教堂改头换面成一座宏伟得超凡脱俗、犹如天宫的建筑。毫无疑问，凭 18 世纪的物质资源，这显然是无法建成的。教堂的穹顶高可接天，一排排的廊柱无边无际，单内部就需 3000 根柱。他在1783 年设计的一座博物馆甚至比这还要雄伟，是一种更纯粹的柱式主题的变奏。但是，无数的立柱，一望无涯的台阶和巨大的筒拱，看起来虽然华丽雄伟，却完全不适用于这类建筑。所以，整个建筑仅具一种象征的功能。他为古老的马萨林宫①设计建造的图书馆也是同样的毫不实用。最初它本是 1784 年受正式委托为嘉布遣会女修道院设计的，后来因建设费用太高而改在马萨林宫。

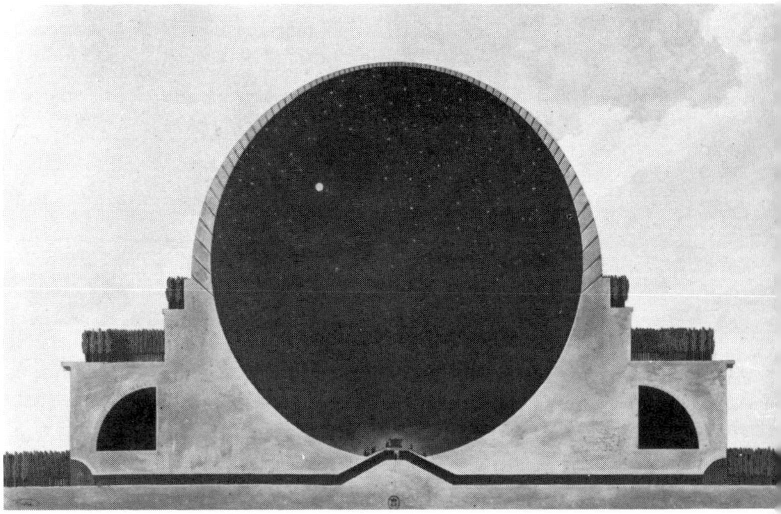

没有证据表明部雷考虑过图书馆的实用价值问题。场地的限制也同样是刻意地不在考虑的范围。上面提到的那座图书馆的内部那为人称道的透视效果却难以同马萨林宫的天井融为一体，而图书馆本来是打算把天井围起来的。据部雷讲，那些身穿古罗马长袍的人物塑像是为了让人联想起拉斐尔的名作《雅典学派》。这别出心裁的想法最先为德瓦伊，用在他 1771 年展出的法兰西剧院（Théâtre-Français）休息厅的透视图中（参见图 166）。毫不奇怪，“纪念碑”这个词的含义在当时已从“纪念性的建筑物”扩大到“具有象征意义的公共建筑物”。事实上，部雷是在设计庙宇。他设计的伟人博物馆明显受到了亚历山大·蒲柏的诗歌《伟人堂》的启发。在他的设计中，那种让人敬而远之的华丽显得更加突出。人的元素已经是无关紧要。人仅仅是装饰性的附属品。他在描述他的剧院或“快乐宫”（temple of pleasure）时说，“雅鲁终于拿出了最漂亮的图纸，我认为自己终于做到把观众融入到建筑中，让他们装饰我的大厅，并成为建筑的主要装饰品。”（J. M. Pérouse de Montclos 编辑，E·L·部雷，《建筑：关于艺术》，1968 年，第107 页）显然，人被他利用来增强建筑物的表面尺度。到了 1784 年，他已经能够把自己的理想体现到他的设计当中，这反映在他为牛顿树碑立传而设计的一座巨大而空荡的的球形建筑。“啊，牛顿！你用自己博大的智慧和卓越的天赋，确定了地球的形状。我设计了一项工程，用你的发现把你包装起来。”（同上，第 137 页）部雷好像是把牛顿与伽利略搞混了，但这无关紧要。他的目的是要激发出一种感叹宇宙之无限的幻想，让人沉醉于一种恍如在天国的喜悦。此后，尤其是在大革命之后，他设计的一些更加蔚为壮观的公共建筑，如凯旋门、门

① 马萨林（Jule Mazarin，1602—1661 年），法国首相和枢机主教（1643—1661 年）。——译者注

图 291 巴黎的蒙索花园平面图，路易－卡罗日·德卡蒙泰勒设计（1773—1778 年）

坊、灯塔、陵园、金字塔等，都达到了真正崇高的境界。他摒弃了所有现实性的元素，执意要以画家的眼光看待建筑。他的口头禅“而我本人也是优秀的画家”是借用了柯勒乔[①]（A.A.Correggio）的话。但他已经把建筑简化到不比图画表现好多少的地步。绘图就代表了一切。

部雷生前没有发表过著作。但是，他随手记下的笔记和他的专著《建筑：关于艺术》有助于理解他的设计图和阐明他教学中的一些思想。《建筑：关于艺术》动笔于 1780 年，但大部分内容完成于 1790 年至 1793 年他因病退隐到乡村以后。他曾研究过夏尔·佩罗的作品："那时我很年轻。我赞同公众的意见。我很欣赏卢浮宫的列柱立面。凝视着眼前这一杰作，似乎世界上一切美好的东西都尽显于建筑之中了。"（同上，第 154 页）但他及时地发现自己无法接受佩罗的论点——建筑至少部分地是建立在一套人为制定的法则的基础上。部雷所追求的是一种绝对的法则，亘古不变、无所不包的绝对法则。他期盼在自然中找到这种法则："我不愿再三地重复：建筑师应该是大自然的宝石镶嵌工。"（同上，第 73 页）虽然自然究竟是什么，很难给出一个准确清楚的定义，但他很快就明白形式和形状是可以激发出万千遐思的。

"通过建筑主体产生的效果，我们得以区分厚重主体和轻柔主体。正是由于通过来自对主体的研究的正确方法，艺术家才得以赋予他们的作品以纯属体现自身的特点。圆形主体通过柔美的外形给我们以美感；角形主体生硬的线条令人不悦；匍匐于地面的主体则使人沮丧。在那天穹中挺拔而升的，令我们心往神驰；那舒展于地平线上的，是多么崇高壮丽。"（同上，第 35 页）

所以，在形式与被形式唤起的喜悦之间有着直接的联系。这就是他的《形体理论》（le théorie de corps）一书中的理论基础。他选择规则的实体作为研究对象，摒弃所有物体中非规则的成分。他孜孜追求一种稳定的秩序——在"恐怖政权"时期[②]有这种理想是不足为怪的。这种不变的秩序就是匀称，匀称在他眼里是不可逾越的圭臬。他设计的建筑有立方体、圆柱体、金字塔和圆锥体（要指出的是他的圆锥体通常都削去了尖顶），但他的理想建筑是球体。这不仅因为球体是所有形状中最规则的，而且在光照下，它能展示无穷的变幻，从最暗淡的光影到最耀眼的华丽。光是部雷理想建筑中的一个主要元素。

他写道："以任何比例构成的球形物体，都具有一种完美的形象。它集准确的对称、规则的韵律、充分的变化为一体。它使形体具有最充分的伸展，而自身的形状却是最简单的。它勾画出的轮廓最让人赏心悦目。所以，球体很利于发挥光的效果，特别是那种不易获得的、渐变的、柔和的、丰富而令人惬意的效果。这些都是自然赋予球体的无与伦比的优势。在我们看来，它们具有无穷的力量。"（同上，第 64 页）

在部雷设计的一座剧院中，他已经在尝试着将这种观念赋予形体；在他设计的牛顿纪念堂中，可以说他已经实现了这一目的。这里需要指出的是，从勒杜为莫珀修斯（Maupertuis）庄园设计的牧羊人居的方案来看，单就构思的大胆性，勒杜比部雷有过之而无不及，因为勒杜的学生索勃尔在英雄庙（Temple of Immortality）的设计中利用了水塘反光的手法。但部雷考虑的不仅是建筑外观的有限美，而且他还看到，在不同的条件下，在一年不同的季节，一天中不同的时刻，在阳光下或是在月光下，甚至随观者的心情不同，形体的效果都会发生变化。他引用约翰·洛克（John Locke）和他的法国信徒孔狄亚克[③]的话评论说："我们所有的观点和感觉都来自客观事物，通过我们的感官或多或少的推理类比，客观事物在我们的大脑产生各种不同的印象。"（同上，第 61 页）

所以，象征主义在揭示部雷设计的一座纪念碑的特征方面具有压倒一切的意义。它显然凌驾于对实用性的考虑之上。他说，筑城的技术与军事建筑无关，目的是要显示"力的意想"。他的象征主义是外化的，如他在城门上放上一些战利品或盾牌等等。又如把宪法凿刻在他设计的国民议会大厦的墙上。但在更多的时候，他的象征主义又是晦涩朦胧的。他的建筑看似平淡无奇，墨守陈规，而实际上浓缩了很多深奥的学识。像当时大多数法国建筑师一样，他也是一名共济会[④]成员，同时也醉心于阅读旅游记一类的读物。在他的私人图书馆收藏有詹姆士·布鲁斯（James Bruce）[⑤]讲述的有关寻找尼罗河源头的故事，

① 柯勒乔（约 1489/1494—1534 年），意大利文艺复兴时期的重要画家。——译者注

② 作者这里指法国大革命时期中的雅各宾政权时期。——译者注

③ 孔狄亚克（E.B.de Condillac，1715—1780 年），法国哲学家，著有《论人类知识的起源》、《论感觉》等。——译者注

④ 共济会，一个最初在 17 世纪形成于英格兰石匠中的民间组织，后于 18 世纪初散布到欧洲大陆国家。其主要教义为信奉上帝，主张博爱和互助。——译者注

⑤ 布鲁斯（1730—1794 年），苏格兰探险家，曾旅游过非洲大部分地区，著有《尼罗河源头探险记》（1790 年）等作品。——译者注

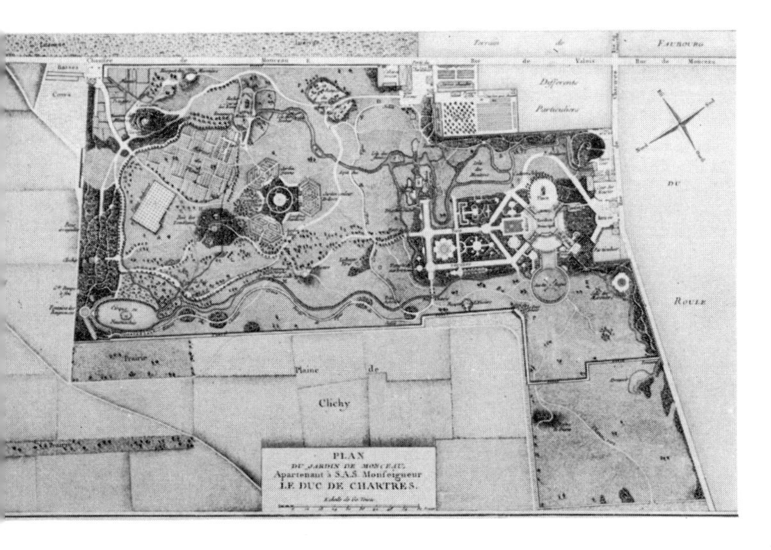

图 292　巴黎蒙索花园的鞑靼式帐篷、骆驼和饲养员，路易·卡罗日·德卡蒙泰勒设计（1773—1778 年）

图 293　“雷斯沙漠园”中的拉辛·德蒙维尔府邸和花园，弗朗索瓦·巴尔比耶设计（1774—1784 年）

威廉·帕特森（William Patterson）对卡菲尔人和霍屯人①的描述，威廉·罗伯逊（William Robertson）②关于美洲古文明的记载，以及其他许多有关叙利亚，中国和南太平洋诸岛的旅游故事等等。然而他本人则很少离开过巴黎。这种欣赏异国风土人情的嗜好在他的设计中并没有明显的流露。所有的东西都在经过提炼后被赋予一种纯粹的形式，因为部雷要追求的是富有诗意的建筑。他的目的是把这种纯粹的形式加以升华，上升到甚至超越理性的地步，而不再仅仅是一座建筑。他对维特鲁威单一地追求技巧的嗜好不屑一顾。他的建筑是属于巍峨崇高、超凡脱俗一类的。“在艺术家们中，他们唯一应该推崇的方法”，他写道，“便是竭尽全力找回那种激发起他们艺术感觉的才能和动力。正是这种纯粹属于他们自身的魅力激发并活跃了他们的才华。要避免陷入那种用执意推理的方法去阐释事物的原因。因为在我们的感觉之中，对某种形象的印象来说，当过多注重于其产生效果的原因时，这种形象的印象在我们大脑中就会淡漠。如果去议论这些形象之所以产生愉悦的原因，整个大厦的生命也结束了，也就失去了欣赏的价值，最终也失去了它存在的意义。”（同上，第 164 页）

但部雷并不是一个放纵激情的人。他的想像是基于他的研究与深思熟虑。他在哥白尼和牛顿的画像下伏案工作，自己收藏着物理学和天文学方面的书籍。他读过弗兰西斯·培根和布封伯爵（Comte de Buffon）③的著作，而且显然从拜读孔狄亚克 1754 年写的《论感觉》中获益匪浅。他的关于形式的理论与德伊斯尔·让－巴蒂斯特－路易·洛美（Jean-Baptiste-Louis Romé de l'Isle）1738 年写的《结晶学——对矿物质各种形体的描述》有着密切的联系。学识是他建筑生涯的根基。他的每一座幻想风格的建筑都有其原型可寻，显示出他的饱学博览。其中最为明显的有古罗马时期的建筑——大角斗场、万神庙、西斯尤斯金字塔（Pyramid of Cestius）④，凯西利亚·梅特拉墓（Caecilia Metel-

---

①　卡菲尔人，居住在阿富汗东北部；霍屯人，居住在非洲南部地区。——译者注

②　罗伯逊（1721—1793 年），苏格兰史学家，著作有《1542—1603 年苏格兰史》和《美洲史》等。——译者注

③　即乔治－路易－莱克勒·布封（1702—1788 年），法国博物学家，与人合著《自然史》44 卷，另著有《风格论》，提出”风格即人”的著名论点。——译者注

④　西斯尤斯金字塔位于罗马郊外，建于大约公元前 18—12 年。——译者注

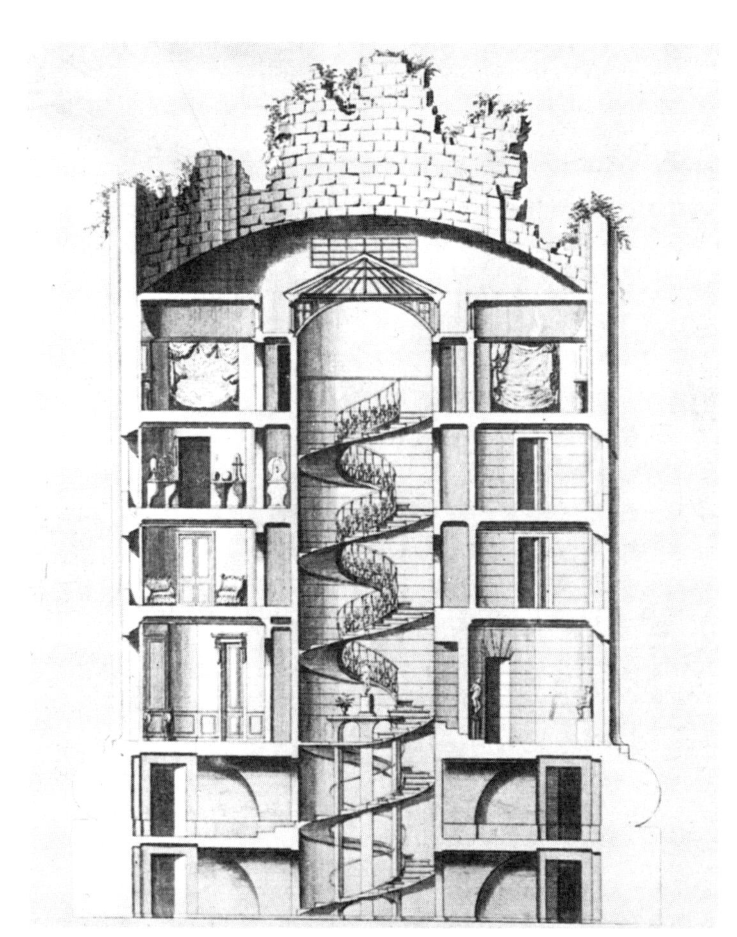

图 294　“雷斯沙漠园”中的拉辛·德蒙维尔府邸剖面图，弗朗索瓦·巴尔比耶设计（1774—1784 年）

图 295　凡尔赛小特里阿农的农舍，里夏尔·米克设计（1778—1782 年）

图 296　凡尔赛小特里阿农的磨房，里夏尔·米克设计（1778—1782 年）

图 297　梅雷维尔的公园，弗朗索瓦－约瑟夫·贝朗热和于贝尔·罗贝尔设计（始建于 1784 年）

图 298　于贝尔·罗贝尔所画的梅雷维尔风景图和弗朗索瓦－约瑟夫·贝朗热与罗贝尔设计的梅雷维尔别墅，法兰西岛博物馆藏

图 299　梅雷维尔奶牛场(现位于德欧尔别墅公园内)，弗朗索瓦-约瑟夫·贝朗热设计

图 300　亚当岛附近卡桑公园中的中国式亭

图 301　亚当岛附近的卡桑公园中的中国式亭

图 302 埃默农维尔的花园，其中有让－雅克·卢梭的墓地，勒内·德吉拉尔丹设计，梅里哥的版画

图 303 埃默农维尔的花园中的“名人堂”，勒内·德吉拉尔丹设计

la)、哈德良皇陵、奥古斯都皇陵，以及哈利卡纳苏斯的陵墓①。他把所有这些建筑的外观剥光，使其变得更为崇高和富有幻想。他借用过基歇尔②，菲舍尔·冯·埃拉赫(Fischer von Erlach)甚至于贝尔·罗贝尔的思想。

同部雷同时代的许多人一样，部雷那些建筑话题以外的言论是受了让－雅克·卢梭，甚至是卢梭的门徒雅克－亨利·贝尔纳的启发，但真正影响到他改变自己的建筑设计思维模式的因素是“英国式花园”被介绍到法国。部雷本人是设计这类花园的先驱者之一。1765 年在夏维尔庄园(Chateau de Chaville)建成的那座有可能是他设计的，几年后建在伊西－勒－莫里诺的那座则肯定是出自他的手笔。但如画风格的园林在法国形成狂热的时尚是在 18 世纪 70 年代，当时涌现出一大批英国式花园。花园的用材虽丰富得出奇，但格调都欠高雅。这其中包括：西蒙－夏尔·布坦(Simon-Charles Boutin)建在蒙马特尔的蒂沃利花园(Tivoli，1771 年)，路易·卡罗日·德卡蒙泰勒(L. Carrogis de Carmontelle)的蒙索花园(garden at Monceau，1773—1778 年)，弗朗索瓦·巴尔比耶(François Barbier)为部雷的客户拉辛·德蒙维尔(Racine de Monville)设计的“雷斯沙漠园”(Desert de Retz，1774—1784 年)，该花园的设计第一次使住宅成为一种花园式的陪衬，让它看上去好像是一根残柱的幻景；接下来是让－弗朗索瓦·勒鲁瓦(Jean-François Leroy)设计的尚蒂伊农庄(hameau at Chantilly，1775 年)，里夏尔·米克(Richard Mique，1728—1794 年)设计、为小特里阿农宫(Petit Trianon，1778—1782 年)建的花园，还有贝朗热(F.-J. Belanger)设计、建在巴格泰勒(Bagatelle)的几座花园(1780 年)，为傅立叶·圣詹姆斯(Folie Saint-James，1778—1784 年)在梅雷维尔(Mereville，1784 年)设计建造的花园。最后提到的这座是由罗贝尔完工的。罗贝尔在 1783 年与阿尔古公爵(Duc d'Harcourt)合作在贝斯(Betz)和朗布依埃(Rambouillet)两地建造过花园。以英国人的眼光来看，这些花园的成就参差不齐。霍勒斯·沃波尔在 1771 年 8 月 5 日致友人约翰·丘特(John

① 哈利卡纳苏斯的陵墓(Mausoleum of Halicanassus)系古代世界七大奇观之一，是古代小亚细亚半岛西南部加里亚僭主的陵墓，建于公元前 353—351 年，毁于 11—15 世纪的一次地震。古罗马作家普林尼的作品中记有对该墓的描述。——译者注

② 基歇尔(Athanasius Kirsher，1601—1680 年)出生于现德国境内的耶稣会教士，以博学多才闻名，是晚期文艺复兴的重要人物之一。——译者注

图 304　某四海大厦，安托万－洛朗－托马斯·沃杜瓦耶设计（1785 年）

图 305　大奖赛设计——"大帝国皇陵"，皮埃尔－弗朗索瓦－莱昂纳尔·方丹设计（1785 年）

图 306　英雄庙方案，让－尼古拉·索勃尔设计

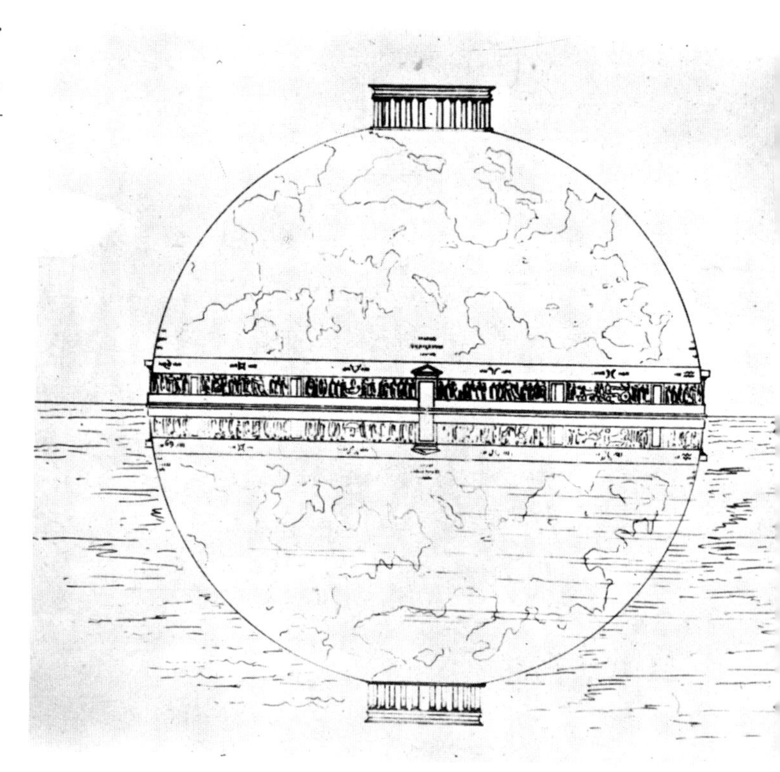

图 307　巴黎城关方案图，克洛德－尼古拉·勒杜设计（1785—1789 年）

Chute）的信中是这样描述蒂沃利花园的："有三四座小丘，高度接近一个艾葡做成的布丁，而形状更是与布丁毫无二致。人得侧身才能走过山丘和小河之间的小道，小河的河床是用石头铺成的，河流弯弯曲曲，转角成钝角，水源来自一台水泵。我想，核桃成熟的时候，河上也许是可以划划船的。"（《通信集》，第 8 卷，第 64 页）卡蒙泰勒设计的蒙索花园看上去像是一幅幅写实画，目的是要让游园者有足够的谈话兴趣，而又毫不感到疲倦。但其格调俗不可耐，连设计师本人也有意使它有别于英国式花园那种更加严肃的构思——要使大自然变得井然有序。所以卡蒙泰勒自己在花园的墙上写道："这绝不是一座英国式花园"。

当然，也有很多的花园设计追求崇高的境界——精神高尚，陶冶心灵。其中最优秀的当属建在埃默农维尔的那些花园。这些花园属于勒内·德吉拉尔丹侯爵。他幽居在此，其身份较之卢梭也毫不逊色。因为一部最重要的理论研究——《园林建筑设计》（1777 年）正是出自吉拉尔丹侯爵之手。他说，"既不能由建筑师也不能由园艺师，而应该由诗人或画家来设计景观"。不到 6 年的时间，这部著作就译成英语。但是，第一本在法国问世的这类书籍是英语写的，这一点是可以想像得到的。这就是托马斯·瓦特利（Thomas Whately）的《论现代造园艺术》（Observations on Modern Gardening，1770 年）。这本书对如画风格的园林做了一些开拓性的研究。次年，该书由德拉塔皮（F.-P. de Latapie）译成法文。沃波尔也很敏锐地注意到这件事。他在前面提到的同一封信中告诉丘特："他们翻译了惠特利的著作，天知道，在我们的门前会建出些什么野蛮的东西来。"此后又有两本法语著作问世，瓦特莱（C.-H. Watelet）的《花园设计简论》（1774 年）和沃波尔自己的研究成果——《现代园艺风格史》。后者在 1785 年由德·尼维尔诺瓦公爵（Duc de Nivernois）译成法语。该书首次付印是在 1771 年。

莫雷尔（Morel）早在 1766 年就与吉拉尔丹在埃默农维尔合作过，但两人在该怎样用一些建筑来点缀风景园林式花园的问题上发生过激烈的争吵。一气之下，莫雷尔离开了吉拉尔丹，并按照自己的趣味设计了不下 40 座花园。他的著作显示他不仅不反对有一些点缀作用的建筑物，如是有实用价值、按传统方式设计的农舍、谷仓或遮棚一类，就连那些年代已久、布局凌乱的庄园也是可以接受的。但他不想追新，反对任何有可能破坏自然景观的建筑。他最喜欢天然自成，不加粉饰。他花了大量的笔墨记叙他怎样在自己的设计中做到顺其自然：有的地方要留出一片开敞的空间，有的地方要围起来，这样做到虚实相间，疏落有致。他说这样做的目的是不想逻辑性太强，目标是要

图 308　巴黎维利特圆筒楼，勒杜设计(1785—1789 年)
图 309　巴黎杜特龙城关，勒杜设计(1785—1789 年)

追求一种诗意。他使用的材料不外树木花草，石头和水——或是清潭碧波，或是流水潺湲。他对流水、吹拂的微风情有独钟，当然还包括光影的变幻。他的著作中有连续四章是谈四季变换产生的效果。显然，他的兴趣与部雷的非常相似。但需要强调的是，莫雷尔对匀称不感兴趣，这点他与部雷不同。但是，把以上那些观点转换成建筑理论的工作很有可能不是由部雷完成的。在他的《建筑：关于艺术》之前有勒加缪·德梅齐埃的《建筑学：借助我们感觉的类比艺术》，该书发表于 1780 年。勒加缪受到风景园艺师的启发。事实上，他把书题献给了沃波尔。他在书中写道，"我坚持把自己的热情集中到建筑大自然的作品上来。我越是观察，就越是认识到每一个物体都拥有自身的特点。我也经常发现，一条线和一个简单的轮廓是可将这一物体的特征表示出来的"。勒加缪的思想远没有部雷的成熟，语言当然也欠优雅。他固执而又唠唠叨叨地阐述怎样把他的类比方法贯穿到整体规划和局部的设计中，这样就使他的书完全有别于部雷的《建筑：关于艺术》。但是，综观全书又不乏有与部雷相同和相似的观点，因为他们两人的关注是相同的，他写道，"光照很好的建筑物，当其余所有方面也都完美地处理好时，就会变得舒适而惬意。开敞的空间太少，封闭的空间太多，就会展现出一种严峻的特征；如果光线再被阻截，整个建筑就会显得神秘阴沉。"在这里没有必要去进一步追溯部雷的思想与园艺理论家在 18 世纪 70 年代介绍到法国的那些关于构图的思想之间的渊源。

甚至在一些最琐碎的问题上，部雷从园艺家们得来的借鉴都是明显可察的。为他作传的让－马里·佩鲁斯·德蒙特克洛(Jean-Marie Perouse de Montclos)曾指出，部雷的大剧院不过是放大的"爱神庙"(Temple of Love)，而牛顿纪念堂，虽然与蒲柏在《名人堂》中的描写相吻合，却同样是在依样画葫芦地图解"庙厅"(Miau Ting)，即威廉·钱伯斯《论东方造园艺术》(1772 年)一书中描写的"月宫"(the Hall of the Moon)。该书的法文版是在 1773 年发行的。法国人先是在帕尼尼和皮拉内西，随后又是在英国人的想像力的启发下，渐渐地学会了只接受视觉标准。

如画风格建筑理论家和像部雷这样的人的影响力是非常巨大的。因为部雷虽然生前没有发表过著作，但他却是一位活跃的教师。事实上，他的许多设计好像都是他教学的直接成果。这些设计以参加罗马艺术大奖赛的作品为基础，而且融入了一些最先是出现在学生们的作业中的构思，就像是老师在批改学生那些尚未定稿的设计图样。这并

图 310　巴黎城关方案图，勒杜设计（1785—1789 年）

图 311　巴黎丹菲尔城关，勒杜设计（1785—1789 年）

图 312　巴黎丹菲尔城关局部，勒杜设计（1785—1789 年）

图 313　巴黎城关方案图，勒杜设计（1785—1789 年）

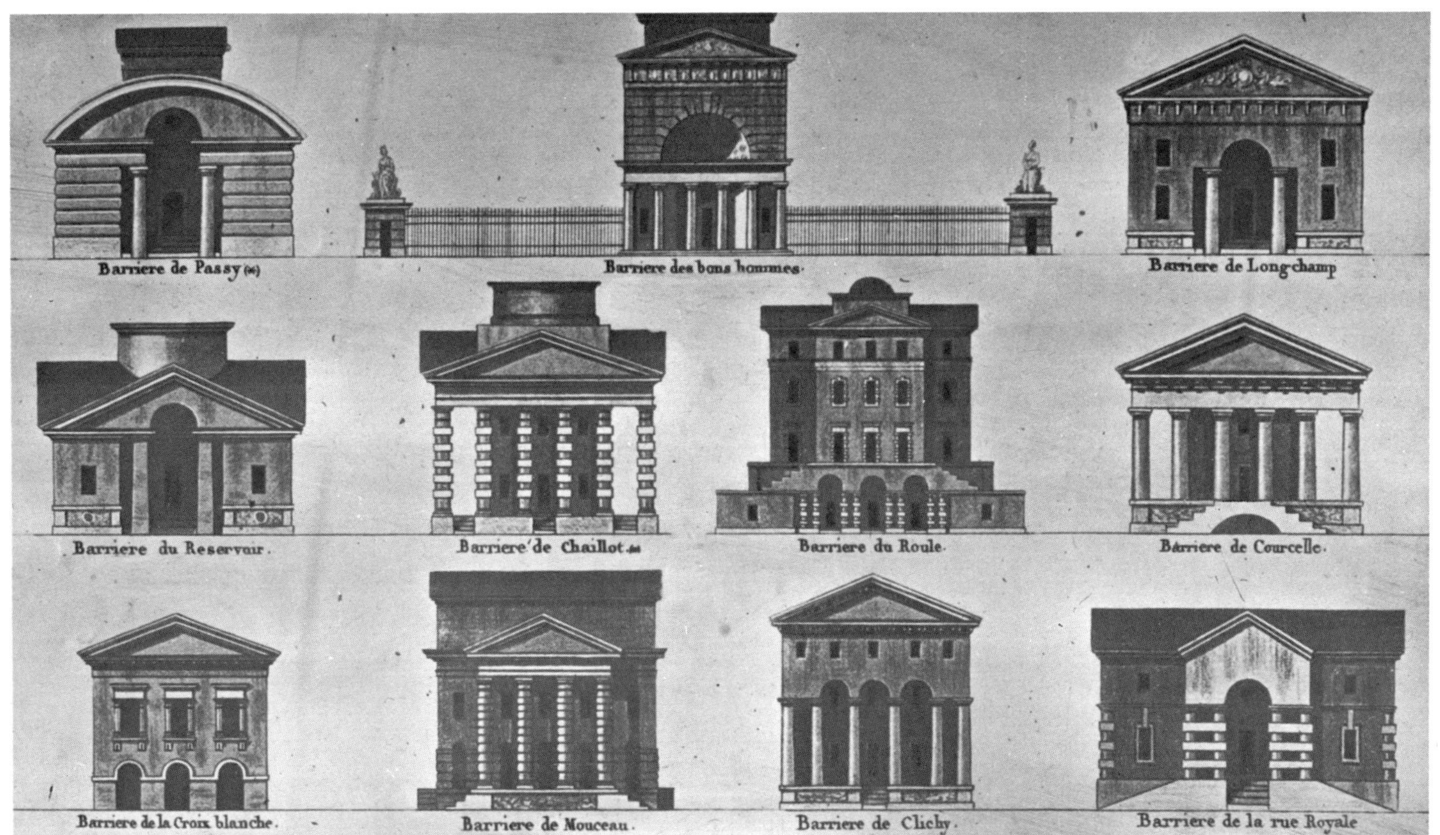

图 314 塞南门的绍村盐场的大门，勒杜设计(1775—1779 年)

图 315 塞南门的绍村理想城鸟瞰图，勒杜设计，引自勒杜的《建筑》(1804 年)

图 316 塞南门的绍村理想城透视图，勒杜设计，引自勒杜的《建筑》(1804 年)

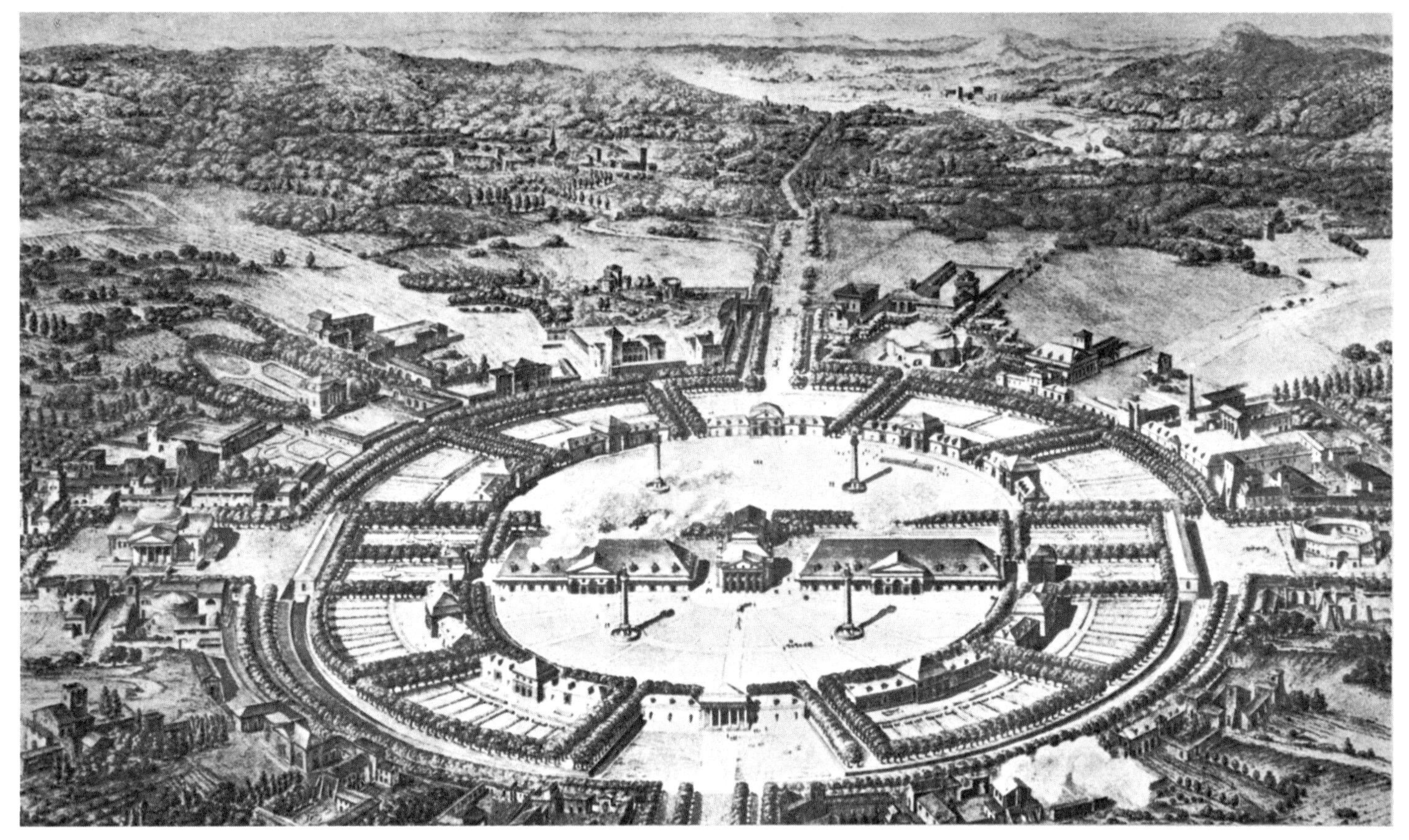

图 317　塞南门的绍村盐场场长住宅，立面图，勒杜设计（1775—1779 年）

图 318　塞南门的绍村盐场场长的住宅剖面图，勒杜设计（1775—1779 年）

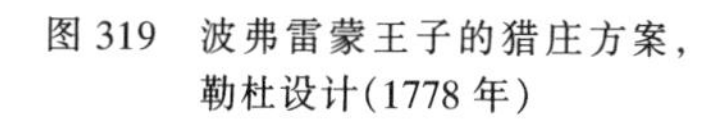

图 319　波弗雷蒙王子的猎庄方案，勒杜设计（1778 年）

图 320　莫珀修斯庄园中心牧羊人居，勒杜设计（1780 年）

图 321　埃吉埃尔别墅，勒杜设计（约 1780 年）

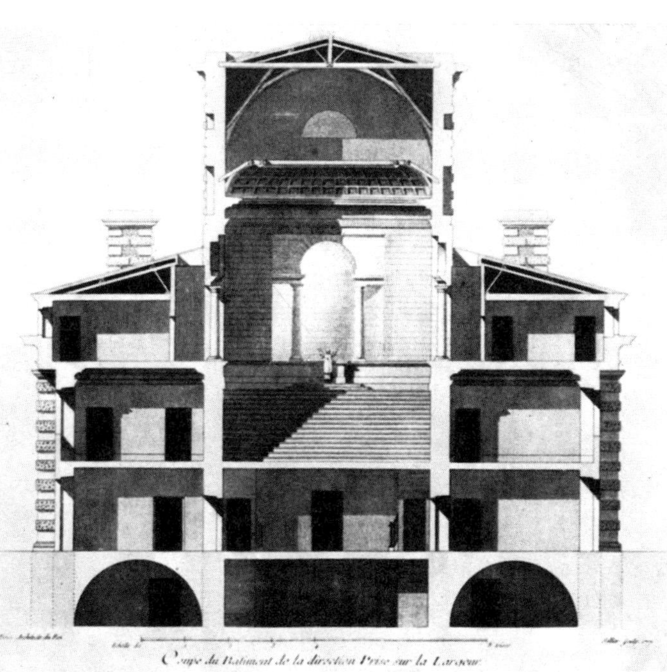

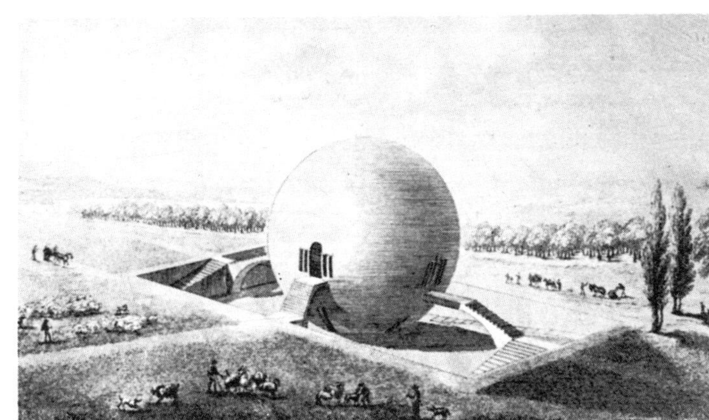

图 322 为塞南门的绍村理想城设计的公社，勒杜设计，引自勒杜的《建筑》(1804 年)

图 323 巴黎圣乔治大街的霍斯顿府邸，立面图，勒杜设计(1792—1795 年)

不是学生们学得不好。甚至在课堂以外，部雷的作品也肯定是享有名气的。1785 年，佩雷的学生安托万－洛朗－托马·沃杜瓦耶声称自己设计了一座“四海大厦”(maison d'un cosmopolite)，是一座球体式的房屋。这刚好是在部雷设计出牛顿纪念堂的第二年。还有曾先后作过让－弗朗索瓦·厄尔捷(Jean-François Heurtier)和佩雷的学生的皮埃尔－弗朗索瓦－莱昂纳尔·方丹(Pierre-François-Leonard Fontaine)在 1785 年赢得罗马艺术大奖的第二名。他能获奖还全靠学生造反，其原因是他们听说方丹落选是因为法兰西学院不敢奖励这样一位优秀的绘画师。方丹在他的“大帝国皇陵”(Monument sepulcral pour les souverains d'un grand empire)的设计方案中显示，他在不折不扣地效法部雷。部雷的影响是全方位的。

作为幻想风格的建筑师，勒杜的影响最初不是通过教学、绘画或著作等手段来产生的。他的学生寥寥无几，但他喜欢营建。1785 年他动手为巴黎城的四周建造了 40 座城关(Barrieres)。开工时，他已经 50 岁。工程在随后的四年中进展迅速，而且安托万(J.-D. Antoine)和让－阿诺·雷蒙(Jean-Arnaud Raymond)担任了部分工程的监理。这些建筑表明，通过改变传统形式的比例和尺度，对一些简化的几何形状进行更大胆、或是说更复杂的组合，少一些装饰，并使仅有的装饰与建筑表面或是主体部分形成一种新的关系，一种风格清新、充满活力的建筑完全可以形成时尚。勒杜是一位强力的创新者。他主建的城关在大革命以后还继续营造，其中大多数在 19 世纪中叶被推倒。但仍有 4 座保存至今。它们是：丹菲尔城关(the Barriere d'Enfer)，位于现在的丹菲尔－罗齐洛广场(Place Denfert-Rochereau)；杜特龙城关(the Barriere du Trone)，位于现在的国民广场(Place de Nation)；维利特圆筒楼(Rotonde de la Villitte)，位于现在的斯大林格勒广场(Place de Stalingrad)；蒙索圆筒楼(the Rotonde de Monceau)，位于现在的多米尼加共和国广场(Place de la Repulique Dominicain)。在最后提到的这座中，勒杜所做的探索最少。但建在维利特盆地首端的那座纪念碑式的建筑体现出了勒杜远大的抱负。一个巨大的拱廊式鼓形楼稳稳地安设在一块坚实的矩形体块上，正中央是一个圆形天井。建筑的轮廓线鲜明突出，虽然细部做法的效果很强烈，却又隶属于整体的几何效果。这种原始的宏伟气势震撼人心，给人以深刻印象。

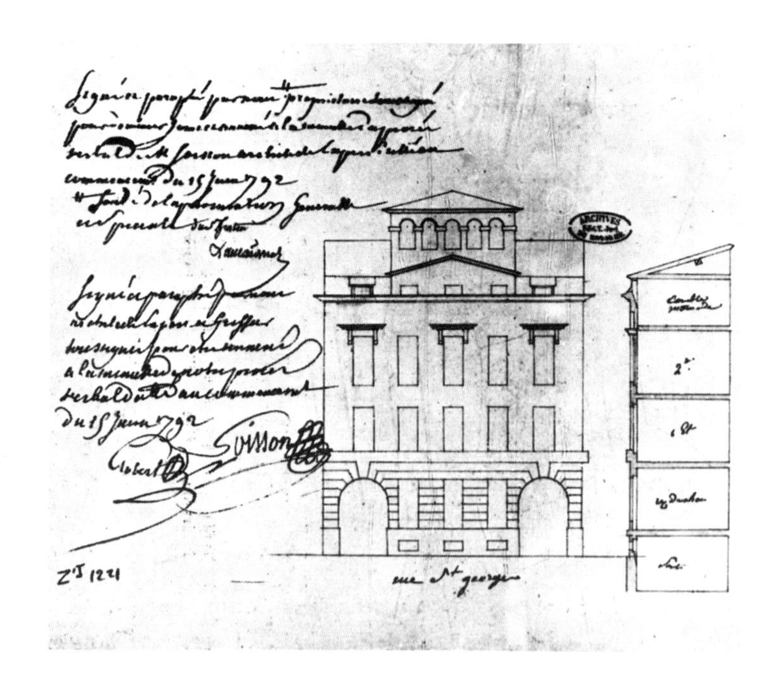

勒杜赖以成名的杰作，直到他去世的前两年——1804 年才编辑出版。这年，他的《从艺术，时尚和法规的角度考虑建筑》的第一卷问世。勒杜的选集包括他的文章和125幅整页插图。这些插图记载了

图 324　巴黎圣乔治大街的霍斯顿府邸，立面图和剖面图，勒杜设计（1792—1795 年）

图 325　为塞南门的绍村理想城设计的陵园剖面图，勒杜设计，引自勒杜的《建筑》（1804 年）

图 326　塞南门绍村理想城铜匠住宅设计方案，勒杜设计，引自勒杜的《建筑》（1804 年）

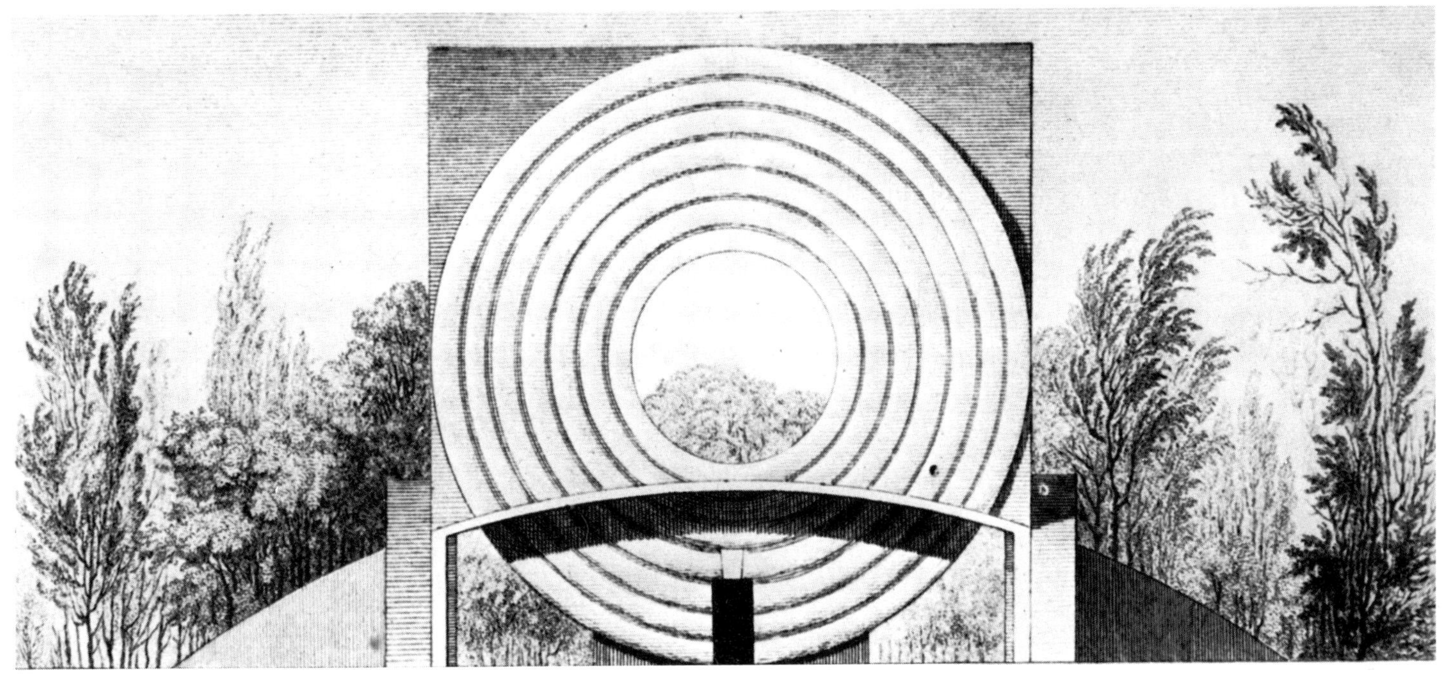

图327　伦敦“林肯律师协会的空地”13号的圆穹顶房，约翰·索恩爵士设计（1808—1809年，1812年）

当时已经竣工的建筑和他为一座理想城市所作的设计方案，城址定在塞南门（Arc-et-Senans）的王室盐场中心，毗邻绍村（Chaux）森林。到1847年，该书的第二版才由据说是他儿子达尼埃尔·拉梅（Daniel Ramee）出版发行。第二版中增加了230幅插图，都是关于勒杜已经完稿的设计及一些尚未完成的委托之作。勒杜还有一些零散的雕版插图流传下来。这说明收集在已出版的书中的插图也许曾经单独发行过。年代最早的是1771年，但价值不高。一些为塞南门的建筑所作的设计方案的时间要回溯到1776年，正好是在工程开工之后。其他的一些设计时间是在1780年以后。第一张标明了设计时间的设计图上的时间是1778年，以当时的标准看，这项设计非常古怪，让人一点也不舒服。它是一个假想之作，为波弗雷蒙王子（Prince de Bauffremont）设计的一座猎庄。以后的委托设计包括：莫珀修斯别墅（Chateau de Maupertuis）；德维特（M. de Witt）府邸（1781年）；西斯特龙主教宅邸（Bishop's Palace at Sistron，1781年）；埃吉埃尔别墅（Chateau d'Egiiere，约1781年）；还有为M·欧斯顿（M Hosten）设计，建在巴黎圣乔治大街（Rue St.-Georges）那15所十分抢眼的住宅（有4所建于1792年至1795年，当时勒杜刚释放出狱）。所有这些建筑都非同凡响，但还并非真正的杰作，它们的设计在构图上还缺乏一种野性的粗犷感。他的某些作品之所以惊世骇俗正是源出这种品质，这些作品包括波弗雷蒙王子的猎庄，尤其是他为位于绍村的理想城所设计的一系列著名建筑：教育大厦（Maison d'Education）；可供16个家庭居住的“西诺比”（Cenobie），即“公社”；“帕纳雷先”（Panaretheon），即“美德庙”；“奥克玛”（Oikema），即“爱神庙”，以及陵园等。陵园的设计与部雷的牛顿纪念堂有异曲同工之妙，时间可能是在18世纪70年代，虽然这听起来有点不可能。所有收在书里的作品是在1782年叶卡捷琳娜大帝的儿子[①]，假名“北方伯爵”访问巴黎之后才设计出来并雕版印刷的。叶卡捷琳娜大帝的儿子接受了卷首的献辞(但最终该书献给了他的儿子亚历山大一世)。勒杜的设计创作可能在1795年他被释放出狱以后的逍遥岁月中最为活跃。那一时期他什么也没建造。对他建筑生涯初期的建筑设计所作的修改也肯定是在这一时期，这些修改后的设计使他的雕版绘画成为反映他建筑师生涯有力生动的证明。为他出书做宣传是1803年的事了。

尽管勒杜重树建筑时尚的想法显得有些一厢情愿，而他那些从18世纪70年代就已经投建的工程，以及他后期的所有工程都表明，在当时，作为一名设计师，他的活力与想像力无人匹敌。当然，就其幻想境界的高低而言，他比部雷要差一些。但他的想像更活泼，这显然受到他所了解的建筑中某些离奇古怪的东西的激励。如果我们把他讲述的一位游客去参观他的理想城的故事与蒂费涅·德·拉罗克（Tiphaigne de la Roche）所著的《吉凡蒂》（Giphantie）之中的主人公讲述的故事作一番比较，可以看出他显然也受到某些怪异文学作品的影响。《吉凡蒂》中的主人公发现了一块新大陆，那里的大自然仍在继续创造新的动植物种类。部雷对珍闻奇见当然也感兴趣，但他总是小心翼翼地剔去糟粕，保留精华。

勒杜把清真寺的尖塔移植到农居的设计中，但一点不令人生厌。像部雷一样，他也迷恋象征主义和神秘主义。毫不为奇的是他也是共济会会员，并且好像还与威廉·贝克福德[②]入会仪式的流产事件有牵连，地点大概是在莫珀修斯。部雷总是对自己广泛多样的兴趣有所约束，从而使自己的建筑形象保持完整统一，而勒杜却是率性而为，随心所欲。他没有建立起能够流传后世的系统理论。他的著作最能体现出他随心所欲的一面——提出大量的观点，但不是一种系统的思想。他的风格非常情绪化，具有规劝的特征。当他的思想涉及到一些为人熟知的知识或是已成事实的东西时，他会显得非常平庸，而且他夸张浮丽的语言读起来容易产生误解，使人不知所云。他的文章简直就是一锅大杂烩——缺乏清晰的篇章结构，没有论点，讲的基本上都是些老生常谈。他写道：“如果你想成为建筑师，那就先从当一名画家开始吧。”(《建筑》，1804年，第113页)

他的建筑标准从头到尾没有一点有别于部雷。例如，他对自然情有独钟，尤其表现在他喜欢把自己的设计放在自然而愉悦的环境；他的设计始终不离匀称；他对立体几何和光影变化的厚爱，以及追求富有诗意的建筑等等。他说：“建筑学属于土木工程，而诗歌是纯文学，是职业戏剧般的热情，不能只用狂热去谈论建筑。”(同上，第15—16页)但他对过多的理智和博学也是持敬而远之的态度。他告诫说，“博学，这种非自然的权威，很难产生出幸福的幻想。”(同上)

他的抱负是成为一位有灵气的天才。无论是在建筑领域还是在

---

① 指俄国沙皇叶卡捷琳娜的儿子保罗（Paul，1754—1801年），即后来的保罗一世（Paul I，1796—1801年）。——译者注

② 贝克福德（William Beckford，1760—1844年），英国作家，其主要作品《瓦特克》（Vathek），是18世纪描写东方的最著名的哥特式传奇故事，该书最先用法文写成，后译成英语。——译者注

道德领域,他爱把自己想像成革命的预言家。他在自己的著作中表现出比部雷更加关注社会。事实上,他常常被看成是早期的社会主义者。但是,他的规劝大多属于大革命后的一些言不由衷的说教,看不出有什么深思熟虑的思考。他把自己的专著题献给俄国沙皇,就在大革命前夕还把自己的 237 幅画作送给沙皇,且得意洋洋再三讲他与法国国王的交往:"任何时候,皇上都表现得很高雅。"(同上,第 26 页)

一方面他对心目中的理想城市的组织形式所作的暗示表明他构想的是一个独裁专制的政权,另一方面,他又讴歌大自然的天然富饶,称它足以满足所有穷人之需,尽管这话听起来让人想起卢梭和贝尔纳,但读起来难免让人脸红耳热。大家也许偶尔要怀疑,勒杜是否甚至还是一位博爱家。但是,他的设计的的确确要把塞南门的盐场设计成并建成一个崇高的建筑工程,这在当时是非同寻常的。在他的幻想风格的设计中,他证明了就连铸造铅字的工厂也能设计成风格高雅的艺术品,哪怕是最简陋的住房,无论是牧羊人的、铜匠的或是樵夫的,都可以造得和工头住宅甚至盐场场长的住宅一样体体面面。在场长的府邸中有一个祭坛,要走过一段巨大的台阶才能抵达,而且它的照明颇有戏剧性。在勒杜看来,万事万物都有利于发挥他的创造性,都可以被赋予一种伟大和崇高。当然,上帝才是至高无上的建筑师。

然而,就其境界的崇高性来讲,勒杜远没有到达部雷所及的高度。但勒杜却比部雷多了几许活泼,少了几分忧郁。他说:"没有感染力的艺术犹如没有男性冲动的爱情。"(同上,第 16 页)部雷设计了无数的纪念碑和陵园。事实上,他的幻想风格的设计大多夸大了阴森的气氛,全都突出一种葬礼的氛氲,而且选址在沙漠的自然环境。与之比较,勒杜更专注于公共建筑和住宅,且选址在风景宜人的环境。他的设计无疑比部雷的更受人喜欢,他的建筑也更具改作它用的潜力。但很少有人去效法勒杜。他的建筑在过去被公认是没有章法。正如皮拉内西奠立了一种建筑的基调和风格,启发了勒杜,勒杜也向建筑师们证明了他们可以怎样去突破古典主义的模式而创造出一种新颖、激进的建筑。部雷勾画出最高的理想,而勒杜则拿出了可行的模式。他们两人一起在建筑领域内导致了一场具有革命性的深刻变化。

## 第二节　英格兰:小丹斯和索恩

在 1835 年至 1836 年间写成的《"林肯律师协会的空地"北面的房屋和博物馆》(Description of the House and Museum on the North Side of Lincoln's Inn Fields)①中,索恩这样描写他府中的早餐厅:"从这间屋子可以望到纪念碑法院和博物馆,顶棚上的镜子和地上的落地镜,伴着各式各样的轮廓,与这块小天地的装饰和设计协调地搭配在一起,所有这些营造出一系列的幻想效果,从而创造出一种建筑的诗意来。"

我们可以发现,相同的情绪和相同的文字曾出现在部雷于 18 世纪 80 年代至 90 年代写成的《建筑:关于艺术》中,作为他当时奇怪地远离现实的一个明证。在那一时期,他长期压在心底的,要当一名画家的梦想终于浮出水面。这表现在他在追求一种充满诗意的建筑风格,使建筑具有朦胧和意境崇高的象征意义,从而能够让人联想到死亡、光明、黑暗,以及球体、立方体、金字塔这种纯粹的几何形式是永恒不变的。他声称:"我们的建筑物,特别是各种公共建筑,应该是以某种方式创造出的诗歌。依我们看来,它们展示出的形象应该在我们身上激发出一种类似于习俗的感情。在习俗中,这些建筑物是被圣化了的。"(参见 H. Rosenau,《Boullée and Visionary Architecture》,1976 年,第 118 页)但具有讽刺意味的是,他最喜欢的设计却都毫无实用价值,一如名闻遐迩的牛顿纪念堂那令人生畏、空空荡荡的大圆球。有趣的是需要猜想一下索恩对部雷迷恋充满诗意的建筑一事了解得有多少。虽然部雷的《建筑:关于艺术》直到 1953 年才出版,但他却是一位精力充沛的教师。索恩也许是通过部雷的学生了解到他的思想。从 1809 年开始在皇家艺术学会所做的系列讲座中,索恩曾经说道:"由法国建筑师非常成功地实践过的'神秘的光',到了一位天才的手中会是一件威力无比的法宝,这种威力永远不可能穷尽,也永远耐人寻味。但是,在我们自己的建筑中,这种效果却很少得到重视。正是由于这个显而易见的原因,我们对自己的建筑个性的重要性没有予以足够的重视,而照明模式对建筑个性的形成起着重要的作用。"

部雷和索恩认为,树立建筑个性要靠光的神秘效果,因为这种效果可以创造出"神秘的"或是"伤感的"建筑。他俩的观点都来自勒加缪 1780 年的专著《建筑学:借助我们感觉的艺术类比》。部雷说:"正是光线产生了诸多效果。这些或明或暗的光线效果会产生各种各样甚至是彼此矛盾的感觉……如果我能避免让光直接照进房间,并且巧

① "林肯律师协会的空地"是索恩在伦敦的住宅。索恩于 1792 年从林肯律师协会买来 12 块空地,后来陆续在这些空地上为自己建造住宅。索恩死后这些房子辟为以他的名字命名的博物馆。——译者注

图 328 伦敦“林肯律师协会的空地”（现辟为约翰·索恩爵士博物馆）13 号中的早餐厅，约翰·索恩爵士设计（1812 年）

图 329 伦敦的纽盖特监狱，乔治·丹斯设计(1768—1769 年)

图 330 罕普郡克兰伯里公园舞厅的顶棚细部，乔治·丹斯设计(约 1778 年)

妙地做到让观者觉察不出它的来源，那么源于这种神秘的光线的效果所产生的效果是难以想像的——它会以某种方式产生真正能让人入迷的魔幻般的效果。”(参见 H. Rosenau,《Boullée and Visionary Architecture》,第 126 页)这段话无疑会使人想到索恩孜孜以求的、并且在“林肯律师协会的空地”的早餐厅、英格兰银行和西敏寺法院的室内设计中成功达到的那些效果。的确，索恩能够在传统风格中铸造出一种既充满诗意又具有实用价值的个人风格，而部雷却没能做到这点。正如约翰·萨默森(Sir John Summerson)爵士所指出的《Sir John Soane》,1952 年，第 15 页):“在 1792 年，当索恩的建筑风格突然成熟时，欧洲任何地方都找不出一座建筑，能像索恩在当年设计英格兰银行时在结构和照明上首先采用的那种大胆的处理手法——不受忠于古典主义传统的束缚，自由地处理比例关系。”

这种风格的源头在法国和英国都能找到。索恩曾深受洛吉耶神父的影响。洛吉耶追求的新式建筑是要用一种经过净化和改良的古典主义建筑语言来重现哥特式结构的轻巧典雅。大家都知道索恩收藏有 11 本洛吉耶的《论建筑》。但鲜为人知的是索恩有一部保存至今的译稿，翻译的是科尔德穆瓦神父(Abbe Cordemoy)的《新建筑论》(Nouveau traité de toute l’architecture),而科尔德穆瓦的很多观点是来源于洛吉耶。索恩的思想也有来自英国的。他曾对他过去的老师小乔治·丹斯(1741—1825 年)佩服得五体投地。我们现在就来谈谈小丹斯的设计。

亚当(Robert Adam)①，钱伯斯和米尔恩都曾在 1754 年至 1755 年间先后到过罗马——早期新古典主义的熔炉。1759 年，年仅 18 岁的乔治·丹斯也步其后尘。他那当建筑师的父亲把他送到罗马是要他和他的哥哥纳撒尼尔(Nathaniel)会合。纳撒尼尔是一位画家，比丹斯早 4 年去罗马。很快乔治·丹斯就遇见了皮拉内西，两人一起首次为罗马广场的卡斯托和波卢克斯神庙(the temple of Castor and Pollux)②绘制了精确的测绘图。1762 年，他参加了由帕尔马学院组织的设计竞赛，设计一座展出雕塑和绘画作品的画廊。1763 年为他赢得金奖的这项设计表明他已经充分地吸收了刚刚在法兰西大奖赛设计中崭露

---

① 罗伯特·亚当(1782—1792 年),苏格兰建筑师，曾任英国国王的首席建筑师(1762—1768 年)。——译者注。

② 卡斯托和波卢克斯为希腊神话中众神之父宙斯所生的一对双生子。——译者注

图 331　伦敦市政厅议政大厅，乔治·当斯设计(1777—1779 年)

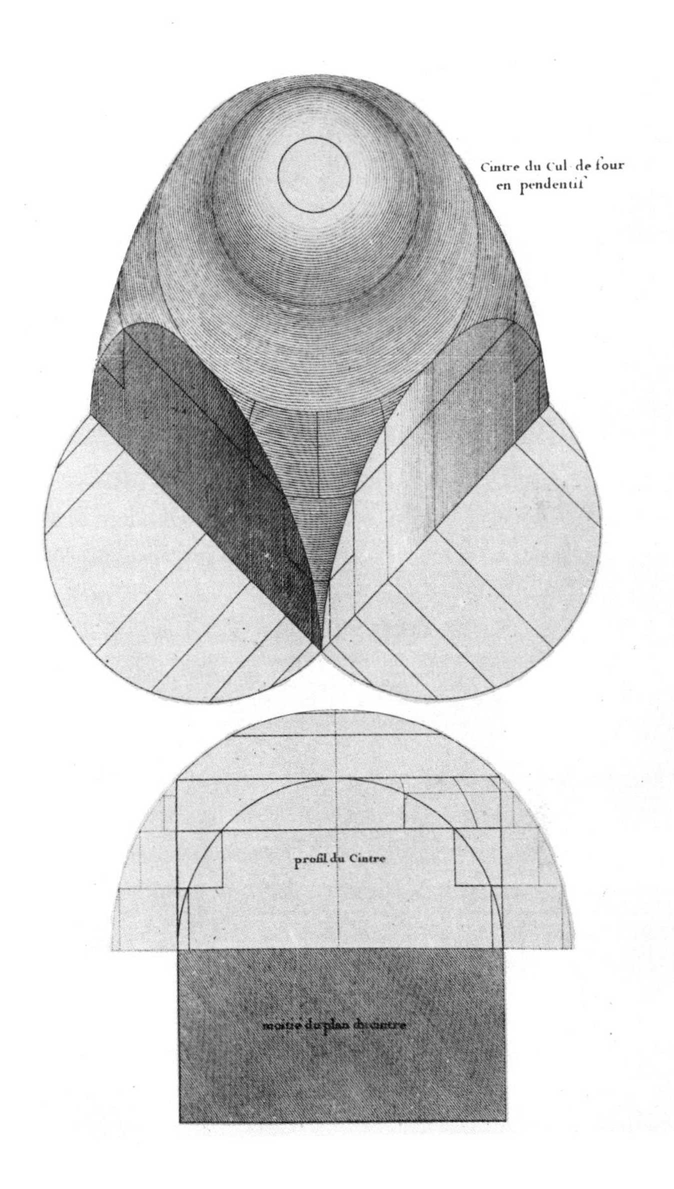


图 332　方墙四方托穹顶帆拱炉台基座的拱腹，引自让－巴蒂斯特·德拉吕的《关于石料的切割》(1728 年)插图

图 333　伦敦圣路克医院内部图，乔治·丹斯设计（1781 年）

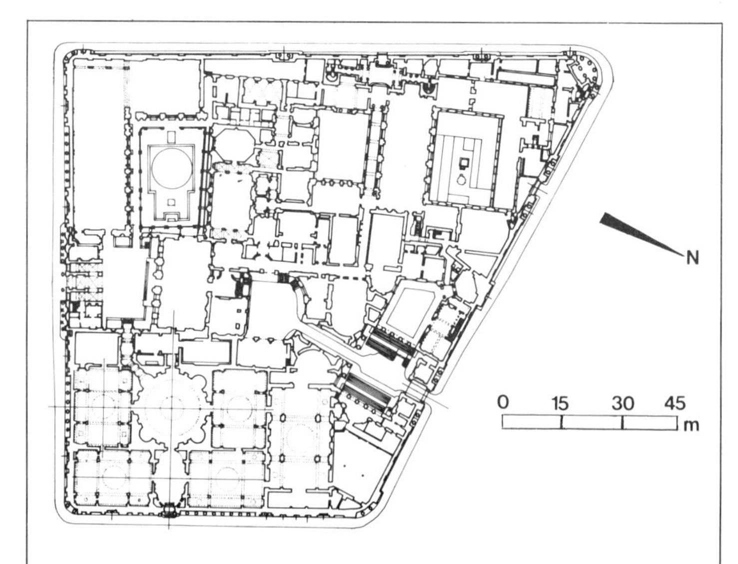


图 334　伦敦圣詹姆斯广场方案，乔治·丹斯设计（1815 年以后）

头角的新古典主义的建筑风格，因为他的设计的特征是石头砌成的穹顶和粗琢的石料墙面，表现出一种苍凉的质感。这正是佩雷在他 1765 年的《建筑作品集》想要概括的那种具有英雄般的悲怆的建筑。这种风格也激发了年青的索恩（他比丹斯小 12 岁）的梦想。

丹斯于 1764 年的岁末回到英国。翌年春天，他开始了他的第一项委托设计——为伦敦城设计万圣教堂（the church of All Hallows）和伦敦墙（London Wall）。受古罗马浴场的启发，万圣教堂的屋顶用的是筒拱顶，而不是伊尼戈·琼斯（Inigo Jones）① 和詹姆斯·吉布斯②（James Gibbs）使用过的那种带有平顶镶板的椭圆屋顶。教堂的内部按照爱奥尼式布置，柱上楣构虽欠完整，但中楣却增加了许多装饰。这种创举（这要归功于丹斯拜读过洛吉耶的《论建筑》）虽还算不上很大胆，但我们知道当索恩初次看到它时，感到非常震惊。丹斯的下一个设计是纽盖特监狱（Newgate Gaol，1768—1769 年），这个设计把借鉴自佩雷的主题与受朱利奥·罗马诺（Giulio Romano）③ 的启发在处理粗琢石工上的采用风格主义手法糅合在一起。一些借鉴自范布勒那充满活力的风格的元素也出现在位于监狱中央的警卫室的设计中。这些元素帮助突出了这座建筑戏剧性的“叙事”内容，显然也是打算要表现出监狱凄怆悲凉的一面。早在 1743 年布隆代尔开始给学生讲授《建筑学讲义》（该书出版于 1771 年）这本书时，监狱就被誉为惟一永恒的建筑，其风格在以后被描绘为“会说话的建筑”。这话不仅适合于纽盖特监狱，而且好像也符合伯克④关于崇高的范畴。伯克说：“凡是能够激发出痛苦和愤怒之联想的东西，……无论它有多么可怕，……都是崇高的来源。”

在 18 世纪 70 年代后期，丹斯在汉普郡为一位世交改建了一座乡村别墅，即克兰伯里公园（Cranbury Park）。其中的舞厅采用屋顶采

---

① 琼斯（1573—1652 年），英国建筑师，但其主要职业是舞台设计师兼画家。——译者注

② 吉布斯（1682—1754 年），英国建筑师，其代表作有建在伦敦的“在原野上的圣马丁”（St. Martin-in-the-Fields，1722—1726 年）。——译者注

③ 罗马诺（1499—1546 年），意大利建筑师，他为意大利曼图瓦公爵修建的别墅“德尔特宫”（Palazzo del Te）被视为风格主义最杰出的设计之一。——译者注

④ 埃德蒙·伯克（Edmund Burke，1729—1797 年）英国政治家、思想家，著有《法国革命感想录》、《论崇高》等著作。——译者注

图 335　伦敦英格兰银行在 1924 年时的底层平面图，约翰·索恩爵士设计（1788—1833 年）

图 336　伦敦兰斯唐府邸图书馆，乔治·当斯设计（1788—1791 年）

图 337　伦敦英格兰银行中的罗斯伯里天井，约翰·索恩爵士设计（1797 年）

图 338　伦敦英格兰银行中的罗斯伯里天井的柱廊局部图，约翰·索恩爵士设计（1797 年）

图 339　伦敦英格兰银行中通往休息大厅天井的过道，约翰·索恩爵士设计（1804—1805 年）

图 340　伦敦英格兰银行的股票大厅，约翰·索恩爵士设计（1792 年）

图 341　伦敦英格兰银行的旧殖民地大厅，约翰·索恩爵士设计（1818 年）

图 342　伦敦伊林的皮茨汉格庄园的前厅，约翰·索恩爵士设计（1800—1802 年）

图 343　伦敦枢密院，约翰·索恩爵士设计（1824 年）

光，这播下了成熟时期的丹斯－索恩风格的种子。这个大房间东西两侧各采用了半穹顶，这是借鉴了古罗马浴场的设计思想。但在中央有一个漂亮的浅十字拱顶，装饰以海星状图案，这是借鉴彼得罗·圣·巴尔托利(Pietro Santi Bartoli)的《古墓或罗马古墓》(Gli antichi sepolcri ovvero mausolei romani)(1697年初版，1757年新版)中的一幅插图。这部重要的著作几乎可以肯定为亚当所熟悉，后来被索恩收藏。该书在分析古罗马室内装饰设计知识上发挥了重要作用。海星状图案的十字拱顶，最初被丹斯模仿用在克兰伯里，后来成为索恩室内设计的典型标志。索恩最初把它用在他始建于1792年的“林肯律师协会的空地”的第一座房子。这种“墓冢式”的建筑对丹斯和索恩的影响与部雷醉心于“墓葬建筑”的浪漫效果联系在一起来看，显得格外有趣。

从1777年至1779年，丹斯在伦敦的市政厅(the Guildhall)的两个室内设计中又发展了克兰伯里主题。在议政大厅里，穹顶和帆拱都是同一个球面的一部分。这种手法也许是受了让－巴蒂斯特·德拉吕(Jean-Baptisté de la Rue)《关于石料切割》(Traité de la coupe des pierres，1728年)一书的启发。该书中的第34幅插图显示了一种坐落在正方形平面上的方墙四角托穹顶帆拱炉台基座的结构。这是对文艺复兴时期和巴洛克建筑风格关于圆顶空间的理念的抨击。这种理念认为，圆顶是一个漂亮、单独的实体，它应该放在与屋顶界限分明的支承柱上。而在伦敦市政厅，穹顶被还原到它的本质——整个房间变成了一个大圆顶，一个简简单单的帐篷或者说遮棚。这种原始主义的帐篷或伞形外观，通过装饰性的和非结构性的扇贝形曲线加以强化。圆顶上增添凹槽的手法也许是从哈德良离宫中六翼天使的残垣中借鉴而来的。丹斯也许亲眼看过这个废墟，皮拉内西所著的《罗马市容》一书中也有该废墟的插图。这种凹槽也成为罗马艺术大奖赛设计方案的一个特征，如在索勃尔设计的快乐宫中。议政厅的另一新颖之处是东西两端的空间比中间的空间高出一截，使西端的采光来自两扇基本上看不见的窗户。这样，光线是从隐蔽的地方投射进来。这种“神秘的光线”也成为丹斯于18世纪80年代末期为兰斯多恩府邸(Lansdowne House)设计的图书馆的特征之一。这座府邸由亚当始建，丹斯接手时，房子仅是一个框架。丹斯改建了亚当的穹顶，在府邸长方形的中央空间的两端各建了一个半圆顶。这种用穹顶作屋顶的整体形式也许借鉴自罗马的密涅瓦·梅地卡神庙[①](Temple of Minerva Medica)，但把圆顶削去一半剩下半个圆顶，而隐蔽的戴克利先[②]式窗户却是受了一个法国大奖赛的启发。我们在皮埃尔·尼古拉·贝尔纳设计的法院(Palais de Justice，1782年)以及5年后索勃尔设计的市政厅(Hotel de Ville)中都可以见到它们。

丹斯的另一个与此相关的设计嗜好就是他喜欢采用朴素的哥特式的风格来设计顶部照明的八角形大厅，例如，在伦敦的圣巴塞洛缪小教堂(St.-Bartholomew-the-Less)[③]和在汉普郡米奇尔德弗的圣玛丽教堂的那些大厅，以及他为伟大的赞助家兼收藏家乔治·博蒙特爵士(Sir George Beaumont)建在莱斯特郡的府邸(1804年)。这种把带有一定简约化的哥特式风格与具有浪漫主义风格的顶部照明相融合的方法再现了洛吉耶和部雷的理想。1781年，在伦敦奥尔德街的圣卢克医院的精神病院内一个非常独特的室内设计中，丹斯设计一系列的拱券，它们看上去好似无穷无尽，给人以梦魇似的感觉。所有的拱券在垂直和水平方向变得越来越细，十分醒目。这种手法成为贝尔纳·普瓦耶(Bernard Poyet)设计的巴黎柱廊大街(Rue des Colonnes，Paris，1798年)和弗里德里希·魏恩布雷纳(Friedrich Weinbrenner)为卡尔斯鲁厄市设计的国王大街(Kaiserstrasse，Karlsruhe，1808年)的先驱。这使我们再一次想起伯克。伯克在定义崇高产生的愉快的恐怖时分析过这种“由无限叠加而产生出无限的效果。”

我们在丹斯的设计中也能看到抽象性和线形性，这使他成为建筑界的约翰·弗拉克斯曼(John Flaxman)[④]。丹斯把哥特式与古典主义风格简化成一种奇特的、脱离了原来实体的综合，使人想起弗拉克斯曼为荷马(Homer)和埃斯库罗斯(Aeschylus)的作品所作的插图中描绘的古希腊，以及他为但丁的作品所作的插图中描绘的中世纪罗马天主教。但是在我们把丹斯打入“冷宫”前，先回想一下C·R·科克雷尔在18世纪40年代主持的王室艺术家协会的讲座中是怎样评价丹斯的。他说：“丹斯表现出他是他那个时代最彻底的诗人建筑师。无人会怀疑纽盖特监狱是一座监狱，圣卢克医院是一座精神病院——另一

---

① 密涅瓦是罗马神话中司职智慧、艺术、发明和武器的女神，相当于希腊神话中的雅典娜。——译者注

② 戴克里先(Dioaceletian，243—316年)，古罗马皇帝(284—305年)。——译者注

③ 巴塞洛缪小教堂位于伦敦的史密斯费尔德(Smithfield)，该地原有一座伦敦最老的主教堂，称为巴塞洛缪大教堂(Bartholomew-the-Great)。巴塞洛缪为耶稣十二门徒之一。——译者注

④ 弗拉克斯曼(1755—1826年)英国新古典主义雕塑家，插图画家。——译者注

种监狱，或更准确地说，一个温和一些的禁闭所，是用来囚禁那些不幸或是大脑出了点偏差的人。无人会怀疑伦敦市政厅的正面仍具有大都会首脑机关那种堂堂皇皇的气派，表明它仍是一座权力机关，虽然看上去它是非哥特式的。”

我们对丹斯的评价基本上也适用于索恩，因为从来没有哪两位艺术家在树立一种共同的风格时像他们这样彼此互相依赖。由于年长的缘故，丹斯往往提出主题，虽然我们手里记载的丹斯的最后一项设计明确表现出对索恩的依赖。这项设计在丹斯手里没有动工开建，它是为布里斯托勋爵(Lord Bristol)在圣詹姆斯广场6号建的一所府邸，时间大约是在1815年稍后一点。它看上去大致像一座仓库，一个三层楼高的玻璃匣子。设计的灵感来自索恩在1804—1805年间为英格兰银行休息厅的天井里设计的一座亭。这座亭看上去非常新颖别致，颇有些执意要标新立异的味道。索恩在1788年继罗伯特·泰勒爵士(Sir Robert Taylor)之后被委任为银行的建造监理师。在其后长达36年的时间里，他断断续续对泰勒的设计作了大量的扩充和修改工作。这些工程无疑代表了他那独树一帜的建筑风格的顶峰。他的第一项工程是彻底改造紧邻巴塞洛缪街(Bartholomew Lane)门廊北边的股票大厅。雨水渗透泰勒设计的铅包屋顶漏了进来，腐烂了房顶的木料。因此，索恩的主要工作是放在石柱上的新屋顶。此外，石柱还要支撑砖砌的拱券，用以取代泰勒原来设计的木板条、抹灰和木柱梁，因为这些东西容易着火和怕水浸泡。索恩把穹顶造成他所说的锥体——将陶制空心砌块倾斜砌筑。这是模仿拉文纳①的拜占庭式建筑中使用过的方法。索恩之所以选用这种砌块是因为其防火性能好，重量轻。索恩设计的空间有一种漂浮感，并且与主体分离，其标志是生硬的线条，有拱肋和拱槽。正如萨默森指出，这些都得益于古罗马的戴克利先浴场，丹斯设计的伦敦市政厅的议政厅(1788—1788年)、泰勒设计的英格兰银行养老金领取厅(1782—1788年)、皮拉内西书中的插图，以及洛吉耶强调要重点考虑结构和实用性的观点。洛吉耶的结论是在比较了原始人的各种小茅屋后得出的。要证明索恩在设计银行的股票大厅时迈出了大胆的一步，我们可拿它与索恩在1781—1793年间所作的一个设计，即剑桥郡的温普尔厅(Wimpole Hall)的黄色休息室(Yellow Drawing Room)做一比较。在设计这个别具一格的上覆穹顶的丁字形房间时，索恩显然在尽量大胆地使丹斯在设计议政厅(1777年)时率先采用的那些激进的创新手法适应实用性意图。在建造英格兰银行时，他给自己更多的自由。所以，在1794年，当索恩把目光投向原来由泰勒设计，当时正需要维修的圆筒楼时，这座建筑发生了奇妙的变化。泰勒原来的空间(参见图242)只是在苍白地仿效万神庙，而索恩的空间设计却是充满想像力地，不是在形式上而是在本质上再现了古代圆顶空间。在丹斯的帮助下，他进行了一种抽象的综合——把古典主义的秩序、匀称图解地简化成几何轮廓线，用浪漫主义的光照效果，即勒·加缪·德梅齐埃所说的那种“神秘的光线”把建筑整体从冷峻中解放出来。

运用股票大厅和圆筒楼的风格，索恩把毗邻圆筒楼北面的，同样是由泰勒设计的交易大厅改造成旧式关闭室(Old Shutting Room)，时间是在1794—1796年间。接下来在1797—1799年间，是毗邻的债券大厅的改造，大厅内部四周有一圈颇让人吃惊的装饰性女像柱。按照原来的设计，这圈女像柱的装饰更为繁缛。圆筒楼南面的扩建要晚很多，是在1812—1823年间，但风格的统一却是卓越非凡的。债券大厅的女像柱在大大地增加了高度后，又出现在旧利息大厅(也叫四分息大厅)的穹窿式天窗上。但在旧殖民大厅(也称五分息大厅)，女像柱被高雅的爱奥尼柱廊所取代。这后面的两座大厅都是在1818年竣工的。1804—1805年，索恩在新修成的重新组合的王子大街为银行的西面增建一个入口。从有筒拱覆盖的希腊多立克式门厅望去，正好看到顺休息厅天井北面布置的凉廊，它有一种敞开式的戏剧性。这种如画风格的景致最为辉煌地体现了索恩的建筑观，成为他具有诗意的建筑的代表作之一。事实上，整座银行都可以看作是这种信念的体现。银行的建设在缓慢中进行，扩建工程又是随意的，加之索恩还要被迫融合和保留原来的建筑中所有异质性特征，有时甚至要改造他自己设计的工程，这表明建设的规划是经验主义的，而不是新古典主义风格的。银行所有那些宏伟的大门都没起到门的作用，各幢建筑彼此互不相干，这种方式对古罗马人或是近代法国人来说，也许根本是不可思议的。正因为银行的扩建和规划都是一点点拼凑起来，缺乏统筹，所以它才是完完全全的英国风味，地地道道的如画风格。然而在实际的设计中，全欧洲找不出一座建筑比它更具有新古典主义风格。它体现出的诗意在奥斯伯特·西特韦尔爵士(Sir Osbert Sitwell)②的自传体作

---

① 意大利东北部的一座城市，以有大量的拜占庭式的建筑而闻名。——译者注

② 西特韦尔(Sir Osbert Sitwell，1892—1969年)，英国作家，诗人。出生在一个艺术世家，其父亲，姐姐、弟弟都是英国文化名流。——译者注

品《伟大的黎明》(Great Morning)一书中得到了淋漓尽致的描述:每到夜晚,“这座单层大厦人去楼空,惟余花园式天井和回廊。此时的它不再是世界上最负盛名的金融中心,而更像是一座修道院,或是一座荒芜已久的庙宇。它仿佛变成了一座恬静安详、树影婆娑、远离尘嚣的世外桃源。它的创造者毫无疑问是所有英国建筑师中最具创意的一位,所有这一切都源出这位创造者充满激情的矛盾思想。”

有一种室内设计在英格兰银行没有得到充分利用,但它又与索恩成熟时期的风格有着特别的联系。这就是在室内设计上主要用垂挂式的顶棚,或者更准确地说,穹顶式顶棚。它最初是尝试性地用在皮茨汉格庄园(Pitzhanger Manor)——位于伦敦附近伊灵区的索恩府邸的前门厅(1800—1802年)。这座门厅非常醒目地突出具有丧葬氛围的外观,加之墓园式的壁龛中摆放着刻有雕饰的石棺,以及许多其他的古玩雕塑,这间屋子在精神上最初一定非常接近托马斯·霍普[①]目前在伦敦公爵夫人大街的住宅兼博物馆。索恩的房间里那种幽冥昏暗的丧葬式的色彩决非偶然。它强烈地使人联想到部雷的理想抱负——创造一种“墓葬式的建筑”。事实上,部雷在《建筑:关于艺术》中声称“死神庙”比任何其他种类的建筑都更需要一种“具有诗意的建筑”。“通过把建筑的基础部分埋入或是隐藏在地下,并使用能吸收光线的建筑材料,最终获得用阴影和黑影勾画出的建筑景象。这样可以传达一种被埋葬的建筑形象。这种用各种阴影构成的建筑,”他自豪地补充说,“是我独到的艺术发现,也是我开创的一条新思路。”(参见H. Rasenau,《Boullée and Visionary Architecture》,第124,135页)

但是,在许多的室内设计中,如“林肯律师协会的空地”的早餐厅(1812年)、伦敦老古玩街的国债兑换大厅(1817年)、唐宁街的枢密院(1824年)、王后大街的共济会成员大厅(1828年)、西敏寺法院(19世纪20年代)等,索恩痴迷于用顶部照明和从壁上高采光创造出一种神秘奇怪、似乎是在地下的效果——有时是受哥特式穹顶和照明设计的启发——然而这种效果代表着最后一次、也是索恩本人独树一帜的综合,即把法国的幻想风格建筑中的“神秘光线”与18世纪的英国如画风格的传统的综合。

---

① 托马斯·霍普(Thomas Hope,1769—1831年),英国作家和家具设计师。英国摄政时期的主要代表人物,代表作为《家庭用具和室内装饰》。——译者注

# 第六章　后期古典主义建筑与仿意大利风格建筑

## 第一节　法国：从佩西耶和方丹到加尼耶

法国大革命后，建筑工程仍在零零星星地进行着，但这很难说是有利于建筑发展的时期。建筑机会不多，设计也明显缺乏活力。在巴黎市郊，模仿18世纪初期形成的结构布置和型制建造的一排排房屋虽然整齐漂亮，而且全部设计得体、装饰精致，但是此类建筑活动不足以激发创新的天才。建筑师们已转向其他行业：夏尔－皮埃尔－约瑟夫·诺芒（C.-P.-J. Normand，1765—1840年）和奥利维埃（T. Ollivier）改作雕刻师；而其他人在拿破仑无休无止的战争中充当地图勘测员或军械工程师。只有拿破仑才能担当建筑大主顾的角色，但这是1799年的政变最终使他上台之后的事。他为大型工程聘用的建筑师大多数在法国大革命以前就已成名。龙德莱（Rondelet）曾重建圣热讷维耶沃教堂（现改名为万神庙）。沙尔格兰（Chalgrin）从1787年就开始卢森堡宫的改建，在1803年至1807年，他完全改变其内部结构以便用作法国上议院大厦。从18世纪晚期的眼光看来，议会大厅和取代鲁本斯画廊的那座长长的巨大楼梯无疑是最富戏剧性变化的，但这在当时是符合公认的改建手法的（后来在1836年，议会大厅由沙尔格兰的学生吉索尔重新设计改建，其结果是灾难性的）。沙尔格兰的雄师凯旋门于1806年8月18日奠基，虽然未按原设计建造，但是结果更好。他将独立的装饰柱、雕像和浮雕镶板融为一体，旨在取得公认的古罗马建筑所具有的那种雄伟气势。到1810年，他所完成的凯旋门部分体现了他一贯的风格，显得更朴实，比例完美。其后，凯旋门的顶层由布卢埃来完成，但在建造过程中破坏了沙尔格兰恪守的谨严的古典主义的平衡。1805年，贝朗热（Bélanger）为粮食市场大院设计了一个很有气势的铸铁构架的穹顶，因为两年前勒格朗（Legrand）和莫利诺（Molinos）为其设计的木结构穹顶已被烧毁。1809年贝朗热又在罗什舒阿尔建造一座堂皇的屠宰场，而亚历山大－泰奥多尔·布龙尼亚（A.-L. Brongniart）已在此前一年开始兴建交易所大楼。从1806年到1810年贡杜安（Gondoin）和让－巴蒂斯特·勒佩尔（J.-B. Lepère，1761—1844年）一起完成了一项最著名但也许是最容易的工程，即旺多姆广场纪功碑（the Colonne Vendôme）。

新人是有的，但是他们与成名的同行比，其建筑作品更缺少个性

图344　巴黎，卢森堡宫大阶梯，让－弗·泰·沙尔格兰设计（1803－1807年）

图345　巴黎，卢森堡宫的上议院大厅，让－弗朗索瓦·泰雷兹·沙尔格兰设计，改建于1803—1807年

图 346　巴黎，旺多姆纪功柱，雅克·贡杜安和让－巴蒂斯特·勒佩尔设计(1806—1810 年)

图 347　巴黎凯旋门，让－弗朗索瓦·泰雷兹·沙尔格兰设计，始建于 1806 年，1836 年由布卢埃建造完成

图 348　巴黎，马德莱娜教堂(又译马德伦或抹大拉教堂，拿破仑时期曾改为军功庙——译者注)，亚历山大－皮埃尔·维尼翁设计(1807—1845 年)

图 349　巴黎，马德莱娜教堂的内部，让－雅克－玛丽·于韦设计(1825—1845 年)

图 350　马迈松府邸吕埃－马迈松内约瑟芬皇后的卧室，佩西耶和方丹设计(1799—1803 年)

图 351　马迈松府邸吕埃－马迈松的音乐厅，佩西耶和方丹设计(1799—1803 年)

和活力。1807 年，在经过一场明争暗斗和激烈的竞争之后，勒杜的学生亚历山大－皮埃尔·维尼翁(Alexandre-Pierre Vignon,1763—1828 年)终于获得授权，合并康斯坦·迪夫里的教堂部分地基建造马德莱娜教堂(当时称为军功庙，1842 年后又改为教堂——译者注)。结果建成的建筑只是一座死气沉沉的古罗马寺庙的翻版；其内部是让－雅克－玛丽·于韦(J.-J.-M. Huvé,1783—1852 年)设计的，他执着地，也可以说成功地运用了罗马浴场大厅的主题。于韦在 1828 年接手这项工程并于 12 年后完工，而装饰工作一直延续到 1845 年。

在塞纳河南岸与马德莱娜教堂在同一南北轴线上，迪朗(Durand)赞赏的一位建筑师普瓦耶(Bernard Poyet)1808 年为旧波旁王宫(现在的下议院)增建了一座巨大的柱式门廊。这个柱廊又是用来纪念古罗马建筑的，但是它缺少应有的稳固和庄严，显然是仅仅虚有其表。两年后曾在意大利修建圣农修道院的雅克－夏尔·博纳尔(J.-C. Bonnard,1765—1818 年)开始在塞纳河畔修建宏大的外交部大厦(后来叫作审计法院，现已拆除)。这是一座有半圆拱窗户、有贴面柱等许多特色的仿意大利式建筑，此前这种型式只有一位法国建筑师，即帕里斯(P.-A. Pâris)1776 年在波朗特吕修建巴塞尔大公的王宫(未建成)时采用过。但是对年轻一代的建筑师来说，博纳尔的建筑是创新，因此 1826 年法兰西学院秘书因为在一次讲演中贬低博纳尔的作品而引发了年轻人的骚动。其实仿意大利建筑并非博纳尔的创造，他只不过更娴熟地运用了这种风格。19 世纪初期这一新建筑风格的始作俑者是夏尔·佩西耶(Charles Percier,1764—1838 年)和方丹(P.-F.-L. Fontaine,1762—1853 年)。我们前面提到过，方丹是部雷(Boullée)的追随者，也曾在 1785 年参加“罗马艺术大奖”(Prix de Rome)竞赛并获得第二名。他们俩都师从安托万·佩雷(A. F. Peyre,1739—1823 年)，即马里·佩雷(M.-J. Peyre)的弟弟。佩西耶在 1786 年获得“罗马艺术大奖”。第二年佩西耶和方丹都到了罗马，在此结识博纳尔，并一起考察了著名古迹及古代输水道。他们还仔细查看了罗马和佛罗伦萨文艺复兴时期的宫殿和府邸以及托斯卡纳地区的别墅和庄园。这些活动为将来奠定了基础。回到法国后，他们开始研究法国文艺复兴时期的建筑，甚至还研究哥特式建筑，因为他们的审美观是折衷主义的。他们以精湛的技艺和妥帖的手法把古代的风格融入从 18 世纪继承下来的、重形式讲比例的体系中，从而开创了一种个性突出、形式新颖，而又非常优雅得体的新风格。因此他们都成了时髦的室内设计师。由于约瑟芬皇后非常喜爱他们的一件装饰作品，于是在1799年

图 352　马迈松府邸吕埃－马迈松的图书馆，夏尔·佩西耶和皮埃尔－弗朗索瓦－莱昂纳尔·方丹设计(1799—1803 年)

图 353 巴黎，杜伊勒利宫内的元帅及评议会大厅，佩西耶和方丹设计，始建于 1801 年

图 354 巴黎，旧王宫内蒙庞谢尔侧厅的阶梯，佩西耶和方丹设计(1829 年)

便委派他们改建她刚得到的马迈松(Malmaison)府邸。他们提呈了一份帕拉第奥式建筑设计方案。但是由于扩建规模过大，超出常规，拿破仑为此大发雷霆。结果，他们只是对旧府邸重新装修，但构思十分巧妙，从贝朗热的巴加泰勒宫(Bagatelle)和帕里斯的默尼－普莱塞宫(Menus-Plaisirs)的设计中汲取了细部处理方式，由此形成后来被确认的帝国风格，即新古典主义趋向的集中表现形式。但这绝对不是创新，他们所做的只是借助于强烈的间距感、坚固的外形和清新鲜明的细节而造成显著变化。色彩的设置是这项工程的另一特色：他们采用更强烈更耀眼的色彩，如铬黄、深绿和天蓝等，以便与黑檀、深红桃花心木以及镀铜制作的镶板形成强烈对比。拿破仑对此很欣赏，因此他们两人在没有因为对一座园林式花园的评价问题与约瑟芬皇后争吵之前，被任命为第一、第二执政官府邸建筑师，于 1801 年 1 月开始任职。

他们尽心竭力地为拿破仑工作，最终他们担负起实施拿破仑大规模改建巴黎的规划——开辟新道路、兴建市场、增添喷泉，并把屠宰场和墓地迁至市郊。他们还为拿破仑修复和装饰在圣克卢、贡比涅、枫丹白露和勒兰西、厄(Eu)和朗布依埃的宫殿，以及在欧洲各地为他和他任命的官员及家眷修建府邸。佩西耶和方丹在为整个波拿巴家族工作的同时，把主要精力投入卢浮宫和杜伊勒利宫(Tuileries)的改建工程。他们从 1801 年开始改建杜伊勒利宫，承继旧默尼－普莱塞宫的风格建造了各式各样华丽的宫室，但其设计充满智慧、卓然超群(1870 年拆除杜伊勒利宫时，这些建筑也被全部拆除)。同一年，他们开始准备把卢浮宫和杜伊勒利宫连结起来，因而设计了里沃利大街和金字塔大街。到 1808 年，他们已开始了卢浮宫内部的改装，其细部处理富于创新，鲜明而且和谐恬静，时至今日仍受到人们赞赏。他们更雄心勃勃的工程是 1811 年设计的一座巨大的宫殿，甚至比凡尔赛宫还要大。宫殿建在沙约宫高地上，是为拿破仑幼小的儿子——罗马王建造的。与此同时，在塞纳河南岸、军事学院的对面开始了另一项规模同样浩大的工程，即一系列四个正方形建筑构成的学术中心，包括一座国家档案馆、一所大学和一所美术学院。在这里，甚至迪朗的梦想也可以实现了。佩西耶和方丹无论是作为建筑师还是作为教师都算得上迪朗的真正的追随者。他们俩人，或准确地说是佩西耶，教出了整整一代建筑师，比较著名的学生包括：奥古斯丁－尼古拉·卡里斯蒂(A.-N. Caristié, 1793—1862 年)、弗朗索瓦·德布雷(F. Debret, 1777—1850 年)、A-H·德·吉索尔(A.-H. de Gisors, 1796—1866 年)、于

图 355 巴黎,旧王宫内的奥尔良廊,佩西耶和方丹设计(1829年)

图 356 巴黎，里沃利大街和金字塔广场，佩西耶和方丹设计，始建于 1803 年

图 357 巴黎平面图，图示出“罗马王”宫、新建的大学及行政机关区域，佩西耶和方丹设计，始建于 1811 年

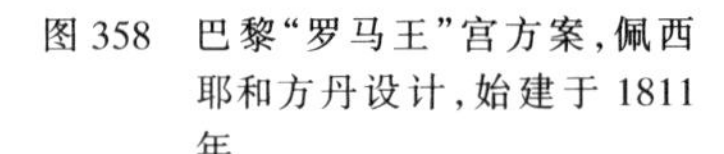

图 358 巴黎“罗马王”宫方案，佩西耶和方丹设计，始建于 1811 年

图 359 巴黎，圣日耳曼教堂内的布道坛，卡特勒梅尔·德坎西设计(1829 年)

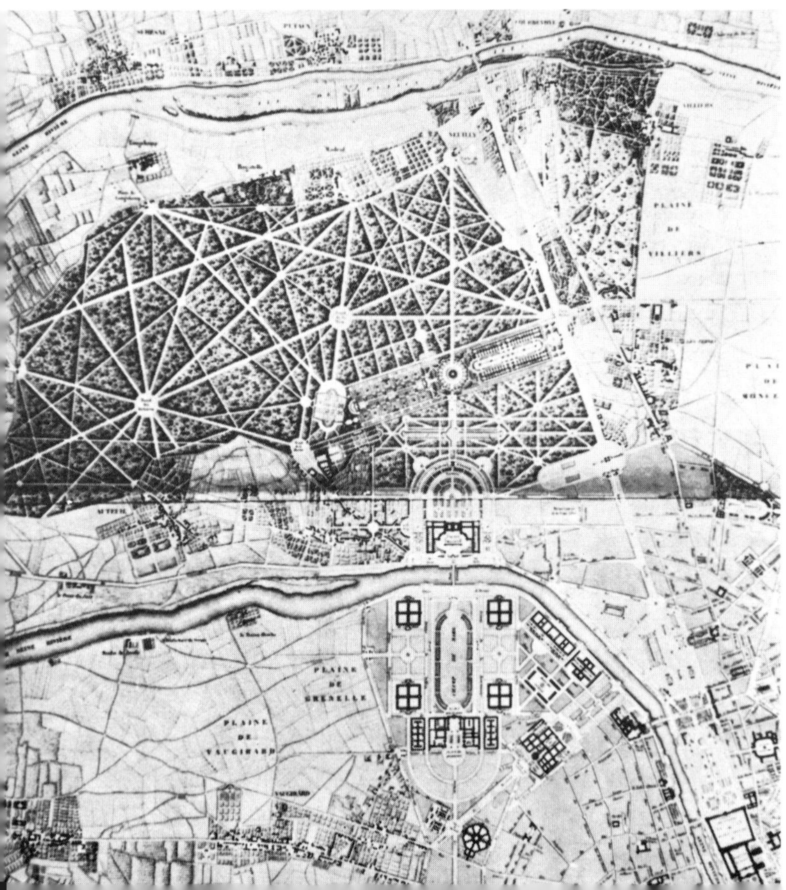

图 360 里昂法院，路易－皮埃尔·巴尔塔设计，始建于 1835 年

图 361 里昂法院中央大厅，巴尔塔设计，始建于 1835 年

韦(Huvé)、路易－伊波利特·勒巴(L.-H. Lebas，1782—1867 年)、阿希尔－弗朗索瓦－勒内·勒克莱尔(A.-F.-R. Leclère，1785—1853 年)、让－巴蒂斯特－西塞龙·勒叙厄尔(J.-B.-C. Lesueur，1749—1883 年。原文如此——译者注)和 L·-T·-J·维斯孔蒂(L.-T.-J. Visconti，1791—1853 年)等。他们的教学不出所料，既切合实际，又宽松自由，但流于松散。因此他们的追随者既缺乏坚定的理论见解，也少有创见，他们只是从佩西耶和方丹连续几年出版的著作中获取灵感。这些著作，如 1798 年的《罗马宫殿、府邸和其他建筑新图集》和 1809 年的《罗马及其近郊著名别墅精选集》，充实了法国古典主义宝库，使之能容纳一种混合的意大利风格。他们自己的建筑设计都收录在分别于 1801 年和 1833 年写就的《室内装饰选集》和《法国、德国、瑞典、俄罗斯等国皇家府邸》。

拿破仑时代结束后的建筑师缺乏强有力的指导和信念，是不足为奇的。因为无论是路易十八还是查理十世都对建筑的兴趣不大，也不想以拿破仑为榜样。“他是一个好房客”。路易十八是这样评论拿破仑的，并决定对杜伊勒利宫不作任何改变。建筑领域的领导权开始由才重建的巴黎美术学院和与其紧密相关的民用建筑理事会掌管。而实际上，这造成了一个人统管的局面，此人就是从 1816 年至 1839 年担任巴黎美术学院终身秘书的卡特勒梅尔·德坎西(A.-C. Quatremère de Quincy)。他从事雕塑，但成就不大，没有能够获得“罗马艺术大奖”，但是他最终还是到了意大利。在那里他结识了许多朋友，如戴维德(J.-L. David)、卡诺瓦(A. Canova)和威廉·汉密尔顿爵士。他大力提倡希腊艺术，但这仅是一个遥远的理想；在实际事务中，他更喜欢运用关于古代罗马建筑的知识，这也是他向法国建筑师倡导的样板。他曾做出决定，只有那些到过意大利并亲自考察过意大利建筑古迹的建筑师才会被聘用承担政府的建筑工程。当然，他这样规定并非十分成功，但是在此后许多年中他确实非常严格地推行这一教条主义的标准。这种狭隘的审美标准的证明是成百上千、甚至成千上万的建筑物——教堂、市政厅、法院、营房、监狱和医院——既僵化又毫无灵气。也许可以说，路易－皮埃尔·巴尔塔(L.-P. Baltard，1764—1846 年)设计的里昂法院集中体现了这种风格，其立面由连列的 24 根巨大的科林斯柱构成——这也是迄今在(美国)华盛顿特区仍然受到喜爱的官方建筑的原型。法院中央大厅由界限分明、连续的低穹顶空间组成，形式的变化和意趣，正是德坎西晚年所喜爱的。德坎西早年追求的目标体现在艾蒂安－伊波利特·戈德(E.-H. Godde，1781—1869年)的建

图 362 巴黎，德洛雷特圣母教堂，路易－伊波利特·勒巴设计（1823—1836 年）

图 363 巴黎，德洛雷特圣母教堂（建于 1823—1836 年）的内部，勒巴设计

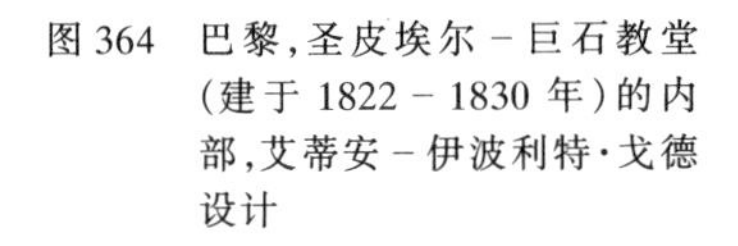
图 364 巴黎，圣皮埃尔－巨石教堂（建于 1822－1830 年）的内部，艾蒂安－伊波利特·戈德设计

图 365 巴黎，圣樊尚－德保罗教堂，雅克－伊尼亚斯·希托夫和让－巴蒂斯特·勒佩尔设计，始建于 1824 年，后于 1830—1846 年建成

图 366 希托夫和于勒·若利韦为装饰圣樊尚－德保罗教堂的柱式门廊设计的方案；共有 7 块彩釉装饰镶板，其中第一块于 1846 年绘制，其余 6 块于 1852 年绘制，1861 年全部镶板被拆除

图 367 圣樊尚－德保罗教堂（建于 1830—1846 年）的内部，希托夫和勒佩尔设计

筑上。戈德虽然未获得过“罗马艺术大奖”，但是他在巴黎设计的许多教堂——如圣彼得巨石教堂（建于 1822—1830 年）、福音圣母教堂（建于 1823—1830 年）和圣但尼教堂（建于 1826—1835 年）——说明在法国比在罗马更容易孕育一种常规的、缺乏生气的古典主义精神。德坎西当然对这些建筑表示赞赏，因为这些建筑再现了大卫（拿破仑时代的重要画家——译者注）的绘画背景中所暗示的建筑风格。1828 年，马德莱娜教堂开始室内装修，于韦设计的内部表现出的罗马帝国式的奢华不合德坎西的口味。第二年，佩西耶和方丹的另一位弟子德若利（J.-J.-B. de Joly，1788—1865 年）在装修国民议会大厦时采用了繁复华丽的装饰手法，这更不合德坎西的口味。在他看来，德若利 1833 年修建的大厦连廊和与之相连的国王沙龙，以及装饰艳丽、金碧辉煌的图书馆（附带指出，两者都配饰有德拉克鲁瓦在 1838 年至 1847 年创作的油画）都俗不可耐。但是我们知道，他并非完全反对建筑上的生动活泼的色彩与装饰。他一贯鼓励采用壁画装饰建筑。1815 年德坎西发表的《奥林匹斯山的朱庇特；古代雕刻艺术》表明他具有对古代建筑传统进行反思的能力，并以此引起对色彩使用的讨论。7 年后他组织了一次设计竞赛，目的是提供一种略胜戈德等人一筹的、更富丽的新建筑样板。这种设计须符合严谨的规范，平面图须符合公认的巴西利卡型制，但是要融入罗马“无墙圣保罗教堂”所具有的那种古朴、雄壮的气势。竞赛结果佩西耶和方丹的学生勒巴获胜。德坎西对他们两人的学生总是心存疑虑，而这一次他的怀疑是对的。此后 13 年，勒巴从事建造德洛雷特圣母教堂。他先在巴西利卡式的平面上建成一座柱式门廊，据说是仿照在意大利科拉的多立克式海格立斯神庙的比例设计的，但是他的门廊都采用了艳丽的科林斯柱式。教堂内部模仿早期基督教建筑风格的巴西利卡型制，是一个离奇的大杂烩，到处都是色彩斑斓、金饰闪闪，既雕琢过分又粗俗不堪。他聘用了大量雕塑家和画家，因此这座教堂工程顿时成了艺术家们关注的焦点。这种关注一旦与《奥林匹斯山的朱庇特；古代雕刻艺术》中的观点联系起来，德坎西所倡导的东西即使不被全盘否定，也会受到损害。

作为一位过分推崇希腊古建筑的倡导者，希托夫是一位引起变革的人物。从意大利回来 10 年后，即 1834 年，正值人们对希腊建筑色彩运用问题进行激烈争论时，他为德洛雷特圣母教堂侧面设计了两个圣坛，是带有山花的结构、饰金并镶着色彩鲜艳的瓷釉面板。这项工作本来是委托给安格尔（J.-A.-D. Ingres）的，但他转给了希托夫。希托夫曾为他自己设计的观景圆亭（建于1838—1839年）和国立马戏

图 368　巴黎第一市政厅，希托夫设计，建于 1855—1861 年；塔楼由泰奥多尔·巴吕(Théodore Ballu)设计，建于 1858—1863 年

图 369　巴黎北方车站，希托夫设计(1861—1865 年)

图 370　巴黎北方车站(建于 1861—1865 年)的机车库细部，希托夫设计

场(前面已提到，都在香榭丽舍大道上)各增设了一座绚丽多彩的柱式门廊，并且精心装饰了位于菲耶迪卡尔维尔大街上的冬季马戏场。但是一直到他建造面向拉菲特广场的巴黎圣樊尚－德保罗教堂时，他才真正有机会来展示如何在不违背古建筑原则的同时对 19 世纪早期谨慎、严肃的古典主义风格进行改造。这座教堂最初是希托夫的岳父勒佩尔于 1824 年设计的，当时勒佩尔和贡杜安正在建造旺多姆广场的纪功柱。该教堂直到 1830 年希托夫对设计方案作了彻底的修改后才真正开始动工。这是当时最大规模的巴西利卡型制的教堂，其内部有两排柱子支撑着一个木桁架屋顶。从外部看，教堂前面是一座带山花的门前柱廊，连接在中间部分向前突出的砖石墙平面上，两侧各有一座正方形塔楼。虽然基础及周围环境为其增添了一些雄伟之气，但整个建筑缺少体量感并且细部处理过于纤细平淡。教堂内部未受到同样的批评是因为改造后的内部色彩强烈，五彩缤纷：柱子是杏黄色的，柱子顶上是包括弗朗德兰(J.-H. Flandrin)在内的安格尔的众多弟子创作的壁画，屋顶桁架是鲜艳的蓝色和红色，并且仿照蒙雷阿尔(Monreale)教堂的方式点缀着金色。希托夫认为这是想像中的绚丽多彩的希腊古建筑在当代的重现。直至今天，教堂内部的色彩依然光亮鲜明。对教堂外观，希托夫也建议作相应协调处理。1846 年，他开始装饰门廊面墙，使用了格罗(Gros)的学生若利韦(Jollivet)创作的、色彩鲜艳的大块彩釉饰板。原打算整个墙面都用这种宗教连续画覆盖起来，最终只装挂上七块镶板。画面上赤裸的亚当和夏娃令神父们十分愤慨，同时刺眼的色彩也使其他人顿生反感，于是，1861 年在神父们的强烈要求下，这些彩绘饰板被拆除，现仍保存在塞纳河畔日夫里的仓库里。

希托夫的其他建筑还很多。从 1836 年至 1840 年，他填平了加布里埃尔(Gabriel)设计建造的路易十五广场(广场四周原有堑壕——译者注)，当时重新命名为协和广场，并为广场小亭子加上沉重的塑像，增设方尖碑(替换原路易十五的骑马塑像——译者注)，喷泉和灯柱。最初这些构造全是镀金的。他装饰美化香榭丽舍大道时设置了许许多多的喷泉、避雨亭以及前面提到的十字路口圆形广场及观景亭。其后，1855 年他设计了星型广场周围的住宅并开始修建现在的福煦大道(the Avenue Foch)，通往布洛涅林园。在那里他已经开挖人工湖。他将里沃利大道(the Rue de Rivoli)从协和广场向东延伸，并设计了巴黎第一座美国式的大型饭店——铁路大饭店(即现在的卢浮大百货商店)。从1855年到1861年，希托夫在佩罗设计的卢浮宫东立

图 371 巴黎，观景亭的剖视图，雅克－伊尼亚斯·希托夫设计(1838 年)

图 372 巴黎，冬季马戏场的剖视图，希托夫设计(1852 年)

面的对面建造了很难看的巴黎第一市政厅，与圣日尔曼－洛克塞鲁瓦教堂一模一样，这是要求他必须再现的风格。这项工程是份苦差事，因为他讨厌这种哥特风格。但是那位权倾一时的巴黎塞纳区行政长官奥思曼男爵(Baron Haussmann)也讨厌他，并且一门心思刁难他。不久，他们就为布洛涅林园工程及工程付款对簿公堂，各不相让，最后希托夫胜诉。但是奥思曼也进行了报复，他改变巴黎街道的走向，使得希托夫 1859 年设计、两年后动工的巴黎北方车站不会构成一条林荫大道终端的景色特征。

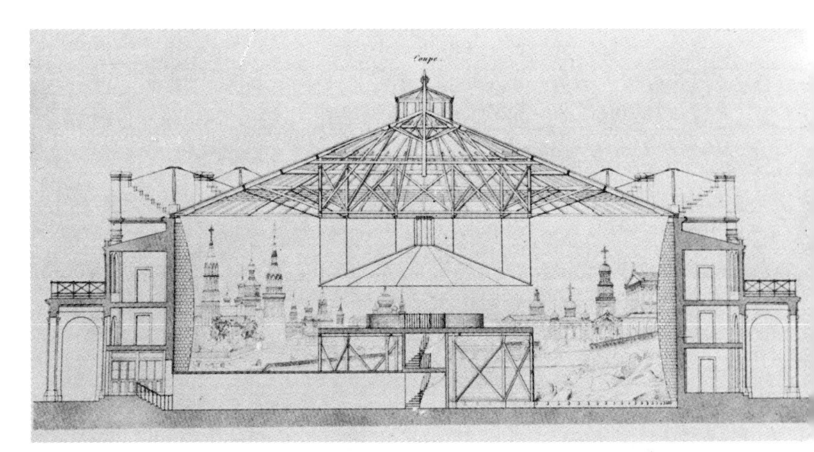

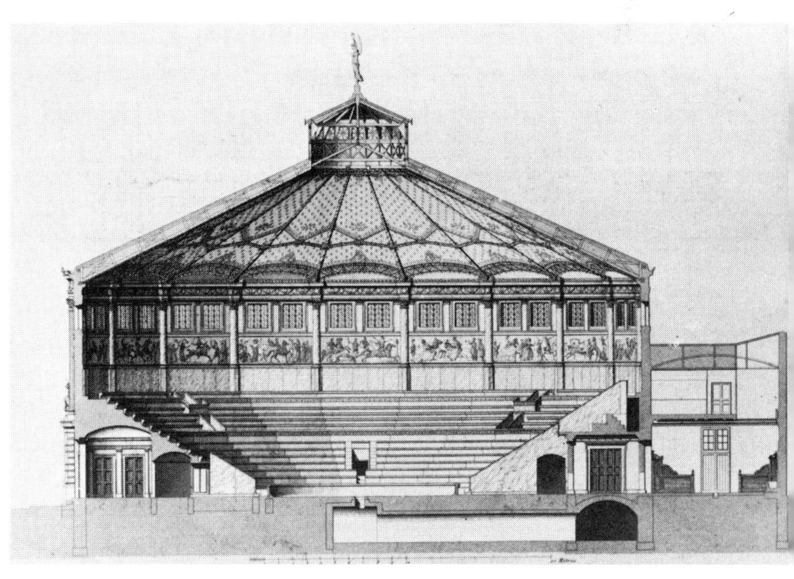

北方车站是希托夫建筑活动的一个恰当总结，因为这座建筑忠实地反映出他在建筑思想上的不平衡。车站的规划是一流的，留有充分的余地能够适应逐渐把客货混合型车站改造成单一客站的发展要求。车站机车库的构造简洁、经济、新颖脱俗，而且成功地采用了波隆索(A.-R. Polonceau)新研制的山墙桁架；所有的铁构件都是在(英国)格拉斯哥制造的。但是车站的正立面设计却是拼凑了各种古典主义的主题，并且由于尺度不相协调，这些主题既未得到恰当处理，也未做修饰，因而没有做得比遵循传统方法更好。希托夫不是一个善于创造的建筑师，他的建筑没有一座是处理得妥当的。他运用的装饰通常是一种无力的装饰——是为了遮掩设计创作上缺乏合理性，但即使这样，其效果也很微弱。然而在其他方面，特别是在技术创新方面，他表现出卓越的探索精神。1828 年，他为杂艺喜剧院(1966 年拆除)首次采用了铁制防火幕；在建造观景亭的屋顶时，他运用了悬拉桥的原理；在国家马戏场，他使用了特别雅致大方的网格木桁架；在冬季马戏场，这种技术运用得更加精湛。在这方面他表现出的高超技艺得到人们的普遍赞扬并逐渐被人们仿效。另一方面，虽然他的考古学理论很少用于考古活动，但却使整整一代建筑师开阔了眼界，使他们认识到既定的古典主义旧框框可以打破，从而建立一种新建筑。1830 年以后他在建筑上运用彩饰便是反叛的先兆。

通常被看作 19 世纪 30 年代具有反叛精神的建筑师有：布卢埃、吉尔贝、迪邦、拉布鲁斯特、迪克和沃杜瓦耶。但这些人对建筑学的贡献各不相同，独具特色。

布卢埃(G.-A. Blouet，1795—1853 年)和吉尔贝(E.-J. Gilbert，1793—1874 年)首先脱颖而出。布卢埃最初在巴黎皇家工艺学院师从德莱皮纳，吉尔贝师从迪朗，后来又在巴黎美术学院受业于维尼翁(Vignon)。布卢埃和吉尔贝先后于 1821 年和次年获得“罗马艺术大奖”，并一起在罗马学习。回国后，布卢埃于 1831 年被任命为雄师凯旋门的建筑师，而吉尔贝为工程督察。布卢埃受到卡特勒梅尔·德坎西的宠爱，于 1828 年受官方派遣前往希腊；1838 年，他发表了关于修复埃伊纳岛(Aegina)多立克寺庙的研究，而其中所描绘的寺庙色彩鲜艳，主要为红、蓝两色。吉尔贝的反叛表现在巴黎郊区沙朗通的一座规模庞大而庄重朴实的精神病院，其中有一座小教堂，内部装饰得光辉灿烂，构成整座建筑的中心。但是布卢埃和吉尔贝进行建筑改革的思想并非仅仅建立于色彩运用这样肤浅的基础上。

他们想通过让道德与社会价值取向来决定建筑的布局并以此丰富建筑的内涵。布卢埃和吉尔贝与他们同时代的知识分子一样受到

图 373 维克托·孔西代朗 1834 年设计的法伦斯泰尔(即“法朗吉”公社)方案

图 374 吉斯,法米利斯泰尔(即工业合作社),安德烈·戈丹和埃·安德烈(E. André)设计,始建于 1859 年

图 375 吉斯,法米利斯泰尔的内院,安德烈·戈丹和埃·安德烈设计,始建于 1859 年

图 376 巴黎,罗克特广场青少年罪犯拘留所的平面图,路易-伊波利特·勒巴设计(1825年)

圣西门和傅立叶主张的人道主义精神的鼓舞。最初,圣西门对建筑学,甚至对艺术并不太感兴趣,1813 年他在《人文科学论文》中写道:“目前,那些致力于诗歌的人在他们的智力劳动中是不会有所收益的。”但是在他逝世的那一年,1825 年,他在写作《新基督教》时,已把建筑师列为与工程师和工厂主一样的社会领导力量的一员。圣西门本人并未对建筑学提出任何明确的主张,但他的信徒后来在埃米尔·巴劳尔特(E. Barrault)的领导下,在 1828 年和 1830 年举行的两次圣西门思想研讨会上,特别是在 1830 年发表的题为《致艺术家:艺术的过去与未来》的小册子中提出了一个学说,认为艺术史是由连续交替着的“有机”和“临界”周期构成。“有机”时期被确认为古希腊的培里克里斯前期和中世纪时期,两个时期均表现出宗教信仰和社会追求的统一。因此希腊早期的寺庙和哥特式教堂也被看作是统一社会的象征物。维克多·雨果的《巴黎圣母院》,特别是 1832 年第二版中所孕含的建筑思想正是对上述信念传播的直接回应。但是圣西门主义者既未把他们的学说付诸实施,也没有将其阐释得非常成功。1834 年,一群圣西门主义者在昂方坦(B.-P. Enfantin)的领导下开始为挖掘苏伊士运河的工人兴建一座城市,其平面图是人体构造形状,各种建筑物与人体的功能器官相对应,如行政大楼和科学机构建筑在头部,学校和寺庙在心脏部位,等等。在这些信徒们的兴建计划还未大力展开时,一场霍乱就夺去了许多人的生命。而傅立叶(Fourier)却按照自己的主张提出了一种建筑形式。最初,他还迟疑不决,但是后来到 1829 年他发表《新的工业世界和协作的世界》时,他在书中附了一份他称为“法朗吉”公社的规划方案示意图。这是一张鸟瞰图,印在 1832 年 6 月出版的《法伦斯泰尔》(Le Phalanstere)的封面上。正是在这一年,准备在法国朗布依埃附近的韦斯格尔河畔孔代建立这样一个公社。维克托·孔西代朗(V. Considerant)后来在 1834 年发表的《建筑学社会评论》中把他们“法伦斯泰尔”(即法朗吉——译者注)描绘成一座凡尔赛式的宫殿。但是建造这种居民区的机会是不多的,在法国只建成了一座这样的社区,即安德烈·戈丹(André Godin)1859 年在吉斯开始兴建的法米利斯泰尔(即工业合作社——译者注),至今仍保持原状,尚可使用。此项工程没有建筑师参与,戈丹只聘用了一位学过美术的埃·安德烈(E. André)来绘制图纸。这种建筑布局后来在美国很常见(1853 年戈丹自己出钱在美国得克萨斯州建设了一个法伦斯泰尔),但是在法国,这类实验性建筑实属罕见,而且风格独特,因此对建筑的发展只有间接的影响。后来,为工人们建造的低价住宅,特别是米勒尔(E. Müller)1853 年为米卢斯工人住宅区协会修建的房屋,甚至还包括他的学生埃米尔·卡舍(E. Cacheux)19 世纪 80 年代在奥特伊(埃米尔·梅耶尔别墅和迪茨·莫南别墅)和在巴黎其他地方修建的小型住宅,都不是集体住宅,而是带花园的单独住宅。工人们因此可以购买属于自己的房屋而成为体面的有产阶级的一员。

吉尔贝和布卢埃的建筑模式原型源自意大利的贝卡里亚(C. B. Beccaria)和英国的约翰·霍华德(John Howard)。这两人在 18 世纪发起了一系列的刑法制度的变革,并逐步实现了罪犯与病弱者及精神病患者的区别对待。随后,罪犯也按性别、年龄和犯罪性质分类,并且人们逐渐认识到,预防他们之间产生不良影响的惟一办法就是让罪犯住单人囚室——功能完备、设施齐全的单独房间,可以使犯人完全隔离,并有充分的条件保证其道德上改过自新。但是许多囚犯在这种环境里精神失常,于是只好又将他们重新组合。能体现这种目标的建筑形制是边沁(J. Bentham,英国哲学家——译者注)的圆形监狱。虽然这种形制的监狱未建成,但是这种考虑在规划倒霉的伦敦米尔班克教养所时得到了体现。该教养所建于 1812 年至 1821 年,其目的是只通过一个观察点就可以对所有囚犯进行不间断的监视,这种功能要求可以最明白地表达为一个辐射状的平面规划图。1825 年,德洛雷特圣母教堂的建筑师勒巴赢得了在巴黎罗克特广场基址修建监狱的模形竞赛时把这种建筑形制引入了法国。勒巴虽然考察过英国的米尔班克教养所,但显然未理解其基本原理。他所设计的平面图非常拘谨,呈六边形;六个侧厅与中心相连,而中心处是一座小教堂。监狱改革家们很快就认识到这座建筑不能如人所愿。1830 年,一位地方法官德博蒙特(G. de Beaumont)受派遣随托克维尔(A. de Tocqueville,法国政治家和作家)一同到美国考察监狱制度。当时在美国,特别是在费城,高效率的监狱管理制度正在形成。然而托克维尔用了太多的时间为他写的《美国的民主》(1835 年、1840 年出版)一书收集资料,因此到了 1836 年,又需要再次考察美国监狱制度。这次地方法官德梅斯(F. A. Demetz)有布卢埃陪伴同行。在同一时期,吉尔贝受命与希托夫的早年同事勒库安特(J.-F.-J. Lecointe,1783—1858 年)设计在马扎的“新生力量”监狱。该工程于 1843 年动工。伟大的监狱制度改革时期开始了,同时体现新人道主义理想的建筑也开始兴建。

吉尔贝一直坚持运用从迪朗那里继承来的布置格局和独具特色的细部处理方式,所以较大的变化没有表现在结构和细部而是表现在对建筑功能和作用的仔细推敲上。吉尔贝在建筑上的每一部分都不

GODIN

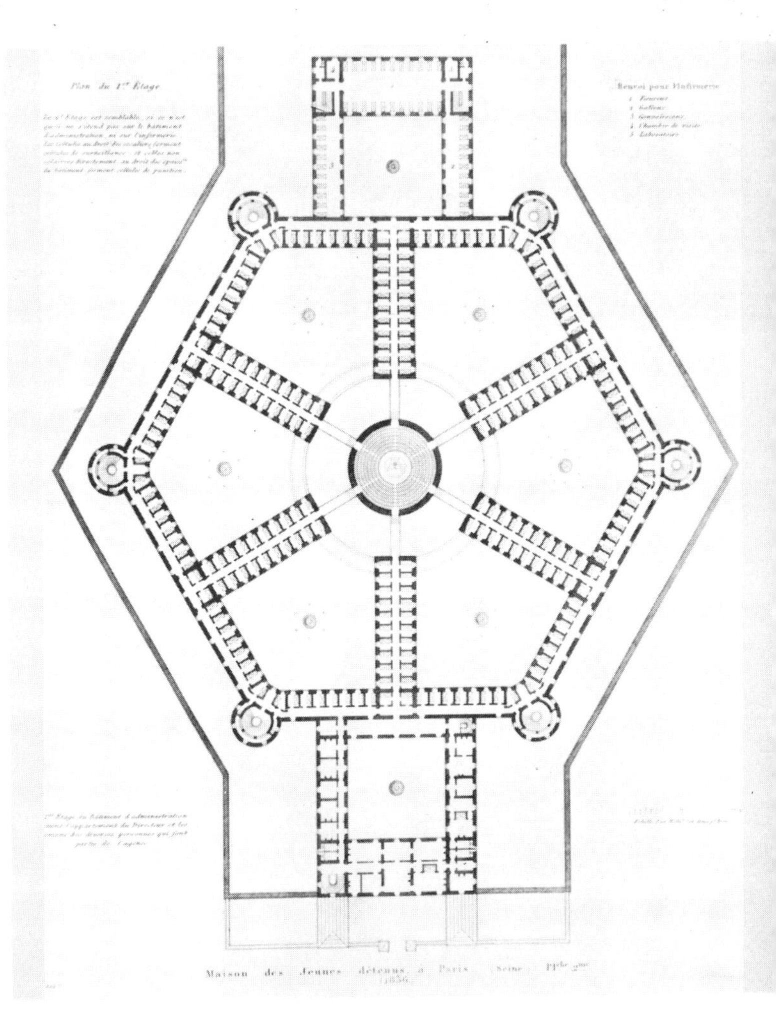
Plan du 1er Étage
Maison des Jeunes détenus à Paris (Seine)
(1836)

图 377　沙朗通，精神病院（建于1838—1845 年）内的小教堂，埃米尔·雅克·吉尔贝设计

图 378　沙朗通，精神病院的庭院，吉尔贝设计(1838—1845 年)

图 379　巴黎，主宫医院，吉尔贝和阿蒂尔－斯坦尼斯拉斯·迪耶设计(1864—1876 年)

图 380　巴黎，主宫医院（建于1864—1876 年）的内院，吉尔贝和迪耶设计

图 381　图尔附近的梅特赖(Mettray)劳役农场平面图，纪尧姆－阿贝尔·布卢埃设计(1839 年)

是为了装门面，一切都实实在在，有根有据。他建造的监狱于 1850 年开始使用。整座建筑是一幢行政管理大楼连接一个穹顶圆厅——观察点和小教堂各占一层楼——从圆厅辐射出 6 幢侧楼，互成 45°角度，每幢侧楼有三层楼面用作单人囚室。每间囚室均有冷热水供应，有洗手间和暖通系统等全套生活设施。狱中生活的组织安排方式决定这座监狱的任何一个建筑结构的形式，在这方面与杰布(M. J. Jebb)在 1840 年至 1842 年建造的伦敦彭顿维尔监狱一样。那座监狱的结构更具功用主义特色，吉尔贝从中受到很多启发。但是马扎监狱并未仅仅被看作是解决一个简单问题的建筑形式。朗斯(A. Lance)1853 年 12 月在《建筑百科全书》中写道："马扎监狱不仅仅是一座砖石结构的建筑和一种管理机构，也是一件建筑艺术作品。"(第 175—182 页)

吉尔贝的其他建筑都是对刑事管理——善意的但是最具压制性的——机构进行人道主义改革的结果。由于产生了正确对待精神病人的新理论，吉尔贝在 1838 年被任命为"精神病院"的建筑师。精神病院建在巴黎东面沙朗通的山坡上，历时 7 年。整座建筑是由柱廊连接起来的一排排带露台的长隔间，一座小教堂构成其中心。在这里，不同类型的精神病患者囚禁在单人隔间内，男性在一侧，女性在另一侧。警察制度的改革又让吉尔贝在 1862 年至 1876 年修建了位于巴黎斯德岛(即巴黎旧城所在的城中岛——译者注)的巴黎警察厅大厦。医院改革又使他有机会修建警察厅附近的主宫医院，并在他女婿迪耶(A. S. Diet，1827—1890 年)的帮助下于 1864 年至 1876 年建成。迪耶还使吉尔贝的精神病院和警察厅大厦最后得以竣工。主宫医院建成后，迪朗提倡的简单几何形结构的标准已证明不能完全适用于这样的医院建筑；甚至早在竣工前，一部分建筑已被拆除并有许多结构须重新设计。医生们对医院建筑是永远不会满意的。但是这座建筑结构的整齐匀称，以及柱廊内院的典雅精美，令人难忘，这也是不可否认的。吉尔贝惟一的一座不同式样的建筑是 1861 年至 1863 年建成的、面对巴黎圣母院东端的圣米歇尔桥陈尸所，但很早前已被拆除。

布卢埃主要是通过教学来追求功用主义目标。1846 年巴尔塔(Baltard)逝世后，巴黎美术学院终于可以改变教学思路了。因此，布卢埃被任命为接替巴尔塔的建筑理论教授。第二年，他开始发表《让·龙德莱建筑艺术理论与实践研究补编》。我们说过，这个集子主要是 19 世纪早期工程技术成果的目录。除了枫丹白露宫内的教堂和凯旋门的顶层建筑外，书中只有一处引人注目的建筑是他的，即图尔附近的梅特赖劳役农场住宅区，1839 年设计，几年后竣工。这里的建筑只不过是一连列的独立的功用性宿舍小屋，单调呆板，很规整地排列在一座不伦不类的、有些中世纪风格的教堂两侧，教堂背后是农场用房。然而，米歇尔·富科(M. Foucault)承认这种内部进行变革的方式是人道主义允许的强制措施的极限，因此，布卢埃成了监狱建筑的权威。

改革派建筑师的其他成员迪邦、拉布鲁斯特、迪克和沃杜瓦耶等人的建筑思想中教条主义成分极少。他们坚持迪朗、龙德莱和圣西门主义者的理想，但并不完全遵循他们的理论进行设计和建造。他们更热衷于把这些理论融入一种新的古典传统。他们都曾获得"罗马艺术大奖"：1823 年始于迪邦，一直延续到 1826 年沃杜瓦耶也成为获奖者。在罗马，迪邦和拉布鲁斯特结识了希托夫和布卢埃，而且四个人都认识他们的辅导教师吉尔贝。他们结成了一个联系紧密的团体并在以后的岁月中一直互相配合互相帮助，但是他们各自的建筑风格却迥然不同。菲利克斯－雅克·迪邦(F.-J. Duban，1797—1870 年)因为曾师从佩西耶，热衷于色彩鲜明、结构繁复的表面装饰；但是公正地说，在将这种偏好融于整个建筑设计方面，他远胜过希托夫。1832 年，他从他姐夫弗朗索瓦·德布雷(Debres)那里接过巴黎美术学院的建造工作。当时地基部分已经完成，但是波拿巴大街上的法院对面的这座庞大建筑是他设计的。这座建筑凝聚了他在意大利学习的全部知识。在立面上，罗马凯旋门、大角斗场以及卡瑞卡拉浴场的影子若隐若现，而其内部不仅能勾起人们对拉斐尔壁画的回忆，也让人们想起庞培城府邸的壁画。迪邦构思设计了以铸铁为柱、玻璃盖顶的内院，但是一直等到 1871 年至 1874 年才由科卡尔(E.-G. Coquart)建成。其前院和侧院的风格也是兼收并蓄，构思主要是来自中世纪和文艺复兴时期建筑的残缺遗迹。这些残缺建筑原本是亚历山大·勒努瓦(Alexander Lenoir)为法兰西文物博物馆收集的。全部竣工后，整个工程，特别是顶楼(拉布鲁斯特曾担任过工程督察)和屋顶的处理所受到的赞美无以复加，屋顶由细部制作精美的铸铁梁构成屋脊，因而被视作一种创新。从此，迪邦出了名。此后，除了他为瑞士收藏家孔特·普尔塔莱斯在巴黎特隆歇街 7 号修建的华美的仿意大利式住宅有研究价值外，再也没有建造什么重要的建筑物。迪邦积极从事的工作主要是旧建筑修复工程，1837 年首先从巴黎城中岛上的圣沙佩勒教堂开始，接着依次是布卢瓦府邸、枫丹白露宫和卢浮宫。卢浮宫的一些房间造型华丽、金碧辉煌，至今仍在，是迪邦在此工作的见证。此外，还有丢弃在内院角落里的楼梯围栏也是他设计的，为此他曾受到嘲笑并因此而辞任 。但是在 1858 年，他确曾设计了一座较为壮丽宏伟的建

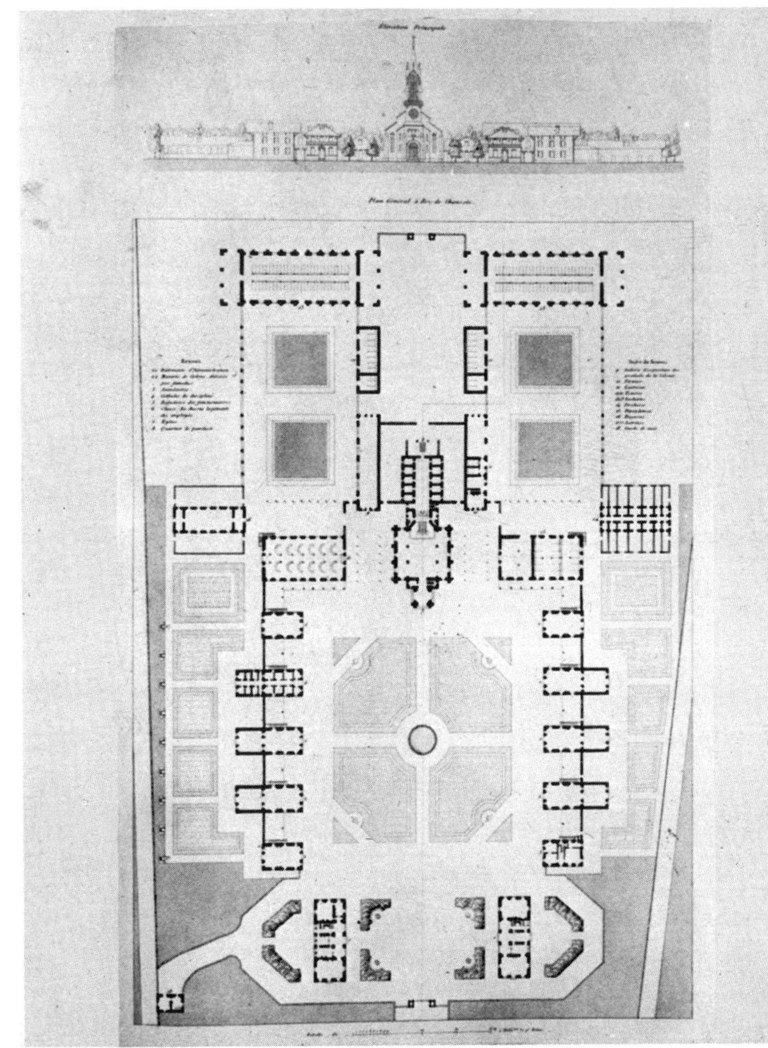

图 382　普尔塔莱斯大厦，费利克斯·雅克·迪邦设计(1836 年)

图 383　普尔塔莱斯大厦(建于 1836 年)的楼梯间，迪邦设计

图 384　巴黎，美术学院的前院，迪邦设计(1832—1840 年)

图 385　巴黎，美术学院的盖顶内院，迪邦和埃内斯特－乔治·科卡尔 1863 年设计，建于 1871—1874 年

ISCHER
EMBRANDT
INIGO JONES

图 386　巴黎，美术学院在凯马拉凯路的立面，迪邦设计（1858—1862 年）

图 387　巴黎，卢浮宫内的阿波罗廊，迪邦设计（1848—1852 年）

图 389，图 390　巴黎，圣热讷维耶沃图书馆的横剖面和外观，拉布鲁斯特设计（1842—1850 年）

图 388　巴黎，圣巴尔布学院、圣热讷维耶沃图书馆和管理员住宅的平面图，皮埃尔－弗朗索瓦－亨利·拉布鲁斯特设计（1840—1850 年）

图 391　巴黎，圣热讷维耶沃图书馆的正立面细部，拉布鲁斯特设计（1842—1850 年）

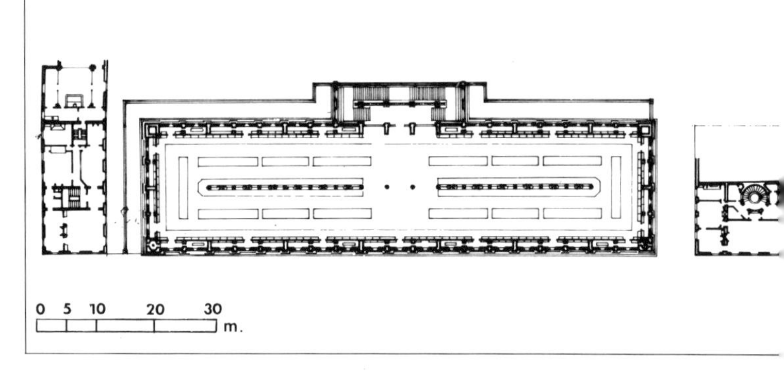


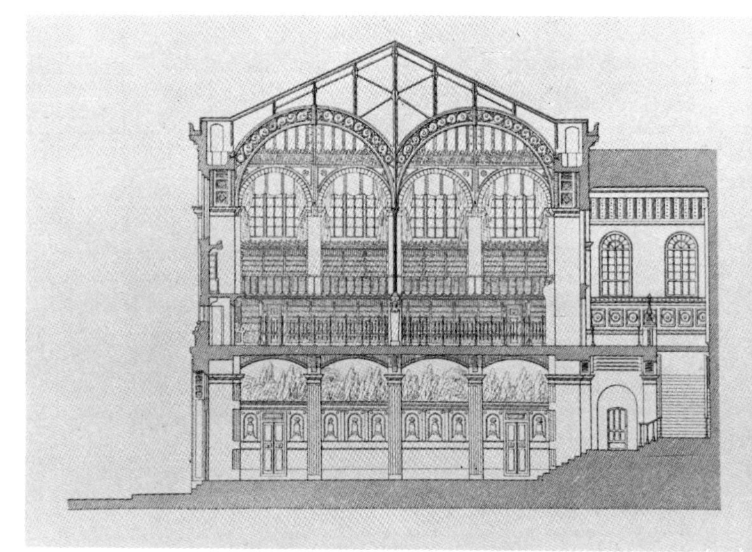

ISAAC DE BEAUSOBRE
J-ALB. FABRICIUS
BOERHAAVE
DOM EDM. MARTENE
MONTFAUCON
ROLLIN
J-B. ROUSSEAU
HALLEY
LESAGE
VAUVENARGUES
FRÉRET
MURATORI
D'AGUESSEAU
CORMONTAIGNE
HOLBERG
FIELDING
FONTENELLE
MONTESQUIEU
MOSHEIM
RÉAUMUR
RICHARDSON
CRÉBILLON
J-CHR. WOLFF
RAMEAU
MASSILLON
VICO
POPE
LA CAILLE
CLAIRAUT
STERNE

图 392 巴黎,圣热讷维耶沃图书馆的二楼阅览大厅,拉布鲁斯特设计(1842—1850 年)

图 393 巴黎，圣热讷维耶沃图书馆的入口处前庭，拉布鲁斯特设计(1842—1850 年)

筑，即位于凯马拉凯(Quai Malaquais)的巴黎美术学院的扩建工程。说来奇怪，建筑批评家多年来一直批评他的细部装饰过分浮华烦琐，可这次却批评他的装饰太单调，线条太粗。

皮埃尔－弗朗索瓦－亨利·拉布鲁斯特(P.-F.-H. Labrouste, 1801—1875 年)是一位追求更执着、修养更高，而且成就更伟大的建筑师，但是他的实际建筑活动起步较晚。他师从勒巴和沃杜瓦耶，但是他不打算在没有经过自己独立的非常刻苦的研究之前，就接受他们的学术思想。1824 年，他以最高法院的建筑设计获"罗马艺术大奖"。1828 年他从罗马寄回的第四年的学习报告是对帕埃斯图姆(Paestum，也称波塞冬尼亚，意大利南部的一座古城——译者注)三座多立克寺庙的修复研究成果。他的非常精细的测量数据证明，德拉加代特(C. M. Delagardette)1799 年发表的《帕埃斯图姆遗址》完全不可信。这是对学院尊严的挑战，但是拉布鲁斯特并未就此止步。他提出一种理论，解释建造寺庙的人们的历史以及他们的社会追求是如何体现在他们的建筑上。他论证说，三座寺庙式样的建筑中有一座不是寺庙，而是市民建筑物。早在许多年前，1787 年，让·韦尔(Jean Houel)撰写了《西西里岛、马耳他岛和利帕里岛游览纪行》，书中第四章有他对阿格里真托(Agrigento)的一座多立克式寺庙所作修复研究的图示记载。拉布鲁斯特对帕埃斯图姆寺庙的描述与让·韦尔对多立克寺庙的描述一样——四坡屋顶，有巨幅彩绘、战利品装饰和铭文等。但是拉布鲁斯特在他的描述中走得更远，增添了粗糙的图文雕刻。他希望揭示建筑的真实面貌，按照建筑物原来实际可能存在的样子进行描述。为此，他用色彩来表现也就很自然了。他的许多假设是错误的，但是引起学院院士们愤怒的是，他有意屏弃了完美的标准。第二年在给学院寄回的第五年的报告中，他提交了一座跨越意、法边境的桥梁设计图，是仿照马赛附近圣沙马(St. Chamas)的一座粗糙土气的罗马式桥梁，即弗拉维安桥设计的。这更突出了他对公认的建筑标准的粗率否定。在此后 10 年间，巴黎美术学院的院士们都竭力让他得不到重要的建筑工程。而他却成了学生们崇拜的偶像，并在 1830 年后的 26 年中领导了全巴黎最重理性的创作室，但他的学生中没有一个人得过"罗马艺术大奖"。在此期间，他参加并赢得几次实用建筑设计竞标，如：1837 年在瑞士洛桑的一座精神病院，1840 年在意大利的亚历山德里亚的一座监狱和 1841 年在法国普罗万的一座屠宰场等；但是这些工程没有一项得以建造。1838 年 10 月他的机会终于来临，他被任命为新圣热讷维耶沃图书馆的建筑师。图书馆址对面是苏夫洛(Soufflot)设计的大教堂(即万神庙，又译为先贤祠——译者注)。虽然在征得图书馆基址方面曾出现问题，但是 1840 年 1 月拉布鲁斯特的初步设计方案被原则上通过，而其修改方案要两年后才最后确定，拨款计划于 1843 年获得批准。最后的设计图是基址开挖后于 1844 年 7 月通过的。图书馆于 1850 年 12 月竣工，其布局很简单：平面呈长方形，底层入口，左侧是书库，右侧是办公室和珍稀版本收藏室。在建筑物后部有一个单独的楼梯厅通往上面的阅览大厅。阅览大厅占据整个二层楼面，气势庄严、高贵。这种效果来自完全独立的铸铁制作的拱、柱框架系统——由贯穿中部的一排脊柱构成两个狭长的中厅空间。这种结构暗示出帕埃斯图姆"市民建筑"寺庙的特征，同时还隐含着巴黎原圣马丹教堂内中世纪式餐厅的特征，因为这座教堂由他的学生拉叙斯(Lassus)最近才测量过，而且他的朋友沃杜瓦耶正准备把它改建成巴

图 394 巴黎,绘画学院,西蒙-克洛德·康斯坦·迪弗设计(1841—1844年)

图 395 巴黎,国立图书馆,拉布鲁斯特设计,始建于1853年

黎国立工艺博物馆的图书馆——这应该算是圣西门主义理论的一个回声吧。拉布鲁斯特的细部处理并没有任何明显的哥特建筑特征;如果有什么不同之处,这只会使人想到他到庞培城的考察。图书馆外观更壮观、更完美。内部的所有半圆拱都表现为二楼的拱形孔洞,即上部为窗户,下部是填实的嵌板;在每块嵌板上又各开出一个小窗,用以给内部环周设置的工作室照明。底楼四周开凿出一排半圆拱形窗户及一个风格同样严谨的门道,窗前只设置阅读灯。最初,两层楼的外部间隔仅用一条强固的水平线脚来划分,但是民用建筑理事会的理事们认为轮廓太分明。其后,因为藏书库加高了 19cm(7.5 英寸),拉布鲁斯特就采用柱中楣柱装饰的形式,以此与对面的万神庙的造型对应。更重要的是,这样增添的一点动感恰到好处,使得其外观不显呆滞,而整个建筑轮廓坚固方正。在图书馆的两侧,拉布鲁斯特各设计了一座建筑,这表明他可以变换布局,既适应功能需要,又保证整体统一。东侧是管理人员住宅(建于 1847—1848 年),西侧是他的母校——圣巴尔布学院(建于 1845—1847 年)。他的一个哥哥是这所学院的院长,而另一个哥哥泰奥多尔·拉布鲁斯特(T. Labrouste, 1799—1885 年)在此与他共同担任建筑师。

圣热讷维耶沃图书馆的外观全部是由拉布鲁斯特一人设计的,当然应该指出,这与不远处拉辛路 8 号的绘画学院的外观有非常紧密的联系。绘画学院于 1841 年至 1844 年设计建成,建筑师是西蒙·迪弗(S.-C.-C.-Defeux, 1801—1871 年),随后不久,他就被任命为巴黎美术学院的透视法教授。但是拉布鲁斯特的外观设计中还和许多他喜爱的、记忆所及的其他建筑外观有关联,如:克里斯托弗·雷恩爵士的剑桥图书馆、莱昂·巴蒂斯塔·阿尔贝蒂在里米尼的马拉泰斯教堂(Tempio Malatestiano)、米开洛佐在米兰的美第琪银行(Banco Mediceo),以及雅各布·圣索维诺的威尼斯圣马可图书馆(Biblioteca Marciana)。据说,甚至埃及寺庙的特征在这里也有所体现。这种知识的提炼升华(我们看到迪邦建筑的内核中也有这种提炼)可算是拉布鲁斯特的重大贡献。尼尔·莱文(Neil Levin)曾暗示,从拉布鲁斯特的这一追求中将诞生一种被称为"新希腊"建筑的运动——虽然这个名称不太准确,这个运动风行于 19 世纪 70 年代,但是晚至 1911 年,英国建筑师理查森(A. E. Richardson)仍在《建筑评论》中将它说成是古典复兴的基础:"真正的新希腊建筑风格集中体现了设计者的意图、兴趣和不倦的思考。设计者为他的主题搜集大量的信息资料,在想像力的熔炉中冶炼,一遍又一遍地提炼,直到他的熔铸物熠熠生辉。对

图 396　巴黎，国立图书馆在阅览大厅后面的书库，拉布鲁斯特设计(1826—1867 年)

图 397　巴黎，国立图书馆的阅览大厅，拉布鲁斯特设计（1859—1868 年）

这样一位设计者来说，任何材料都是一样的，经过这种提炼，也只有这种提炼才能产生新颖独创的设计。”（1911 年 7 月，第 28 页）

虽然拉布鲁斯特确实在一定程度上把希腊建筑的古典完整性重新注入了 19 世纪建筑，但是他的目标却是获取更广泛的综合性。他的建筑采用电梯、采用供暖系统和照明系统，还采用铸铁柱子结构，并不是仅仅出于对功能的考虑，也不是为引起震惊（虽然他确实引起震惊），而是为了使他的建筑与 19 世纪工业化社会有机地结合起来，成为这个社会的崇高象征。他打算使他的建筑成为第三个“有机建筑时期”内一个卓有成果阶段的代表（我们已经了解到，圣西门主义者已确定的另外两个“有机建筑时期”是希腊多立克建筑时期和哥特式建筑时期）。尼尔·莱文最近指出，在 1848 年 8 月也即恰在七月骚乱结束了七月王朝，而且在圣西门的叛逆弟子奥古斯特·孔德（Auguste Comte）刚刚发表了《论总体实证论》[①]之后，拉布鲁斯特为了十分清楚地表达他的目标，决定把图书馆全部藏书的作者姓名刻在正立面的饰面镶板上；姓名按年代先后为序排列，包括从摩西到巴热利尔斯——一位当时备受尊崇的瑞典化学家，M·E·谢弗勒尔曾把他关于色彩研究的书题献给他——的所有著作人，以此说明人类从单一神论到唯科学论的进步。普塞洛斯（C. M. Psellus，1018—1078 年，拜占庭帝国时期的哲学家、神学家和政治家——译者注）的名字刻在正立面的中央，恰好在入口上方，标志着东西方的交汇点，意味着孔德提出的形而上学发展史的中间阶段。姓名题刻于两月内完成，字母都描成红色。这表明圣热讷维耶沃图书馆从此成为一座知识的圣殿，创新的起点。

图书馆竣工后 3 年，1853 年拉布鲁斯特被任命为巴黎国立图书馆的建筑师，接替维斯孔蒂（L.-T.-J. Visconti）。他首先巧妙而无情地清理了现存的杂乱无章的建筑物，然后于 1859 年他利用原来部雷设计的内院的一部分开始兴建阅览大厅。这是拉布鲁斯特的第二件杰作。这座建筑虽然雄伟壮丽，但是它仅仅是再现了圣热讷维耶沃图书馆已达到完美程度的设计思想。只有藏书库表明他仍在探讨初始的建筑主题，为创造新的视觉效果而奋斗。藏书库建于 1862 年至 1867 年，由铸铁结构的多层长廊组成。在 20 世纪初期的人们看来，这是他最伟大的创造；甚至他的同代人也因为同样的理由而赞美它：路易-

① 孔德提出的人类思想发展史的三个阶段是：神学（Theological）阶段、形而上学（Metaphysical）阶段和实证（Positive）阶段。参见英译本《The Course of Positive Philosophy》，1896 年。——译者注

CONTROLE

图 398 巴黎，国立图书馆内支撑阅览大厅拱顶的铸铁柱上的装饰细部，拉布鲁斯特设计（1859—1868 年）

图 399 巴黎，银行家维尔格吕大厦，拉布鲁斯特设计（1860—1865 年）

图 400 巴黎法院在阿莱路的立面，路易－约瑟夫·迪克设计（1857—1868 年）

奥古斯特·布瓦洛（Louis-Auguste Boileau）1871 年在《钢铁》中写道："这里所有的每一样东西，甚至一颗螺丝钉、一颗铆钉都是一件新创造出来的工艺品。"

拉布鲁斯特的其他建筑不需要我们详述：几座陵墓、一个在梅尼圣费尔敏的农场住宅区（建于 1845—1848 年）、在雷恩的一座高大而单调的神学院（建于 1854—1872 年，他未曾监理施工；现为文学院）、银行家路易·富尔德的一幢住宅（建于 1856—1858 年，现已不存在）、另一位银行家 M·维尔格吕的住宅（建于 1860—1865 年，仍立于巴黎弗朗索瓦一世大街 9 号）、还有塞纳河畔讷伊的鲁弗纳府邸（建于 1861 年，现已不存），最后这三座建筑均为路易十三时代建筑的仿制品，令人沮丧。此外还有为珠宝商 M·图雷建造的一座小型箱式别墅（建于 1860，已改建过，仍在讷伊的布尔东大街 68 号）；和他未竣工的巴黎铁路管理大厦（建于 1861—1863 年，位于新马蒂兰路 44 号），几年后部分建筑被拆除。

迪克（Louis-Joseph Duc，1802—1879 年）和沃杜瓦耶（Léon Vaudoyer，1803—1872 年）正如拉布鲁斯特一样，把全部精力只倾注在一二座建筑上。1831 年迪克从罗马回国后在让－安托万·阿拉瓦纳（Jean-Antoine Alavoine，1778—1834 年）的领导下担任巴士底广场七月纪念柱的工程督察。其后不久，他接管了这项工程并开始装饰阿拉瓦纳设计的光洁的柱身。1840 年，为了举行落成典礼，他设计了几个希腊风格的临时性的小亭子，都涂成鲜艳的红、黄两色。同年他接手建成巴黎法院大楼。在此他的工作繁忙，但是他最重的工作是建造位于阿莱路的法院中央大厅，也称作刑事法庭门厅。这项工程始于 1857 年，11 年后建成；但是在 1870 年遭受毁坏后，内部重建、改建部分较多。他的四坡屋顶装饰繁复，令人立即想起迪邦在巴黎美术学院的第一座建筑；其有韵律的凸窗上部安装玻璃，下部用有铭文的镶板填实，这又令人想起圣热讷维耶沃图书馆。但是迪克需要的不是把结构、形式和表现方法融合在一起。其建筑内部是半圆拱顶，四周围墙上开出的是扁平拱孔洞，这种结构只被看作或表现为极普通而且符合常规的建筑构造，而建筑的诗意和真正有价值的东西全都来自艺术性地运用自成一体的装饰手法，并与其他部分形成对照。墙体前整齐排列的多立克式柱——建筑表现的最好形式——构成建筑的装饰性雕刻。迪克的建筑构成中还有许多其他成分，如记忆中的埃及哈索[①]神

① Hathor：哈索，埃及的爱情与生育女神。——译者注

图401　巴黎法院的中央大厅，迪克设计（1857—1868年）

庙的特征，以及从雅典娜的胜利女神庙借鉴来的细部等等；这些用不着讨论。他的目标非常明显，就是要把建筑中的实用因素与表现因素区别开来。为此他受到赞扬。1869年奖励法国本世纪最伟大的艺术品评选委员会将10万法郎授与他时，维奥莱－勒迪克本人就是评委之一。

莱昂·沃杜瓦耶对建筑的发展没有做出如此惊人的贡献。他更像他的学生拉布鲁斯特。据说他是一个知识型的人，但是对此我们看到的资料不多。1838年他跟随他的父亲老沃杜瓦耶一起参加圣马丹－德尚教堂的改造工程，把它改建为巴黎国立工艺博物馆。工程旷日持久，直到1897年才完工，但是改建后的建筑平淡无奇，没有产生多大影响。建筑外观也造得不匀称、不自然。1845年，即他从他父亲手里接过圣马丹－德尚教堂改造工程那一年，他着手设计他最重要的工程——马赛大教堂。直到1852年，即约翰·拉斯金发表《威尼斯之石》一年之后，他的图纸上才有水平线脚出现。虽然拉斯金对此不太可能有影响，但马赛大教堂毕竟是一座最具折衷主义特征的建筑。沃杜瓦耶比他的朋友借鉴的资料更广泛，因而表现出来的特征也就更明显。平面图是13世纪哥特式的，结构及许多细部表现是拜占庭风格的，但是最引人注目的影响来自佛罗伦萨教堂。也许沃杜瓦耶没有拉布鲁斯特那么自信，因此他准备在一个过渡时期行将结束时，提出一种仅属于“有机建筑”初期的新建筑样式。他采用哥特式平面是因为这是典型法国式的；他选用拜占庭式细部是因为这种风格是哥特建筑的前奏（他认为尖拱顶是连拱廊直接演变的结果）；而借鉴文艺复兴初期建筑是因为它标志着从教会权威向古典人文主义权威过渡。他似乎已把文艺复兴时期归入圣西门主义者确认的“有机”发展时期序列。他的学识与思考并未产生特别令人难忘的东西，因为他对自己处理的结构形式缺乏足够的热情，因而整体组合缺乏说服力。他沿马赛大教堂一侧修建起来的码头并未能使教堂显得更加壮丽辉煌，但是在教堂内部人们仍然可以感受到在他想像中的建筑所应具备的特质：庄重宏大，色彩构思巧妙、鲜艳夺目。大教堂于1893年建成，虽然在法国本土仿效者不多，但是在地中海沿岸的殖民地却引起了反响。在马赛当地，沃杜瓦耶的学生和助手亨利·雅克·埃斯佩朗迪厄（H.-J. Esperandieu，1829—1874年）以大教堂为出发点，独立设计了第一座重要的建筑——难看的德拉加尔圣母教堂（建于1853—1864年）。教堂高踞于港口对面的小山上。如果我们根据埃斯佩朗迪厄后期的建筑（全在马赛）评判，沃杜瓦耶的设计原则既不会引起轰动，也不会持久。1858

图402　马赛大教堂，莱昂·沃杜瓦耶1845年设计，建于1852—1893年

图403　马赛大教堂的内部，沃杜瓦耶1845年设计，建于1852—1893年

图 404 尼姆法院，(据称是)夏尔－奥古斯特·凯斯特尔设计，始建于 1838 年

年，埃斯佩朗迪厄开始设计市立图书馆。四年后，他汲取了雕塑家巴托尔迪(Frédéric Auguste Bartholdi)几年前提出的建议，开始设计建造浮华虚饰的隆尚宫(Palais de Longchamp)。为此曾发生一场丑恶的法律官司，但埃斯佩朗迪厄被判无罪。1862 年，他接着修建美术学院，建成的建筑只是迪邦的巴黎美术学院的变种，粗糙而且杂乱无章。后来他设计了天文台和屠宰场。他的建筑只是从远处看时才显得华丽迷人，但是既未显示出高超的技艺，也没有显示出持久的理性追求。

沃杜瓦耶一定非常清楚他没有能力将他的设计思想诉诸于令人信服的结构形式，因此他尽量避开建筑工程——长期在德国、英国、西班牙和阿尔及利亚等地旅行，以此推脱许多建筑项目——而且他对写作发表自己的看法也同样犹豫不决。他所有的朋友一致认为他对建筑进行了长期的艰苦思考，但是从未著书阐述他的见解，尽管他确曾给一些浪漫主义杂志写稿，如《艺术家杂志》、《画刊》以及 1840 年创刊的《建筑学与土木工程综合评论》等。然而，他的名声主要是因为他创设了一个术语"会说话的建筑"来评论勒杜的作品。评论发表在 1852 年 12 月的《画刊》上(第 388 页)。勒杜的作品激发了他的兴趣，但他并不赞同，因为他的象征主义手法过于显露。

19 世纪下半叶强烈感受到我们评论的上述建筑师的影响，促使人们形成了更具思想内涵的折衷主义，更注重在规划、工程技术和细部设计上的精确性。毫无疑问，这些方面变得日益成熟，但是在没有受过严格训练的建筑师手里，这些东西都变得低劣粗鄙。埃斯佩朗迪厄就是一个恰当的例证。但是夏尔－奥古斯特·凯斯特尔(Charles-Auguste Questel，1807—1888 年)的建筑活动可以视作一个相反的实践过程。他是布卢埃和迪邦的学生，在尼姆(在此他第一次见到埃斯佩朗迪厄)、格勒诺布尔和巴黎等地参与大规模建筑工程。从总体上说，在第二帝国时期①，建筑的规模与速度使得建筑质量下降，而理性传统受到削弱。但是为数不多的几位建筑师以此为机遇，激励自己摆脱思想禁锢。

法国建筑史上最伟大的建筑活动时期始于 1853 年 6 月 22 日。这一天乔治－欧仁·奥思曼(Georges-Eugene Haussmann，1809—1891 年)男爵接替阿梅代·贝尔热担任塞纳区(即大巴黎市地区——译者注)行政长官。奥思曼接任后第7天，6月29日被召到圣克卢宫，见

① 第二帝国时期(the Second Empire，1852—1870 年)由路易·拿破仑·波拿巴(即拿破仑三世)建立。——译者注

图 405,图 406　巴黎,中央菜市场的外观和内部,维克多·巴尔塔和费利克斯－埃马纽埃尔·卡莱设计(1853—1857年)

图 407　巴黎,中央菜市场,巴尔塔和卡莱设计

图 408 巴黎,圣奥古斯坦教堂,巴尔塔设计(1860—1871 年)

图 409,图 410 巴黎,圣奥古斯坦教堂内部的细部,巴尔塔设计

图 411　巴黎，圣米歇尔喷泉，加布里埃尔－让－安托万·达维乌设计(1858—1860 年)

到了巴黎改建规划图。图上有皇帝本人的改建建议，用蓝、红、黄、绿 4 种颜色标示出各项工程的轻重缓急。这就是奥思曼在此后多年执行的改建规划。巴黎将成为"都中之都"的城市，因此整座城市几乎全部重建。建成了许多大街和林荫大道，两旁排列着整齐的建筑，但是破坏也是巨大的。在道路交叉处和集中建设区矗立起一座座高大的公共建筑和教堂。在奥思曼任职的头 10 年，开始兴建的大型教堂不少于 15 处，而计划中兴建的还有 10 座。在塞纳河上重建了全部老桥，并开始建造 5 座新桥。包括中央莱市场在内的许多交易场所也建立起来。中央莱市场于 1853 年改建为钢铁结构，建筑师是维克托·巴尔塔(Victor Baltard，1805—1874 年)和费利克斯·埃马纽埃尔·卡莱(Félix-Emmanuel Callet，1792—1854 年)。规划兴建的园林有：布洛涅林园(建于 1853—1858 年)、万塞讷林园(建于 1856—1860 年)、蒙索公园(建于 1860—1862 年)、比特－肖蒙公园(建于 1864—1867 年)和蒙苏里公园(建于 1867—1868 年)，以及不少于 30 处广场。广场均配置亭阁、围栏及相应的街道附属设施。街道用汽灯照明，下水道系统得到扩展。大量饮用水引入城区，到第二帝国时期结束时，巴黎已拥有 60 座饮用喷泉。巴黎城区也得到扩展；1860 年 1 月 1 日帕西、欧特伊、巴蒂诺尔－蒙索、蒙马特尔、沙佩勒、维莱特、贝尔维尔、沙龙纳、贝尔西、沃日拉尔和格勒内勒等 11 个行政区正式并入巴黎市。几年后，这些新设的行政区开始兴建区政厅大厦。但是在这一系列建筑活动的高潮中，只出现了一二个有影响的人物。

奥思曼与他的保护人路易·拿破仑一样，具有常人的见识，但是缺乏常人的敏感。此外，他不信任建筑师，他所挑选的合作者欧仁·贝尔格朗(Eugéne Belgrand，1810—1878 年)、马勒博和让－夏尔－阿道夫·阿尔方(Jean-Charles-Adolphe Alphand，1817—1891 年)等都是桥梁公路工程学院出身，而惟一得到信任的建筑师博莱·德尚却担任公路勘测员。1833 年获得"罗马艺术大奖"的维克托·巴尔塔被任命为巴黎市总建筑师，并以此身份重新装修或重建了一大批教堂。但是除了巴黎中央莱市场和内部为铸铁柱结构的圣奥古斯坦教堂(建于 1860—1871 年)外，为他赢得荣誉的建筑寥寥无几。让－尼古拉·于约(Jean－Nicolas Huyot，1780—1840 年)的学生埃克托尔－马丁·勒菲埃尔(Hector－Martin Lefuel，1810—1880 年)受聘重建卢浮宫，并最后与杜伊勒利宫连通。1854 年，他开始重建工作，最初非常谨慎地实施维斯孔蒂(E. Q. Visconti，1751—1818 年，意大利考古学家，曾任卢浮宫文物馆馆长——译者注)遗留下来的方案，但是在其后的几年里他为卢

浮宫添加的大量雕刻和繁复堆砌的装饰，如果老维斯孔蒂看见，定会让他大吃一惊。勒菲埃尔的工程施工匆促，考虑也不够周详，但是大受皇室青睐。1853 他被委托建造枫丹白露宫剧院，其风格是他修建

图 412　巴黎商业法院的楼梯，安托万－尼古拉－路易·巴伊设计(1858—1864 年)

图 413　巴黎商业法院，巴伊设计(1858—1864 年)

图 414　巴黎第 4 市政厅，巴伊设计(1862—1867 年)

图 415　巴黎沙特莱剧院，达维乌设计(1860—1862 年)

图 416　巴黎利里克歌剧院(现为德拉维尔剧院)，达维乌设计(1860—1862 年)

图 417 巴黎，比特－肖蒙公园，让－夏尔－阿道夫·阿尔方和达维乌设计（1864—1867 年）

图 418 巴黎，比特－肖蒙公园内的悬索桥，阿尔方和达维乌设计

图 419 巴黎歌剧院的平面图，加尼耶设计（1862—1875 年）

图 420 巴黎歌剧院的纵剖面图，加尼耶设计（1862—1875 年）

图 421 巴黎歌剧院，加尼耶设计（1862—1875 年）

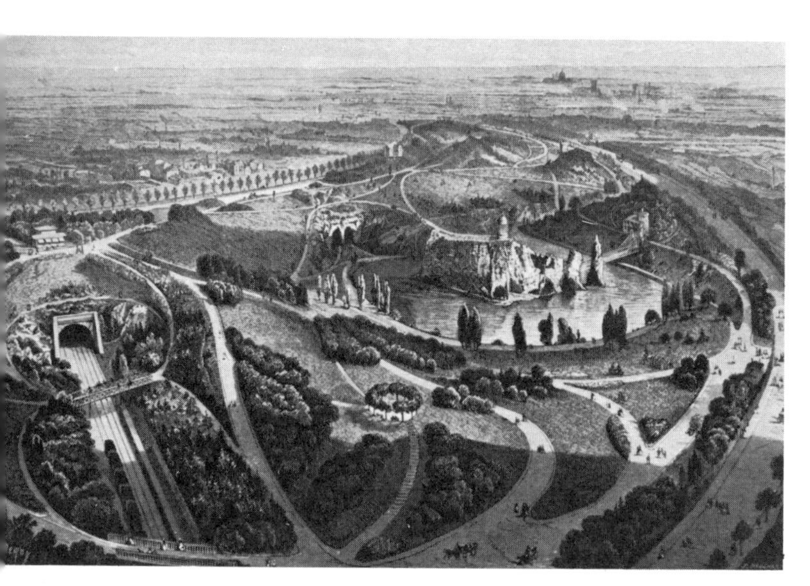

卢浮宫的国事大厅时采用过的 18 世纪的样式。

奥思曼委派安托万－尼古拉－路易·巴伊（Antoine-Nicolas-Louis Bailly，1810—1892 年）——德布雷和迪邦的学生——设计了商业法院（建于 1858—1864 年），这是应皇帝的要求由布雷西亚市政厅改建而成的。在这时期，巴伊的另一座重要建筑是巴黎第四市政厅（建于 1826－1867 年），同样豪华，但更平庸。泰奥多尔·巴吕（Theodore Ballu，1817—1885 年）——一个建筑承包商的儿子——是勒巴的学生，此时也崭露头角。他完成了弗朗茨·克里斯蒂安·戈设计的仿哥特式圣克洛蒂尔德教堂，修复了图尔的圣雅克教堂，并且在希托夫的第一市政厅和圣日尔曼—洛克塞鲁瓦教堂之间建造了一座可笑的塔，因此整个建筑群就获得了一个雅号——“佐料瓶架”。1861 年他开始建造圣三一教堂；教堂基址环境不错，装饰也华丽，但给人印象平平，其拱顶是文艺复兴时代风格的，全用混凝纸浆制作。巴利（Bally，原文如此，疑为巴吕 Ballu——译者注）还建造了另外几座教堂。在奥思曼聘用的新建筑师中，只有一个人创作了并非平庸的作品，此人就是加布里埃尔－让－安托万·达维乌（Garbiel-Jean-Antoine Davioud，1823—1881 年）。他的建筑都是经过深思熟虑并且具有一种朴直的品质，但是都显得单调乏味，这也是不可否认的。他曾在绘画学院学习三年，可能是接受维奥莱·勒迪克指导，后来他于 1841 年进入沃杜瓦耶建筑设计室。他完成学业后便开始和维克托·巴尔塔一起建造巴黎中央菜市场。其后由巴尔塔推荐他被任命为巴黎林荫带工程督察，并且领导饮用喷泉公用事业部门。从 1855 年到 1859 年，他在布洛涅林园内为阿尔方设计建造了许多亭阁和小旅馆，全部都特别按照英国如画风格建筑设计，并且糅进一些瑞士农舍的特色（曾有一幢农舍直接从伯尔尼搬到此处）。在万塞讷林园、比特－肖蒙公园、芒索公园，他的建筑活动同样是雄心勃勃的。他那些华丽惹眼的铁格子窗是受埃马纽埃尔·埃雷（E. Héré）在南锡的铁格架启发而设计的，尤其值得称赞。1857 年，他在香榭丽舍大道设计了一座新的圆形广场观景亭（circus and panorama）。该建筑至今仍矗立在那里，但其结构质量比不上希托夫的那座。随后第二年他设计了他的 4 座喷泉中的第一座，即在圣米歇尔林荫大道起始处的圣米歇尔喷泉。这是一座金属与石料结构的混合建筑，人们对其评价毁誉参半。1860 年夏尔·达塞尔在《美术报》上评论说：“这是一座平庸的建筑，既无意义又无个性。”（第 44 页）但是《建筑学评论》的一位有影响的编辑塞萨尔－德尼·达利（César-Denis Daly，1811—1893 年）对它的评价却又太高。后来他又建成水塔喷泉（建于 1867—1874 年）、天文台喷泉（建于 1870—1875 年，有让·巴蒂斯特·卡尔波制作的雕像）和法兰西剧院广场喷泉（建于 1872—1874 年）等三座建筑。1860 年，达维乌开始建造两座巨型剧院：沙特莱剧院和歌剧院（即现在的德拉维尔剧院）。两座剧院都在两年内建成。达塞尔的评论还是像以前那样残酷无情，而达利发表了一篇精彩的专论来讨论这两座剧院。不可否认，这两座剧院的豪华气派，也并非让

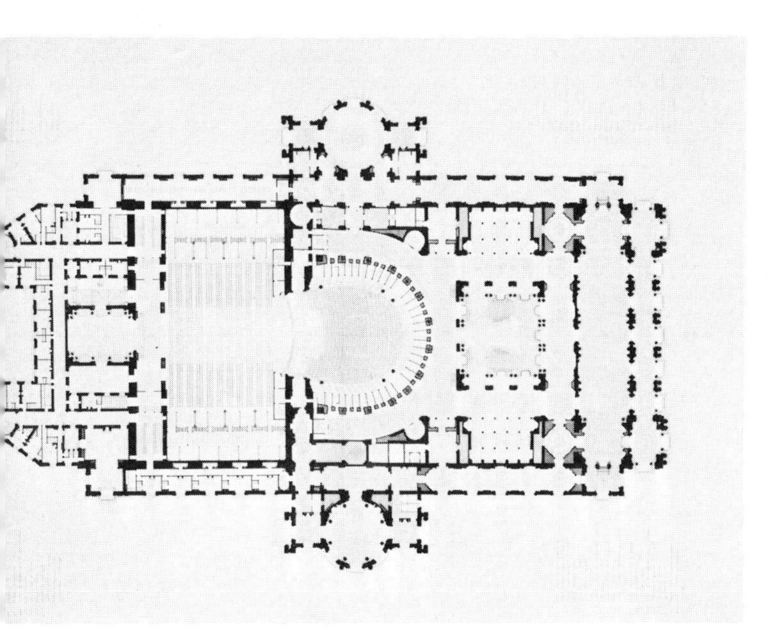

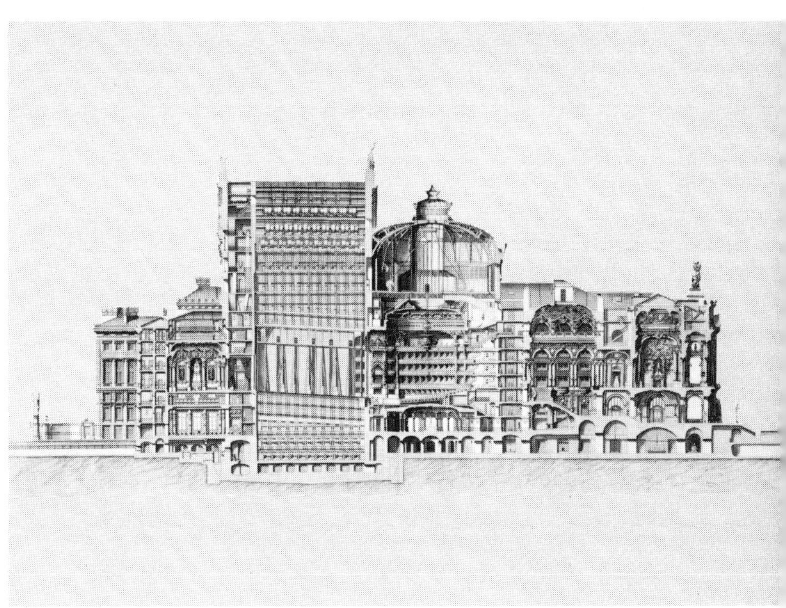

POESIE LYRIQUE
OPERA

图 422　巴黎歌剧院的楼梯，加尼耶设计（1862—1875 年）

图 423　巴黎歌剧院的楼梯，加尼耶设计（1862—1875 年）

人见了不舒服，但是作为建筑却没有一定的形式，难以归类。

共和广场的百货商场始建于 1865 年 4 月，1867 年 1 月竣工，达到相应的设计要求，而其杰出的整体规划和结构布置超越了同时代的许多建筑。但是仅此而已。他后来的建筑如第 19 市政厅（建于 1876—1878 年）和庞大的特罗卡代罗宫证明，达维乌是一个勤于思考并且特别勤奋的建筑师，非常注重精致、完美的细部设计；但是他没有能力用建筑来表达最初驱使他进行创作的激情。

奥思曼的许多建筑师都缺乏灵感，但是像达维乌这样的建筑师很有影响，而且仿效者甚众。同时，如果认为他们在建筑和景园设计方面没有取得任何成就，那是错误的。比特－肖蒙公园把传统的如画风格建筑与铁路时代的特点结合起来，形成了异常瑰丽的景色：沿公园边缘绕行的铁轨非常流畅地融入整个园林布局——这也是工业化城市的广阔图景。奥思曼为巴黎增添的新景观和新场地所需要的公共建筑应具有更雄浑的尺度和更宏大的气势。对这一点至少有一位建筑师能够注意到并作出了回应，此人就是让－路易－夏尔·加尼耶（Jean-Louis-Charles Garnier，1825—1898 年）。他设计建造的巴黎歌剧院把第二帝国的显赫与权势表现得非常强烈直白而且生动清新，人们要是对它不倾心着迷，那简直不可能。可以肯定地说，他以此改变了法国建筑的发展方向。

夏尔·罗奥·德弗勒里（C. R. de Fleury）在皇帝的亲自指导下设计新巴黎歌剧院，工作进行了两年，然而在 1860 年他突然被辞退。人们普遍猜测，这可能是为了任命皇帝宠爱的维奥莱·勒迪克担任建筑师。我们可能应该感谢维奥莱·勒迪克，因为他建议举行设计竞赛。提交的设计方案共有 171 项，其中包括皇后的一项。1861 年初，公布了竞赛第一阶段入选者名单，吉纳安名列第一、博特雷尔和克雷皮内第二，接下来是加尔诺和路易·迪克分别为第三和第四，加尼耶名列第五。第二阶段，加尼耶受到一致好评。据说，其后不久加尔诺就因为悲伤而死去，吉纳安一直不原谅加尼耶，而皇后则大发雷霆。当加尼耶到杜伊勒利宫把方案拿给皇后看时，她高喊着说：“这是什么东西？这没有风格，既不是路易十四的风格，不是路易十五的风格，也不是路易十六的风格。”加尼耶有他自己的说法：“夫人，这是拿破仑三世风格，你喜欢吗？”（法国《艺术史协会新闻简报》，1941—1944 年版，第 83 页）由此，加尼耶给了这种风格一个名称。虽然皇后后来不再对他耿耿于怀，但是路易·拿破仑对这座建筑并不太欣赏，他只在 1862 年举行奠基礼时去过一次。而剧院的揭幕典礼要等到 1875 年 1 月 5 日，即色当①战役后四年才举行。

① 色当（Sedan）：法国东北部城镇，普法战争时期（1870—1871 年）法军在此战败并向普鲁士军队投降。——译者注

AMPHITHEATRE

图 424　巴黎歌剧院的楼梯，加尼耶设计(1862—1875 年)

图 425　巴黎歌剧院的观众大厅，加尼耶设计(1862—1875 年)

图 426　巴黎，书店俱乐部大厦，加尼耶设计(1878—1879 年)

图 427　巴黎，阿谢特公寓，加尼耶设计(1882 年)

图 428　巴黎，阿谢特公寓的二楼平面图，加尼耶设计(1882 年)

图 429　巴黎，阿谢特公寓的正立面，加尼耶设计(1882 年)

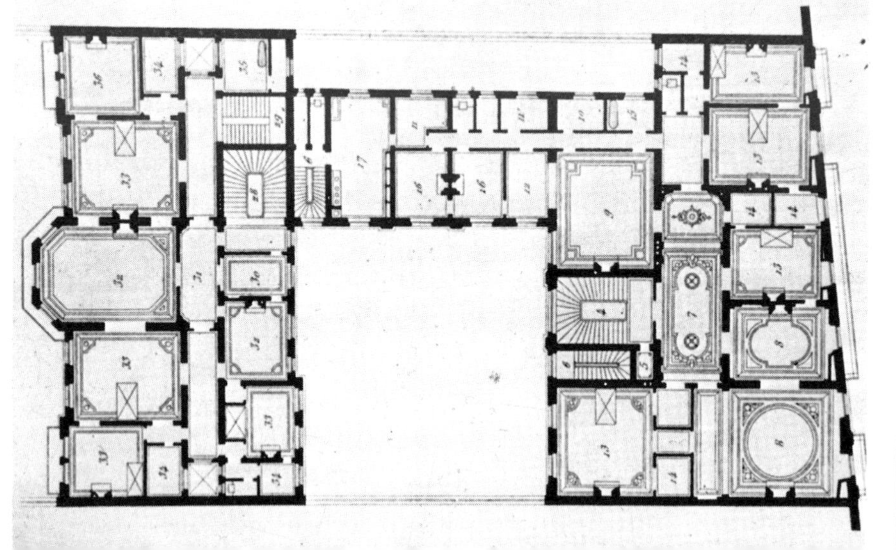

图 430 巴黎,法兰西观景亭,加尼耶设计(1881 年)

图 431 博尔迪盖拉(Bordighera)的加尼耶别墅,加尼耶设计(1872 年)

加尼耶本人对歌剧院作了最有启发性的评论,首先是在 1871 年发表的《剧院》上略述他的设计意图;其次是在 1878 年和 1881 年出版的两卷华丽的对开本《巴黎的新歌剧院》上,他撰文评判自己的成就。他的解说清晰、直率,有时甚至滑稽,但是他从不矫饰。他把歌剧院看作是人类原始本能活动的体现:人们围在篝火旁举行一种仪式来分享思想和梦想,来倾听、来看别人的表演,也让别人观看自己的表演。这一幕景象并不只是在戏台上演出,戏剧包括所有的人生际遇和行动,观众自己就是演员。接着,加尼耶详细描述他如何怀着这些观念去构思他的建筑形式:歌剧院就是第二帝国整个社会。当然,在不同阶层的人们当中有不同的等级——有的人花钱多,有的人花钱少——在这个仪式中,每个人的角色都有明确的界定和评价。人们乘马车来也罢,步行来也罢,其先后顺序要有安排;同时还要安排互相融合交际的场所——尽管这可能安排在稍远一点儿的地方;甚至排队购票这件事也要列入这个仪式的安排中。对每一个细节的考虑都不厌其烦。在剧院的休息大厅,圆柱上都装嵌着镜子,女士们可以在此审视一下自己,最后一次整理一下衣着和容颜再步入剧院的高潮部分——楼梯大厅。在这里,人们的全部激情和情绪都被激发出来;在这里,全社会的人都嬉戏在光辉灿烂之中;在这里,人们都互相你看我、我看你地列队走上楼梯。加尼耶高兴地承认,他的楼梯是仿照维克托·路易在巴黎波尔多剧院的楼梯设计的。社会地位较低的观众可以从剧院里较高的楼厅观看。对这座建筑来说,观剧用的望远镜、衣料、香水和钻石与大理石柱、帷幕和枝形吊灯等都同等重要。加尼耶在《剧院》中写道:“在歌剧院里,甚至洗手间都在闪闪发亮。人们脸上露出微笑,洋溢着欢乐。朋友、熟人们打着招呼,互致问候,人们完全沉浸在节日的欢乐的气氛之中,而对这座神奇的建筑却根本顾不上了解,大家都在享受这美好的时光。最后,大家在这幸福的时刻对这一伟大的艺术品发出赞叹:多么宏伟!多么高雅!”

加尼耶的楼梯非常流畅地向上攀升,贯穿楼梯大厅,既舒适平缓又令人称心如意;而且所引起的惊喜与兴奋恰到好处,这正是成功的艺术品必备的特质。与休息厅、走廊相连的楼梯似乎为步入观众厅这一仪式提供了最好的结构形式。然而令人遗憾的是,观众大厅本身却是整座杰出建筑中最糟糕的部分。加尼耶同意这个评价,但是如往常一样,他自有说辞。他说,观众厅成为剧院的高潮部分似乎是理所当然的,但是在大多数情况下,人们在观众厅内的注意力必然是集中到舞台上的场景,而此时观众厅里是一片朦胧。只在不太长的间歇,观

图 432　蒙特卡洛赌场，加尼耶设计（1878—1879 年）

图 433　巴黎医学院在圣日耳曼大街的立面，保罗－勒内－莱昂·吉南设计（1878—1900 年）

图 434　巴黎，新索邦神学院大会堂，保罗－亨利·内诺设计（1885—1891 年）

众厅才是光辉明亮，充满活力的，但是这时观众处于静止状态。当人群走动起来时，也必然是朝休息厅和楼梯方向流动，在那里人们可以更自由地演出他们自己的各种群体礼仪活动。休息厅和走廊的空间比普通的都大，有配置座位的区域，有男士吸烟室（装饰以火和太阳为主题），有女士冷饮室（以月亮为主题）。每一处的装饰都奢侈华丽，里里外外到处都是绚丽的色彩。因此玻璃制造商塞尔维亚蒂很快就发了财。加尼耶在《巴黎的新歌剧院》中写道："如此，你可以把建筑装饰得更白更亮……。"（第 1 卷，第 18 页）

加尼耶为自己的成就而高兴，他说歌剧院如同一切优秀的建筑一样，体现了他的全部个性："我走遍新歌剧院的前厅，到处搜寻，没有任何发现。如果说我认为有什么可以指出的，那就是我的巡查是徒劳的。老实说，在前厅我没有发现任何令人遗憾的东西。"（《巴黎的新歌剧院》，第 1 卷，第 215 页）。这句话与加尼耶的其他类似表态一样，仅仅是陈述事实。他很清楚如何才能满足实际要求。他辞退了曾参加建造沙特莱剧院的暖通工程师，因为他们把歌剧院仅仅看作是管道；因此这一部分及舞台结构和效果装置全由他自己设计。他寻遍法国才找到最能满足建筑形式全面需要的大块大理石。他非常清楚哪些空间、结构和装饰该精心设计，极尽奢华，因此他的建筑中没有一些同代人或许多自诩高雅的人所认为的那些粗糙或粗俗的东西（虽然勒·柯布西耶讨厌这座建筑）。加尼耶能够得心应手、兴趣盎然地驾驭大多数建筑学上神圣不可违背的基本要素——体量、韵律、质地和轮廓，并且能够赋予建筑完美统一的个性。如果从歌剧院大街方向观看，整座建筑的轮廓非常精彩。奥思曼对它大加赞美，甚至删除掉原规划中种植在街道两侧的树木。剧院的正立面本身高大庄重、浓装艳抹，金碧辉煌，是具有真正纪念意义的建筑，正如加尼耶本人所说，具有一种令人起敬的高贵品质。他在《巴黎的新歌剧院》中写道："这是艺术赋予的品质，而艺术是不会装腔作势的，只有财富才会如此；如果艺术可以跳加沃特舞（法国古代民间舞蹈）和小步舞的话，那就该警惕康康舞（19 世纪巴黎流行的一种下流舞蹈）了。"（第 1 卷，第 23 页）他甚至不反对粗俗但是充满激情和活力的东西。

加尼耶所接受的古典主义训练决定了他将会建筑什么和喜爱什么东西。他年轻时是勒巴的学生，因参加巴黎国立工艺博物馆的设计而获"罗马艺术大奖"。这座博物馆与后来凯斯特尔在格勒诺布尔的建筑属同一风格。他是在佛罗伦萨当地形成了对 15 世纪和 16 世纪意大利文艺复兴时期建筑的爱好的。当时，（在罗马的）法兰西学院由于受到加里波第[①]军队攻城的威胁已从罗马迁到佛罗伦萨，但是他仍继续进行他的罗马学习——研究图拉真纪功柱和维斯塔神庙，后来他又与吕内（Duk de Luynes）到西西里岛旅行。1852 年，在三年的意大利学习结束时，这位年仅 28 岁的年轻人分别与泰奥菲勒·戈蒂埃（T. Gautier）和埃德蒙·阿布（E. About）两次到希腊旅行。阿布后来写出他的旅行报道发表在《现代希腊》上。加尼耶认为在希腊他才第一次认识到古典建筑的真正品质，发现了潜存于建筑上的情感和人生，以及在一般的建造物中所没有的和谐与意义。"雅典的平原、密涅瓦（罗马神话中的智慧女神，即为希腊神话中的雅典娜——译者注）的悬岩"，1869 年他在《艺术观察》中写道，"正如你们所见，这一切终于使我明白了艺术的神奇力量和古典建筑的庄严和雄伟……。"（第 268 页）但是他对希腊建筑的想像与温克尔曼[②]不同。在他的建筑修复研究报告中，埃伊纳岛（Aegina）上泛希腊时期的朱庇特神庙色彩生动丰富，柱子是黄色，内殿的围墙和柱下楣、中楣都是鲜红色，而三陇板间饰以蓝色作为底色。他承认，这样描绘没有任何根据，只是看起来悦目。在柱与柱之间有色泽鲜艳的青铜花格，这同样也没有考古依据。

加尼耶始终忠实于他承继的地中海建筑传统，这种传统属于一个明媚的充满智慧的世界，一个尚未被损人利已、惟利是图搅乱的世界。他力求从每一座建筑中激发出一种令人轻松舒畅和称心如意的感觉。明显体现出这种效果的建筑是圣日尔曼大街 117 号的书店俱乐部大厦（建于 1878—1879 年）和稍远一点位于 195 号的阿谢特公寓（建于 1882 年）——一座规划得非常奢侈的公寓大楼。效果更明显的是沿塞纳河岸的建筑：一座旅馆、一所学校、一座教堂、比绍夫斯海姆别墅以及他自己在博尔迪盖拉（Bordighera）的住宅，此外还有尼斯天文台。但是最能体现这一效果的还是始建于 1878 年的蒙特卡洛剧院和赌场；这座建筑在没有逐渐被改建前也是一件光辉灿烂的杰作。

甚至早在进入巴黎美术学院以前，加尼耶就在绘画学院师从于维奥莱·勒迪克（在那里他认识了后来为巴黎歌剧院设计《舞会》雕塑的

---

① 加里波第（Garibaldi）：1807—1882 年，意大利民族解放运动领袖。——译者注

② 温克尔曼（Winckelmann）：1718—1768 年，德国考古学家，所著《古代艺术史》（1764 年）标志着对古典艺术研究的开始。——译者注

卡尔波)。[1]后来,他成为维奥莱·勒迪克的助手。但是现在看来十分清楚,他是来推翻维奥莱·勒迪克所奉行的主张的。他轻易地否定了维奥莱·勒迪克及其追随者的建筑:"人们对这些个性化的作品进行评价时感到踌躇,这是对往昔的回忆?这是对创新的尝试?这都很难说。"(《艺术观察》,第48页)。他甚至进而屏弃了维奥莱·勒迪克的理论:"因此,评价建筑靠先天的推理是无用的,因为建筑是从无意识中产生出来的。如果当初是有意识的,并把它放在首位,那也是非常有害的,因为这不利于动手创作,也不利于用眼睛作出判断。正因为如此,我本能地坚决反对实用主义的教育,因为这是以印象代替教育;我也反对只依靠推理,因为它误导个人的选择,排斥情感的制约;因此随时都可能发生错误,并且以似是而非的逻辑为借口,创作出一些结构松散、风格混杂的作品。"(《巴黎的新歌剧院》,第414页)这是他反复提到的主题。他认为建立在理性主义、科学、工程技术,特别是新型材料基础上的建筑是没有前途的。"我当时立刻就说,这是一个错误,一个天大的错误。用铁作建筑材料是一种方法,永远不会成为一条原理。"(《艺术观察》,第75页)但是如果说他这样否定了维奥莱·勒迪克及崇敬他的人,那么也就是抛弃了理性的基本体系、抛弃了维系着法国的古典主义传统的那一份独特的思考与关注。与维奥莱·勒迪克同时被否定的还有迪朗、龙德莱、吉尔贝、布卢埃和拉布鲁斯特。可以肯定地说,加尼耶没有料到艺术家竟会有道德或政治信念,或者他不认为这些观念可以改变艺术家的作品。他说,人们不能一开始就有先入之见、就有理论;在创造性的作品中必须让想像力得到自由的发挥;基本理论可以在需要时发明出来。

如果加尼耶的建筑的成功不是如此显著的话,那么他的这些见解也就会微不足道。但是他那些技艺高超、流畅自然的建筑实例却卓有成效地摧毁了勤于思考的法国建筑传统。他的建筑作品不管是内部还是外观都被广泛模仿,全世界的歌剧院都令人想起加尼耶的歌剧院。在19世纪与20世纪之交,一位意大利人斯夸德雷利(Squadrelli)在圣佩莱格里诺当地修建了一座赌场,其结构综合了巴黎歌剧院与蒙特卡洛赌场的形式,在顶部还加上一个分离派[2]的钢铁混合结构。结果不出所料,建成的赌场非常糟糕,因为很少有人具备加尼耶那样的才华。在法国确实有一些严谨认真的建筑师下定决心要恢复古典主义传统固有的韵律和庄严,恢复其信念体系,这些人包括:科卡尔(E.-G.Coquart,1831—1902年)、亨利-阿道夫-奥古斯特·德格拉纳(Henri-Adophe-Auguste Deglane,1855—1931年)、保罗-勒内-莱昂·吉南(P.-R.-L. Ginain,1825-1898年)、吉罗(Charles-Louis Girault,1851—1932年)、朱利安-阿扎伊斯·加代(Julien-Azais Guadet,1834—1908年)、维克托-亚历山大-弗雷德里克·拉卢(Victor-Alexandre-Frederic Laloux,1850—1937年)、保罗-亨利·内诺(Paul-Henri Nénot,1853—1934年)和帕斯卡(Jean-Louis Pascal,1837—1920年)。随带说明,加代、内诺和帕斯卡曾在巴黎歌剧院接受训练。但是这些人不再有信念——即使是表面的信念——来使自己坚持下去,至此,法国建筑暂时已失去了原有的活力和特色。

## 第二节　英国:从科克雷尔到巴里

不可否认,在19世纪的英国,除了科克雷尔之外,大多数最优秀的思想家和最有才华的建筑师都为哥特复兴运动而不是为古典主义复兴运动所吸引,古典主义者在人数上根本不能与如此众多的哥特复兴主义者相比。哥特复兴主义者包括:皮金(A. W. N. Pugin)、约翰·拉斯金(John Ruskin)、威廉·莫里斯(William Morris)、威廉·巴特菲尔德(William Butterfield)、乔治·埃德蒙·斯特里特(George Edmund Street)和乔治·弗雷德里克·博德利(George Frederick Bodley)。哈维·朗斯代尔·埃尔姆斯(Harvey Lansdale Elmes)和乔治·巴塞维(George Basevi)两人的成就与他们相差无几,但是由于他们俩早逝,只能归入乔治时代而不列为维多利亚时代的建筑师。詹姆斯·彭尼索恩爵士(Sir James Pennethorne)和查尔斯·巴里爵士(Sir Charles Barry)的想像力不够丰富,而亚历山大(绰号"希腊")·汤姆森虽然是一位非常有个性的古典主义传统的倡导者,但是他只是在苏格兰而不是在全世界有影响的人物。

英国古典主义因为有了查尔斯·罗伯特·科克雷尔(Charles Robert Cockerell)而在学术研究和想像力方面达到一个新的高度。从1810年到1817年,他进行了一次引人注目的"考察大旅行"。在此期间,他

---

① 卡尔波(Carpeau):1827—1875年,法国第二帝国时期著名画家、雕塑家。——译者注

② 分离派(Secessionist):又称直线派艺术家,指19世纪末主要在柏林、慕尼黑和维也纳等城市从传统艺术家协会分离出来的青年艺术家,是"新艺术"思潮的一种流派。——译者注

图 435　伦敦，威斯敏斯特人寿与不列颠火灾保险公司大楼，查尔斯·罗伯特·科克雷尔设计（1831 年）

图 436　剑桥大学图书馆内院的西立面方案，科克雷尔大约于 1837 年设计

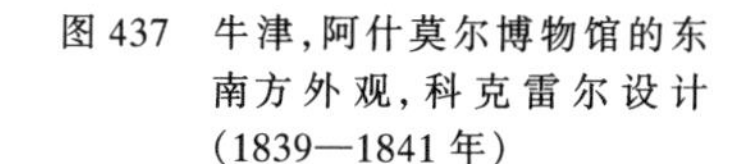

图 437　牛津，阿什莫尔博物馆的东南方外观，科克雷尔设计（1839—1841 年）

图 438　布里斯托尔，英格兰银行，科克雷尔设计（1844 年）

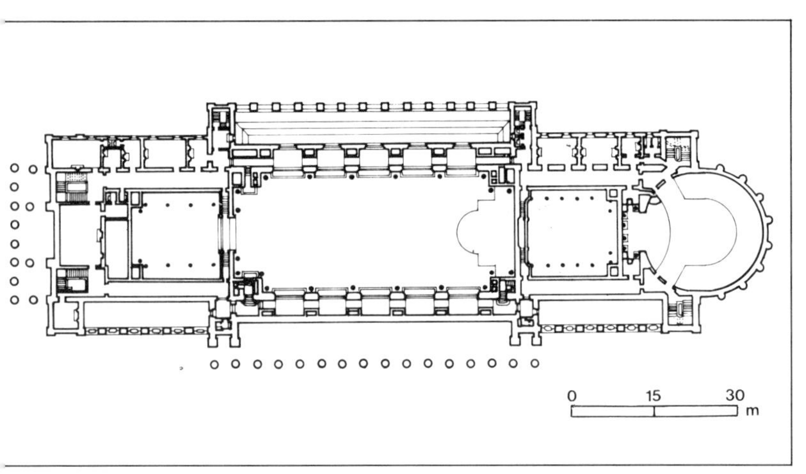
0
15
30
m

BLOCK
C
BLOCK
D

图 439 利物浦，圣乔治大厅的平面图，埃尔姆斯设计，建于 1841 年

图 440 利物浦，圣乔治大厅，哈维·朗斯代尔·埃尔姆斯设计（建于 1841 年）

图 441 利物浦，圣乔治大厅的音乐厅，科克雷尔设计（1851—1854 年）

不仅成为欧洲的一位主要考古学家，而且还成为英国的一位空前绝后的最伟大的古代建筑专家。1811 年，他与一伙英国和德国的考古学同行在埃伊纳岛发掘泛希腊（培里克里斯时代）晚期的朱庇特神庙遗址，共同发现了现收藏在慕尼黑雕刻陈列馆的山墙雕饰。同年，在巴赛（Bassae）岛他发现了建于公元 5 世纪（原文如此，疑为公元前 4 世纪——译者注）伊壁鸠鲁时代的阿波罗神庙内的柱中楣雕饰，并于 1813 年协助安排英国政府购买这件雕饰。他在几座建筑上使用了这种雕饰的模型，其中最著名的是阿什莫尔博物馆。这种非常独立的爱奥尼柱式反复运用于他的许多建筑作品上，取得了强烈的外观效果。事实上，在希腊的考古发现使他认识到希腊建筑设计是以雕刻为基础的，这使他看清了当时的希腊复兴运动的弱点，从而影响了他本人建筑活动的发展过程。这一发展过程我们可以从他在 19 世纪 20 年代写作的日记中找到，在日记中他不仅批评同时代人的建筑，同时也批评自己的作品。关于他在布里斯托尔建造的文学与哲学研究院（建于 1821 年），日记中说，因为门廊是仿照蒂沃利的维塔神庙（Temple of Vesta at Tivoli）设计的，因此配上在巴赛岛发现的那种科林斯柱头后，对于主体建筑就成了“不谐调的附加结构”。另一处更具有启发意义的自我批评是关于洛·克鲁（Lough Crew）府邸，这是 1820 年至 1825 年他在爱尔兰建造的希腊复兴式宅邸。到 1823 年，他已发现这座府邸“太平淡，太单调……那种方正的形式令人不快……如果在壁柱之间加上粗琢面石就好了”。他觉得雅典式门廊的爱奥尼柱头太纤细，不能增加这座雄伟建筑的气势，因此决定以后“除了尺度较小的建筑外，决不再使用这种雅典柱式”。

第一座实现科克雷尔独特风格追求的建筑是位于伦敦斯特兰德街的威斯敏斯特人寿与不列颠火灾保险公司大楼（1831 年建成，1908 年拆除）。虽然希腊多立克柱式未用于通常的附属门前柱廊，但却深嵌于立面上，其连接处的深浅和圆熟以及层叠相连的感觉令人想起意大利的手法主义（mannerism），特别是令人想起帕拉第奥的两座建筑：一座是在马塞尔的巴尔巴罗别墅（大约建于 1555—1559 年），另一座是在维琴察的卡比塔尼亚托凉廊（建于 1571 年）。这种引喻性的风格一经形成，他就立即用来创作了一系列既具有强烈的独立个性又充分体现古典特征的杰作。19 世纪 30 年代晚期的创作有剑桥大学图书馆（只建成部分）、牛津阿什莫尔博物馆和伦敦皇家交易所（未施工）；1844 年到 1845 年建造了英格兰银行在布里斯托尔、曼彻斯特和利物浦等地的分行。正如他在阿什莫尔博物馆的圣贾尔斯立面所作的那

图 442 利物浦，圣乔治大厅的音乐厅中的女像柱细部，科克雷尔设计（1851—1854 年）

图 443　剑桥，菲茨威廉博物馆的顶阁（Cupola）的细部，科克雷尔和爱德华·巴里 1845 年设计（1870—1875 年）

图 444　剑桥，菲茨威廉博物馆，乔治·巴塞维设计，建于 1834 年

图 445　利兹，市政厅，卡思伯特·布罗德里克设计(1853 年)

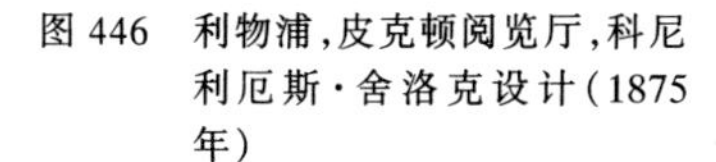

图 446　利物浦，皮克顿阅览厅，科尼利厄斯·舍洛克设计(1875 年)

图 447　爱丁堡，皇家医学院，托马斯·汉密尔顿设计(1844—1846 年)

图 448　格拉斯哥,卡利多尼亚路独立派教堂,亚历山大·汤姆森设计(1856 年)

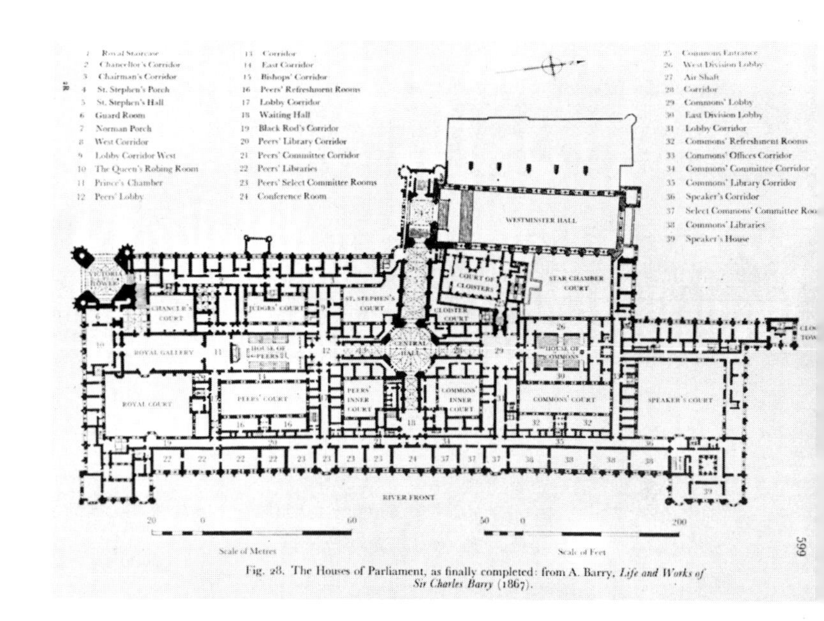


图 449　伦敦,国会大厦(始建于 1836 年)的平面图,查尔斯·巴里爵士设计

图 450　伦敦,经济(或实用)地质学博物馆内部,詹姆斯·彭尼索恩爵士设计(1844—1846 年)

样,他能把希腊、罗马、文艺复兴和巴洛克等建筑语汇糅合成一种建筑语言,因此,一位评论家在评论英格兰银行利物浦分行建筑时说,学习这种语言"就是接受文科教育"(H·H·斯塔瑟姆:《建筑史简论》,1912 年,第 527 页)。不管是剑桥大学图书馆那样的大型公共建筑,还是登比郡温斯泰那类乡间住宅的附设小屋(建于 1827 年),科克雷尔的建筑给来访者的第一个印象就是建筑物的局部和整体表现出的高大尺度感。我们会立即意识到,我们面对的是一位智慧深邃的人,他的建筑思想具有令人折服的信念和权威性。勒杜(C.-N. Ledoux)的作品会给我们完全一样的感受——无论是像巴黎维莱特城关圆亭那样的大型建筑,还是像贡比涅的盐仓楼那样的小建筑。我们知道科克雷尔崇敬勒杜,并尤其喜爱他在巴黎设计的泰吕松大厦(参见 D·J·沃特金:《科克雷尔生平及其建筑》,皇家艺术学会,1974 年,第 124 页)。

在 19 世纪 50 年代初期,由于担任利物浦圣乔治大厅的建筑师哈维·朗斯代尔·埃尔姆斯(Harvey Lonsdale Elmes,1814—1847 年)早逝,科克雷尔接替他设计了大厅的内部。科克雷尔设计的高雅的音乐厅对埃尔姆斯的庄重严肃的外观构成绝妙的衬托。音乐厅内部华丽的古典主义装饰充分展示了科克雷尔的精湛手法。圣乔治大厅的全部构图埃尔姆斯早于 1841 年确定下来,从图纸上看,这是罗马卡瑞卡拉浴场温水浴大厅的再现,表现出设计者的的才华和想像力。埃尔姆斯可能是从布卢埃的《罗马卡瑞卡拉浴场的修复》(1828 年)中了解温水浴大厅的。圣乔治大厅绝非仅仅是一座复原的考古建筑,而是欧洲最华美的新古典主义公共建筑之一。

年轻而有才华的埃尔姆斯于 1847 年逝世,这是英国古典主义传统的不幸;同样不幸的是,51 岁的乔治·巴塞维也早埃尔姆斯两年去世。巴塞维是索恩(Soane)的得意弟子,其代表作是剑桥菲茨威廉博物馆,该工程是他参加 1834—1835 年度设计公开赛而获得的奖励。与圣乔治大厅一样,这座庞大的建筑的设计灵感也是来自罗马帝国的公共建筑,不过这次借鉴的建筑是公元 1 世纪后半叶在布雷西亚(Brescia)建造的一座朱庇特神庙(Capitolium)。从这座建筑中,巴塞维找到一种办法,将雄伟的科林斯柱式门廊向左右两侧延伸构成一个柱廊,借此与建筑主体牢固地结合起来。这种方式令人禁不住要把它称为巴洛克风格,但是从巴塞维在内部结构上所使用的巴赛雕刻模型和帕提农的中楣柱饰来看,他的风格趋向是不同的。

一般说来,哥特复兴与以牛津、剑桥、伦敦和英格兰南部为中心的

图 451　伦敦,“改革俱乐部”大厦平面图,查尔斯·巴里爵士 1837 年设计

图 452　伦敦,“改革俱乐部”大厦,查尔斯·巴里爵士设计(1837—1841 年)

图 453　伦敦,“改革俱乐部”大厦的沙龙,查尔斯·巴里爵士设计(1837—1841 年)

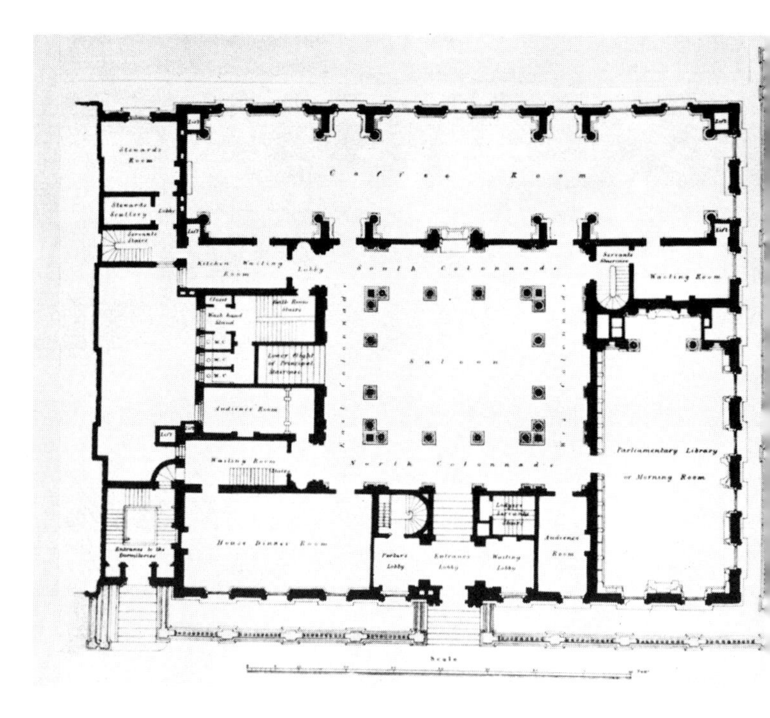

一种宗教、建筑和知识传统联系特别紧密;其原因很多,有的似乎是偶然的机缘。古典主义传统则不然,而主要盛行于苏格兰和英格兰北部。因此,菲茨威廉博物馆的“超级奢华的科林斯柱式”(古德哈特·伦德尔的贴切描绘)在卡思伯特·布罗德里克(Cuthbert Brodrick,1822—1905 年)1845 年设计的约克郡利兹市政厅大楼重现,还重现于威廉·希尔在 1866 年设计的兰开夏郡博尔顿市政厅大楼。利物浦也表现出古典主义的倾向:先是在 1823 年,约翰·福斯特(John Foster)明显地从科克雷尔在伦敦摄政街的汉诺威教堂(1821 年)受到启发,设计了罗德尼街的圣安德鲁苏格兰教堂;后来在 1875 年,柯尼利厄斯·舍洛克(Cornelius Sherlock,卒于 1888 年)设计了带有壮观的半圆形科林斯柱廊的利物浦皮克顿阅览厅。“北方的雅典”——爱丁堡保特着一种更严格的希腊建筑特征,这一点表现在托马斯·汉密尔顿(Thomas Hamilton)设计的皇家医学院(建于 1844—1846 年)和普莱费尔(W. H. Playfair)设计的苏格兰国立美术馆(建于 1850—1857 年)。在格拉斯哥,一位更高明的建筑师亚历山大·汤姆森(Alexander Thomson,1817—1875 年)对辛克尔和科克雷尔主张的后期国际新古典主义作出了极为丰富和权威的诠释。他于 1856 年设计的卡利多尼亚路独立派教堂是他的建筑中的典型代表,但是由于这座教堂局限于格拉斯哥,因此对其他地区的同代人影响不大,甚至根本没有影响。

在伦敦,有一位建筑师似乎能把科克雷尔的理性古典主义坚持下去,这个人是詹姆斯·彭尼索恩爵士(Sir James Pennethorne,1801—1871 年)。他是约翰·纳什(John Nash)的学生。彭尼索恩 1824 年起程到法国、意大利进行“考察大旅行”之前,纳什让他去向科克雷尔请教。彭尼索恩后来写道:“由于科克雷尔的再三叮嘱,我更留意考察的是意大利的古老宫殿和现代建筑,而不是意大利的古代美术作品。”强调这一点的意义是不会过分的。

彭尼索恩的最重要的建筑可能要算 1844 年到 1846 年在伦敦皮卡迪利大街修建的经济(或实用)地质学博物馆,这是由政府出资兴建的第一座维多利亚时代的文物纪念馆。这座庄严、朴实、权威的建筑表明:如果古典主义建筑师坚信古典主义建筑具有优雅、理性和高贵品质,而且他们也无须与那些赶时髦的哥特式建筑或仿意大利建筑竞争更能引人注目的直接效果的话,他们会取得多么伟大的成就!这座博物馆的立面是用产自科尔切斯特的米色砖和安克斯特的石料构成,雄伟而含蓄。除外观之外,这座建筑的平面设计紧密而精巧,在安排利用互相连接的空间体积方面所达到的精致程度是后来的许多哥特

图454 萨福克郡什拉布兰德公园府邸中的花园，查尔斯·巴里爵士设计(1849—1854年)

图455 怀特岛奥斯本宫的鸟瞰图，托马斯·丘比特设计(1845—1848年)

图456 怀特岛奥斯本宫起居室，丘比特设计(1845—1848年)

复兴式建筑所缺少的。馆内环绕着二楼的展览长廊，靠顶部采光，长达47m(155英尺)；楼面上有一个很大的长方形开口为底层的多立克柱厅照明。展览长廊的水平和纵向梁柱均为铸铁构造，内部空间完全由结构来组合和明确分割。铁构架的运用方式使这座建筑不同于当时在伦敦的其他两座铸铁结构的建筑。一座是罗伯特·斯默克(Robert Smirke)的大英博物馆(建于1824—1847年)，其铁构架是完全看不见的；另一座是邦宁(J. B. Bunning)的煤炭交易所(建于1847年)，其铁构架却醒目地裸露着。彭尼索恩采用的方式可能是最漂亮的。这种方式一方面展示铸铁和锻铁构架确定房间形状的作用，另一方面又用石膏层敷盖铁构架来减轻暴露效果。

彭尼索恩的地质学博物馆于1935年被拆除，而他在白金汉宫(建于1852—1858年)的重要的内部设计也于1902年被拆得七零八散。他的建筑中保存下来的有看起来有点令人生畏，但是其结构有趣的伦敦档案局(建于1851—1866年)，还有在威廉·钱伯斯爵士设计的萨默塞特宫内的西侧厅(建于1856年)。西侧厅的设计既显示出他的才华又妥帖地融合了钱伯斯的风格。作为政府建筑工程部的建筑师，彭尼索恩很喜欢这一安定的文职官员职务，这一职务包括辛克尔在内的其他同时代的建筑师也担任过。他因此可以不参加19世纪举办的各种各样充满丑闻的建筑设计竞赛而免遭难堪，而这些竞赛却使科克雷尔的建筑活动大大受阻。彭尼索恩担任公职的一大收获是，1866年他被委派在伯林顿花园修建伦敦大学。但是在19世纪60年代自由派和保守派之间展开的荒谬可笑的“风格大战”中，他却成了任人摆布的马前卒。因此从1866年到1867年，他被迫提交既有哥特建筑特征又有仿意大利建筑特征的设计图，结果建成了一种具有浓重法国色调的、阴郁的古典主义建筑。这一建筑已表明，英国建筑师们在面对哥特复兴和意大利复兴的竞争时，已不能坚持古典主义传统。

意大利复兴建筑的大师是查尔斯·巴里爵士。尽管他出身较为低微，但是他所铸就的事业却是19世纪取得的最令人瞩目的成就之一。他早期的建筑各式各样、风格各异：有令人想起怀亚特(Wyatt)的丰希尔修道院[①]那样的哥特式建筑(如1823年到1828年修建的布赖顿圣彼得教堂)；有辛克尔的水平梁式建筑——曼彻斯特皇家学院(建于1823年)和伦敦蓓尔美尔街16—17号建筑(建于1833—1834，1913

① 丰希尔修道院(Fonthill Abbey)：是怀亚特于1796年为英国作家威廉·贝克福德修建的一座哥特式城堡府邸的名称，并非真是修道院。——译者注

图 457　伦敦，多切斯特府邸的南（门）立面，瓦廉米设计（1850—1863 年）

图 458　伦敦，多切斯特府邸的楼梯厅和二楼走廊，瓦廉米设计（1850—1863 年）

图 459　伦敦，帕克雷恩街多切斯特府邸的西立面，刘易斯·瓦廉米设计（1850—1863 年）

图 460　伦敦，多切斯特府邸的楼梯厅，瓦廉米设计（1850—1863 年）

图 461 伦敦,多切斯特府邸的舞厅,瓦廉米设计(1850—1863年)

图 462 伦敦圣保罗大教堂的威灵顿纪念碑,艾尔弗雷德·乔治·史蒂文斯设计(1856 年)

图 463　都柏林，三一学院博物馆的楼梯厅，托马斯·纽厄纳姆·迪恩爵士和本杰明·伍德沃德设计(1852—1857 年)

图 464　都柏林，三一学院博物馆，托马斯·迪恩爵士和本杰明·伍德沃德设计(1852—1857 年)

图 465　伦敦，织布工人协会大楼，塞缪尔·安杰尔设计(1856 年)

图 466 威尔特郡威尔顿圣玛丽及圣尼古拉斯教堂，托马斯·亨利·怀亚特和大卫·布兰登设计(1840—1846 年)

图 467 伦敦，外交部大厦，乔治·吉尔伯特·斯科特爵士和马休·迪格比·怀亚特爵士设计(1856—1873 年)

年拆除)；还有意大利文艺复兴时期风格的建筑——萨塞克斯郡在霍夫镇的不伦瑞克教堂(建于 1827 年)和另外两座建于 1829 年的重要建筑，一座是布赖顿的阿特里别墅(Attree Villa)，另一座是伦敦蓓尔美尔街的"旅行家俱乐部"大厦。1836 年他非常幸运地被选拔为威斯敏斯特新皇宫(即现国会大厦——译者注)的建筑师，一下子出了名。为了符合民族意识日益强烈时期人们在情感和文学上表现出的浪漫主义，这次竞赛的条件要求设计应具有"哥特或伊丽莎白时代"的风格，以此强调英国政府是植根于中世纪的观念。巴里的本质上是古典主义的、结构复杂的杰作(尽管有皮金精心设计的哥特式细部)是一座奇特的建筑，因为虽然它在建筑方面没有什么重大影响，但是毫无疑义，它时至今日一直影响着每一个英国人对政治体制——自己所希望的那种治理国家的政治体制——的认识。

图 468　伦敦，织布工人协会大楼的内部，塞缪尔·安杰尔设计（1856 年）

图 469　伦敦，外交部大厦楼梯厅，乔治·吉尔伯特·斯科特爵士和马休·迪格比·怀亚特爵士设计（1862—1873 年）

巴里为“旅行家俱乐部”大厦选定的意大利 16 世纪府邸风格对 19 世纪具有重大意义。这表明英国 18 世纪初期的帕拉第奥复兴又回来了，尽管当时受推崇的建筑师及其风格已不是伯林顿勋爵及其周围的人们所喜爱的。当年伯林顿勋爵对帕拉第奥感兴趣是因为他把帕拉第奥作为秩序、和谐和古典的典范，而不是作为意大利文化的代表。在维多利亚时代，人们对文艺复兴时期的热情和色彩感兴趣是因为这些特征是意大利特有的现象。建造“旅行家俱乐部”大厦在某种意义上是英国人迷恋“考察大旅行”达到极致的表现。“考察大旅行”这一制度最早可以说是从建立“文艺爱好者协会”(Society of Dilettanti)开始实行，从未间断过。协会会员们急切地想建一座宏伟的大厦，作为参加过“考察大旅行”的人可以互相聚会的场所，同时也可以在此回报在各国旅行时外国绅士们对他们的款待。因此，协会的大厦成为这种“友好协议”的有形纪念物，也是情理之中的事。巴里选择拉斐尔在佛罗伦萨的潘多菲尼府邸作为大厦的设计原型；最初他为蓓尔美尔街立面的底楼窗户也设计了粗琢面石的环形装饰，但后来在施工时他放弃了。1837 年，在同一条街的稍远处，他为规模大得多的“改革俱乐部”大厦选定小圣加洛(Antonio da Sangallo)和米开朗琪罗设计的更为壮观的法尔内塞府邸(Palazzo Farnese)作为设计原型。巴里的这两座俱乐部大厦绝非原型的复制。两座建筑特别是“改革俱乐部”大厦的构图非常新颖，其巨大的中庭已成为维多利亚时代各式各样建筑中反复出现的主题。为了表示对这两座大厦的古典建筑原型表示敬意，“改革俱乐部”大厦的“上午起居室”内装饰着一个帕提农神庙的柱中楣雕刻模型，而“旅行家俱乐部”的图书馆则装饰着巴赛的柱中楣雕刻模型（后者肯定是科克雷尔推荐的，他是这个俱乐部的发起人之一）。

巴里设计了一系列壮观的乡间府邸，从而形成了自己的仿意大利风格，如斯塔福德郡特伦特姆府邸（始建于 1833 年）、萨福克郡什拉布兰德公园府邸（建于 1849—1850）和白金汉郡克莱夫登府邸（建于 1850 年）。许多人很快就开始仿效他的风格。托马斯·丘比特(Thomas Cubitt)在 19 世纪 40 年代建造了许多这种风格的府邸，如“铁路大王”乔治·赫德森在伦敦的阿尔伯特城门府邸和维多利亚女王和阿尔伯特亲王在怀特岛的奥斯本宫。刘易斯·瓦廉米(Lewis Vulliamy，1791—1871 年)设计的伦敦帕克雷恩街的多切斯特府邸（建于 1850—1863 年）。比丘比特的任何一座建筑，甚至比巴里的此类建筑都要好得多。这座府邸是经过与府邸主人——艺术品收藏家和航运

图 470 柏林,历史博物馆,卡尔·弗里德里希·辛克尔设计(1822—1823 年)

图 471 柏林,历史博物馆内大厅,辛克尔设计(1822—1823 年)

业大王——霍尔福德的紧密合作设计出来的。显然,霍尔福德要与巴里在从 1846 年到 1851 年为埃利斯米尔勋爵建造的布里奇沃特府邸一比高下。瓦廉米以帕鲁齐(Baldassare Peruzzi)的罗马法尔内西纳别墅(Villa Farnesina,建于 1509—1511 年)为原型设计的多切斯特府邸是 19 世纪的一座伟大的建筑。1929 年这座建筑的毁坏也是英国建筑的重大损失。这座建筑表明,19 世纪 30 年代到 40 年代形成的奢侈贵族化的地中海式建筑趋向在经过乔治王朝和辉格党的长期繁荣后,达到了顶点。二楼的舞厅或沙龙是室内豪华装饰的高潮,而高超的戏剧性处理手法使沙龙通过三道拱廊直接与楼梯厅顶部空间相连。因此,在举行大型舞会和宴会的晚上,整座府邸人来人往、笑语喧哗。餐厅的设计师是艾尔弗雷德·乔治·史蒂文斯(A. G. Stevens, 1817—1875 年),他是伯特尔·托瓦尔森(Bertel Thorovaldsen)的学生,而且毫无疑问,也是维多利亚时代最好的雕刻家。史蒂文斯非常喜爱意大利 16 世纪风格的建筑,特别是米开朗琪罗的建筑。在 19 世纪所有的设计师中,他的气质与才华与科克雷尔最接近。他在圣保罗大教堂设计的一座大理石凯旋门式的威灵顿纪念碑(建于 1856 年)是 19 世纪意大利复兴最伟大的纪念性建筑物之一。多切斯特府邸餐厅中的豪华的壁炉架用了 10 年(1859—1869 年)设计完成,耗资 1778 英镑,令人难以置信,甚至让百万富翁霍尔福德也感到震惊。

有一座风格相同,但是可能更鲜明、更独特新颖的建筑让我们认识到多切斯特府邸的不足,这就是曼彻斯特的自由贸易厅(建于 1853 年),建筑师是曾先后在丘比特和瓦廉米两人的事务所工作过的爱德华·沃尔特斯(Edward Walters, 1808—1872 年)。威廉·布鲁斯·金吉尔(William Bruce Gingell, 1819—1900 年)是又一位仿意大利风格的建筑师。他设计的布里斯托尔"西英格兰和南威尔士"地区银行(现在的劳埃德银行,建于 1854 年)是从小圣索维诺(Sansovino)的威尼斯圣马可老图书馆(Libreria Vecchia)的主题演变而来的时髦建筑。塞缪尔·安杰尔(Samuel Angell, 1800—1866 年)也对意大利 16 世纪建筑有专门研究,1850 年他在英国皇家建筑师协会开设维尼奥拉(Vignola)讲座,1856 年设计建造了豪华的伦敦明兴雷恩街的织布工人大厦(毁于 1940 年)。爱好一切意大利的东西成为时尚,当时有一个有趣的分支——即 19 世纪 40 年代教会建筑追求的"半圆拱"风格,包括从早期基督教建筑和拜占庭建筑到意大利罗马风建筑和诺曼底建筑中各式各样的"半圆拱"风格。托马斯·亨利(Thomas Henry, 1807—1880 年)和大卫·布兰登(David Brandon)建造的威尔特郡威尔顿圣玛丽和圣尼古

图 472　雅典卫城上的宫殿方案，辛克尔设计(1834 年)

拉斯教堂(建于 1840—1846 年)为这种风格提供了一个极为精致的样品。这座华丽的意大利罗马风教堂采用了韦内雷港(Port Venere)维纳斯神庙的古罗马黑色大理石柱作建筑材料，此外，教堂还带有一座 30m(100 英尺)高的钟塔。另一座珍贵的半圆拱式建筑是托马斯·纽厄纳姆·迪恩爵士(Thomas Newenham Deane，1828—1899 年)和本杰明·伍德沃德(Benjamin Woodward，1815—1861 年)在 1852 年到 1857 年修建的都柏林圣三一学院博物馆。尽管这座建筑是环绕着玻璃盖顶的中庭布局，非常像巴里的“改革俱乐部”大厦；但是其柱头雕饰自然，是受拉斯金启发而设计的；而细部处理则是威尼斯文艺复兴初期风格的。

为了实际需要和便于交往，人们都认为府邸式建筑适合用作商业办公楼或非官方社团会址；但是涉及到具有民族意义和象征意义的大型建筑时，古典建筑和哥特建筑两种风格的代表人物之间潜在的斗争就会趋于白热化和表面化。乔治·吉尔伯特·斯科特爵士(Sir George Gilbert Scott，1811—1878 年)在这种斗争中深受其害，因为他在 1856 年到 1861 年间多次被迫修改他的外交部大厦设计图以便适合当时的首相帕默斯顿勋爵喜爱文艺复兴时期建筑的口味。但是令人啼笑皆非的是，这座大厦成了斯科特最好的一座建筑。当然，也必须指出，他得到了马休·迪格比·怀亚特(Mathew Digby Wyatt，1820—1877 年)的大量帮助。

19 世纪 60 年代以后，古典主义传统丧失了推动力，而最好的建筑师也转向其他风格的建筑。在 1890 年到 1910 年间，古典主义连同对科克雷尔建筑的兴趣曾再度流行，而且产生了一批给人以深刻印象的建筑作品。

## 第三节　德　国

从 1790 年到 1840 年，德、英两国的建筑发展过程有许多相似之处，因此，我们讨论希腊复兴和如画风格建筑时已经提到吉利、辛克尔和克伦策等人的一些重要设计和建筑。毫无疑问，德国最伟大的建筑师卡尔·弗里德里希·辛克尔在这些年完成的具有强烈的折衷主义趋向的作品首先让我们想起的不是法国，也不是意大利，而是英国。辛克尔还从古典主义演绎出一种“功能”理论，这种理论从 1900 年到 1940年在德国再度流行，对威廉明妮的巴洛克风格和包豪斯建筑的

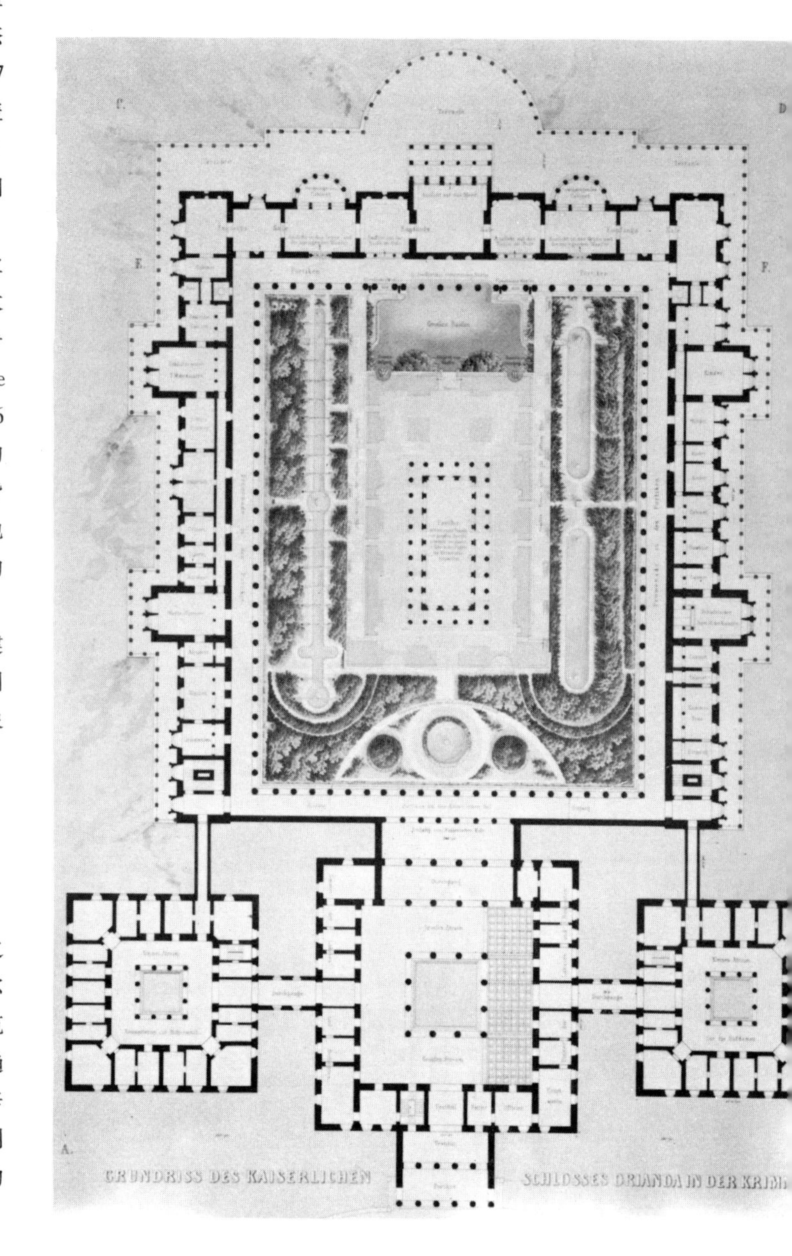

图 473　克里米亚，奥里安达宫方案，俯视图，辛克尔设计（1838年）

图 474，图 475　克里米亚，奥里安达宫殿的中庭（atrium）和内院方案，辛克尔设计（1838 年）

图 476　柏林，建筑学院，辛克尔设计（1831—1836 年）

苍白单调起到一种反拨作用。在 20 世纪上半叶，辛克尔特别受本国同胞的喜爱，部分原因是他们在他身上看到的那种最本质的“日耳曼精神”。因为他担任公共建筑工程部部长，人们认为，从拿破仑战争到 1871 年日耳曼帝国的建立，他和一个新德国的创立是紧紧联系在一起的。事实上，人们把他的许多建筑都看作是重建德国的一部分；因此，当他逝世时，皇室成员们也加入了为他护送灵柩的葬礼行列。

辛克尔在柏林市中心建立起许多引人注目的、风格不同的纪念性建筑：如希腊复兴式建筑有皇家警卫队大楼（建于 1816—1818 年）、国家大剧院（建于 1818—1821 年）和历史博物馆（建于 1822—1828 年）；哥特式建筑有令人生畏的砖砌的弗里德里希－韦尔德施教堂（建于 1821—1830 年）和铸铁结构的克罗依茨贝格战争纪念馆（建于 1818 年）；还有一座混合“功能主义”与 15 世纪意大利文艺复兴时期风格的建筑——建筑学院大楼（建于 1831—1836 年）。尽管有人作出断言，辛克尔有城市规划的才能（H·G·普特：《辛克尔的柏林——环境规划研究》，1972 年）；但是必须承认，他与伦敦的 J·纳什不一样，他没有能力系统地影响柏林全城的建设，当时在柏林占主导地位的仍然是巴洛克建筑和 18 世纪的城市规划格局与纪念性建筑。

辛克尔是历史上一位最多产的、最兼收并蓄的建筑师，人们很难对他进行总结、概括或者把他纳入某一固定模式内。如果说 1826 年他去英国的那趟重要的学习旅行促使他形成了特别注重使用铁构架的“功能”风格，这倒是可能的。英国工业革命时期的建筑既使他感到惊恐又令他着迷。而且似乎正是在他考察了英国的巨大的棉纺厂后，他产生了建造防火建筑的想法，即用格栅状的砖层将铁构架环绕覆盖起来。从英国回到德国后，作为此行考察研究的成果，他提出了两条未被实施的建议方案——一个是翁特登林登大街（Unter Den Linden）的百货商场（1827 年设计），另一个是商场附近的国立图书馆（1832—1839 年设计）。此外他设计兴建的建筑有：皇家海关仓库（建于 1829 年）、建筑学院以及在威廉大街的两座皇宫内的十分壮观的铁制楼梯——是他为德皇的两个儿子改建的，一座是 1827 年为卡尔王子建造，另一座是阿尔布雷希特王子的，建于 1829 年到 1833 年。

我们在别处曾论及辛克尔的具有英国建筑格调的如画风格建筑，如格利尼克宫、夏洛滕霍夫城堡和巴伯尔斯贝格宫。后来在 19 世纪 30 年代，他这种风格发展到极致，表现为两座（并未建造的）建筑非常奇异的设计方案：一个方案是在雅典卫城上的宫殿，是为希腊国王（巴伐利亚的奥托·冯·维特尔斯巴赫）设计的；另一方案是在克里米亚的

图 477　慕尼黑，雕塑陈列馆的柱式门廊，克伦策设计（1816—1834 年）

图 478　慕尼黑，王室府邸内的神圣宫廷教堂，莱奥·冯·克伦策设计（1826 年）

图 479　慕尼黑，王室府邸内的王宫，克伦策设计（1826 年），波佩尔（Poppel）的版画

图 480　凯尔海姆附近的解放纪念堂，克伦策设计（1842—1863 年）

图 481 凯尔海姆附近的解放纪念堂内部，克伦策设计（1842—1863 年）

图 482 列宁格勒，美术学院，让－巴蒂斯特－米歇尔·瓦兰设计（1765 年）

奥里安达宫殿，是为普鲁士国王弗里德里希·威廉三世的女儿，即俄国女皇设计的。两座宫殿都有绚丽的彩饰，这是受希托夫——辛克尔的崇拜者——的研究成果启发而设计的；两座宫殿还显示出辛克尔具有把对称的希腊建筑结构运用于非对称景观的特殊才能；同时两座宫殿都展现出华丽的电影布景效果。雅典卫城上的宫殿设计把帕提农神庙变成了熠熠生辉的花园装饰性建筑，这是被一些学者称作浪漫古典主义的最完美的体现。

莱奥·冯·克伦策（Leo von Klenze，1784—1864 年）与辛克尔一样，是德国北方人，但是他是在遇见爱幻想而且有影响力的青年弗里德里希·吉利后才转而从事建筑业的。在 19 世纪最初的几年，他在巴黎师从佩西耶和方丹，还在巴黎皇家工艺学院在迪朗指导下学习。从 1808 年到 1813 年，克伦策是拿破仑最小的弟弟热罗姆的宫廷建筑师，当时热罗姆已登上威斯特伐利亚（Westphalia）的王位。其后，在 1814 年，克伦策结识了巴伐利亚的路德维希王储。这位年轻的王储与克伦策一样，对古代建筑充满激情，并于 1811 年已购得埃伊纳遗址的大理石雕塑品。1816 年王储说服他的父亲马克西米利安一世任命克伦策为慕尼黑宫廷建筑工程总监。王室对建筑事业的支持表现在克伦策与王储的关系上，这也是有最类似的前例可比的，如柏林的辛克尔与王储，巴黎的佩西耶、方丹与拿破仑，英国的纳什与摄政王等。克伦策和王储对慕尼黑的巨大影响与纳什对伦敦的影响相比毫不逊色，只不过这位德国建筑师和他的保护人的建筑风格与纳什有很大不同。他们的主要贡献是建造了一条从王室官邸向北延伸的路德维希大街和国王广场。国王广场位于路德维希大街以西，是从尼姆芬堡宫进城的必经之地。

1816 年，克伦策设计了两座重要建筑，从中可以看出他的法国老师的影响。国王广场的雕塑博物馆（Glyptothek）是第一座雕塑品公共陈列馆，从建成起就很有名。这座建筑是王储授权建造的，因为他希望埃伊纳岛的大理石雕塑应有一个合适的收藏场所。博物馆的希腊柱式门廊两侧配置着罗马的小神龛，馆内收藏着罗马和希腊的古迹文物。同年，在路德维希大街之外克伦策还设计了风格迥异的洛伊希滕贝格宫，这是为拿破仑的养子，欧仁·德·博阿内（他娶了王储的妹妹为妻）建造的。这可能是第一座新文艺复兴式的大型重要建筑，而且同 21 年后巴里的“改革俱乐部”大厦一样，是模仿罗马法尔内塞府邸设计的。毫无疑问，克伦策对 15 世纪和 16 世纪意大利国内的建筑雕刻是熟悉的，因为这些雕刻品已发表在佩西耶和方丹的著作《罗马的宫

图 483　皇家村(普希金市),叶卡捷琳娜二世宫的格林餐厅,查尔斯·卡梅伦设计(1779—1784 年)

图 484　皇家村(普希金市),叶卡捷琳娜二世宫的卧室,卡梅伦设计(1779—1784 年)

殿、住宅和其他建筑新图集》(1798 年)中。王储为克伦策在慕尼黑的许多街道建筑选择了 15 世纪佛罗伦萨的建筑风格,这可能也是得益于克伦策的前任——热罗姆国王的建筑师奥古斯特·格朗让·德蒙蒂尼——1815 年发表在《托斯卡纳建筑》上的插图。克伦策的慕尼黑绘画陈列馆(设计于 1822—1825 年,建于 1826—1836 年)早于斯默克(Smirke)的大英博物馆和辛克尔的历史博物馆,但是与这两者都不同的是,它体现了新文艺复兴式建筑的语汇。从 1823 年到 1824 年,克伦策和王储到西西里岛和帕埃斯图姆(Paestum)岛游览。克伦策在那里绘制了许多详细的希腊庙宇的图样,而王储则喜欢上了巴勒莫(Palermo)岛帕拉蒂诺教堂(the Palatine Chapel)。1824 年克伦策担任巴伐利亚建筑工程局主管,第二年王储接替其父的王位成为路德维希一世,这更增强了克伦策的职权。在 1826 年到 1843 年期间,克伦策为路德维希一世重建慕尼黑王室宫邸时兴建了各种不同风格的建筑,包括仿照皮蒂宫(the Pitti Palace)设计的王宫和仿照巴勒莫的帕拉蒂诺教堂设计的神圣宫廷教堂。

除了新文艺复兴风格的建筑外,克伦策所设计的具有新古典传统的纪念性建筑有:雷根斯堡附近的英灵纪念堂(建于 1830—1842 年)、凯尔海姆附近的解放纪念堂(建于 1842 年)和慕尼黑的荣誉纪念堂(建于 1843 年)以及两座仿雅典卫城入口式样的柱廊(一座建于 1843 年;另一座 1817 年构图,1846 年到 1860 年建造)。我们把英灵纪念堂和卫城入口式柱廊看作是新古典主义迷恋帕提农神庙和雅典卫城入口柱廊达到极致的表现形式,但是在 19 世纪的德国,这种执著的传统受到日益高涨的民族主义影响。因此,荣誉纪念堂只是一座单调的希腊多立克柱式敞廊,而为纪念 1813 年到 1815 年反抗拿破仑的解放战争而建造的解放纪念堂则是一座古怪、庞大的穹顶式建筑。最初,解放纪念堂是建筑师弗里德里希·冯·格特纳(Friedrich von Gärtner,1792—1847 年)设计的;在他去世后,克伦策彻底修改了解放纪念堂的设计并经他之手建造成一座僵硬、粗野的军事要塞式建筑。

德国在 19 世纪的三位建筑大师中的第三位是年龄比辛克尔和克伦策年轻一代的戈特弗里德·森佩尔(Gottfried Semper,1803—1879 年)。他如他们一样,也在德国和法国学习,他的老师是格特纳、高(Gau)和希托夫。跟随希托夫学习时,他对古代彩饰产生了兴趣。其后从 1830 年至 1833 年,他又到意大利和希腊继续进行研究,并于 1834 年将部分研究成果发表在他的《古代建筑与雕塑彩饰简论》。他与希托夫和克伦策不同,从未以希腊复兴风格进行建筑设计,而是从

图 485 皇家村(普希金市),卡梅伦美术馆,卡梅伦设计(1782—1785年)

图 486 巴甫洛夫斯克,保罗大公府邸内的希腊厅,卡梅伦设计(1781—1785年)

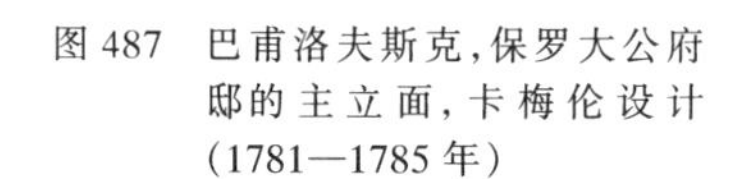

图 487 巴甫洛夫斯克,保罗大公府邸的主立面,卡梅伦设计(1781—1785年)

图 488 列宁格勒,海军部大厦,阿德里安·季米特里耶维奇·扎哈罗夫设计(1806—1815年)

图 489　列宁格勒，海军部大厦细部，扎哈罗夫设计（1806—1815年）

图 490　列宁格勒，冬宫凯旋门（现为总司令部凯旋门），卡尔·伊万诺维奇·罗西设计（1819—1829 年）

图 491　列宁格勒，议会和宗教会议大厦，罗西设计（1829—1834 年）

一开始就以文艺复兴时期的风格从事在德累斯顿的重大工程设计：德累斯顿歌剧院（建于 1837—1841 年）、玫瑰别墅（建于 1839 年）、奥本海姆宫（建于 1845 年）和王室名画陈列馆（建于 1845—1848 年）。同类风格的建筑中最好的几座是他长期旅居瑞士时设计的，如：温特图尔市政厅（建于 1863—1867 年）、苏黎世费尔茨商业大厦（建于 1864—1865 年）以及他的苏黎世火车站方案（1860 年设计）。后来他转向新巴洛克风格，在 19 世纪 70 年代重建被焚毁的德累斯顿歌剧院，并且设计了维也纳的几座大型国立博物馆。但是令我们感兴趣的不是他的建筑，而主要是在他的著作《技术与构造艺术中的风格》（全二卷，1860—1863 年出版，1878—1879 年第二版）中所表达的关于装饰与功能主义的见解。这一方面我们将在后面一章论述。

## 第四节　俄　国

圣彼得堡（列宁格勒）自从 1703 年由彼得大帝建立时起，就被当作一个西方影响的输入港。在此后的一个半世纪里，意大利、法国、英国、德国和俄国的建筑师在此建造了五花八门的建筑，实现了卡特勒梅尔·德坎西在其他任何地方不能实现的幻想：——一个古典的“具有某种相同趣味和认识的教育与知识的共同体……出现在所有的欧洲国家”。伊丽莎白女皇统治时期（1741—1762 年）的时尚是洛可可风格。因此，离圣彼得堡 15 英里（约 24km）的皇家村宫（Palace of Tsarskoe Selo，建于 1749—1756 年；即夏宫）和城内的冬宫（Winter Palace，建于 1754—1762 年）都是由意大利人拉斯特雷利伯爵（Count B. F. Rastrelli，1700—1771 年）以这种风格建造的。叶卡捷琳娜二世（1762—1796 年在位）讨厌她姑母的趣味，因此把新古典风格引入圣彼得堡的两座建筑。这两座建筑都是由法国建筑师瓦兰（J.-B. M. Vallin，1729—1800 年）设计建造：一座是老修道院（建于 1764—1767 年），另一座是按照他的表兄小布隆代尔（J.-F. Blondel）拘谨的设计而建造的美术学院（建于 1765 年）。曾在巴黎跟随德瓦伊（de Wailly）学习的俄国建筑师斯塔洛夫（I. Y. Starov）继续用这种风格在尼科尔斯科耶（Nikolskoe）建造了教堂和钟塔（建于 1774—1776 年，毁于 1941 年），在圣彼得堡建造了陶里达宫（Tauride Palace）。陶里达宫中的叶卡捷琳娜大厅两侧各排列 18 对爱奥尼柱子，肃穆壮观。夸伦吉（G. A. D. Quarenghi，1744—1817年）大约是在1779年至1780年从意大

图 492　莫斯科，克里姆林宫的参议院大厦，马特维·费奥多罗维奇·卡扎科夫设计（1771—1785 年）

图 493　莫斯科附近奥斯坦金诺，舍列捷特夫伯爵府邸，夸伦吉、卡扎科夫和阿尔古诺夫设计（1791—1798 年）

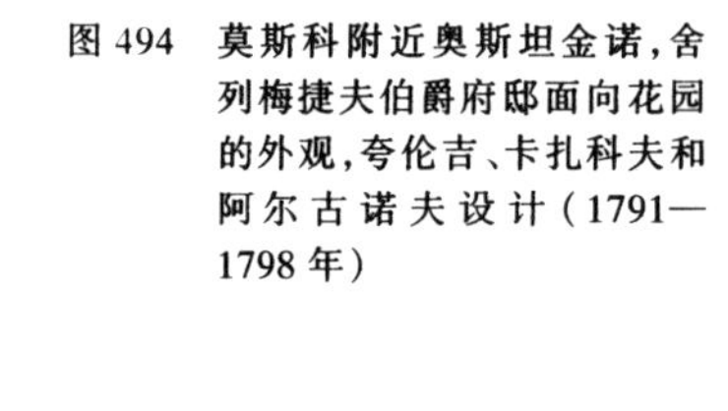

图 494　莫斯科附近奥斯坦金诺，舍列梅捷夫伯爵府邸面向花园的外观，夸伦吉、卡扎科夫和阿尔古诺夫设计（1791—1798 年）

图 495，图 496　莫斯科附近奥斯坦金诺，舍列梅捷夫伯爵府邸的内部，夸伦吉、卡扎科夫和阿尔古诺夫设计（1791—1798 年）

利来到俄国的，他在建造彼得霍夫的英国花园内的英国宫（建于1781—1789年）以及老修道院剧院（建于1782—1787年）时采用了雄伟的帕拉第奥风格。

从国外引进的建筑师中最引人注目的一位可能要算那位神秘的苏格兰人查尔斯·卡梅伦（Charles Cameron，约1743—1812年）。18世纪60年代他在罗马，1772年发表《古罗马浴场图说》，并于1779年在皇家村（即现在的普希金市——译者注）为女皇叶卡捷琳娜二世效力。叶卡捷琳娜二世的首选建筑师原是克莱里索（Clérisseau），并于1773年邀请他在皇家村的基址上建造一座"古代"风格的府邸。但是克莱里索设计的方案却是一座融合卡瑞卡拉浴场和蒂沃利哈德良别墅（Hadrian's Villa）许多特点的巨大宫殿。叶卡捷琳娜对此很不满意。仅管如此，1780年她还是向他要了一座凯旋门的图纸，由卡梅伦在俄国建造。第二年她又从巴黎购得一千多张克莱里索的设计图。保存下来的克莱里索的设计图和模型清楚表明，他的凯旋门本来规模巨大，非常新颖，中间是圆拱门洞，两侧为平拱门洞，均为多立克柱式。皇家村的扩建工作落到了卡梅伦的头上。从1779年到1784年，他利用克莱里索的部分设计建造了许多非常漂亮的宫室；全都金光闪闪，是亚当①风格的。随后，在1782年至1785年间，他又为拉斯特雷利修建的夏宫增建了一座卡梅伦美术馆和一座阿格特（玛瑙）凉亭。说来奇怪，卡梅伦美术馆二楼巨大的开敞柱廊与白金汉郡西威科姆花园南面柱廊很相似（该花园府邸大约建于1755年，一般认为是约翰·多诺韦尔建造）。因为美术馆位于陡坡上，所以在其南端建造了一条壮观的露天大阶梯——两条大弯臂形状的阶梯交汇于一段直阶梯，然后直下湖边。

卡梅伦的另外一座重要建筑是在1781年至1785年间为保罗大公修建的巴甫洛夫斯克府邸。在这里，克莱里索和亚当的影响同样明显，特别表现在雄伟的希腊厅和在府邸中央的穹顶式意大利厅；前者模仿亚当在德比郡的凯德尔斯顿大厅（大约建于1761年后），后者则是依照凯德尔斯顿大厅的沙龙设计的。1780年卡梅伦还在花园里建造了一座圆形的"友谊庙"（已拆除），这也是俄国的第一座希腊多立克柱式建筑。

19世纪古典主义建筑在俄国以法国建筑师托马斯·德托蒙（Thomas de Thomon，1754—1813年）设计的圣彼得堡交易所于1804年堂皇登场。这座雄伟的庙宇式建筑融合了部雷（Boullé）的建筑特色和托蒙考察过的帕埃斯图姆的寺庙建筑特色。这座建筑只是亚历山大一世（Alexander Ⅰ，1801—1825年在位）和他的弟弟尼古拉一世（Nicholas Ⅰ，1825—1855年在位）实施的大规模改建帝国首都工程的一部分；改建计划一方面是仿效叶卡捷琳娜二世的建筑成就，另一方面也特别是为了使圣彼得堡成为一座公共建筑灿烂辉煌、举世无双的城市。交易所大楼竣工后，立即开始兴建的建筑可能是世界上规模最大的古典主义建筑——海军部大厦，其建筑师是俄国出生的阿德里安·季米特里耶维奇·扎哈罗夫（Adrian Dimitrievich Zakharov，1761—1811年）。扎哈罗夫曾于1782年至1786年在巴黎在沙尔格兰（Chalgrin）的指导下学习。从这座亮丽而富于变化的大厦两侧立面上，人们就可以找到表明他曾在巴黎学习过的特征，因为立面是受皮埃尔·卢梭（Pierre Rousseau）当时正在建造的扎尔姆府邸（建于1782—1785年）拱廊的影响而设计的。同样，托蒙的剧院（毁于1813年）也是仿照佩尔和德瓦伊（Peyre and de Wailly）的巴黎法兰西剧院设计的。佩西耶的学生、法国建筑师奥古斯特·里卡尔·德蒙费朗（Auguste Ricard de Montferrand，1786—1858年）建造的圣伊萨克教堂（St. Isaac's Cathedral，建于1817—1857年。即伊萨基甫斯基主教堂——译者注）是依照苏夫洛（Soufflot）圣热讷维耶沃教堂设计的；虽然他的设计缺乏连贯性，但是重要的是教堂拥有一个铁构架的穹顶，并且外观是受雷恩（Wren）的圣保罗大教堂的穹顶启发设计的。德瓦伊的学生安德烈·尼基伏罗维奇·沃罗尼欣（Andrei Nikiforovich Voronikhin 1760—1814年）设计的圣彼得堡矿业学院（建于1806—1811年）有一座由12根巨柱构成的门廊，是帕埃斯图姆寺庙的多立克柱式。但是影响更大的建筑师卡尔·伊万诺维奇·罗西（Karl Ivanovich Rossi，1775—1849年）摒弃了新希腊风格而转向一种更具有意大利特色的更欢快的风格。他在意大利出生，但是在俄国接受教育，从1816年开始在圣彼得堡担任首席建筑师和城市规划设计师。人们可以从下列建筑领略罗西的豪华富丽的建筑风格：新迈克尔宫（建于1819—1823年，现为俄罗斯博物馆）、冬宫对面的总司令部大厦凯旋门及两翼办公大楼（建于1819—1829年）、亚历山大剧院（建于1827—1832年）和元老院及宗教会议大厦（建于1829—1834年）。

---

① 亚当（Adam）：即罗伯特·亚当（Robert Adam，1728—1792年）和詹姆斯·亚当（James Adam，1730—1794年）两兄弟，均为苏格兰建筑师，先后担任英国宫廷建筑师，其建筑精巧、优雅，具有很强的装饰性；著有《亚当建筑作品集》（三卷）等。——译者注

图 497　罗斯基勒大教堂里的弗雷德里克五世殡仪馆小教堂，卡斯帕·弗雷德里克·哈斯多夫设计（1768—1778 年），克里斯蒂安·弗雷德里克·汉森完成（1821—1825 年）

在 18 世纪和 19 世纪之交，尽管莫斯科的改建不如圣彼得堡那么引人注目，但是它已成为一座拥有大型古典主义建筑的城市。这证明了俄罗斯建筑师和古典主义风格的活力和高度的适应能力，但是这些建筑——包括公共建筑、宫殿和府邸——的规模和品质尚未得到多少人的重视。德瓦伊的另一位学生瓦西里·伊万诺维奇·巴热诺夫（Vasili Ivanovich Bazhenov）大概在 1772 年创作了莫斯科改建的卓越方案，但是未得到实施。他在 1784 年至 1786 年间建造的帕什科夫宫（Pashkov Palace，现在为列宁图书馆）装饰华丽，与巴洛克风格一脉相承。他的助手马特维·费奥多罗维奇·卡扎科夫（Matvei Feodorovich Kazakov，1733—1812 年）的建筑在赋予新莫斯科一种古典主义风格方面比其他任何建筑师的贡献都大。1771 年至 1785 年，卡扎科夫在克里姆林宫内建造的雄伟的三角形布局的参议院大厦（现为部长会议大厦）实现了巴热诺夫改建克里姆林宫方案中的构想。大厦上部有巨大的多立克柱式穹顶，其内侧排列着引人注目的独立式科林斯柱子。这样的柱式结构还运用于他在 1784 年至 1786 年建造的贵族会议大厅（现在的工会大厦圆柱厅）。卡扎科夫曾到过法国和意大利，是帕拉第奥的崇拜者。这一点无论是从他的公共建筑（如戈利岑医院，建于 1796—1801 年）还是私人建筑（如杰米多夫府邸，建于 1789—1791 年；巴塔舍夫府邸，建于 1798—1802 年）上都可以看得出来。此外，他还致力于挖掘俄罗斯古代建筑形式并使之与哥特式细部处理相结合，如彼得罗夫斯基宫（建于 1775—1782 年，1840 年改建），他这样做的结果赋予了建筑一种奇特的景观。与巴热诺夫的“忧伤的圣母玛丽亚”教堂一样，卡扎科夫在 18 世纪 80 年代和 90 年代在莫斯科修建的教堂在整体构图上都是不对称的，如圣科斯马斯 - 圣达米扬教堂、圣菲利浦主教堂、耶稣升天教堂和圣忏悔者马丁教堂等。说来奇怪，人们所熟悉的俄罗斯式穹顶和钟塔产生了一种参差错落的效果，竟令人想起戈泰（E.-M. Gauthey）的索恩河畔日夫里教堂（建于 1770—1791 年）和乔治·斯图尔特（George Steuart）在施鲁斯伯里的新圣查德教堂（建于 1790 年）。

莫斯科在世纪之交所建造的一些建筑物是与夸伦吉的名字相连的。他重新规划叶卡捷琳娜（戈洛温）宫时扩建了一座托斯卡式柱廊厅，还为叶列兹沃伊·纳扎罗夫（Y. Nazarov）修建的舍列梅捷夫庇护所大厦的正立面增添了惊人的半圆形托斯卡式列柱。在这一时期最为豪华壮丽的私人府邸是夸伦吉、卡扎科夫和伊万·彼得洛维奇·阿尔古诺夫（I. P. Argunov）三人从1791年到1798年为舍列梅捷夫伯爵修建

图 498　哥本哈根，法院和监狱，克里斯蒂安·弗雷德里克·汉森设计（1803—1816 年）

图 499　哥本哈根，沃·弗鲁克·基克大教堂，克里斯蒂安·弗雷德里克·汉森设计（1811—1829 年）

图 500 哥本哈根，沃·弗鲁克·基克大教堂室内，克里斯蒂安·弗雷德里克·汉森设计(1811—1829 年)

图 501 哥本哈根，托瓦尔森博物馆庭院，戈特利布·宾德波尔设计(1837—1848 年)

图 502 赫尔辛基，大教堂，约翰·卡尔·路德维希·恩格尔设计(1830—1851 年)

图 503 赫尔辛基，议会大楼，约翰·卡尔·路德维希·恩格尔设计(1818—1822 年)

图 504 赫尔辛基，大学图书馆阅览室，约翰·卡尔·路德维希·恩格尔设计(1836—1845 年)

图 505　赫尔辛基，大学图书馆，楼梯，约翰·卡尔·路德维希·恩格尔设计(1836—1845 年)

图 506　赫尔辛基，医院，约翰·卡尔·路德维希·恩格尔设计(1826 年)

的奥斯坦金诺(Ostankino)府邸。奥斯坦金诺府邸内有装饰精致的剧院，庭园内有意大利式的凉亭和所谓埃及式的小亭子，整座建筑就有点像卡梅伦在皇家村为叶卡捷琳娜二世建造的府邸风格。

卡扎科夫之后，19 世纪初莫斯科的主要建筑师有意大利出生的多梅尼科·吉拉尔迪(Domenico Gilardi，1788—1845 年)、阿凡纳西·格里戈里耶夫(Afanasy Grigoryev，1782—1868 年)和奥斯普·博韦(Osip Beauvais，1784—1834 年)等人。格里戈里耶夫和亚当·门内洛斯(Adam Menelaws)建造了拉祖莫夫斯基府邸(建于 1801—1803 年)，其雄伟的立面所依据的是现在我们已经熟悉的、体现在肯特、亚当和勒杜建筑上的母题：有镶板的半圆形神龛前排列着开敞屏风式列柱。吉拉尔迪的克鲁什切夫府邸(建于 1814 年)和洛普欣府邸(建于 1817—1822 年)的结构主题是帕拉第奥式的，而刚健的帝国风格的装饰为建筑增添了活力。但是吉拉尔迪的确为莫斯科古典主义注入了更为严峻的色调，而且他的影响在某种程度上可以与吉利对德国建筑的影响相比。特别令人想起吉利的建筑的是吉拉尔迪在库兹敏基庄园改建后的马厩总管音乐亭(改建于 1819 年，原系卡扎科夫所建)和他在 19 世纪 20 年代末期完工的夸伦吉和卡扎科夫郊区府邸(始建于 1788 年)。从 1809 年到 1818 年，吉拉尔迪和他父亲贾科莫(Giacomo)一起建造了寡妇府邸(the Widows' House)，又在 1823 年到 1826 年建造方济各教会会议大厦；前者的突出特点是有一座希腊多立克八柱式门廊，柱上没有竖槽；后者也有一座相似的希腊爱奥尼柱式门廊，并且还有一个精致的带拱顶的楼梯厅，由两层无槽大理石柱构成。他的最令人难忘的私人府邸建筑是在尼基茨基(Nikitsky)大街的卢宁府邸(the Lunin House，建于 1818—1823 年)，而他的重大公共建筑是在 1817 年到 1819 年重建卡扎科夫在 1786 年到 1793 年建造的莫斯科大学。他以雄伟的希腊多立克柱式替换了卡扎科夫原来在入口柱廊采用的优雅的爱奥尼柱式，同时他还把两侧的小亭改造得更加坚固敦实。门内洛斯以同样的手法用一座希腊多立克柱式门廊重新设计英国俱乐部(现为苏联革命博物馆)。在亚历山德罗夫斯基花园内，奥斯普·博韦在建造神龛的粗琢面半圆拱时使用的粗矮的截头立柱也是希腊多立克柱式。

博韦的名字与 1812 年灾难性的大火后展开的莫斯科城市规划联系特别紧密，因为当时他担任城市改建委员会主任。在他建造的博利绍伊剧院(建于 1821—1824 年)前面，剧院广场(现为斯维尔德洛夫广场)与复活节广场(现为革命广场)合并。在特韦尔斯卡娅·扎斯塔娃

图 507　维罗纳:拉皮达里奥博物馆立面和平面图,亚历山德罗·蓬佩设计(1739—约 1746 年)

图 508　帕多瓦,山谷牧场府邸,安德列亚·梅莫和多梅尼科·切拉托设计(1775—1790 年),皮拉内西雕刻

图 509　威尼斯,史密斯宫(现在阿根廷领事馆),安东尼奥·维森蒂尼设计(1751 年),詹南托尼奥·塞尔瓦扩建(1784 年)

图 510　威尼斯,圣玛丽亚·马达莱娜教堂,托马索·泰曼扎设计(1760 年,1763—1778 年)

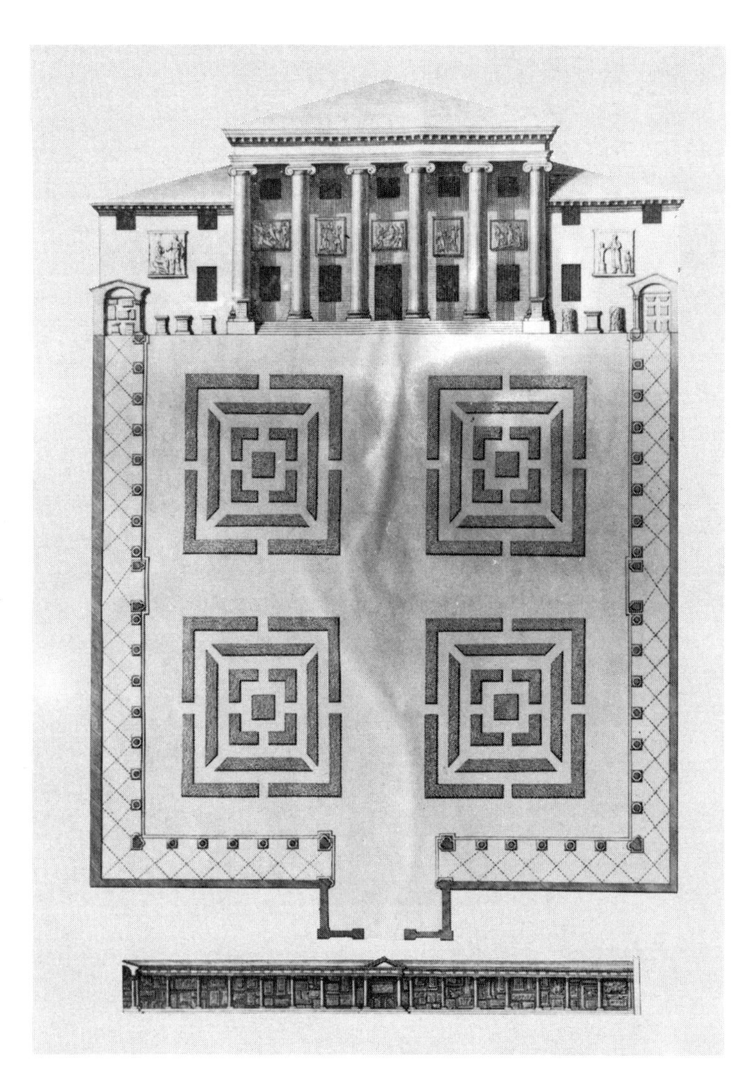

(Tverskaya Zastava),博韦仿照罗马的蒂图斯凯旋门(the Arch of Titus)建造了一座壮观的凯旋门(建于 1827—1834 年),用以标志参加反拿破仑战争的军队凯旋回到莫斯科的地点,但不幸的是,凯旋门现在已被迁到莫扎伊斯科耶(Mozhaiskoye)公路上。

在 19 世纪 30 年代,德国影响进入了法国和意大利建筑长期占统治地位的地方。紧随 1837 年 12 月圣彼得堡旧冬宫发生大火之后,1838 年莱奥·冯·克伦策被尼古拉一世从慕尼黑请来设计新修道院博物馆(New Hermitage Museum)。克伦策把庞大的博物馆建在涅瓦河岸上,紧靠修道院剧院。这是一座融合了法国、俄国和德国等各国特色的令人难忘的古典主义建筑:支撑雄伟的门廊的男像柱是亚历山大·伊万诺维奇·捷列别尼奥夫(Alexander Ivanovich Terebenev)的雕刻,具有俄罗斯建筑的宏大气势;大楼梯是沙尔格兰在 1803 年至 1807 年为卢森堡宫设计的大楼梯的再现;而各个立面上规范的希腊水平梁结构以及画廊的严谨布局等都是受辛克尔的启发设计的;画廊内绘画挂在较低的展屏上,而且在不同的房间展示各个不同画派的作品。

莫斯科古典主义传统的结束以德国出生的建筑师康斯坦丁·安德烈耶维奇·托恩(Konstantin Andreevich Ton,1794—1881 年)所建造的两座伟大的建筑为标志:一座是大克里姆林宫(建于 1838—1849 年),另一座是巨大的救世主教堂(建于 1839—1883 年)。这两座建筑一半是拜占庭式,另一半是古典主义传统的奇特风格,预示了 19 世纪后期具有民族特征的斯拉夫建筑的复兴。

## 第五节　斯堪的纳维亚

19 世纪初,斯堪的纳维亚半岛各国的首都——哥本哈根、赫尔辛基和奥斯陆——涌现出许多古典风格的公共建筑。早在 18 世纪中叶,古典主义就在法国、英国和意大利萌芽、发展,后来德国的辛克尔将它明确归纳总结出来并称之为古典主义。所以这一时期斯堪的纳维亚半岛的古典主义建筑带有浓厚的德国风格。然而斯堪的纳维亚半岛的古典主义风格早就由两位法国建筑师尼古拉－亨利·雅尔丹(Nicolas-Henry Jardin,1720—1799 年)和让－路易·德普雷(Jean-Louis Desprez,1743—1804 年)从法国介绍到了这里。雅尔丹从 1755 年到 1771 年间生活在丹麦;德普雷自 1784 年开始受雇于瑞典国王古斯塔夫斯三世。雅尔丹于 1755 年至 1757 年间为 A·G·莫尔特克伯爵(Count A. G. Moltke)设计了一个饭厅。该饭厅位于哥本哈根,就在今天的阿马林堡宫(Amalienborg Palace)里;它被认为是现存最古老的由法国建筑师用新古典主义风格装饰的房间(S·埃里克逊,《法国早期的新古典主义》,1974 年,第 57 页)。卡斯帕·弗雷德里克·哈斯多夫(Caspar Frederick Harsdorff,1735—1799 年)在哥本哈根皇家学院求学时是雅尔丹的学生,后来留学巴黎时又拜在布隆代尔(Blondel)门下。他在罗斯基勒大教堂里为弗雷德里克五世设计了殡仪馆小教堂,它建于 18 世纪 70 年代,将布隆代尔和亚当的风格完美地糅合在一起,从

图 511　威尼斯,拉费利切剧院,詹南托尼奥·塞尔瓦设计(1790—1792 年)

图 512　威尼斯,圣毛里齐奥教堂,詹南托尼奥·塞尔瓦设计,始建于 1806 年

图 513　帕萨格诺,安东尼奥·卡诺瓦大陵墓,詹南托尼奥·塞尔瓦和安东尼奥·迪耶多设计(1819—1833 年)

图 514　帕多瓦,佩得诺基咖啡馆,朱塞佩·亚佩利设计(1826—1831 年)

图 515 威尼斯，咖啡馆（现为候机楼），洛伦佐·桑蒂设计（1815—1838 年）

图 516 罗马，圣玛丽亚教堂，詹巴蒂斯塔·皮拉内西设计，始建于 1764 年

而形成了自己的风格。德普雷虽然主要是一个舞台设计师，但 1788 年他设计修建了乌普萨拉植物园，那长长的低矮的门廊，由八根希腊多立克柱构成。卡尔·奥古斯特·埃伦斯韦德（Carl August Ehrensvard，1745—1800 年）出生在瑞典，他的设计则明显表现出对希腊建筑的偏爱；1780—1782 年间，他访问了帕埃斯图姆，回来后就设计了位于卡尔斯克鲁纳（Karlskrona）的一家造船厂的大门，它是一座原始主义者的多立克柱式大门。这一时期涌现出的最重要的斯堪的纳维亚建筑师是克里斯蒂安·弗雷德里克·汉森（Christian Frederick Hansen，1756—1845 年）。他设计了由市政厅、法院和监狱构成的建筑群（1803—1816 年），它们都带有拱廊。在这一设计中，他将法国—普鲁士风格引入了哥本哈根，而这种风格是由吉利（Gilly）研究承袭了勒杜的风格而发展形成的。汉森最主要的成就是：哥本哈根的沃·弗鲁克·基克大教堂（the Vor Fruc Kirke，设计于 1808—1810 年；建于 1811—1829 年），其多立克柱廊支撑起巨大的花格镶板筒形穹顶，让人联想到部雷的著名设计：国家图书馆新会议厅。M·戈特利布·宾德波尔（M. Gottlieb Bindesboll，1800—1856 年）是汉森的学生。他设计了令人难忘的哥本哈根托瓦尔森博物馆（Thorvaldsen Museum，1837—1848 年），其风格独特，巧妙地借鉴了埃及、希腊和辛克尔的风格，并将它们成功地融合在一起；在设计中，他则喜欢采用圆拱。这一点在他的追随者 J·D·赫霍尔特（J. D. Herholdt，1818—1902 年）的设计中也清晰地反映出来，他设计哥本哈根大学图书馆（the Copenhagen University Library，1855—1861 年）时也采用了圆拱方案。

1814 年挪威从丹麦独立出来，新首都的建设为汉森的学生——建筑师克里斯蒂安·海因里希·格罗施（Christian Heinrich Grosch，1801—1865 年）提供了许多大显身手的机会。他设计的奥斯陆交易所（the Exchange，1826—1852 年），是一座无底座的托斯卡柱式建筑，还有挪威银行（the Norwegian Bank，1828 年）；然而最重要的建筑还是奥斯陆大学（the University，1841—1852 年），一个希腊式爱奥尼柱门廊通入华丽的希腊式多立克式大厅，其横梁结构具有显著的辛克尔式风格。

然而，这一时期斯堪的纳维亚最引人注目的建筑活动是建设赫尔辛基。1809 年赫尔辛基变成了俄国的一个大公国。芬兰新选首都的规划任务就落在了建筑师约翰·阿尔布雷克特·埃伦斯特伦（Johan Albrekt Ehrenstrom，1762—1847 年）的肩上，但所有重要的公共建筑和许多私人住宅则由德国出生的建筑师约翰·卡尔·路德维希·恩格尔

图 517　罗马，梵蒂冈博物馆的展览厅，米开朗琪罗·西莫内蒂和彼得罗·坎波雷塞斯设计，1775 后开建

图 518　罗马，梵蒂冈博物馆的回纹十字形大厅，米开朗琪罗·西莫内蒂和彼得罗·坎波雷塞设计，1775 后开建

图 519　罗马，梵蒂冈博物馆，新厢房，拉法埃洛·斯特恩设计（1817—1822 年）

(Carl Ludwig Engel, 1778—1840 年)来设计。恩格尔设计了壮丽的议会广场(Senate Squarê),广场正面是高耸在巨大的石梯顶端的大教堂(Cathedral, 1818 年开始设计;建于 1830—1851 年),广场两侧分别为大学(University, 1828—1832 年)和议会大厦(Senate, 1818—1822 年)。1833 年及以后他还设计了大学图书馆(University Library),它建于 1836 年至 1845 年间,其阅览室的柱廊宏伟壮观。在设计中他最显著的特征是多立克式楼梯。在参议院大厦的楼梯中,粗壮而独立的帕埃斯图姆一多立克柱令人惊叹地支撑起带肋拱的穹顶;而在那座大学图书馆的楼梯中,则采用两层带凹槽的柱子,形成了错综复杂的柱头过梁的网格。

## 第六节 意大利

从 1796 年到 1814 年拿破仑下台,意大利在法国的统治下实现了部分统一。这种部分统一的状况一直维持到 19 世纪末期,在维克托·埃马纽埃尔二世(Victor Emmanuel II)的统治下意大利才实现了完全的统一。所以从 1796 年到 19 世纪末的大部分时间里,意大利是一个由奇特和长期敌对的公国组成的混合体,其多数地方受外国人统治。1748 年签订亚琛条约(the Treaty of Aix-la-Chapelle)前,皮埃蒙特(Piedmont)完全归依于法国;伦巴第(Lombardy)在被拿破仑占领前一直是奥地利的一个省。1748 年,路易十五的女儿嫁给波旁公爵后,帕尔马(Parma)就成了法国的一部分。只有威尼斯是完全独立的,但拿破仑占领后,撤掉了原总督,其独立也不复存在了。的里雅斯特(Trieste)一直与奥地利结盟,但 1719 年,变成了一个自由港,这不可避免地使一切都改变了。意大利不统一的现状一直延续着,造成了意大利没有共同的文化,自 18 世纪中叶起,就非常贫穷,故不具备发展建筑的条件。

18 世纪初期,后巴洛克风格曾有过短暂而辉煌的繁荣。建筑师菲利波·尤瓦拉(Filippo Juvarra)和贝尔纳多·安东尼奥·维托内(Bernardo Antonio Vittone)正忙于皮埃蒙特的建筑事业;在罗马,许多不朽的建筑正在修建,如:西班牙大阶梯(Spanish Steps,1723—1725 年)、伊尼亚齐奥广场(Pizza S. Ignazio, 1727—1728 年)、特雷维喷泉(Fontana di Trevi, 1732—1762 年),这些建筑至今仍让人赏心悦目。但到 18 世纪中叶,这种强烈的建筑热情戛然而止。只在意大利南部,由于 1738 年波旁王朝开始统治,建筑活动得以继续下去。1751 年,查尔斯三世发令将费迪南多·富加(Ferdinando Fuga, 1699—1782 年)和路易吉·万维泰利(Luigi Vanvitelli, 1700—1773 年)召集到那不勒斯。他们为波旁家族设计修建了一些重大建筑,如:富加设计的波韦里旅馆(Albergo de Poveri)和粮仓(granary),万维泰利设计的卡塞塔(Caserta)皇宫和军营。但这些建筑都没有什么创意,故意大利建筑步入了低谷。

尽管在威尼斯和附近大陆上,房屋仍在不停修建,热情的洛多利(Lodoli)也一直在宣传他激进的建筑观点,但建筑热情并不高。不过希皮奥内·马费伊(Scipione Maffei)设计了位于维罗纳(Verona)的拉皮达里奥博物馆(Museo Lapidario),大约在 1746 年由亚历山德罗·蓬佩(Alessandro Pompei,1705—1772 年)修建完工,这一博物馆称得上是新古典主义建筑的先驱;安德烈亚·梅莫(Andrea Memmo)设计了位于帕多瓦的许多公共建筑:山谷牧场(the Prato della Valle)和医院。它们均由当地的建筑学教授多梅尼科·切拉托(Domenico Cerato, 1720—1792 年)建于 1775 年。这些建筑明显想阐释洛多利的建筑观点,但洛多利和他圈内的建筑师并没有对建筑产生多大影响。而维尼托的建筑思想主要受到帕拉第奥的影响。这时产生了许多风格各异的建筑师:如乔治·马萨里(Giorgio Massari, 1687—1766 年),作品众多;安东尼奥·维森蒂尼(Antonio Visentini, 1688—1782 年)则追求华美精致;但他们都采用了帕拉第奥确立的建筑要素和构图方式。其中维森蒂尼 1751 年设计了史密斯宫(Palazzo Smith, 现在的阿根廷领事馆),1766 年设计了科莱蒂－朱斯蒂宫(Palazzo Coleti-Giusti),它们均位于大运河(Grand Canal)畔。奥塔维奥·贝尔托蒂－斯卡莫齐(Ottavio Bertotti-Scamozzi)在维琴察从事建筑设计,他承袭了帕拉第奥的建筑原理并将它演化发展成一种有一定影响和具有明确主张的建筑风格,可惜没有进一步发展下去。然而建筑思想发展的来龙去脉在威尼斯则可以清晰地勾勒出来。首先是马萨里的老师安德烈亚·蒂拉利(Andrea Tirali, 1657—1737 年)和他的侄儿乔瓦尼·安东尼奥·斯卡尔法罗托(Giovanni Antonio Scalfarotto, 1690—1764 年);蒂拉利设计了位于托伦蒂诺的圣尼科洛·达托伦蒂诺教堂(S. Nicolo da Tolentino, 1706—1714 年),柱廊宏伟壮观;斯卡尔法罗托设计了圣西梅奥内和朱达教堂(SS. Simeone e Giuda, 1718—1738 年),它是一座高拱环形教堂,正面是一个带有山花的柱廊。托马索·泰曼扎(Tommaso Temanza, 1705—1789 年)是斯卡尔法罗托的侄儿和追随者,他设计了圣

图 520 的里雅斯特，卡尔乔蒂宫，马泰奥·佩尔奇设计（1799—1806 年）

图 521　的里雅斯特，卡尔乔蒂宫(右边)，马泰奥·佩尔奇设计(1799—1806 年)，背景中为大运河和圣安东尼奥大教堂

图 522　的里雅斯特，圣安东尼奥诺沃教堂，彼得罗·迪诺比莱设计(1825—1849 年)

图 523　罗马，博尔盖塞别墅的埃斯科拉庇俄斯庙，安东尼奥·阿斯普鲁齐设计(1787 年)

图 524 佛罗伦萨，波焦皇家别墅，弗朗切斯科·圭列里·帕斯夸莱·波钱蒂和朱塞佩·卡恰利设计，始建于 1806 年

图 525 佛罗伦萨，佛罗伦萨图书馆的埃尔赛厅，弗朗切斯科·圭列里·帕斯夸莱·波钱蒂设计(1816—1841 年)

玛丽亚·马达莱娜教堂（S. Maria Maddalena，1760 年设计，1763—1778 年建造)，一座小巧牢固的环形教堂，但人们回忆起他主要是因为他是一个严师和建筑思想的传播者，尤其是因为他编写出版了《威尼斯最著名的建筑师和雕塑家传》(Vita dei più celebri architetti e scultori veneziani，1778 年）一书。弗朗切斯科·米利齐亚(Francesco Milizia)从泰曼扎那里学到了许多，但洛多利非常恨他并称他为"不能容忍的"书呆子。他们彼此充满了敌意，这主要是由于修建泰曼扎的第一件作品：萨格雷多教堂（the Cappella dei Sagredo)，位于威尼斯圣弗朗切斯科葡萄园(S. Francesco della Vigna)。但泰曼扎因培养了得意门生而取得了成功。詹南托尼奥·塞尔瓦(Giannantonio Selva，1754—1819 年)是他的得意门生，周游了罗马、巴黎、伦敦，最后定居在君士坦丁堡；他设计了许多比例和谐、结构简洁的建筑，明确表现了一个或两个主题；这些建筑产生了深远的影响，引起了外地人的关注。他的作品包括位于威尼斯的拉费尼切剧院(Teatro La Fenice)，建于 1790—1792 年间，1836 年遭受火灾，G·B·梅杜纳(G. B. Meduna）重新进行了改建，它至今仍显得富丽华贵；还有位于帕多瓦鲁登纳路(Via Rudena)的多蒂－维戈达泽里宫（Palazzo Dotti-Vigodarzere)，建于 1796 年；及两座威尼斯风格的教堂：一座是圣毛里齐奥教堂(S. Maurizio)，始建于 1806 年，另一座为 9 年后修建的圣杰苏教堂(S. Nome di Gesu)，这两座教堂均由塞尔瓦的助手安东尼奥·迪耶多(Antonio Diedo，1772—1847 年)修建而成。在迪耶多的协助下，塞尔瓦设计了科洛尼亚威尼塔大教堂(the duomo at Cologna Veneta，1810—1817 年)，正面极其呆板；还有位于帕萨格诺(Possagno)的安东尼奥·卡诺瓦(Antonio Canova)大陵墓，建于 1819 年至 1833 年间，尽人皆知但也更惹人讨厌(可是将帕提农神庙和万神庙风格糅合在一起的做法是好是坏，至今尚未定论)。朱塞佩·亚佩利(Giuseppe Jappelli，1783—1852 年)是塞尔瓦最著名的学生，也是威尼斯建筑师中第一个赢得国际声誉的。这主要得益于他设计了融多种风格为一体的建筑：位于帕多瓦的佩德罗基和佩德罗基诺咖啡馆(the Caffe Pedrocchi and the Pedrocchino)，一部分是埃及风格，一部分是古典主义风格，它们始建于 1826 年；另一部分则是别具一格的哥特式风格(始建于 1838 年)；整个咖啡馆于 1842 年完工。亚佩利还设计了其他引人注目的建筑。它们包括肉市(meat market，1819—1824 年)，一座结构严谨的多立克柱式建筑，也就是现在的彼得罗·塞尔瓦蒂科学校(Scuola Pietro Selvatico)；还包括雷韦斯·德邦菲利别墅(Villa Treves de'Bonfili)，该别墅带

图526　里窝那，水厂，弗朗切斯科·圭列里·帕斯夸莱·波钱蒂设计(1829—1842年)

图527　那不勒斯，圣卡洛剧院，正面，安东尼奥·尼科利尼设计(1810—1811年)

有英国风格的花园(现在是一座公园)；它们都位于帕多瓦。在帕多瓦郊外的绍纳拉(Saonara)，他设计了孔蒂城堡(Conti Cittadella Vigodarzere，始建于1816年)，城堡中的房屋和花园都保护得更加完好；还设计了位于科内利亚诺(Conegliano)贝尼尼路的杰拉别墅(Villa Gera，1827年)和位于帕特塞迪科(Patt di Sedico)的曼佐尼别墅(Villa Manzoni，1837年)，其中曼佐尼别墅可能是贝卢诺省(Belluno)最大的别墅。在这些建筑里，亚佩利演化出了一种稳定的影响深远的建筑风格，这种风格如果那时没对建筑产生影响，却至今仍影响着全世界的新古典主义建筑。

1807年拿破仑占领了威尼斯，他立刻就想用宏大的建筑征服人心。塞尔瓦在卡斯特洛为拿破仑建造了公园，现已进行了大规模改建；并修建了公墓，后来也改建了。但拿破仑把大多数任务交给了外地人。朱塞佩·马里亚·索利(Giuseppe Maria Soli，1747—1823年)来自维尼奥拉，他曾拜马尔瓦西亚(Malvasia)为师，1810年他开始设计圣马可广场(Pizza S. Marco)西侧。洛伦佐·桑蒂(Lorenzo Santi，1783—1839年)出生于锡耶纳，是塞尔瓦的学生。1822年他设计了拿破仑一世的厢房(Ala Napoleonica)内的宏大楼梯和舞厅，该大楼则为索利(Soli)设计。后来他又设计修建了一个多姿多彩的带有多立克平台的咖啡厅(Caffè，1815—1838年)，它位于古老的王室花园(Giardinetto Reale)的远端，现已用作候机楼；最后在大教堂(the duomo，1837—1850年)的旁边修建了帕特里亚卡莱宫(Palazzo Patriarcale)。后来的威尼斯建筑就不值一述了。

在罗马，外国游人引起的混乱和为了吸引外国游客极大地影响了国际古典主义的形态，建筑总是时断时续。皮拉内西(Piranesi)1740年从威尼斯来到罗马，设计了圣玛丽亚院长教堂(S. Maria del Priorato)，它位于阿文蒂诺山顶，始建于1764年。如果它称得上是最吸引人的，但它仍然让人失望。夸伦吉(Quarenghi)1763年从贝加莫来到罗马，他遇见了塞尔瓦，并成了同学。他一直住在罗马，重修了位于苏比亚科的圣斯科拉斯蒂卡教堂(S. Scolastica，1771—1777年)，1779年弗雷德里希·格林男爵派他到俄国。卡洛·弗朗切斯科·贾科莫·马尔基翁尼(Carlo Francesco Giacomo Marchionni，1702—1786年)出生于罗马，但他的童年在家乡马尔凯区的蒙特切利奥镇度过，后在罗马求学，拜菲利波·巴里吉奥尼(Filippo Barigioni)为师，1728年，他参加圣卢卡学院举行的克莱门蒂洛竞赛，赢得了一等奖。1751年，他开始设计修建阿尔瓦尼别墅(Villa Albani)；这一别墅很快就成了温克尔曼

图 528　圣弗朗切斯科·迪保拉教堂　莱奥波尔多·拉佩鲁塔、安东尼奥·迪西莫内和彼得罗·比安基设计,始于 1809 年,再设计于 1817 年,建成于 1831 年

图 529　巴勒莫,拉法沃里塔(或中国式四合院),朱塞佩·韦南齐奥·马尔武格利亚和朱塞佩·帕特里科拉设计(1799—1802 年)

图 530　科洛尔诺,拉韦内里亚宫,埃内蒙－亚历山大·珀蒂托设计(1753—1755 年)

图531 科洛尔诺,圣利博里奥教堂,室内,埃内蒙－亚历山大·珀蒂托设计(1775—1791年)

图532 米兰,贝尔焦约索宫,朱塞佩·皮耶尔马里尼设计(1772—1781年)

(Winckelmann)和门斯(Mengs)向往的地方。这座著名的别墅内外都具有厚重感,细部装饰则明显受到皮拉内西的影响,整个工程到1762年底才基本完工,但室内装饰持续到1764年,露台和花园部分的建设直到1767年才全部建成。它堪称经典之作,但并没有产生深远影响。马尔基翁尼还设计了另一座重要建筑——圣彼得大教堂的圣器室,它建于1776年到1784年,但它同样没有产生较大影响。它遭到了弗朗切斯科·米利齐亚(Francesco Milizia, 1725—1798年)的恶意攻击。米利齐亚是意大利惟一的一位目光敏锐的评论家,出生在奥特朗托,辗转经过那不勒斯来到罗马,由于对马尔基翁尼的放肆批评而被逐出了罗马。但1768年他出版了《最著名建筑师传》,4年后又出版了《论剧院》,1781年又出版了《民用建筑学原理》,这些著作奠定了他的名声。这些作品后来都被翻译成外文。

新古典主义直到1768年温克尔曼去世后才传到罗马。考古学家乔瓦尼·巴蒂斯塔·维斯孔蒂(Giovanni Battista Visconti)接替他成为博物馆委员和文物馆长(Commissario dei Musei e Soprintendente alle Antichita)。维斯孔蒂立刻着手将英诺森特(Innocent Ⅷ)八世在梵蒂冈的别墅改建成一个博物馆。亚历山德罗·多里(Alessandro Dori)首先开始将它改成八边形陈列室,但1772年,米开朗琪罗·西莫内蒂(Michelangelo Simonetti, 1724—1781年)承担了这项任务。直到1775年,教皇庇护六世当选,彼得罗·坎波雷塞(Pietro Camporese, 1726—1781年)加入到西莫内蒂的工作后,他们才真正满怀热情地投入改建工作。他们设计了陈列大厅,希腊回纹十字形大厅和所有新的入口楼梯;而拉法埃洛·斯特恩(Raffaello Stern, 1774—1820年)于1817年至1822年间修建了新厢房;所有房间组成了一系列形状各异的空间,每一房间都仿照古代建筑,细微之处都精确到如同考古发掘物一样。这一博物馆真正称得上是新古典主义建筑,令人难忘。可惜这一方法还不能应用到较小规模的建筑上。

随着法国人的到来,罗马出现了一种有影响而又容易模仿的新古典主义风格。朱塞佩·瓦拉迪耶(Giuseppe Valadier, 1762—1839年)在教会辖区长期努力地从事建筑工作,尤其是重建了乌尔比诺大教堂;1793年他提出了开发人民广场(Piazza del Popolo)与平乔广场(Pincio)的初步方案。在这个雄心勃勃的方案里,坡道依山而上;法国人立刻就接手了这个工程。亚历山大－让－巴蒂斯特－居伊·德吉索尔(Alexandre-Jean-Baptiste-Guy de Gisors, 1762—1835年)和路易－马丁·贝尔托(Louis-Martin Berthault)从法国派来监督这个工程和山顶壮丽的别墅建设。但最终方案到1813年4月才获批准;1816年教皇庇护七世(Pius Ⅶ)执政后又进行了修改,以至于1820年人们才领略到了整个建筑的壮丽风姿。到这时为止,瓦拉迪耶已完成了其他几座新古典主义风格的建筑:修复蒂图斯凯旋门(the Arch of Titus, 1819—1820年)和古罗马圆形剧场(1820年),但其他建筑则主要是一些宏大而矫饰的别墅。这段时间里最宏大的建筑是位于诺蒙塔拉路的托洛尼亚别墅(Villa Torlonia),它由瓦拉迪耶设计,始建于19世纪初期,但几年后,乔瓦尼·巴蒂斯塔·卡雷蒂(Giovanni Battista Caretti, 1803—1878年)接替了瓦拉迪耶的工作,设计了花园和第一批楼阁,但后来的楼阁和倒塌后重建的任务则由亚佩里·安东尼奥·萨尔蒂(Jappelli Antonio Sarti)和其他人于1840年至1846年间设计完成。

在这以后罗马就几乎再没有建如此宏大的建筑。不过,瓦拉迪耶的学生洛伦佐·诺托利尼(Lorenzo Nottolini, 1785—1851年)崛起于卢卡,1818年他为公爵宫(Palazzo Ducale)设计了宏伟的楼梯和雕塑馆;1826年他为侯爵牧场府邸作出了宏伟的规划。这一规划与梅莫在帕多瓦所作的城市规划相似。与此同时,他修建了一系列桥梁和高架输水道及城镇住宅,特别是圆形天文台(the Specola and Rotonda),它位于这个省的边境上,确切地讲在马利亚(Marlia)附近,人们在这里讨论宇宙的千变万化。

明显的是威尼斯和罗马的建筑最初都发展缓慢,而后来发展的加速是靠外部影响实现的。塞尔瓦也许更多地受到英国建筑的影响而不是法国建筑的影响(尽管迪耶多在塞尔瓦的讣告中声称塞尔瓦早期的作品带有法国风格)。但大多数建筑师的设计灵感则来源于巴黎的建筑。当然,这并不表明意大利人没有自己独特的风格,而更好的说法的是19世纪的建筑风格是法国人首先提出并使用,很快意大利人就接受了它并将自己的风格糅合进去,形成自己独有的风格。法国人不但提出了新的建筑观念并依此建起了座座样板房而且还是专家,喜欢指使他人。他们是伟大的建筑者,也是侵略者;他们想让别人受他们的影响,感受到他们的存在。奥地利人也是这样,只是没有法国人那么强大。纵观整个意大利,改革的动力都来自外国。

德国人对的里雅斯特的建筑影响很大。首先是马泰奥·佩尔奇(Matteo Pertsch),在米兰时他曾拜朱塞佩·皮耶尔马里尼(Giuseppe Piermarini)为师,1798—1806年他修改了他老师的作品——拉斯卡拉(La Scala)就将它变成了自己的第一个重要设计:大剧院(现在的威尔第剧院)。他成熟时期的作品同样表现了米兰式古典主义风格。他的

图533 引自焦孔多·阿尔贝托利的《著名大厅装饰和建筑物装饰》(1787年)插图,展示室内装饰

图534 蒙扎,公爵别墅,朱塞佩·皮耶尔马里尼设计(1776—1780年)

图 535 米兰，斯卡拉剧院，朱塞佩·皮耶尔马里尼设计（1776—1778 年）

图 536 热那亚，公爵宫底楼大厅，西莫内·坎托尼设计，装饰于 1783 年

图 537 米兰，纳维利奥：佩图萨蒂宫，西莫内·坎托尼设计（1789—1791 年）

图 538 米兰，洛卡－萨波力蒂宫，乔瓦尼·佩雷戈和因诺琴佐·多梅尼科·朱斯蒂设计，1812 年建成

图 539 米兰，角斗场鸟瞰，路易吉·卡诺尼卡设计（1805—1824 年）

图 540 米兰，波拿巴广场，乔瓦尼·安东尼奥·安托利尼设计（1801 年）

主要作品有：宏伟的卡尔乔蒂宫（Palazzo Carciotti，1799—1806 年），穹顶既引人注目又相当滑稽可笑；位于广场附近的十一·三河畔（the Riva 3 Novembre）的圣尼科洛·格雷奇教堂（S. Nicolo dei Greci，1818—1819 年）的正面；潘切拉圆厅别墅（Rotonda dei Pancera，约 1818 年），位于那时正在开发的新城区里。彼得罗·诺比莱（Pietro Nobile，1774—1854 年）出生在瑞士的提契诺，1803—1805 年求学于罗马，不久后他就定居在的里雅斯特。他是第二个活跃在的里雅斯特的建筑师，但能力更强，1813—1816 年间，他设计了丰塔纳府邸（Fontana House，建于 1827—1830 年）；1817 年他设计了商业和航海学院（现在的霍蒂斯市立图书馆）。他的主要作品是圣安东尼奥·诺沃教堂（S. Antonio Nuovo，1825—1849 年），坐落在大运河头，高贵漂亮，比这一时期的任何其他建筑都更加关注空间。1840 年，他设计了科斯坦齐府邸（Costanzi House），外表整齐朴素，采用了在欧洲其他地方早就过时的风格。1817 年他应召到维也纳，1822 年他修建了位于人民公园（Volksgarten）的忒修斯庙；1821—1824 年间又在其附近的布尔格托（Burgotor）设计修建了另一座忒修斯庙，带有浓厚的古典风格；但它们风格一致，特点突出。

德瓦伊（de Wailly）首先点燃了热那亚古典主义建筑的火花。1772 年他接受委托设计了斯皮诺拉宫（Palazzo Spinola）的沙龙，但这项工程由埃马努埃莱·安德烈亚·塔里亚菲基（Emanuele Andrea Tagliafichi，1729—1811 年）监督。塔里亚菲基两年后去了巴黎并成了科学院的通讯会员。他创造性的贡献是设计了杜拉佐－帕拉维奇尼宫（Palazzo Durazzo-Pallavicini）的梯形大厅和沙龙，该宫位于巴尔毕（Balbi）路，始建于 1780 年。但热那亚真正知名的建筑师是卡洛·弗朗切斯科·巴拉比诺（Carlo Francesco Barabino，1768—1835 年），他设计了卡洛·费利切剧院（the Teatro Carlo Felice）和与之相连的学院大楼（Palazzo dell'Accademia，1825—1828 年；1944 年遭受严重毁损）；他还提出了斯塔利耶诺公墓（Staglieno）的初步方案（1835 年设计，1844—1851 年建造）。他曾同朱塞佩·巴尔贝里（Giuseppe Barberi）一道在罗马接受过培训。

在佛罗伦萨，古典主义建筑的兴起始于重新装修皮蒂宫（Palazzo Pitti）。这项工程于 1796 年开始，由加斯帕雷·马里亚·保莱蒂（Garspare Maria Paoletti，1727—1813 年）设计实施。他负责舞厅的最初设计，而他的学生朱塞佩·卡恰利（Giuseppe Cacialli，1778—1828 年）和弗朗切斯科·圭列里·帕斯夸莱·波钱蒂（Francesco Gurrieri Pasquale Poccianti，1774—1858 年）则设计花园厢房里的楼梯，将其着力表现。他们全都参加了波焦皇家别墅（Villa del Poggio Imperiale）的重建。该别墅位于佛罗伦萨市郊，专为玛丽·路易丝（Marie Louise）皇后修建，其伊特努里亚王朝（the Kingdom of Etruria）诞生于 1801 年但于 1808 年就灭亡了。该别墅的正面由波钱蒂于 1806 年设计，宏伟威严，但他将后面的工作则留给了卡恰利，自己回到佛罗伦萨，继续装修皮蒂宫，并且设计了埃尔塞大厅（the Sala d'Elci，1817—1841 年）与米开朗琪罗设计的佛罗伦萨图书馆相连。他也设计了里窝那城内外的高架输水管道、水处理及蓄水池等供水系统。该工程最成功的部分是他设计的水厂（Cisternone，1829—1842 年），完全可以与勒杜设计的塞南拱门（Arc-et-Senans）中的门道媲美；如果谈不上是全欧洲至少也可称得上在意大利进行了最成功的尝试——将法国空想家的梦想变为现实。乔瓦尼·安东尼奥·安托利尼（Giovanni Antonio Antolini）可能给他提了建议，但他拒绝了。该供水系统在 1837—1848 年间产生了一定的影响，但并不显著。

波钱蒂设计的波焦皇家别墅的正面一定给年轻的舞台设计师安东尼奥·尼科利尼（Antonio Niccolini，1772—1850 年）留下了深刻的印象，因为那时他也在里窝那从事设计。1808 年他来到那不勒斯（两年后法国人就占领了此地），一年后他接受委托设计圣卡洛剧院（Teatro S. Carlo）的新正面，该剧院最初由 G·A·梅德拉诺（Medrano）设计。新正面呆板威严，就像一尊佛罗伦萨怪兽，与那时波旁家族提倡的极富表现力的巴洛克建筑极不协调，然而为万维泰利们树立了榜样。该正面于 1810 年建成，气势宏大。6 年后，该剧院被一把大火烧毁了。尼科利尼受雇同安东尼奥·德西莫内（Antonio de Simone）一道在旧剧院后修建了一座新剧院。1815 年波旁王朝重新执政，他替该王朝修建了许多建筑。在沃梅罗（Vomero）他为费迪南德一世和他的庶民妻子露西娅·帕尔坦纳（Lucia Partanna）修建了弗洛里迪亚纳别墅（Villa Floridiana，1817—1819 年），及相连的露西娅别墅（1818 年）；在马尔蒂里广场（the Piazza Martiri），他翻新和装饰了帕尔坦纳（Partanna）宫。但他把主要精力放在皇宫本身的重新布置上，可惜他没有看见自己的设计变为现实。

除了那不勒斯，他设计的主要建筑就在巴里（Bari）：包括皮奇尼剧院（the Teatro Piccini，现在是科穆纳莱别墅的一部分）和圣费迪南多教堂（S. Ferdinando）；这两项工程均由他的儿子福斯托（Fausto）监督完成。

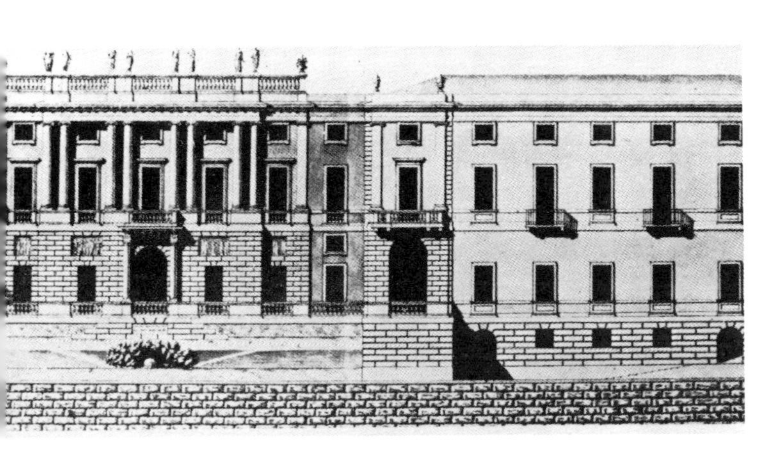

图 541　米兰，贝尔焦约索别墅（现在为现代艺术展览馆）花园平面图，莱奥波尔多·波拉克设计（1790—1796 年）

图 542　米兰，提契诺州门，路易吉·卡尼奥拉设计（1801—1814 年）

图 543　米兰，贝尔焦约索别墅（现在为现代艺术展览馆）花园正立面，莱奥波尔多·波拉克设计（1790—1796 年）

图 544　米兰，森皮奥内拱门（或和平拱门），路易吉·卡尼奥拉设计（1806—1838 年）

在法国统治时期，那不勒斯第二个既让人吃惊又成功的建筑就是圣弗朗切斯科·迪保拉教堂（S. Francesco di Paola），曲线形柱廊环绕普莱比西托广场（Plebiscito）。该广场最初名叫穆拉特广场（Foro Murat），是 1808 年 2 月法令决定修建的；拆迁工作立刻就开始了，但莱奥波尔多·拉佩鲁塔（Leopoldo Laperuta）的设计方案于当年晚些时候才选定。在安东尼奥·德西莫内的辅佐下，柱廊很快就建起来了，教堂也开始动工修建，但波旁家族重新执政后，他们决定将它建成一座皇家教堂，屹立于整个广场的正前方，也就是现在的费迪南多广场正前方。为新教堂的设计举行了竞赛，路易吉·卡尼奥拉（Luigi Cagnola）的学生彼得罗·比安基（Pietro Bianchi，1787—1849 年）中标，他出生于提契诺，1817 年接受委托设计修建该教堂。整个教堂于 1831 年建成，精雕细刻，华丽精美，在意大利新建教堂中无与伦比。

西西里和巴勒莫的建筑情况既与那不勒斯相似又有所区别。首先法国人莱昂·迪富尔尼（Leon Dufourny）抛弃了后巴洛克风格，他在巴勒莫度过了 6 年，1789—1792 年间，他修建了朱莉娅学校（Villa Giulia），为一所植物学院，四四方方，显得十分威严，这明显受到了该岛多立克寺庙的启发。不久后，朱塞佩·韦南齐奥·马尔武格利亚（Giuseppe Venanzio Marvuglia，1729—1814 年）在原校基础上扩建了两个阁楼，但风格更加原始。马尔武格利亚在罗马时曾拜万维泰利为师，随后在巴勒莫积极地从事建筑设计，但并未成名；1799 年，受到迪富尔尼的鼓舞，他开始设计拉法沃里塔（La Favorita）或者称中国式四合院，奇特而迷人，一部分是古典主义风格，一部分是中国式风格，堪称上乘之作。在花园里，他修建了海格立斯喷泉，一根巨大的多立克柱支撑着一尊细小的海格立斯雕像。他后期的其他作品包括贝尔蒙特别墅（Belmonte Villa，1801 年），位于佩莱格里诺山的山腰上，既不迷人也很拘谨。1805 年他被选为巴黎的国立科学和艺术学院（也就是后来的美术学院）的通讯院士。

在拿破仑统治时期，尽管人们的建筑热情未减，但建筑活动总的讲来时断时续。只有在伦巴第，人们很长一段时间都在忙于建设。但革新最典型的事件不是发生在米兰而是发生在帕尔马。1752 年在帕尔马创建了一所建筑学院；由凯吕斯伯爵（Comte de Caylus）提议，第二年，苏夫洛的学生埃内蒙·亚历山大·珀蒂托（Ennemonde-Alexandre Petitot）应邀来到这所学校。他通过教学和设计实例介绍和培养了学生对法国传统建筑的了解。作为一个宫廷建筑师，他重新设计修建了圣彼得罗教堂的正面（1761 年），并修建了迪里塞尔瓦宫（Palazzo di Riserva，1764 年）；他将两座建筑的墙面都漆成了黄色；他还为拉皮洛塔宫（La Pilotta，1766 年）的扩建提出了设计方案，可惜并没有动工兴建，但这些设计方案成了学生的参考资料；他还改扩建了公爵宫（始于 1767 年），也称为贾尔迪诺宫（the Palazzo del Giardino）。在附近的科洛尔诺，他修建了拉韦内里亚宫（La Veneria，1753—1755 年）和圣利博里奥教堂（S. Liborio，1775—1791 年）；前者因带有圆顶窗而被认为具有法国风格，后者因室内独立柱而法国风格更加明显，然而设计方案中法国风格表现得更加明显。珀蒂托几乎没有形成自己的风格，但他的学生在设计中明显地表现了他的风格。然而他有足够的能力和信心处理 A·-J·加布里埃尔（Gabriel）风格中的各要素，这所学校也因他而非常著名。当叶卡捷琳娜二世决定建立自己的建筑学院时，她也写信征求珀蒂托的意见。他的学生众多，其中包括阿戈斯蒂诺·杰利（Agostino Gerli）、西莫内·坎托尼（Simone Cantoni）、卡洛·费利切·索维（Carlo Felice Souve）、焦孔多·阿尔贝托利（Giocondo Albertolli）、卡洛·安东尼奥·阿斯帕里（Carlo Antonio Aspari）和福斯蒂诺·罗迪（Faustino Rodi，1751—1835 年）。人们常认为是杰利开了伦巴第 18 世纪后期古典主义的先河，他曾在巴黎工作过甚至有可能同奥诺雷·吉贝尔（Honore Guibert）一道搞过设计；1769 年他开始装修隆吉别墅（Villa Longhi）的主大厅（该别墅位于维亚尔巴）但这并不是一般的装修，而是产生了一种新风格。

米兰长期处于奥地利君主的统治，但 1796 年后统治权曾几次落入法国人之手，这引起了政府官员的更迭。但两个政府都是高效率的并且志向远大，目标一致，都非常重视发展建筑，只存在风格上的差异，故米兰的建设一直在持续不断的进行着。

18 世纪上半叶凯吕斯伯爵参观米兰时，他发现米兰十分凄凉，但随着伦巴第平原上建起了运河，农业得到了极大的发展，地主们变得越来越富，他们就开始考虑修建城镇和乡村住宅。奥地利人也能征收到更多的税。由此米兰逐渐开始重建。教会遭到镇压，仅 1782 年一年内就关闭了 26 个教堂，在这些地方开辟了新区。1790 年米兰的旧城墙也被拆掉了，这样一来可供发展的区域也就扩大了。房屋紧跟着就像雨后春笋般拔地而起。在拿破仑政府统治时期，一个更大规模的规划方案提出来了，并且许多蓝图变成了现实。但米兰真正重大的变化则发生在 19 世纪中叶，那时工业化开始了，许多丝厂和棉布厂涌现出来。这留待以后再述。

在奥地利统治时期，米兰的建筑审批权掌握在朱塞佩·皮耶尔马

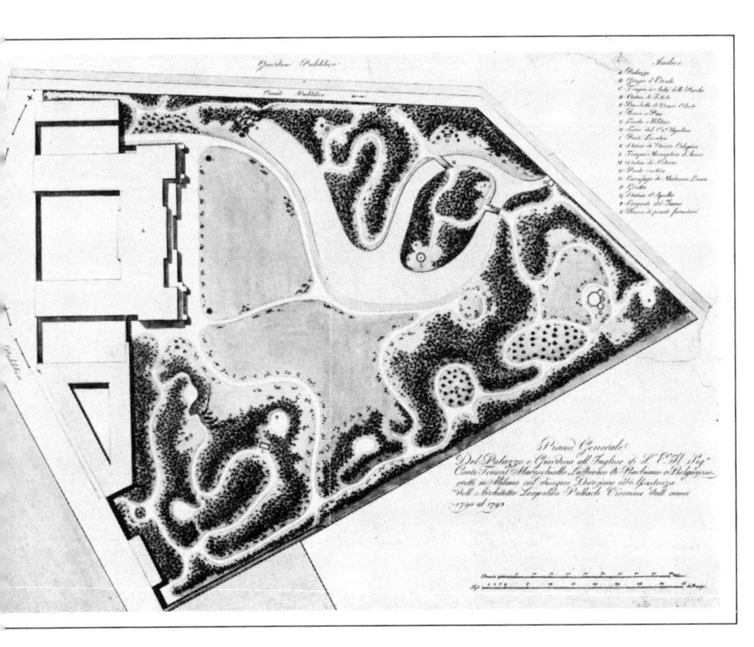
Piano Generale

PACI · POPVLORVM · SOSPITAE

图 545　米兰，威尼斯门，鲁道夫·万蒂尼设计(1827—1833 年)

图 546　吉沙巴，圣洛伦佐别墅(又称圆厅别墅)，路易吉·卡尼奥拉设计(1822—1833 年)

图 547　因韦里戈，卡尼奥拉别墅(又称圆厅别墅)，路易吉·卡尼奥拉设计(1813—1833 年)

图 548 乌尔涅诺,钟楼,路易吉·卡尼奥拉设计(1824—1829 年)

图 549 建在蒙塞尼西奥通道上的一座纪念碑,朱塞佩·皮斯托基设计(1813 年)

里尼(Giuseppe Piermarini,1734—1808 年)手里。他曾在罗马从事建筑设计长达 12 年,并在卡塞塔(Caserta)同万维泰利共过事,1769 年万维泰利被邀请重建公爵宫时将他带到米兰,但很快他就接管了这项工程,并被选为国家建筑师(Architetto di Stato),他呆在这个位置上直到 1796 年法国人占领了米兰他才逃离米兰。在这 25 年里,他掌握了所有建筑的审批大权,没有他的批准就别想让建筑拔地而起。同时他还主持布雷拉学院(Brera Academy)的工作(该学院创建于 1776 年),由此保证米兰建筑风格的一致。他独立完成的第一座建筑是维吉尔学院(the Accademia Virgiliana),该学院位于曼托瓦,设计于 1770 年,建于 1773—1775 年。由于平面和立面的不协调,故该建筑显得呆板,并不引人入胜,这也暴露了他作为一个建筑师的弱点,但似乎并没有影响他的建筑设计事业。他开始在米兰的贝尔焦约索(Belgioioso)广场上修建宏伟的贝尔焦约索宫(1772—1781 年),尽管每一要素甚至每一块粗琢面石都互不衔接显得离奇古怪,但他着力表现了正面。他还修建了许多其他建筑,但较成功的则是格雷皮宫(the Palazzo Greppi, 1772—1778 年)、位于博尔戈诺沃(Borgonuovo)街的莫里贾宫(the Palazzo Moriggia, 约 1775 年)和卡斯内迪府邸(Casnedi House,约 1776 年);在某种程度上讲,这些建筑的正面均由多层薄薄的矩形镶板构成,而没有其他任何装饰。所以司汤达(Stendhal)在写给罗马、那不勒斯和佛罗伦萨的介绍中称之为"皮耶尔马里尼设计的这些讨厌的正面"。但这一时期他设计的主要建筑是公爵宫,他 1773 年接手,工作一直持续到 1778 年。在这项工程中,他第一次介绍了 7 个名叫阿尔贝托利中最著名的一位建筑师:焦孔多(Giocondo, 1742—1839 年)。焦孔多曾在帕尔马教了 10 年建筑设计,1772 年移居罗马,后又到那不勒斯同万维泰利一道工作,自那以后一直到 1774 年他都在佛罗伦萨与保莱蒂(Paoletti)合作设计修建位于乌费奇(Uffizi)的尼俄柏大厅(the Sala della Niobe) 和后来又回去修建波焦皇家别墅。1774 年晚些时候应皮耶尔马里尼邀请来到米兰设计装修公爵宫室内。他说:"该宫室内装修堪称第一流的。"但现已变得暗淡无光了。随后他承担了皮耶尔马里尼设计修建的所有建筑的装修工程并开始在布雷拉学院从事教学。他向学生们展示了怎样将形式和基调分离然后又将它们按照几何形式组合在一起。他的弟子众多,甚至人们认为佩西耶(Percier)和方丹(Fontaine)也在其中。塞尔瓦肯定是他的学生。阿尔贝托利编著出版了《创造性装饰集锦》(the Ornamenti diversi inventati, 1782年),《著名大厅装饰和其他建筑物装饰》(Alcune decorazioni di

图 550　米兰，维克多·埃马努埃莱二世美术馆，朱塞佩·门戈尼设计(1865—1877 年)

nobili sale ed altri ornamenti, 1787 年)和《青年设计师设计图集》(Miscellanea per I giovanti studiosi del disegno, 1796 年),从中他的设计风格更加清晰可见。与让－路易·普里厄(Jean-Louis Prieur)和纳福热(Neufforge)的风格相似,十分厚重。他惟一一座独立完成的重要建筑就是梅尔齐别墅(the Villa Melzi, 1805—1815 年),位于贝拉焦,俯瞰科莫湖,其正面是意想不到的那么平直,没有任何装饰,就犹如皮耶尔马里尼设计的府邸正面那样。

在米兰郊外的蒙扎,皮耶尔马里尼修建了公爵别墅(the Villa Ducale,1776—1780 年),装饰任务再一次由阿尔贝托利承担,但小礼拜堂则完全是由皮耶尔马里尼设计、装修完成的,至今仍完美无缺。在卡萨诺达达,在博罗梅奥别墅(Villa Borromeo, 1780—1785 年)的扩建工程中他修建了一个较小的略有变动的小礼拜堂。这两座建筑均由土方建成的,故表面光滑平整,显得纤细,并不威严,诚如他前一个重要建筑:米兰斯卡拉剧院(the Teatro alla Scala, 1776—1778 年)。该剧院细部处理太粗糙,以至于室内已进行了多次整修。这主要是由于此剧院奠基这一年里,皮耶尔马里尼正忙于修建米兰的另一座剧院:卡诺比亚纳剧院(Canobbiana, 为那些未能在斯卡拉剧院订上包厢的贵族设计修建),不久又忙于诺瓦拉剧院(Novara, 1777 年)、蒙扎剧院(Monza,约 1778 年)、曼托瓦剧院(Mantua, 1782—1783 年)、克雷马剧院(Crema, 1783—1785 年)和马泰利卡剧院(Matelica, 设计于 1803 年;建于 1805—1812 年)。在那些他未去修建的地方,如的里雅斯特、皮亚琴察,人们都模仿他修建剧院;甚至远在里斯本(Lisbon), 1792 年,J·科斯塔(J. Costa)和席尔瓦(Silva)也修建新歌剧院。因皮耶尔马里尼的学生佩尔奇(Pertsch)取代他作了的里雅斯特剧院的设计师,所以塞尔瓦(Selva)讨厌斯卡拉剧院,并称斯卡拉剧院太法国化。他同时代的建筑师西莫内·坎托尼(1739—1818 年)曾在万维泰利手下工作过,1767—1768 年间又曾求学于帕尔马,随后来到热那亚同塔里亚费基一道共事,他则更喜欢从法国建筑中寻找灵感。皮耶尔马里尼想方设法不让他接到官方的委托,但他仍然修建了许多城乡住宅和一座公共建筑:热那亚的公爵宫(1778—1783 年)。米利齐亚检查了该宫的大厅以至于在它完工之前就批准了该建筑。但最能展现坎托尼法国风格的两座建筑是:第一座是塞尔贝洛尼宫(Palazzo Serbelloni,最初设计于 1775 年;经过多次修改后建于 1779—1794 年),位于米兰威尼斯科尔索路 16 号;尽管该宫的宏伟大厅于 1814 年才建成,但 1796 年这里就曾接待过拿破仑。第二座是佩尔图萨蒂宫(Palazzo Pertusati,

图 551　拉科尼吉，马尔盖里亚府邸，佩拉吉奥·帕拉齐设计（1834—1839 年）

图 552　帕多瓦，德比特宫，卡米洛·博伊托设计（1872—1874 年）

图 553　帕多瓦，齐维可博物馆，卡米洛·博伊托设计（1879 年）

图 554　雅典鸟瞰(1932 年),图为 1836 年全城布局,弗里德里希·冯·格特纳设计,主要新古典主义建筑;右上,皇宫,左,国立图书馆,大学及拱廊

1789—1791 年),位于米兰大运河畔,但现在已拆毁了。这两幢建筑在意大利历史上都是开先河的。第一座建筑有两根纤细的爱奥尼柱,对称排列在建筑物正面中央,顶端用陡直的山花连接在一起,山花正对一块连续不断的浅浮雕板,这一结构融合了贝朗热最先使用过的各种基调。第二座建筑更是模仿了法国巴黎的一座府邸而设计,属于阿尔让松府邸风格。但坎托尼并不是一个始终如一的建筑师。他还为塞尔格尼家族在戈尔贡佐拉(Gorgonzola)修建了圣普罗塔西奥和圣杰尔瓦西奥教堂(SS. Protasio e Gervasio, 1775 年他已在那里设计了一座公墓),构图大胆并且高低起伏,错落有致,低矮的拱廊将中央柱廊与两个阁楼连在一起,阁楼的巨大拱形孔伸入顶上的山花墙里,正门的风格各异,但顶上是穹隆顶塔。该教堂始建于 1802 年,直到 1842 年,贾科莫·莫拉利亚(Giacomo Moraglia)建完其钟楼,整个工程才真正完工。它充分展示了坎托尼独特的风格。在修建教堂的同时,他还修建了一系列别墅。首先是位于博尔戈维科的奥尔莫别墅(Villa Olmo, 1782—1794 年),其次是位于布雷西亚(Brescia)的焦维奥别墅(the Villa Giovio, 1790—1795 年)和位于奥雷诺(Oreno)的加拉拉蒂-斯科蒂别墅(the Villa Gallarati-Scotti, 1790—1793 年),这些别墅风格各异,完全是大杂烩,有的是传统风格,有的又比较新颖,但有一点是共同的,那就是坎托尼一直喜欢在阁楼纤细的基座上塑一座男塑像。

皮耶尔马里尼的学生莱奥波尔多·波拉克(Leopoldo Pollack, 1751—1806 年)和路易吉·卡诺尼卡(Luigi Canonica, 1764—1844 年)开始了更为强有力的建筑改革。波拉克的父亲是一名建筑工人,他曾同父亲及弟弟米夏埃尔·约翰父子三人一道在维也纳受过培训,后来他的弟弟成了布达佩斯最活跃的建筑师。1775 年波拉克移居米兰,皮耶尔马里尼立刻就让他着手公爵宫的工作。卡诺尼卡出生在提契诺,他在布雷拉学院求学时是皮耶尔马里尼的学生,所以学到了他的管理才能。1796 年法国占领了米兰,皮耶尔马里尼逃到了他的家乡福利尼奥。卡诺尼卡就接替他成了国家建筑师,为此皮耶尔马里尼一直没有原谅他,并称他为忘恩负义的卑鄙小人。虽然如此,但法国人信任他,并于 1805 年邀请他到巴黎;奥地利人同样信任他,所以他任此职一直到 1807 年,随后为了对建筑的管理更民主而建立了一个五人委员会(装饰委员会)。卡诺尼卡是一位英明有才干的建筑师。他为米兰作了大量规划并使许多公共建筑和办公大楼拔地而起,但最大成就还是扩建了元老院中的瑞士人协会(the Collegio Elvetico)大楼。他的特点之一就是对美有很高的鉴赏力。在他的作品中明显地表现出这

图 555　雅典，国立图书馆，大学和学院，汉斯·克里斯蒂安·汉森和特奥菲洛斯·爱德华·汉森设计(1839—1891 年)

图 556　雅典，扎皮翁，环行法院，弗朗索瓦－路易－弗洛里蒙·布朗热和特奥菲洛斯·爱德华·汉森设计，动工时间，1874 年

一特点，并将它体现在一条街的布置上，如位于曼佐尼街(Manzoni)的布伦塔尼－格雷皮宫(Brentani-Greppi，1829—1831 年)，第二、三层楼的窗顶有一个小圆窗镶嵌在壁凹里；位于同一条街上的安圭索拉－特拉弗希宫(the Palazzo Anguissola-Traversi，1829—1830 年)，带有凹槽的科林斯壁柱，雕带色彩斑斓。在其后面的莫罗内(Morone)路上，卡洛·费利切·索韦(Carlo Felice Soave，1740—1803 年)设计修建了安圭索拉府邸(Anguissola House，1775—1778 年)。索韦是又一个提契诺人，同样在帕尔马求过学；该府邸的细部经过精心设计，富有生气，尤其是花园正面和房屋室内装饰。这些建筑都表现出这一时期米兰建筑风格独特的一致性。卡诺尼卡于 1805 年到 1807 年设计了一座公园里的圆形舞台(Arena)，1813 年凯旋门的建成，整个工程才最终完工，这个建筑是他设计的惟一出众的建筑，但谈不上其他。圆形舞台结构简单，但它的规模足以称得上宏伟。其设计灵感并非出自卡诺尼卡一个人，而且还得益于朱塞佩·皮斯托基(Giuseppe Pistocchi，1744—1841 年)和乔瓦尼·安东尼奥·安托利尼(Giovanni Antonio Antolini，1753—1841 年)。他们两人都出生在法恩扎(Faenza)，其中安托利尼在罗马生活了很长一段时间，1800 年才来到米兰。他们都投身于一系列公共建筑项目中，这些公共建筑都计划修建在斯夫泽斯科(Sforzesco)城堡周围，全都称得上是宏伟的方案，遗憾的是只有卡诺尼卡的圆形舞台变成了现实。

波拉克算不上是皮耶尔马里尼的忠实追随者，因为他有自己独特的风格。他从皮耶尔马里尼手中接过修建帕维亚(Pavia)大学的任务后就明显表现出这一点。1785 年修建了解剖学阶梯教室，1786 年修建第三球场，1787 年建成了物理阶梯教室，这三幢都是流行的法国风格。稍后于 1828 年由朱塞佩·马尔凯斯(Giuseppe Marchese)设计修建的主楼梯风格上差异不大。珀蒂托对在那儿看见的一切表示首肯并简洁地评论说："好，很好！"但让波拉克成名的是贝尔焦约索府邸(也就是后来的王宫)；它位于米兰，建于 1790—1796 年。它同样受到法国建筑的影响，不过同样受到了皮耶尔马里尼设计修建的贝尔焦约索宫正面所表现出的紧凑风格的影响。那绚丽多彩的室内装饰为今天的现代艺术画廊提供了奇特的背景。至于说花园，塞尔瓦和卡洛·阿马蒂(Carlo Amati)也出了一分力；它是米兰历史最悠久的花园之一，风景如画。10 年后，1801 年埃尔科莱·席尔瓦(Ercole Silva)才发表了那开拓性的论文：《英国园林艺术》，不过，席尔瓦早在这之前就在自己位于塞尼塞洛·巴尔萨穆(Cinisello Balsamo)的吉拉兰达·席尔瓦府邸

图 557　夏洛茨维尔，弗吉尼亚大学，所视为圆顶大厅，托马斯·杰弗逊设计（1817—1827 年）

(Villa Ghirlanda Silva)修建了花园。不久之后，波拉克设计了位于穆吉奥的卡萨蒂别墅(the Villa Casati)和维拉尼·罗卡－萨波里尼(Villani Rocca-Saporini)别墅(又称圆厅别墅，位于博尔戈维科)，中央椭圆形大厅虽说在室内布置上不起多大作用，但就整个建筑而言，则起到了决定性作用。波拉克像皮耶尔马里尼和卡诺尼卡一样是一位注重客观的规划师。同样与卡诺尼卡相似，设计紧跟时代潮流，与周围的建筑相比是最好的。你只需看一看位于科莫湖西岸的博尔戈维科就能明白这一点。最前端是索韦设计的卡尔米纳蒂别墅( the Villa Carminati)，圆厅别墅居中，另一端则是坎托尼设计的奥尔莫别墅(the Villa Olmo)，沿着一条小路而下，则是索韦设计的萨拉查别墅(the Villa Salazar)，一眼望去，多姿多彩，但所有建筑又浑然一体。

仅有一位著名的建筑师承袭了他们的风格，他就是路易吉·卡尼奥拉(Luigi Cagnola, 1762—1833 年)，他将自皮耶尔马里尼以来的建筑推向了顶峰，将应用在建筑物正面纤细的平面几何图形发展成了粗壮坚稳的几何图形。他本想当一名外交家，却于 1795 年在维也纳开始了他的建筑设计生涯，开始积极尝试设计并设计了一座大门通道。位于瓦亚诺·克雷马斯科(Vaiano Cremasco)的苏拉别墅(the Villa Zurla)是他在意大利设计的第一座建筑，差不多于 1802 年才竣工，但当年就由于地震而垮塌了。这座低矮的柱廊式建筑是他在威尼斯建筑学院几年学习的结晶，同样也是亲自参观了帕拉第奥设计的建筑后设计而成的，但并不是说卡尼奥拉的借用表现得非常明显。他是一个狂热的民族主义者，因而认为在社会动荡时期，一个贵族后代的正确态度就应该是爱国。于是他就从意大利本土寻找灵感；他从帕拉第奥设计的建筑那里寻找灵感，从佛罗伦萨的文艺复兴，从古罗马建筑中寻找灵感。这些前人的观点和建筑启发他设计了早期的作品。在米兰，他设计修建了瑞士门或称马伦戈门(the porta Ticinese or Marengo, 1801—1814 年)，这是一个结构简洁带有山花式的门廊；和平拱门(the Arco della Pace)，建于 1806—1838 年。这些年里，在米兰还修建了由朱塞佩·扎诺亚(Giuseppe Zanoia, 1752—1817 年)设计的诺瓦门(the Porta Nuova, 1810—1813 年)，建于 1826 年；由贾科莫·莫拉利亚(Giacomo Moraglia, 1791—1860 年)设计的科马西纳门(the Porta Comasina,1827—1833 年)，即现在的加里波第门；而当时最好的则是由鲁道夫·万蒂尼(Rodolfo Vantini, 1791—1856 年)设计修建的威尼斯门。而其中卡尼奥拉设计的和平拱门或森皮奥内门(Arco del Sempione)则是最有意模仿古罗马大门，用材最复杂，细部雕刻最丰富、最精致，其

图 558　波士顿，马萨诸塞州议会大厦，查尔斯·布尔芬奇设计（1795—1798 年）

图 559　夏洛茨维尔，弗吉尼亚大学第九楼馆，托马斯·杰弗逊设计（1804—1817 年）

图 560　马里兰，巴尔的摩，罗马天主教大教堂，本杰明·拉特罗布设计（1804—1818 年）

镶板上的雕刻则出自蓬佩奥·马尔凯西(Pompeo Marchesi)之手。佩西耶和方丹遭解雇后，他则着手设计马迈松别墅，但他真正紧接着完成的则是他自己的府邸。1816 年他与表妹弗兰切莎（Francesa del Marchesi d'Adda)结婚，而该府邸早在一两年前就开始建造了，但一直修建了 17 年。这是他的杰作，雄踞在山顶，俯瞰因韦里戈（Inverigo)，巨柱和山花门廊沿着宽大的石梯一侧拾级而上，另一侧则是圆头穿孔的粗面石。中间是平顶圆形大厅。一条狭小的门廊通到半山腰，门廊里有许多高大的男人塑像，均由蓬佩奥·马尔凯西雕刻而成。整齐的几何构图是整个建筑的主基调。虽然其内部规划和空间组织结构都不尽合理，但是，卡尼奥拉发现了自己的风格后就一味地采用：如，他 1820 年的位于维尔德尔的卡尼奥拉别墅（Villa Cagnola，约 1820 年），房间里就设计有小型花卉壁画，花园中古迹似的建筑物被赋予浪漫的色彩；孔科雷佐教堂（Concorezzo，1818—1858 年）柱廊的雄伟，吉沙巴大教堂（Ghisalba，1822—1833 年）的宏大气势。这些手法无不令人惊叹不已。他还负责设计了吉沙巴附近一座乌尔涅诺大教堂（Urgnano，1824—1829 年）和另一座地处西南以远的基亚里大教堂（Chiari，1832 年）。两座教堂的格调令人耳目一新，颇具时尚精神，只不过教堂的钟楼设计落入了他人之手。在他人生的最后几年里，他几乎没建成几幢大楼，他设计了梅特尼希（Metternich）的陵墓，也设计了维也纳皇宫，可惜二者都没有动工修建。但是，这一切都丝毫没有减弱他国内学生和国外建筑师们对他的敬畏之情。在意大利，他的风格开始渐渐受到人们的注目。他的设计植根于本民族。他设计的建筑庄严稳定，规模宏大，然而始终理据十足。在那些建筑师们正为 1813 年的大型工程——蒙森西奥纪念碑（Monumento alla Riconoscenza al Moncensio）作筹备工作时，他对所有的建筑师所产生的感染力是无法抗拒的。参加这个宏大工程的建筑师还包括塞尔瓦、坎托尼和皮斯托基（Pistocchi）。当人们拿他的作品和他的追随者卡洛·阿马蒂的作品相比，卡尼奥拉的才华便独领风骚。卡洛·阿马蒂（Carlo Amati，1776—1852 年）1839 年至 1847 年间设计的米兰圣卡洛·维科（S. Carlo al Vorco）大教堂，结构固然稳定，但是大楼好几处却险象环生。这幢规模过分宏大的教堂，虽不说是在整个意大利，但至少可以说在米兰终止了那场“古典运动”。至于其余的建筑都成了没有生气的精美玩艺儿。本书范围以外的下一时期，有代表性的建筑是维克多·埃马努埃莱二世美术馆（The Galleria Vittorio Emmanule II）。但是，他却是英国承包商用英镑在1865年和1877年间修砌而成，好在设计工作还是由朱塞佩·门戈尼

图 561　华盛顿特区，国会大厦，最高法院会议室，本杰明·拉特罗布设计(1815—1817 年)

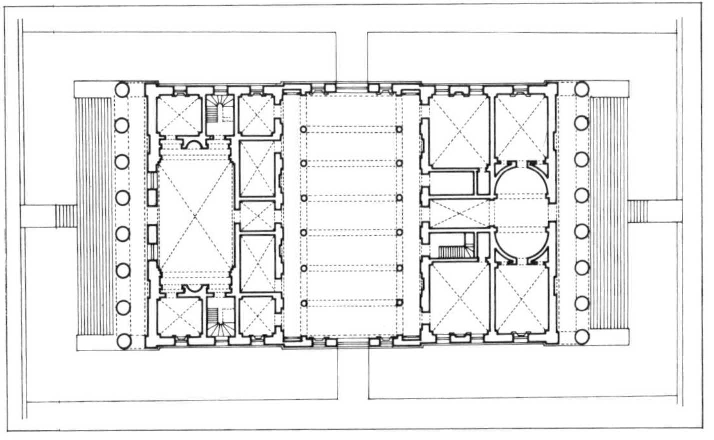

图 562　费城，美国第二银行平面图，威廉·斯特里克兰设计(1818 年)

(Giuseppe Mengoni, 1829—1877 年)来干。这便是 19 世纪后期意大利工业化进程和大规模重建的缩影。重建所带来的灾难性后果是 1888 年造成了佛罗伦萨市中心旧貌完全被毁。

在所有这段历史长河中，所提供的关于建筑思想探索的文字记录并不多。真正有的大多来自 18 世纪的法国。米利齐亚的书业已提及，其他值得一提的还有：保罗·佛里西(Paolo Frisi)1766 年在里窝那出版了《哥特式建筑介绍》(Saggio sopra l'architettnra gotica)一书；另一位是埃尔梅内吉尔多·皮尼(Ermenegildo Pini)，1770 年他发表了《建筑对话》(Dell' Architettura Dialoghi)一书。但是，这些都只是汇编出法国人的思想而已，并没有重大突破。

19 世纪期间，由于哥特复兴主义者的活动范围广——事实上它遍布欧洲大部分国家和地区——新思潮随之涌进意大利。不过，它来到意大利的时间还是太迟。19 世纪初，它踏上了意大利国土，可是大都是来自英国的花园装饰之类的"洋货"。开始具有重要意义的建筑要数佩拉吉奥·帕拉吉(Pelagio Palagi, 1775—1860 年)设计的拉马吉里亚大厦(La Margheria)，它位于都灵附近的拉科尼吉(Racconigi)，建于 1834—1839 年间。在意大利的另一侧，如在帕多瓦，朱塞佩·亚佩利直到 1842 年才完成了他的佩德罗基咖啡馆哥特式翼形大楼。从根本上说，这些建筑仍然浅薄得很。渐渐地，意大利民族主义如烽烟四起。他们对本民族昨日哥特风格的盎然兴趣被撩拨了起来：一场端肃的复兴运动在萌动着！这场运动中，最具代表性的人物便是彼得罗·埃斯滕泽·塞尔瓦蒂科(Pietro Estense Selvatico, 1803—1880 年)和卡米洛·博伊托(Camillo Boito, 1836—1914 年)。塞尔瓦蒂科出身于维内托，算不上伟大的革新人士，不足以引起人们的过多兴趣。他的设计思想几乎都承袭皮金(Pugin)、拉斯金(Ruskin)和维奥莱-勒迪克(Viollet-le-Duc)，然后加入了自己的一些见地。但是，是他培养出了高徒博伊托。博伊托生于罗马，就学于米兰布雷拉学院，拜在弗里德里希·冯·施米特(Friedrich von Schmidt, 1825—1891 年)的门下。弗·冯·施米特在布雷拉学院从 1857 年呆到 1859 年。米兰沦陷于奥地利人手时，他退了下来，把余生全部的时间和精力致力于完成科隆大教堂(Cologne cathedral)。然而，博伊托并没有借用塞尔瓦蒂科和施米特二位老师的思想。他的思想是通过阅读维奥莱-勒迪克的著作而获得。据悉，他们因担任"佛罗伦萨大教堂设计大赛"评委而相识。施米特退休后，博伊托顶了上去，在布雷拉学院一干就是 48 年有余。因此，在确立"维奥莱-勒迪克"提出的线条新理论时，博伊托便不无影

图 563　费城，商品交易所，威廉·斯特里克兰设计（1832—1834 年）

图 564　费城附近，安达卢西亚府邸，托马斯·U·沃尔特设计（1835—1836 年）

图 565　费城，吉拉德学院，主建筑，托马斯·U·沃尔特设计（1833—1847 年）

响。博伊托可贵之处还在于他指导和培养出了朱塞佩·布伦塔诺（Giuseppe Brentano）、卢卡·贝尔特拉米（Luca Beltrami）、加埃塔诺·莫雷蒂（Gaetano Moretti）和朱塞佩·索马鲁加（Giuseppe Sommaruga）这些后起之秀。博伊托本人的建筑没什么可爱之处，而建筑所具有的狭长、规整及中世纪意大利风格比起国内其他类似的建筑便显得更富有个性。在米兰以北的加拉拉泰，有两座他早期的作品：一座是 1865 年设计建成的公墓，当时他才 29 岁；另一座是 6 年后修成的一所医院大楼。作品中的手法都相当严谨，而他那哥特风格却臻于更加火焰般艳丽和更具威尼斯风范。1872 年和 1874 年的 2 年内，在帕多瓦，他设计了德比特宫（Palazzo delle Debite），5 年后，又设计了当地的博物馆。他建筑生涯的高潮发生在米兰，即 1899 年至 1913 年间他设计了位于博纳罗蒂广场（The Piazza Buonarroti）的威尔第府邸（The Casa Verdi），还包括威尔第那多姿多彩的墓室。威尔第的歌剧词作者、作曲家阿里戈·博伊托（Arrigo Boito）正是卡米洛·博伊托的弟弟。

这类殡仪馆小教堂建筑，不敢登大雅之堂，因此，详尽的资料鲜有所见，但是，它们的数目在意大利却多如繁星。真正具有哥特复兴精神的建筑师更多地忙于修建或重建中世纪教堂及正门，或经过很长时间才拟订建筑计划。竞赛、议论纷争，修正再修正充斥了整个意大利建筑活动，结果，完成中世纪教堂的工程最后成了拖泥带水的纸上谈兵。话虽如此，在本世纪后期，毕竟还是建起了不少摇摇晃晃的哥特建筑：1890 年在卡普里亚特达达（Capriate d'Adda）由埃内斯托·皮罗瓦诺（Ernesto Pirovano）设计的克雷斯皮别墅（Villa Crespi）和另一座几年后建成的由吉诺·科佩蒂（Gino Coppede）设计位于热那亚的麦肯齐城堡（Castello Mackenzie）；在撒丁岛，这类别墅和城堡的数目更是不胜枚举。总之，真正对未来产生影响的不是博伊托这些设计风格的华丽而是他的教学和著作。博伊托鼓励建筑师们要广泛使用各种建筑材料，但这些材料的选择不仅要满足视觉效果，而且应该注重材料在未来建筑中发挥恰如其分的作用。砖便是广泛使用的建筑材料：尽管人们把砖抹上灰泥的行为视作“不诚实”，但是有时他们的确这样做。石头被选来装点窗框，增加窗子的分量。只有彩色装饰板和瓷瓦才完全是为了装饰。因此，每一因素都会独具特色，富有不同的表现力。大凡建筑材料都必须功能明确，富有表现力。诚然每幢建筑都可以自成一体，但是它所蕴藏的思想却应该直截了当和简单明了，而且还必须富有未来主义意味。当然，不排除有人会以为，这叫过分“简单化”。但是，就是博伊托才真正让“工艺－艺术”完美结合的思想和花叶式风

图 566 哥伦布，俄亥俄州议会大厦，
亨利·沃尔特设计（1838 年），
始建于 1848 年

格在意大利的土地上生根发芽。

## 第七节 希 腊

到 19 世纪 30 年代末，雅典萎缩成了一座不足 1 万人居住的城市。建筑，尤其是古典建筑的复兴姗姗来迟；这场复兴运动事实上只是等到欧洲其余的地方已经过时良久才在雅典扎下根。尽管说起来令人难以置信，有些矛盾，但这种风格还得从国外进口：1833 年，来自德国巴伐利亚的新君主奥托·冯·维特尔斯巴赫（Otto von Wittelsbach）坐镇雅典，那种风格就接踵而至。斯塔马蒂奥斯·克莱安西斯（Stamatios Kleanthes）和爱德华·绍贝特（Edouard Scaubert）联手草拟了首都雅典重建的初步计划。克莱安西斯曾在柏林受过良好训练。他的导师便是大名鼎鼎的辛克尔。但是，这项计划被打入了冷宫，甚至皇帝的父亲巴伐利亚州的路德维希一世根本就未把计划送到希腊来，让皇帝本人了解清楚。冯·克伦策（Von Klenze）提出建议：在离赫菲斯塔斯（Hephaestus）大教堂附近的克拉梅科斯（Kerameikos）地区建造一座巨大的宫殿。同年，辛克尔获悉这一宏伟工程，为之鼓舞，随即予以响应，提议应该在卫城原址上也修一座皇宫。这样一来，一组室内装饰精美的建筑群与古香古色的旧殿宇融为一体，那场面定会令人叹为观止。但是，辛克尔却没有亲临希腊，去推行他的主张，从而他的建议迟迟不被采纳和实施。最后，时间已是 1836 年，新城的修建计划和皇宫的建造才开始启动。其设计师是一位抱负不足、却讲究实际有余的德国人：弗里德里希·冯·格特纳（Friedrich von Gartner）。这些德国建筑师们在雅典建造的房屋不算多（事实上冯·克伦策在雅典只是设计修建了阿吉奥斯·狄奥尼修斯（Aghios Dionysios）罗马天主教堂，建于 1858—1887 年间，而且带着文艺复兴时期的风格）但是他们却为以后的所有重要建筑立下了定式，甚至官方的设计风格一律采用新古典主义手法。就像巴伐利亚改朝换代那样，这群建筑师也免不了被汉斯·克里斯蒂安·汉森（Hans Christian Hansen，1803—1883 年）和弟弟特奥菲洛斯·爱德华·汉森（Theophilos Eduard Hansen，1831—1891 年）这样的丹麦人所取代。是这些人把新古典主义牢牢地扎根在希腊；是他们建起了一排排非常庄严肃穆、华贵而不失朴实的不朽建筑。这种风格我们今天在世界每个角落都能发现。现将其中的 3 幢大楼一起排列如下：雅典大学（H·C·汉森于 1839—1849 年设计建造），雅典学院（T·E·汉森于 1859—1887 年设计建造）及国立图书馆（T·E·汉森于 1859 年，1885 年，1888—1891 年设计建造）。但是，他们建成的远不止这些，同样，他们的学生恩斯特·齐勒尔（Ernst Ziller，1837—1923 年）也是如此，齐勒尔 1861 年才来到雅典。此外，他们的竞争对手法国人弗朗索瓦－路易－弗洛里蒙·布朗热（Francoise-Louis-Florimond Boulanger，1807—1875 年）和 E·特鲁姆普（E. Troumpe）以及希腊本土的帕纳约蒂斯·卡尔科斯（Panayotis Kalkos，1800—1870 年）、斯塔马蒂奥斯·克莱安西斯（Stamatios Kleanthes，1802—1862 年）和来山德·卡夫坦佐格鲁（Lysandros Kaftanzoglu，1812—1885 年）也都分别创造了不少辉煌。卡夫坦佐格鲁不仅在巴黎，而且在罗马留过学。自然，就是他们这些人主要地活跃在雅典的建筑舞台上，并且设计出像扎皮翁（Zappeion）环行法院（1874 年由 F·-L·-F·布朗热打头阵，后由 T·E·汉森接手）和伊利翁·梅拉思洛恩大楼（Ilion Melethron）这等豪华建筑。伊利翁·梅拉思洛恩大楼同齐勒尔 1890 年设计的海因里希·施利曼大厦（Heinrich Schliemann，现最高法院）一样，展现了独特风姿。此外，许多重要的新古典主义风格建筑还修到了比雷埃夫斯（Piraeus）并且散布在远及佩特雷（Patras）和更远的几个岛上。整个希腊都在修建这种形式简洁细部刻板的建筑，甚至将最低档次的房屋也改建成彻底古典主义风格建筑。古典主义的建筑风格实际上始终一成不变，完好如初地保持到了 1920 年。如今，很多不重要的小建筑正在被拆毁，其他的也被改建得面目全非。正如当年 T·E·汉森将辛塔格玛（Syntagma）广场上的迪梅特利翁宫（Dimetrion House，1842—1843 年）改建成了“大布列塔尼府邸”。在拆建时，新府邸只用了原来的铁制部分，不过，它完好地保存到了 1958 年。当然，这种对这场新古典主义运动所特地作的补充说明，与其说被外国人，还不如说被他们自己希腊人大大地低估了其价值。

## 第八节 美 国

热心于了解希腊复兴建筑全貌的人们都会发现，没有任何国家会像北美一样令人心满意足。藉此，我们首推詹姆斯·斯图尔特（James Stuart）1758 年设计位于哈格利（Hagley）的多立克式大教堂（Doric temple）。这颗种子发出的新芽，固然娇嫩了点儿，但到了 19 世纪上半叶却绽放出绚丽的花朵。托马斯·杰弗逊（Thomas Jefferson，

1743—1826年)和本杰明·亨利·拉特罗布(Benjamin Henry Latrobe, 1764—1820年)可谓美国18世纪后期最有趣的建筑师。19世纪希腊复兴时期,国内很多人迫不及待地想同他们两人在建筑风格上一争高下,但是终究没任何人能比拉特罗布更具特色。不过,美国仍然经过了一段时间的等待才终于盼来了另外一位极富想像力的古典派建筑大师,即19世纪70年代一举成名的查尔斯·福林·麦金(Charles Follen Mckim, 1847—1909年)。他曾在巴黎留学。

建筑师查尔斯·布尔芬奇(Charles Bulfinch, 1763—1844年)表现出英国人钱伯斯(Chambers)和亚当(Adam)的古典主义风格给美国带来了不小的冲击。他设计的圆顶带柱廊的波士顿马萨诸塞州议会大厦(Massachusetts State House,1795—1798年)便是佩罗(Perrault)、钱伯斯和亚当作品十足的翻版,但是,它毕竟成了19世纪诸多行政大楼格调的基准。与此同时,风格更细腻的杰弗逊在另一边却正在设计自己的房子(设计工作不断翻新)。这幢房子就是坐落在弗吉尼亚夏洛茨维尔(Charlottesville)的蒙蒂塞洛大楼(Monticello)。蒙蒂塞洛大楼的构思于1771年萌芽,最后取材于罗伯特·莫里斯(Robert Morris)所著《建筑选集》(Select Architecture, 1775年)中的一个平面图,而且与帕拉第奥《建筑四书》一书中墙面设计思想完全吻合。这幢构思精巧的大楼经过深思熟虑后(但在英国人看来这并不是一幢了不起的建筑),才于1771年动工兴建,于1782年停工,到了1793年再度动工。经过这么一番建建停停,于1809年房子终于建成。尽管是一座平房但却饶有趣味,结构富于变化。由于设计上变化多端和富有独创性,还有周围是风景如画的草原及望得见的壮丽山峰,它终于让杰弗逊实现了再现古罗马别墅的夙愿。这种别墅普利尼(Pliny)曾描述过,伯林顿勋爵(Lord Burlington)和英国帕拉第奥的弟子们对它羡慕不已,甚至罗伯特·卡斯特尔(Robert Castell)《古代别墅图集》(Villas of the ancients Lllustrated,1728年)一书中也有记载。

1785年至1789年间,杰弗逊设计了位于里士满的弗吉尼亚州议会大厦(Virginia State Capitol);在该楼里,他建起了一个巨大的但略显单调的爱奥尼式门廊。有人设想,杰弗逊一定是早在一年多以前曾在法国尼姆市亲眼目睹了某幢科林斯柱式正方形大楼,便由此羡慕不已,受此启发便设计出该门廊来。1790年,联邦政府选定了华盛顿作为政府新的所在地,法国人皮埃尔-夏尔·朗方(Pierre-Charles L'Enfant, 1754—1825年)拟订了规划方案。按照杰弗逊的建议,于1792年举行了总统房和国会大厦的设计竞赛。爱尔兰人詹姆斯·霍本(James Hoban, 约1762—1831年)在总统房的设计竞赛中一举夺魁,他的设计采用的是詹姆斯·吉布斯《建筑学》(Book of Architecture, 1728年)一书中的老式风格。另一方面,国会大厦的竞争名花无主。1792年至1828年,通过几个建筑师的通力合作,终于几经周折地修起了这座没几分想像力的大厦。这些建筑师们有:法国人斯蒂芬·哈勒特(Stephen Hallet)和3个英国出身的建筑师:威廉·桑顿博士(Dr. William Thornton, 1758—1828年),乔治·哈德菲尔德(George Hadfield,约1763—1826年)和本杰明·拉特罗布。大楼的侧翼和威严的铸铁圆顶是1851—1865年时托马斯·U·沃尔特(Thomas U. Walter, 1804—1887年)增加上去的。

从国会大厦把视线移到杰弗逊设计的新颖迷人的夏洛茨维尔的弗吉尼亚大学(University of Virginia),令人觉得舒了一口气。早在1804年到1810年间杰弗逊一直在构思修建一座"学院村落",其间座座小巧建筑相连成群,四周青草绿树环绕。不过,直到1817年,这计划才被草拟完毕,然后大楼破土动工。整个建筑通过柱廊衔接着2组5座帕拉第奥式的亭楼,一大片碧绿的草坪夹在中间,楼与楼彼此隔"坪"相望。这种格局好令人赏心悦目!然而,似乎有人又跳了出来,说这是从法国专制主义者路易十四的德·马尔利城堡(Château de Marly)遗迹上发掘到的"灵感"(这着实令人啼笑皆非。而杰弗逊是一个自由意志论者)。说实在的,在巴黎,杰弗逊的确同马里亚·科斯维(Maria Cosway)一块儿去过德·马尔利城堡。实际上,早在杰弗逊之前,索恩(Soane)1809年设计爱尔兰贝尔法斯特皇家学院时,灵感则真正地来源于德·马尔利城堡的亭台布局,但并没有动工修建。英国人威廉·威尔金斯(William Wilkins)设计的英国剑桥唐宁学院(Downing College ,设计于1804—1806年;建于1807—1820年),那低矮的而互不相连的建筑环绕着一块大草坪而建,它也算是弗吉尼亚大学的先行者。杰弗逊的十座楼馆,每座楼都包括讲习堂和10位教授的住房,而且风格各异。多数楼馆里都修建有类似于古罗马建筑命运女神·维里利斯(Fortuna Virilis)神庙中的爱奥尼柱(II号楼馆)和罗马皇帝戴克里先(Diocletian)浴室中的多立克柱(I号楼馆)。带有中央会议室的IX号楼馆十之八九是受到勒杜的吉马尔府邸(Hotel de Guimard, 1770年)或者索恩设计的位于诺福克(Norfolk)的肖特斯汉姆(Shotesham)公园(1785年)启发后,杰弗逊拿起笔一挥而就。杰弗逊按照本杰明·拉特罗布的建议,在整个建筑的前面修建了宏大的伟人祠或者说圆形大厅(Pantheon or Rotunda,建于1823—1827年),这个圆形大厅包括一个由三个椭圆形房间组成的套房和一个雄伟壮丽的圆形图书馆。

1796年，拉特罗布来到了弗吉尼亚。之前，他曾在很有独创精神的英国怪杰塞缪尔·佩皮斯·科克雷尔(Samuel Pepys Cockerell)手下拜师学艺。拉特罗布到美国后第一个重要作品就是设计了弗吉尼亚里士满市监狱(State Penitentiary, 1797—1798年)，监狱的拱形大门固若金汤，很有索恩"原始主义"格调。不久，拉特罗布被吸引到了北面的1790—1800年间美国首都——费城，当时美国最大的城市。1798年，他获准设计费城宾夕法尼亚银行(the Bank of Pennsylvania)。这是一幢既简朴又如圣殿式的大楼，呈简洁的长方形，两端分别设计了一行希腊爱奥尼式门廊，用逻辑和清纯着力表现了中央的圆形空间。这一设计构思显然来自洛吉耶(Laugier)的观点。大楼带有顶部灯饰的圆顶使人联想到1792年索恩设计的英格兰银行证券大楼(Stock Office)。19世纪60年代拉特罗布的大楼被拆毁，这是美国的最大损失。他的下一个力作是费城自来水厂(the Philadelphia Waterworks, 建于1798—1801年；1827年被拆)；在此，在一个长方形地基上用一行夸张的希腊多立克柱支撑起一座圆形大楼。整个大楼完全如勒杜的维莱特(Rotonde de la Villete)圆形大楼再现于世。

1803年，拉特罗布成了美国公共建筑检查长，其职责是完成华盛顿特区的桑顿议会大厦。拉特罗布首先设计修建众议院大厦，它是一个带有柱廊的椭圆形空间，柱顶突出；其设计得益于雅典利西克雷茨音乐纪念亭。1809年在大楼东面的地下室建成了索恩风格的连廊，连廊的柱顶为美国玉米叶饰。1814年一场大火将它烧毁，拉特罗布亲自重建。就像索恩设计英格兰银行和法院一样，拉特罗布在狭小的工作空间里依然发挥出无限的想像力。那场大火之后，他还重建了参议院和众议院，但重建时略有改动，增加了一个小圆厅，圆顶用他独创的"烟叶饰"装饰。早在1806—1807年间，基于拉特罗布草拟的规划而修成的最高法院会议厅(Supreme Court Chamber, 1815—1817年)(位于参议院会议厅正下方)，不愧为美国空间设计古典派中想像力最丰富之一。他的拱门坐落在矮墩墩的希腊多立克式沙石圆柱上，再加之半圆顶奇怪地挑出，飘浮在空中，犹如奏出了和谐的"三重奏"。这一设计参考了勒杜和索恩的设计。

拉特罗布最负盛名的设计要算巴尔的摩罗马天主大教堂(the Roman Catholic cathedral)。纵然整幢大楼跟索恩的任何一座教堂大相径庭，然而大楼的内部设计，大楼低矮的弓形圆顶，尤其是弓形拱门，不由得使人自然而然地联想起索恩设计的英格兰银行。这座天主教堂堪称庄重与天趣完美和谐的杰作。大楼设计于1804—1808年间，于1809—1818年破土动工及初具规模；1832年增盖了形如洋葱的钟楼(非拉特罗布本人设计)；1863年，爱奥尼柱廊才告完工；此外，1890年，唱诗班楼天衣无缝地被加长。

拉特罗布的学生罗伯特·米尔斯(Robert Mills, 1781—1855年)和威廉·斯特里克兰(William Strickland, 1788—1854年)纵横美国建筑舞台直到19世纪40年代。米尔斯从1803年至1808年一直在拉特罗布的工作室里辛勤耕耘，初露锋芒。他早期的作品大多是在费城和弗吉尼亚州里士满设计的一些教堂。在里士满纪念性教堂(Monumental Church, 1812年)中，米尔斯表现出独创性，富有进取精神并且思想深邃，把希腊复兴式建筑表现得淋漓尽致，从而脱颖而出，成了跟博诺米(Bonomi)和根兹(Gentz)这样的建筑大师齐名的后起之秀。1822年，他设计的南卡罗来纳州查尔斯顿国家档案馆如出一辙。他把柱子设计成没有凹槽的多立克式，而且它的建筑结构被誉为"防火建筑"。在巴尔的摩华盛顿纪念碑的项目中(Washington Monument, 1814—1829年)，他再次设计出一根没有凹槽的高耸的多立克圆柱，从此，名声大噪。完成这根圆柱后，他索性搬来华盛顿。他很快就在首都建筑舞台上纵横驰骋，设计了如财政部大楼(the Treasury)、专利局大楼(the Patent Office)、华盛顿纪念碑(都于1836年设计)和邮电大楼(the Post Office, 1839年设计)这些庞大的公共建筑。尤其是华盛顿纪念碑，其宏伟挺拔，同威尔金斯和斯默克(Smirke)早些时候设计的英国类似建筑相比，才真正创造了更加强大和威严的国家形象。

威廉·斯特里克兰由于设计了费城美国第二银行(the Second Bank, 现海关大楼；1818—1824年)而一举成名。它是第一座万神庙风格的美国公共建筑。斯特里克兰的华盛顿美国造币厂(Mint, 1829—1833年)还不算是古典主义风格的得意之作，紧接着，1832—1834年他把丰富的想像力融进希腊复兴式建筑之中从而设计了费城商品交易所(Philadelphia Merchants' Exchange)。商品交易所的科林斯式环形柱廊模仿利西克拉特(Lysicratean)纪念亭，顶上被高高的穹隆塔覆盖，颇具戏剧效果。他最后的主要作品当中，如位于纳什维尔的田纳西州议会大厦(the Tennessee State Capitol, 1845—1849年)就缺乏这种效果。在该议会大厦中利西克拉特(Lysicratean)风格的穹隆塔与主建筑极不相匹配。

无论如何，与斯特里克兰平分秋色的人还有：他的两个学生托马斯·U·沃尔特和亚历山大·杰克逊·戴维斯(Alexander Jackson Davis,

1803—1892年)。1829年,沃尔特、戴维斯和伊锡尔·汤(Ithiel Town,1784—1844年)合伙成立公司。汤设计的位于哈特福德的康涅狄格州“圣殿式”议会大厦(State Capitol for Connecticut,1827年)可算是继斯特里克兰的费城第二银行后又一佼佼者。汤因此承担设计了其他议会大厦。戴维斯和汤刻意模仿万神庙而设计出令人难以忘怀的纽约美国海关大楼(United States Custom House,1833—1842年;现国库分库)。之后,艾米·B·扬(Ammi B. Young,1800—1874年)也效仿着设计出穹顶柱廊式、花岗石砌成的马萨诸塞州波士顿海关大楼(1837—1847年)。伊锡尔·汤的马萨诸塞州北安普顿鲍尔斯大楼(Bowers House,1825—1826年),因其巨大的爱奥尼门廊而成了19世纪上半叶无数圣殿似大楼中又一力作。詹姆斯·柯尔斯·布鲁斯(James Coles Bruce)设计的希腊多立克式弗吉尼亚贝里山庄(Berry Hill,1835—1840年),从风格上说更接近威尔金斯1809年的格兰奇公园(Grange Park)。此外,另一幢可与格兰奇公园相媲美的大楼就是托马斯·U·沃尔特1835—1836年间设计的费城以北的安达卢西娅(Andalusia)府邸。大楼不仅有很高的考古价值,而且它的赞助商更是意义深远。大楼的赞助商尼古拉斯·比德尔(Nicholas Biddle)可谓美国同时代人中一位非同凡响的人物。他于1806年去了希腊,对希腊遗迹进行调查,掌握了大量第一手资料。从比德尔身上,沃尔特找到了灵感,创造出精美绝伦的费城吉拉德学院(Girard College,1833—1847年)。校园中央是一座用科林斯柱围成的环形教堂,“它包含一幢带有穹棱空间的匠心独具的三层高的综合性大楼,完全最新的(米尔斯式)防火建筑。”(W·H·皮尔逊:《美国建筑及其建筑师》,第1卷,1970年,第437页)教堂两侧分别是两幢圣殿似的主建筑。整个楼群洋溢着威尔金斯在剑桥唐宁学院试图表现的那种风格。就拿南卡罗来纳州查尔斯顿的爱尔兰大厦(1835年)那高大的门廊来说,托马斯·U·沃尔特沿用的是伊瑞克先(the Erechtheum)神庙的希腊爱奥尼风格,而亨利·沃尔特的哥伦布俄亥俄州议会大厦(Ohio State Capitol),1838年在A·J·戴维斯协助下设计;从1848年起由威廉·拉塞尔·韦斯特(William Russell West)和内桑·B·凯利(Nathan B. Kelly)修建。亨利·沃尔特的构思总的说来是宏大的。大厦巨大的八边形多立克门廊伸向天空,最后变成了一个圆柱体小穹顶,称得上真正纪念碑式构图。风格中融进了勒杜和辛克尔二人的思想。由此,他实现了托马斯·里克曼(Thomas Rickman)和爱德华·赫西(Edward Hussey)1834年那异想天开的设计——英国剑桥菲茨威廉博物馆。

到了19世纪60年代,这种看似生生不息的古典主义风格,逐渐地从质量上(数量上未必)落了下风,再也成不了美国建筑的主流。亨利·霍布森·理查森(Henry Hobson Richardson,1838—1886年)1865年从巴黎回到了波士顿,开辟了美国建筑史的新纪元。虽然理查森留学于巴黎美术学院(1859—1862年),然后又在拉布鲁斯特(Labrouste)和希托夫(Hittorff)手下干过,但是他并没有把法国的东西搬回美国。他早期的作品:位于马萨诸塞州梅德福的格雷斯新教圣公会教堂(Grace Episcopal Church,1867—1869年)和波士顿马尔伯勒大街的B·H·克劳宁希尔德大厦(B. H. Crowninshield,1868—1869年),都模仿了英格兰当时的哥特复兴式建筑。但是,在19世纪70年代,理查森发扬光大了一种罗马建筑风格——用巨石做面壁。比如,波士顿布拉托广场(现第一浸礼会)教堂(Brattle Square Church,1870—1872年)和圣三一教堂(Trinity Church,1873—1877年)。他采用了这种风格。很大程度上,这种建筑风格和法国小有关系,尤其是受到J-A-E·沃德雷梅(Vaudremer)的影响。也许,理查森的得意之作应该是建于19世纪70年代和80年代的一些私人住宅如:罗得岛新港的威廉·瓦兹·谢尔曼府邸(William Watts Sherman House,1874—1875年)和马萨诸塞州剑桥的斯托顿府邸(Stoughton House,1882—1883年)。理查森把这些私宅设计成琉璃大瓦,犹如庄园般模样。他那舒展的设计方案让人想起了理查德·诺曼·肖(Richard Norman Shaw)的手笔。

因此,在本章中,理查森的作用不算举足轻重。真正促成古典主义复兴于美国学术界的人物应当是查尔斯·福林·麦金。他曾经在理查森手下当过助手,也曾是巴黎美术学院的学生(1867—1870年),后来他和威廉·拉瑟福德·米德(William Rutherford Mead)以及斯坦福·怀特(Stanford White)结成合作伙伴,创造出一系列古典主义风格的经典之作,但不是法国古典主义风格而是古罗马风格。尽管诸如波士顿国家图书馆(Boston Public Library,1887年)和纽约市里数不胜数的佳作:维拉德别墅群(Villard Houses,1882年)、哥伦比亚大学(Columbia University,1893年)、大学俱乐部(Unversity Club,1899年)、皮尔庞特·摩根图书馆(Pierpont Morgan Library,1903年)以及宾夕法尼亚火车站(Pennsylvania Railroad Station,1904—1910年)取得了辉煌的成功,但带有决定论者倾向的建筑历史学家们却把他们的公司拒之门外,不值一提。

图 567　纽约市，哥伦比亚大学，低矮图书馆，麦金、米德和怀特设计(1893 年)

# 第七章　哥特式建筑的复兴

图 568　米德尔塞克斯郡，草莓山庄，林中礼拜堂，托马斯·丘特和托马斯·盖费尔设计（1772—1774 年）

## 第一节　英国：从沃波尔到里克曼

到 1750 年，哥特式建筑的复兴在英国已有很长的历史。这种风格的最早和最显著的实例之一就是 1623 年至 1624 年建于剑桥的圣约翰学院的图书馆。当时一位同仁在写给该学院院长的信中充分肯定了该图书馆精美的哥特式窗户设计："一些有鉴赏能力的人非常喜欢旧式的教堂窗型，认为那种窗户特别适合于这种建筑。"这一根据环境艺术特点对哥特式建筑风格的肯定将在下一个世纪产生共鸣。其中最著名的典型建筑有克里斯托弗·雷恩爵士设计的牛津大学基督学院的汤姆钟塔（Sir Christopher Wren's Tom Tower at Christ Church, Oxford, 1681 年），尼古拉·霍克斯莫尔设计的牛津大学万灵学院扩建部分（Nicholas Hawksmoor's additions to All Soul's College, Oxford, 1715—1734 年），以及他设计的伦敦威斯敏斯特教堂西翼的群塔（Western Towers, 1735—1745 年）。最早暗示哥特式建筑或许具有浪漫性和内涵的建筑师之中就有约翰·范布勒爵士（Sir John Vanbrugh），虽然他从未正式采用过哥特式尖拱。但是他那座位于格林尼治，始建于 1717 年的狭长并筑有高高的雉堞墙的府邸无庸置疑"在情感上是哥特式的"（J·萨默森：《英国的建筑，1530—1830 年》，1969 年第 5 版，第 237 页）。他极力主张保留白厅的"霍尔拜因式"大门（"Holbein" Gate）。我们在第二章中提到过，他还主张保留布莱尼姆公园中的伍德斯托克庄园遗迹。如果说范布勒提出了一种新的情感诱因的话，那么威廉·肯特则创造了一种新的后来被称之为"乔治王朝时期的哥特式风格"（"Georgian Gothic"）的建筑形态语言。肯特的创造性作用因而在建筑风格上具有极为重要的意义。但是值得注意的是下面所提到的他的主要哥特式建筑作品中，没有一件超越了现存的中世纪或都铎王朝时期的建筑特色：萨里郡的伊舍广场（Esher Place, Surrey, 1729—1733 年）；米德尔塞克斯郡的汉普顿宫（Hampton Court, Middlesex）门廊（1732 年）；威斯敏斯特宫中的大法官法庭和高等法院（the Courts of Chancery and of King's Bench, Westminster Hall, 1739 年）；约克大教堂的圣坛（Pulpit of York Minster）和格洛斯特教堂的歌台围屏（the Choir-screen at Gloucester Cathedral，均为 1741 年设计）。肯特格调轻松的仿中世纪风格主要是按照哥特式风格对古典柱式稍加改动，因此很容易效法。巴蒂·兰利（Batty Langley, 1696—1751 年）发展了肯特的设计思想，他在自己编著的一本书中对此作了详细介绍，并大胆地将这本书定名为《哥特式建筑：规范和比例》（Gothic Architecture Improved by Rules and Proportions, 1747 年），不过他本人显然对中世纪建筑还是有第一手知识。

在论及所有这些 18 世纪 40 年代末至 50 年代的成果时，人们会特别想到沃里克郡的乡绅和业余建筑师桑德森·米勒（Sanderson Miller, 1717—1780 年）这一名字。他仿建了沃里克郡艾奇希尔的城堡群（Sham Castles at Edgehill, Warwickshire, 1745—1747 年），伍斯特郡的哈格利庄园（Hagley Park, Worcestershire, 1747—1748 年），剑桥郡的温普尔宫（Wimpole Hall, Cambridgeshire, 1750 年）。除此之外，从 1750 年起米勒还是负责为罗杰·纽迪盖特爵士（Sir Roger Newdigate）改建位于沃里克郡的阿布里府邸（Arbury Hall, Warwickshire ）的建筑师之一。阿布里府邸在宗教改革前曾是一座修道院，后来改建成都铎式府邸，选用哥特式建筑风格能使人产生怀旧情感，因此才有可能获得认可。这座建筑主要由建筑师亨利·基恩（Henry Keene, 1726—1776 年）设计，虽然参照了一些中世纪的建筑，但是其整体印象完全体现了 18 世纪的建筑特色，其令人印象深刻的优美的哥特式风格一直延续到 18 世纪后半叶。1754 年至 1755 年，米勒为威尔特郡的拉科克修道院（Lacock Abbey）增设了一个赏心悦目的哥特式门道和一间大厅，旨在与该修道院现有的建筑协调一致。然而他最出人意外的哥特式建筑却不具有我们称之为"与环境相适应"的东西，因而难以证明其风格的选择是正确的。这就是那座叫作庞弗雷府邸（Pomfret House）的建筑，1760 年为守寡的庞弗雷伯爵夫人修建，位于伦敦阿灵顿大街。它仿佛是把詹姆斯·吉布斯（James Gibbs）1741 年设计的位于斯托（Stowe）的哥特式乡间教堂从农村搬到了都市。

哥特式建筑风格受到人们的推崇自有其内涵，并非仅仅是由于它能使人萌发怀旧情感，霍勒斯·沃波尔（Horace Walpole）自 1749 年到 18 世纪 90 年代选择了草莓山庄（Strawberry Hill）正是有缘于此。他出于个人爱好选择哥特式风格是这座府邸的三个最重要的特点之一，对此已有很多论述，这里没有必要再加赘述。另外两大特点是发展的非对称性，即强调发展的偶然因素，和日益增长的考古学知识应体现在其建筑风格的细部上。由于大量借鉴了各种各样的中世纪建筑，其中包括威斯敏斯特教堂和坎特伯雷教堂的陵墓，索尔兹伯里、伊利（Ely）和伍斯特（Worcester）等大教堂，以及古圣保罗教堂，威斯敏斯特教堂的亨利七世礼拜堂和鲁昂教堂的基本格调，因此草莓山庄就"设

图 569　威尔特郡，丰希尔修道院平面图，詹姆斯·怀亚特设计（1796—1807 年）

图 570　威尔特郡，丰希尔修道院西南面，詹姆斯·怀亚特设计（1796—1807 年）

图 571　威尔特郡，丰希尔修道院，爱德华柱廊，詹姆斯·怀亚特设计（1796—1807 年）

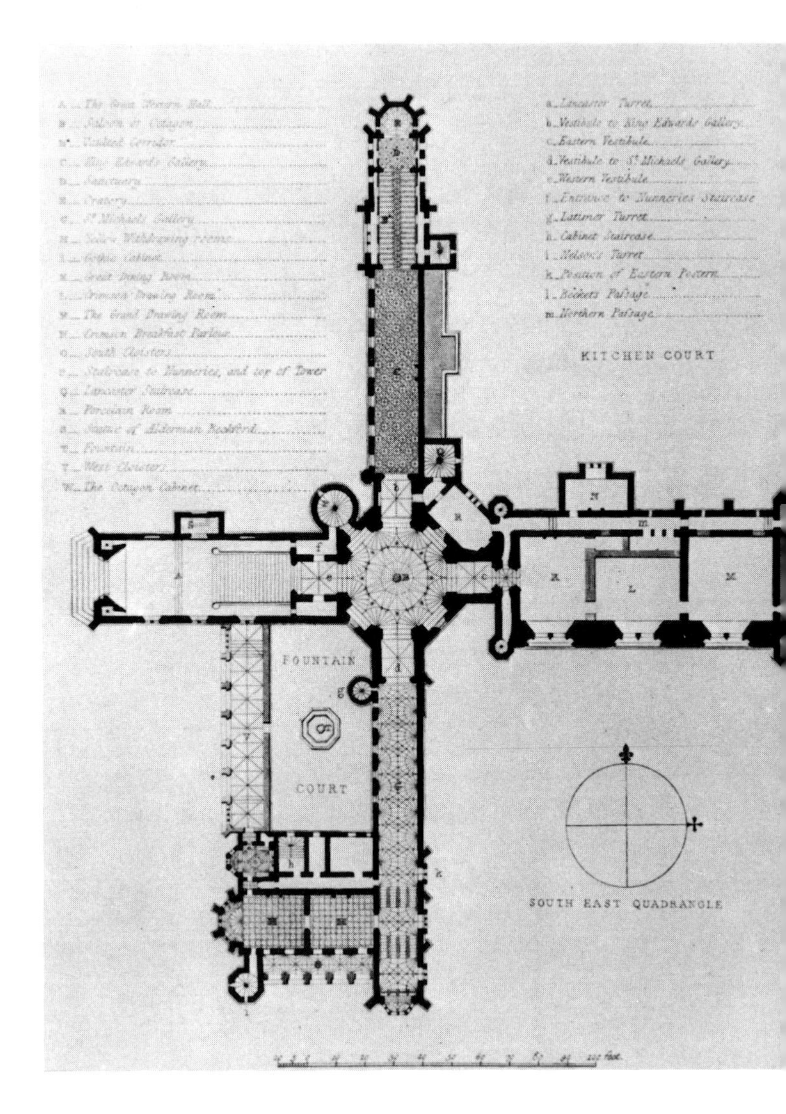


计队伍”而言同样是集体努力的成果。在 1750 年到 18 世纪 90 年代之间，博学的业余建筑师理查德·本特利（Richard Bentley）、约翰·丘特（John Chute）、托马斯·皮特（Thomas Pitt）以及詹姆斯·埃塞克斯（James Essex）得到了众多专业建筑师的帮助，其中有威廉·鲁宾逊（William Robinson）、罗伯特·亚当（Robert Adam）、詹姆斯·怀亚特（James Wyatt），还有威斯敏斯特教堂的匠师托马斯·盖费尔（Thomas Gayfere）。丘特和盖费尔在 1772 年至 1774 年通力协作，完成了林中礼拜堂（the chapel in the Woods）的设计。其正面是按照索尔兹伯里教堂奥德利大主教（Bishop Audley）的陵墓设计的，因此是草莓山庄里最地道、最具说服力的一座哥特式建筑，其他地方都充溢着洛可可式的纤巧华丽色调。这座府邸是沃波尔从伦敦一位发了迹的玩具商行的女老板手里购买的，一直是人们品玩的对象。沃波尔在 1753 年给一位友人的信中描述了他的楼梯：“（楼梯）非常小巧精致，我都想把它包在信里给你寄来。”8 年后他对自己的府邸评论道：“我宅邸的建筑就像我的著作一样，都是纸做的。”从中人们可以看出他本人对自己府邸的看法。草莓山庄虽然看起来轻快艳丽，它确实算得上是一种纸上建筑，因为其中许多细部并没有直接模仿中世纪的建筑实物，而是效法于沃波尔自己藏书中的建筑图样，其中著名的有威廉·达格代尔编著的《沃里克郡》（Sir William Dugdale's Warwickshire，1656 年）和《圣保罗大教堂》（1658 年），以及约翰·达特（John Dart）编著的《威斯敏斯特大教堂》（1723 年）和《坎特伯雷大教堂》（1726 年）。与这座如画式的古代文化遗迹当年的装修形成鲜明对照的是斯塔福德郡的夏巴勒公园（the Park at Shugborough，Staffordshire）的装修过程。该公园于 18 世纪 60 年代由詹姆斯·斯图尔特（James Stuart）进行装饰设计，当时他正要出版与雷维特（Revett）合写的论述雅典建筑的专著《雅典的古迹》，然而他在设计中极少采用他在书中介绍的雅典建筑风格。

沃波尔高度赞赏的同类仿古建筑是他朋友托马斯·巴雷特（Thomas Barret）在肯特郡的府邸李氏修道院（Lee Priory，1783—1790 年）。怀亚特很可能是由沃波尔向巴雷特推荐的，他将这座府邸设计得豪华艳丽，在某些细部处理上比草莓山庄更具古典特色，同时设计了一座尖顶八角形塔楼使其更富想像力。这座李氏修道院（“修道院”是巴雷特自己另起的别名）与中世纪建筑或教堂没有关联，采用哥特式风格纯粹是出于美学考虑。实际上，怀亚特准备了古典式和哥特式两套设计方案供巴雷特选择。尤其引起巴雷特和沃波尔注意的是怀

图 572　肯特郡，斯科特尼古堡，爱德华·赫西、安东尼·萨尔文及威廉·索里·吉尔平设计（1835—1843 年）

亚特的应变能力，房主人想要这座建筑给人一种适合居家使用的小教堂的印象，怀亚特在设计中预留了很可能在宗教改革后要进行的扩建和变动的空间。沃波尔在 1785 年的一封信中称赞这一以假乱真的杰作使人“整体上看是哥特式的，分开来看又是现代的——与整体刚好相反”。这座平面和外形极不规则的建筑按照如画风格的原理（Picturesque principles）来看，令人赏心悦目。带穹顶的八角形图书馆成了整个布局引人注目的中心，可能参考了伊利教堂中殿与翼部相交处的 14 世纪的穹窿顶塔。

威尔特郡的丰希尔修道院（Fonthill Abbey，Wiltshire）中央巍峨耸立的主塔楼也参照了伊利教堂或许还有边沁（J. Bentham）的《伊利教堂的历史及其古迹》（History and Antiquities of Ely，1771 年）一书中的插图。丰希尔修道院是怀亚特为威廉·贝克福德（William Beckford）修建的，工程从 1796 年开始直到 1807 年才完工。但是其杰出的平面布局和令人叹为观止的长廊完全出自怀亚特之手。长廊从圣迈克尔柱廊（St. Michael's Gallery）尽头的凸窗起，穿过中央的八角形塔楼，一直到爱德华柱廊北端的小礼拜堂，长达 90m（300 英尺）。贝克福德的最初设想与巴雷特的李氏修道院一样，也打算修建一座外形像教堂的建筑，一部分古朴陈旧，另一部分改做居家使用——他偶尔来此野餐或举行晚宴。他对这个地方越来越着迷，以至于 1805 年终于决定将这里作为他的永久性居所。地面都进行了美化处理，栽花种草，看起来庄重美观，充满异国情调。最终这座府邸及其周围环境成了如画式哥特建筑（Picturesque Gothic）的巅峰之作。

我们迄今为止一直将哥特式复兴视为如画风格理论的一个方面。这一理论的发展，从范布勒起，经由草莓山庄和佩恩·奈特的唐敦府邸（Payne Knight's Downtown Castle），到丰希尔修道院和由纳什（Nash）设计的那些华丽的非对称性布局的爱尔兰府邸，如库克斯敦（Cookstown）附近的基里穆恩府邸（Killymoon，1803 年），蒂珀雷里郡的尚巴里府邸（Shanbally，County Tipperary，1812 年），戈尔韦郡的洛·卡特拉湖府邸（Lough Cutra，County Galway，约 1817 年），当然还有纳什自己的乡间居所——怀特岛的伊斯特·考斯府邸（East Cowes Castle，Isle of Wight，约 1798 年，现已毁）。我们还必须探讨另外两种传统风格，它们分别与城堡式风格和教堂式风格渊源密切，但是与如画风格甚少关联。罗杰·莫里斯（Roger Morris，1695—1749 年）仿效布局对称的正规的中世纪城堡，设计了格洛斯特郡的克里韦尔府邸（Clearwell Castle，Gloustershire，1727 年）和阿盖尔郡的因弗雷里府邸（Inveraray Castle，Argyllshire，始建于 1745 年）。中世纪风格的建筑早在伊丽莎白一世和詹姆斯一世时期就已重新流行，具代表性的有康沃尔郡的埃奇克姆山庄（Mount Edgecumbe，Cornwall），多塞特郡的拉尔沃思府邸（Lulworth Castle，Dorset）以及格拉摩根郡的鲁珀拉府邸（Ruperra Castle，Glamorganshire）。这个时期的建筑风格已很接近怀亚特设计的位于萨里郡的基尤宫（Kew Palace，Surrey，1802—1811 年），以及位于哈特福德郡的阿希里奇公园（Ashridge Park，Hertfordshire，始建于 1808 年），和罗伯特·斯默克（Robert Smirke）设计的位于威斯特摩兰郡的劳瑟府邸（Lowther Castle，Westmorland，1806 年）相差无几，也与阿希巴尔德（Archibald，1760—1823 年）和詹姆斯·埃利奥特（James Elliott，1770—1810 年）设计的位于赫里福德郡的伊斯特诺府邸（Eastnor Castle，Herefordshire，1812 年）以及珀斯郡的泰茅斯府邸（Taymouth Castle，Perthshire，1806—1810 年）只有一步之遥。

哥特式教堂建筑比具有哥特式风格的府邸要多得多，好像早已具备自身的发展势头。这期间修建的众多哥特式教堂，比如年代较近的莱斯特郡金斯诺顿的温斯教堂（Wing's Church at King's Norton，Leicestershire，1760—1775 年）和由查尔斯·巴里设计的位于布赖顿的圣彼得教堂（Charles Barry's St. Peter，Brighton，1823—1828 年），并没有显示出对中世纪建筑的理解有任何实质性的变化，尽管在位于切尔西的圣卢克教堂（St. Luke，Chelsea，1819—1825 年）中，詹姆斯·萨维奇（James Savage）第一次采用了砌筑拱顶而不是灰膏拱顶。在伯克郡锡尔的圣三一教堂（the Church of the Holy Trinity，Theale，Berkshire，1820—1828 年），爱德华·加伯特和约翰·巴克勒（Edward Garbett and John Buckler，1770—1851 年）完整地再现了索尔兹伯里教堂的外二心桃尖拱。自从垂直式风格盛行于 18 世纪和 19 世纪初以来，锡尔就一直代表着一种具有重要意义的尝试——增进对中世纪建筑的历史意义的理解。加伯特和巴克勒按照已毁的索尔兹伯里教堂的钟楼来设计自己的塔楼，以此对 18 世纪那些遵奉哥特风格的建筑师们表示强烈的谴责，因为索尔兹伯里教堂的毁坏要归咎于詹姆斯·怀亚特，虽然这一指责并不完全公平。

然而哥特式复兴的一个新的、更加重要的阶段——锡尔的圣三一教堂设计是其开端——与其说是建筑师们开辟的，还不如说是古文物研究者们和出版商发起的，克鲁克（J. M. Crook）称之为“文献学革命”（bibliographical revolution）C·L·伊斯特莱克，《哥特式复兴的历史》（A History of the Gothic Revival，1872年，1970年再版）。从18世纪90年

图 573　威尔特郡，圣玛丽庄园，奥古斯塔斯·韦尔比·诺思莫尔·皮金设计（1835 年）

图 574　什罗普郡，阿德科特府邸，理查德·诺曼·肖设计（1875 年）

代到 19 世纪 30 年代，约翰·卡特（John Carter，1748—1817 年）与约翰·布里顿（John Britton，1771—1857 年）出版了一系列有关中世纪建筑的颇有影响的著作，将他们的学识与地形测量结合起来，因此与斯图尔特（Stuart）和雷维特（Revett）的书《雅典的古迹》（Antiquities of Athens）一样，为建筑师们提供了可靠的、新的建筑语汇。卡特发表的作品包括专著《英国古建筑纵观》（Views of Ancient Buildings in England，1786—1793 年）、《英国古代建筑学》（Ancient Architecture of England，1795 年和 1807 年），以及众多发表在《绅士杂志》（Gentleman's Magazine）上的文章。这些文章抨击了对中世纪建筑保护不善和修复中世纪建筑中的无知行为。布里顿的主要著作有《大不列颠的古代建筑》（The Architectural Antiquities of Great Britain，1804—1814 年），以及更加珍贵的长达 14 卷的《大不列颠的古代教堂》（Cathedral Antiquities of Great Britain，1814—1835 年），书中配有精美绝伦的插图。托马斯·里克曼（Thomas Rickman）的《试论英国的建筑风格》（An Attempt to Discriminate the Styles of English Architecture，1817 年），创立了一整套风格用语——“早期英国风格”（Early English），“华饰风格”（Decorated）和“垂直式风格”（Perpendicular），重新肯定了诸如“多立克柱式”、“爱奥尼柱式”和“科林斯柱式”等人们所熟悉的古典建筑术语，使其同样具有易记易用的优点。最后还有奥古斯塔斯·查尔斯·皮金（Augustus Charles Pugin）的《哥特式建筑经典》（Specimens of Gothic Architecture，1821—1823 年），以工程图的形式详细描述了哥特式建筑的细部，对工匠们和制图人员大有裨益。现在该轮到主角上场了。尽管冒着被人认为是在写决定论史或进步论史之嫌，但是不容否认的是皮金杰出的儿子奥古斯塔斯·韦尔比·诺思莫尔·皮金（Augustus Welby Northmore Pugin）无论从哪方面看似乎注定要担当这一角色。

## 第二节　英国：皮金及其影响

奥·韦·诺·皮金（1812—1852 年）对英国建筑和建筑理论产生的影响很可能比其他任何时期的任何建筑师都要大。他的一系列力作妙趣横生，论理论争，满篇经纶，如《论对比》（Contrasts，1836 年）、《哥特式建筑或基督教建筑的基本原理》（The True Principles of Pointed or Christian Architecture，1841 年）、《英国宗教建筑的现状》（The Present State of Ecclesiastical Architecture in England，1843 年），以及《论英国基

图 575　斯塔福德郡,阿尔顿府邸,奥古斯塔斯·韦尔比·诺思莫尔·皮金设计(1847—1851年)

图 576　格洛斯特郡,科尔皮特希思,牧师住宅,威廉·巴特菲尔德设计(1844年)

图 577　兰开夏郡,斯卡里斯布里克府邸,奥古斯塔斯·韦尔比·诺思莫尔·皮金设计(1837—1845年)

督教建筑的复兴》(An Apology for the Revival of Christian Architecture in England, 1843 年)。皮金为采用哥特式建筑提出了充分的理由：不应把它仅仅看作是基于美或者迷恋传统的众多建筑风格中的一种普通风格，而应该是一种独特的风格，一种“真实”(truth)。哥特式建筑忠实地表现了真实的建筑和明确的功能，表现了典型的宗教(如罗马天主教)，还表现了英国人民的真实才能。所以，皮金可以说他所保护的“不仅仅是一种建筑风格，而是一种建筑原理”(《An Apology》，第 44 页)。因此，他奠定了维多利亚建筑的基础，而且，由于涵盖了表现建筑结构特点的内容，他也奠定了现代建筑的基础。无论我们对他的结论怎么看，但不可否认，皮金属于创立了严密的建筑理论的为数不多的英国人之一。但是说他是英国人并不完全真实。其父奥·查·皮金曾是法国移民，他的儿子在知识传统上属于从佩罗(Perrault)到洛吉耶(Laugier)及其以后的法国理论学派。皮金的第一部著作《论对比》支持哥特式复兴运动，嘲弄宗教改革运动是伪宗教和虚妄的(即古典主义的)建筑的产物。然而 5 年以后，估计到他的理论可能会遇到英国新教徒更加广泛的争论，于是皮金借用 18 世纪新古典主义的功能主义学说来论证自己热衷于哥特式建筑的正确性。建筑的美等于结构的真实这一理论在当时的法国和意大利非常流行，在科尔德穆瓦(Cordemoy)，洛吉耶和洛多利(Lodoli)的著作中对此进行了充分的论述，但在英国，这一理论影响甚微。科尔德穆瓦发起了对哥特式建筑结构进行理性的科学分析，以作为现代建筑的基础。皮金的同辈维奥莱－勒迪克(Viollet-le-Duc)将这一运动推向了高潮。与他自己的学说相比，皮金对这一传统理论的建树的影响要小得多，他从社会学和论理学角度将建筑艺术解释为是对社会状况的真实反映。皮金的这一学说使维多利亚哥特建筑的拥护者们，如巴特菲尔德(Butterfield)，斯特里特(Street)，皮尔逊(Pearson)以及博德利(Bodley)大受启发：基督教的建筑师们就创建了一个完整的基督教社会——教会建筑，教会学校，神学院，牧师住宅，修道院和教堂。皮金坚决主张建筑的立面应服从于平面布局，这是他对建筑形态语言的重要贡献之一。尽管这一原则出自于他对“真实自然”(truthfulness)的信条，然而具有讽刺意味的是，却导致产生了一种不自然的非对称性建筑形态，很像皮金一贯嗤之以鼻的如画风格(Picturesque)。

在第二章中，我们着重讨论了萨尔文设计的位于肯特郡的斯科特尼府邸(Salvin's Scotney Castle, Kent, 1835—1843 年)在如画式传统风格中的重要性，尤其是因为通过人工造园，将它与中世纪的斯科特

图 578　约克郡，鲍尔德思比村，乡间别墅群，威廉·巴特菲尔德设计(1855—1857 年)

图 579　伯克郡，梅登赫德，博因山教堂、牧师住宅和教会学校，乔治·埃德蒙·斯特里特设计(1854 年)

图 580　斯塔福德郡,奇德尔,圣吉尔斯教堂,奥古斯塔斯·韦尔比·诺思莫尔·皮金设计(1839—1844年)

图 581　斯塔福德郡,奇德尔,圣吉尔斯教堂内部,奥古斯塔斯·韦尔比·诺思莫尔·皮金设计(1839—1844年)

图 582　肯特郡,拉姆斯盖特,圣奥古斯丁教堂歌坛,奥古斯塔斯·韦尔比·诺斯莫尔·皮金设计(1845—1850年)

图 583　约克郡,多尔顿霍姆,圣玛丽教堂,约翰·拉夫伯勒·皮尔逊设计(1858—1861 年)

图 584　斯塔福德郡,霍尔克罗斯,圣安吉尔教堂,乔治·弗雷德里克·博德利设计(1872—1900 年)

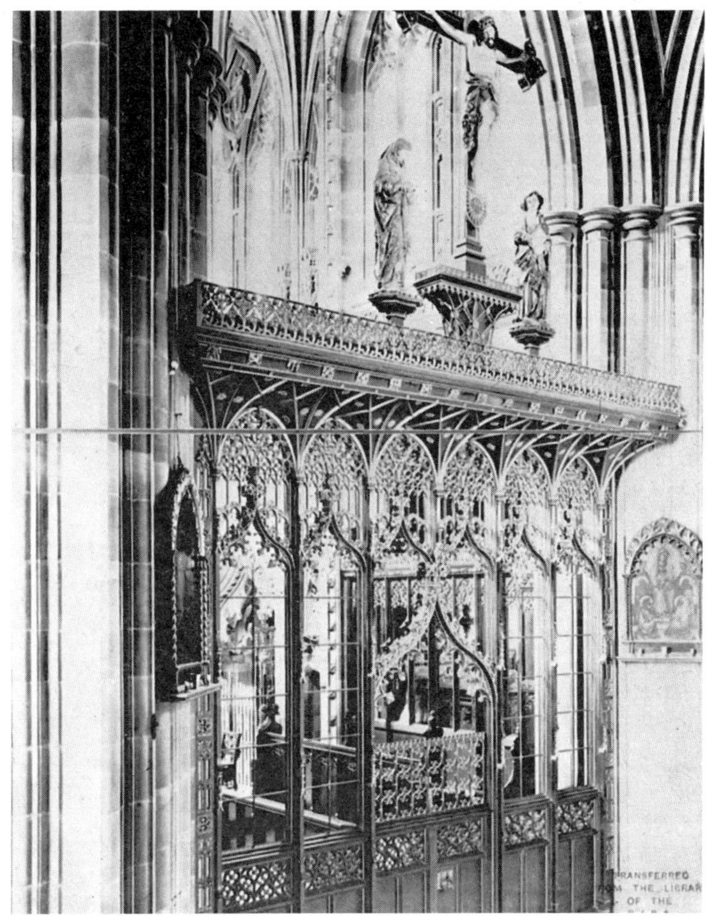

图 585　斯塔福德郡,霍尔克罗斯,圣安吉尔教堂内部,乔治·弗雷德里克·博德利设计(1872—1900 年)

图 586　约克郡，纳恩·阿普尔顿府邸，爱德华·巴克顿·拉姆设计（1864 年）

图 587　伦敦，马格丽特街，万圣教堂内部，威廉·巴特菲尔德设计（1849—1859 年）

图 588　伦敦，马格丽特街，万圣教堂平面图，威廉·巴特菲尔德设计

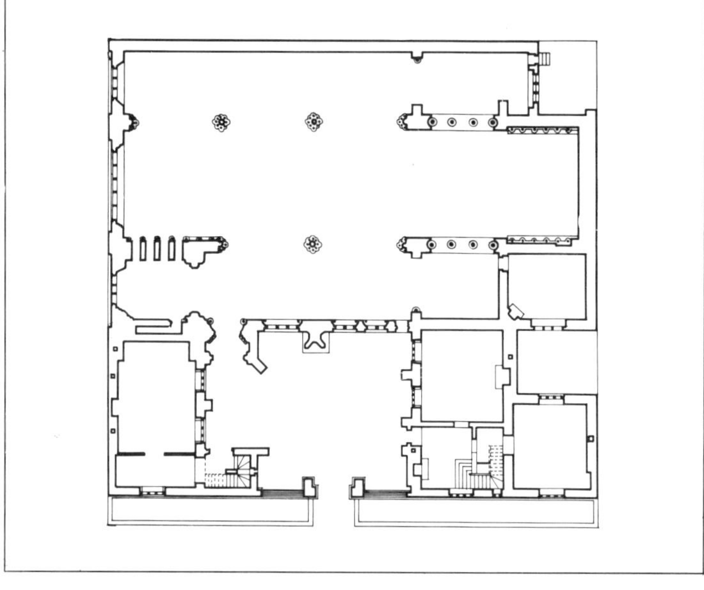

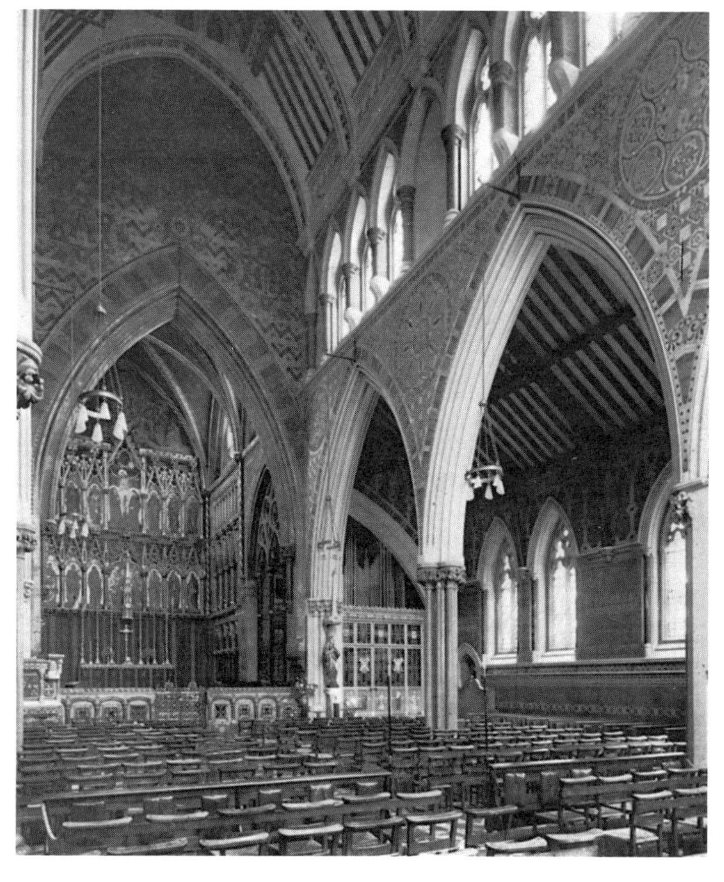

图 589 伦敦，马格丽特街，万圣教堂布道坛，威廉·巴特菲尔德设计

图 590，图 591 牛津，基布尔学院礼拜堂，威廉·巴特菲尔德设计（1873—1876 年）

尼古堡遗迹密切联系在一起。萨尔文的新建筑（见图 32）本身就是革命性的。主立面各部分之间的非对称分隔，窗和烟囱明显地依功能布局与无窗墙面对比鲜明，活泼有力的对角线脚，所有这些可以称之为皮金风格，尽管 23 岁的皮金本人还达不到这个水准。

我们今天仍可从皮金本人的宅邸，位于威尔特郡的圣玛丽庄园（St. Marie's Grange, Wiltshire）中见到他在 1835 年设计的那种建筑。他的这座府邸虽然规模要小得多，但同样毅然采用了带有斯科特尼府邸特点的非对称布局，旨在使人们能看到这座建筑的内部配置。这座府邸曾经改建和扩建，很可能是由皮金本人进行的，但其原貌仍在皮金绘于 1835 年的草图中保留了下来，图中皮金仔细标明了这座建筑与远处的索尔兹伯里教堂之间的联系（此处索尔兹伯里大教堂与斯科特尼府邸无疑是又一对比）。圣玛丽庄园各部分紧凑小巧的比例，高耸垂直的屋面和角楼，陡峭的位址和吊桥不由使人想起另一座开创性的建筑——建筑师范布勒在一个多世纪之前为自己修建的寓所，位于格林尼治的范布勒府邸（Vanbrugh Castle, Greenwich）。

虽然萨尔文后来的事业硕果累累，在许多方面卓有建树，然而他却并没有很好地完成斯科特尼府邸所代表的承诺。而皮金将功能和如画风格这两种看似矛盾的东西结合在一起，促进了哥特式住宅语汇的发展，理查德·诺曼·肖（Richard Norman Shaw, 1831—1912 年）则在这方面取得了辉煌的成果。在圣玛丽庄园和肖位于什罗普郡雄伟的阿德科特府邸（Adcote ,Shropshire,1875 年设计）之间是皮金设计的兰开夏郡的斯卡里斯布里克府邸（Scarisbrick Hall,1837—1845 年），特别是斯塔福德郡的奥尔顿府邸（Alton Castle, Staffordshire,1847—1851 年），各部分之间采用断续分隔，各功能区都有相应的各不相同的外形和屋面，居住区的外形相对简洁，这也源自皮金早期在圣玛丽庄园所作的尝试。在 1840 年至 1843 年间，他提出了“如画风格的应用”（Picturesque Utility）这一命题（S. Muthesius,《The High Victorian Movement in Architecture, 1850—1870》,1971 年，第 4—10 页），将其运用于一系列重要并颇有影响的建筑之中，如伯明翰的主教府邸（Bishop's House，已毁），伍斯特郡斯佩奇利（Spetchley）的天主教学校和教师宿舍，以及他自己在肯特郡拉姆斯盖特（Ramsgate）的庄园府邸。这种不折不扣的“真实”风格的建筑立刻受到教堂建筑学协会（Ecclesiological Society）的欢迎，当时协会正在英国教会中大力宣传照皮金的说法实质上是天主教的思想。巴特菲尔德设计了格洛斯特郡科尔皮希思牧师住宅（Butterfield's Coalpit Heath Vicarage, Gloucestershire, 1844年）

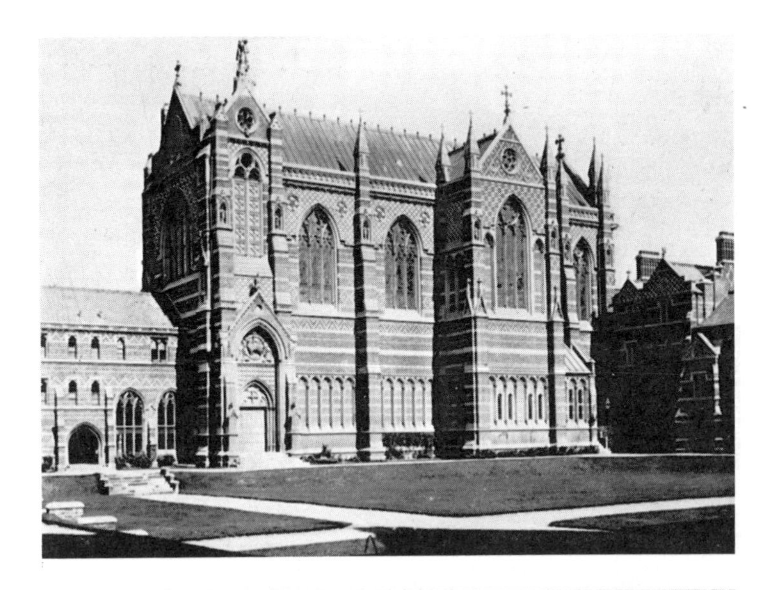

图 592　伦敦，小圣詹姆斯教堂半圆后殿，乔治·埃德蒙·斯特里特设计（1859—1861 年）

图 593　伦敦，小圣詹姆斯教堂内部，乔治·埃德蒙·斯特里特设计（1859—1861 年）

和约克郡鲍尔德斯比村（the village of Baldersby, Yorkshire, 1855—1857 年）；乔治·埃德蒙·斯特里特设计了白金汉郡科恩布鲁克牧师住宅（George Edmund Street's Colnbrook vicarage, Buckinghamshire, 1853 年），伯克郡梅登赫德博因山（Boyne Hill, Maidenhead, Berkshire）的教堂、牧师住宅和教会学校（1854 年）；威廉·怀特设计了位于苏塞克斯郡勒加沙尔（Lurgashall）的牧师住宅（1852 年）和埃塞克斯郡的小巴多（Little Baddow）的牧师住宅（1857—1858 年）。如果没有皮金开创性的工作，所有这些建筑都是不可想像的。由建筑师菲利普·韦布（Philip Webb, 1831—1915 年）1859 年为威廉·莫里斯（William Morris, 1834—1896 年）设计的红屋，位于肯特郡的阿普顿，紧邻贝克斯利希思（Red House at Upton, near Bexleyheath, Kent），长期以来被认为是通往现代建筑运动的阶梯，在建筑史上具有同样重要的意义。

皮金的教堂设计很可能没有他的住宅设计对同代建筑师产生的影响大。然而，他还是给我们留下了一些具有独特美感的教堂室内设计。从早期的圣查德教堂（St. Chad Cathedral, Birmingham, 1839 年），其室内各部分比例十分纤巧，到厚重雄伟的早期维多利亚式建筑圣吉尔斯教堂（St. Giles, Cheadle, Staffordshire, 1839—1844 年），精心模仿巴黎圣沙佩勒教堂（Ste. Chapelle in Paris）正在进行的内部装修，以及他晚期的作品肯特郡拉姆斯盖特的圣奥古斯丁教堂（St. Augustine, Ramsgate, Kent, 1845—1850 年），这也许是他设计的最佳教堂。在主要是他自己出资修建的拉姆斯盖特府邸，皮金尽情发挥他对 14 世纪初英国哥特式建筑的深厚感情，追求坚固的结构和豪华的装饰，结果这座教堂成了一座栩栩如生的古代建筑的活的翻版，对皮金的追随者如乔治·吉尔伯特·斯科特（Sir George Gilbert Scott），约翰·拉夫伯勒·皮尔逊（John Loughborough Pearson, 1817—1897 年），乔治·弗雷德里克·博德利（George Frederick Bodley, 1827—1907 年）产生了深刻的影响。皮尔逊设计的圣玛丽教堂（St. Mary at Dalton Holme, Yorkshire, 1858—1861 年）豪华考究，实现了他追求皮金风格的梦想，同样豪华的还有较晚时期由博德利设计的位于斯塔福德郡霍尔克罗斯的圣安吉尔斯教堂（St. Angels, Hoar Cross, Staffordshire, 1872—1900 年）。我们从博德利的整个职业生涯中都可以看到皮金的复活，他设计的位于剑桥的万圣教堂（All Saints, Cambridge, 1861—1870 年）是其转折点，从这时起他摒弃了 19 世纪 50 年代华而不实的东西，而转向皮金的更加沉静的中世纪风格。

图 594 诺丁汉郡，贝斯特伍德府邸，塞缪尔·桑德斯·特隆设计（1862—1864 年）

图 595 汉普郡，林德赫斯特，圣迈克尔教堂，威廉·怀特设计（1858—1859 年）

## 第三节 英国：盛期维多利亚式建筑

我们刚刚讨论了 19 世纪 50 年代的特点是哥特式复兴的蓬勃发展。人们普遍认为，1850 年至 1870 年哥特式复兴经历了一个意外迅猛发展的时期，明显地不同于此前和之后的其他建筑运动。强调力感和几何形构图，推崇自然真实和多姿多彩交替更迭，常常互不相容，几近残忍的地步。在巴特菲尔德、拉姆（Lamb），图伦（Teulon）、伯吉斯（Burges）、怀特（White）、布鲁克斯（Brooks）、斯特里特（Street）和博德利等人的早期作品中，这一特点特别明显。斯科特和沃特豪斯（Waterhouse）设计的精巧的世俗建筑也应视为盛期维多利亚式建筑。

最早采用这种新式样的建筑师是爱德华·巴克顿·拉姆（Edward Buckton Lamb，1805—1869 年）。他的哥特式建筑风格怪异大胆，源自约翰·克劳迪厄斯·劳敦（John Claudius Loudon，1783—1843 年）及其圈子的如画风格和先皮金风格（Picturesque and Pre-Puginesque World）。他早就形成了这一风格，但是并没有按照皮金和巴特菲尔德的教条去发展它，因此他被教堂建筑学协会轻蔑地拒之门外。然而他在 19 世纪 50 年代和 60 年代的一系列力作——如约克郡的纳恩·阿普尔顿府邸（Nunn Appleton Hall，Yorkshire，1864 年）成就了他在盛期维多利亚式建筑运动中的地位。他所设计的基督教堂（Christ Church，West Hartlepool，County Durham，1854 年）的钟塔，风格粗犷，不拘一格，他将其原封不动地再用于伦敦的圣马丁教堂（St. Martin，Vicars Road，Gospel Dak，London，1862—1865 年）。约翰·萨默森爵士（Sir John Summerson）对圣马丁大教堂的钟塔作了精辟的评价，“大多数的钟塔都在回答问题，而这座钟塔却在提出问题”（《Victorian Architecture：Four Studies in Evaluation》，1970 年，第 73 页）。

威廉·巴特菲尔德（William Butterfield，1814—1900 年）同样是一位具有鲜明个人特点的建筑师。与皮金一样，他也是一位有非凡创造力和巨大影响力的中世纪教堂建筑师。教堂建筑学者们比皮金更关心城市教堂建筑问题，他们更加注意建筑形态所表现的势和力。虽然深受皮金主张的建筑真实性的影响，但他们往往将其理解为结构上的多姿多彩。因此，皮金理想的英国 14 世纪的乡村教堂暂时受到摒弃，而 13 世纪形态厚重的原有建筑受到青睐。在这些 13 世纪的建筑中，大胆地利用砖块表现中世纪意大利和西班牙建筑的彩饰效果。巴特

图 596　伦敦,沃克斯霍尔,圣彼得教堂,约翰·拉夫伯勒·皮尔逊设计(1860—1865 年)

图 597　伦敦,哈格斯顿,圣科伦巴教堂,詹姆斯·布鲁克斯设计(1867 年)

图 598　格拉摩根郡,加的夫堡宴会厅,威廉·伯吉斯设计(约 1872—1881 年)

图 599　格拉摩根郡,加的夫堡吸烟室顶棚,威廉·伯吉斯设计(1868—1874 年)

图 600 牛津大学博物馆，迪恩和伍德沃德设计师事务所设计(1854—1860 年)

图 601 牛津大学博物馆内部，迪恩和伍德沃德设计师事务所设计(1854—1860 年)

菲尔德为教堂建筑学协会设计的被认为是“样板教堂”(Model Church)的万圣教堂(All Saints, Margaret Street, London, 1849—1859 年)，就表现了这种革新式哥特建筑理论。这是一座充满力感、气势恢宏、令人震撼的建筑。保罗·汤普森(Paul Thompson)在他那部有名的专著《威廉·巴特菲尔德》(1971 年)中，尽量就巴特菲尔德作品中不时出现的创作上的粗陋之处为他开脱。然而，我们不应忽视的是，教堂建筑学协会自己的刊物在 1859 年给这座教堂祝圣的一篇文章中曾提到他“有意偏爱粗陋”(《The Ecclesiologist》, Vol.20, 第 185 页)。巴特菲尔德在 19 世纪 50 年代初放弃了结构上的多姿多彩，然而在诸如圣阿尔班教堂(St. Alban, Holborn, 1859—1862 年)、尤其是他最有名的杰作之一的牛津基布尔学院(Keble College, Oxford, 1866—1883 年)中，他又满腔热情地重袭旧套。

乔治·埃德蒙·斯特里特(George Edmund Street, 1824—1881 年)与巴特菲尔德一样才华出众，也许更加多才多艺。他早期设计的牛津郡牧师住宅和卡兹登神学院(theological college at Cuddesdon, 1852 年)，以及博因山的教堂已含有那种厚重雄伟而又简洁得令人难以置信的风格的早期特征，使得查尔斯·伊斯特莱克(Charles Eastlake)认为卡兹登神学院和东格林斯蒂德修道院(East Grinstead Convent)“除了粗大笨重的砖石，陡直的屋面和几扇老虎窗以外，简直毫无建筑特色可言”，然而他同时也说“每座建筑各有确凿的标记，人们不可能混淆，它们都出自艺术家之手”[《哥特式复兴的历史》(History of Gothic Revival, 第 323 页]。

1855 年，斯特里特出版了《中世纪的砖石与大理石建筑：意大利北部巡礼随笔》(Brick and Marble of the Middle Ages: Notes of a Tour in the North of Italy)，书中他赞同不同风格和不同国家的建筑特色应相互融合。在 19 世纪 50 年代末和 60 年代，他陆续设计了一组组新颖别致的教堂。在这些作品中他表现出对意大利哥特式建筑在色彩运用和建筑细部处理方面的第一手知识。从 1859 年起他在英国各地设计了 3 座著名的教堂：位于约克郡豪沙姆的圣约翰福音堂(St. John the Evangelist, Howsham, Yorkshire)；牛津的圣菲利普和圣詹姆斯教堂(St. Philip and St. James, Oxford)；还有伦敦威斯敏斯特的小圣詹姆斯教堂(St. James-the-Less, Westminster, London)。圣约翰福音堂气势磅礴，西门廊带点意大利格调，这一风貌再现于牛津那座规模更大、雕塑更多的教堂之中。然而只有小圣詹姆斯教堂才真正代表了斯特里特的出色才华。这座教堂采用红黑相间的菱形条纹砖将巴特菲

图 602　德国，汉堡市政厅参赛方案，乔治·吉尔伯特·斯科特设计（1854 年）

图 603　伦敦，法院大楼，乔治·埃德蒙·斯特里特设计（1867 年及以后）

图 604　伦敦，法院参赛方案，威廉·伯吉斯设计（1866 年）

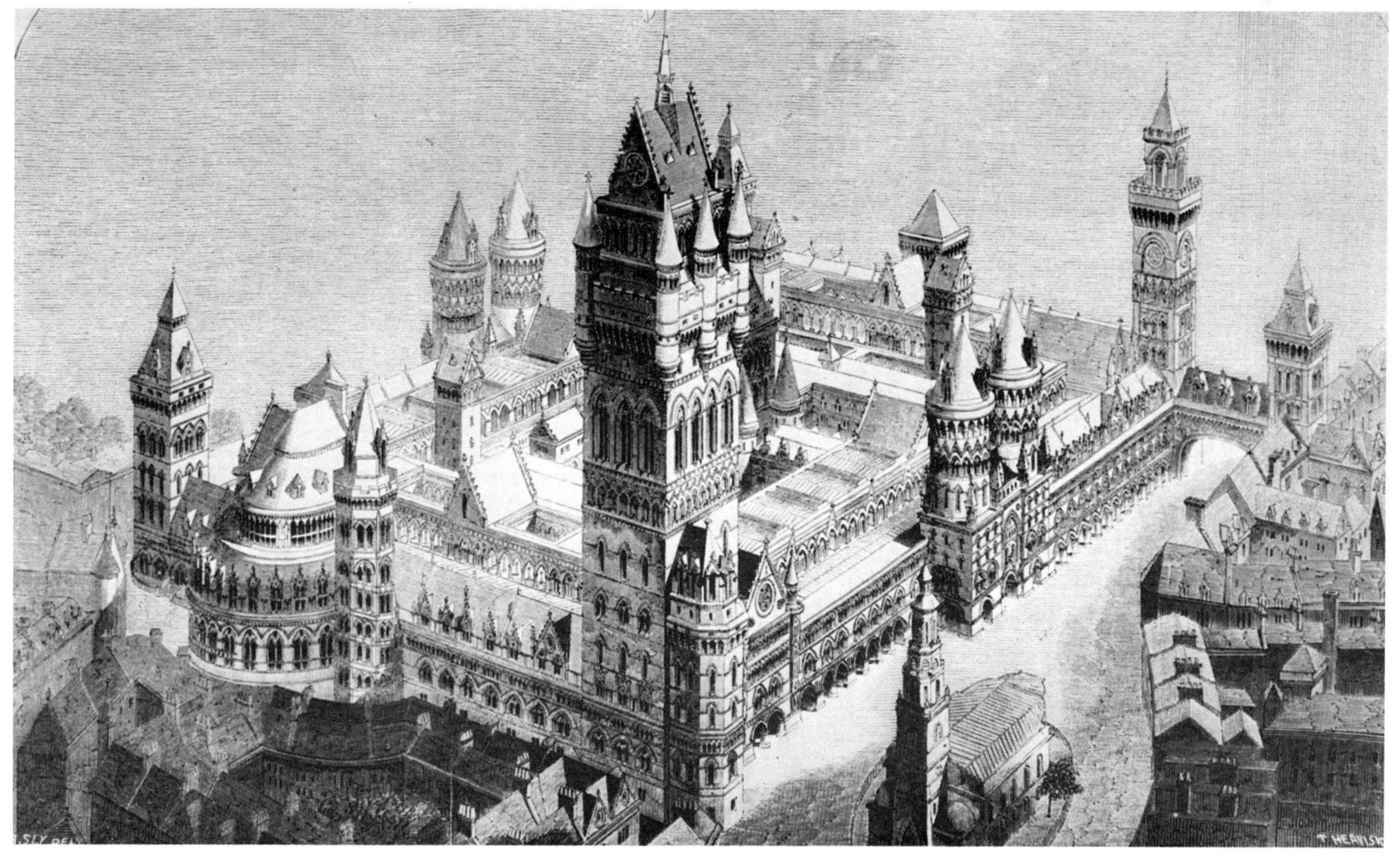

图 605　曼彻斯特市政厅，阿尔弗雷德·沃特豪斯设计（1868—1877 年）

图 606　伦敦，外交部大厦设计方案，乔治·吉尔伯特·斯科特设计（1856 年）

图 607　伦敦，圣潘克勒斯车站旅馆楼梯厅，乔治·吉尔伯德·斯科特设计（1867—1874 年）

图 608　约克郡，布拉德福德交易所设计方案，理查德·诺曼·肖设计（1864 年）

图 609　苏塞克斯郡，格鲁姆布里奇，莱斯伍德府邸，理查德·诺曼·肖设计（1866 年）

尔德风格与意大利北方建筑的细部处理令人惊异地紧密结合在一起，拉斯金式钟塔（Ruskinian Campanile）高大宏伟，不带扶壁的砖结构长达 41m（134 英尺），雄壮的外部几何构图与内部布局互相呼应，图案设计采用砖和大理石用玛琋脂粘固。查尔斯·伊斯特莱克认为整个教堂是“渴求变化的明证，斯特里特先生可以为此放心地感到满意，然而却把他的许多同行引入了随心所欲的歧途。即使在这座教堂里，也有令人遗憾的地方：浮躁的齿状边饰，炫目的条纹组合，繁杂的图案，过多的雕饰细部”（《哥特式复兴的历史》，第 321 页）。

伊斯特莱克提到的“随心所欲”的情况在威廉·怀特（William White，1825—1900 年）和塞缪尔·桑德斯·图伦（Samuel Sanders Teulon，1812—1873 年）的作品中也屡见不鲜。齿状饰、杂色和任性在怀特设计的古怪的教堂——位于汉普郡林德赫斯特的圣迈克尔教堂（St. Michael at Lyndhurst，Hampshire，1858—1859 年）——中表现得淋漓尽致，许多特点与斯特里特的小圣詹姆斯教堂如出一辙，然而却明显地缺乏整体平衡。即使与图伦的充满怪异力感的沙德韦尔公园（Shadwell Park，Norfolk，1856—1860 年）或伯吉斯（Burges）设计的盖赫斯特（Gayhurst，Buckinghamshire）的扩建部分（1859 年）相比，怀特的作品也还流于陈规而显得苍白无力。图伦早期的作品——如格洛斯特郡的托特沃思府邸（Tortworth Court，Gloucestershire，1849—1853 年）——带有拉姆杂乱的风格。然而到了 19 世纪 50 年代末，他的作品惯用雕饰，与斯特里特的相似，但却更加盛气凌人，如位于埃塞克斯郡锡尔弗敦的圣马克教堂（St. Mark，Silvertown，Essex）等建筑。然而最大限度地表现图伦的个性天赋的是他的乡村府邸设计。他为卡尔索普第四勋爵（the fourth Lord Calthorpe）设计的埃尔维萨姆府邸（Elvetham Hall，Hampshire，1859—1862 年）是一座很像斯特里特设计的小圣詹姆斯教堂的世俗建筑。相同风格的建筑还有约翰·普里查德和约翰·波拉德·塞登设计的埃廷顿公园（John Prichard's and John Pollard Seddon's Ettington Park，Warwickshire，1858—1863 年）。或许这种令人一目了然、过目不忘的图伦风格的顶峰之作是位于诺丁汉郡的贝斯特伍德府邸（Bestwood Lodge，Nottinghamshire，1862—1864 年），这是一座轰动一时的建筑。对此马克·吉鲁阿尔（Mark Girouard）评论说：“任何形状——不论是条纹、花穗、球形、锯齿、蘑菇，还是金属丝——都使他着迷”（《The Victorian Country House》，1971 年，第 69 页）。贝斯特伍德府邸是图伦为其贵族客户之一的第十代圣阿尔班公爵（the tenth duke of St. Albans）修建的，它迫使我们对时下流行的一个

图 610　尼姆，圣保罗教堂，夏尔－奥古斯特·凯特尔设计于 1835 年，建于 1838—1850 年

图 611　尼姆，圣保罗教堂内部，夏尔－奥古斯特·凯特尔设计于 1835 年，建于 1838—1850 年

观点提出质疑：盛期维多利亚风格如此横行无忌，一定是专为那些维多利亚时代的资本主义催生的新的工业巨头们创立的，他们粗鲁无礼，靠自学发家。

1857 年，曾与萨尔文共事的约翰·拉夫伯勒·皮尔逊(John Loughborough Pearson)为一位牧师设计了一座盛期维多利亚式乡村府邸——夸伍德府邸(Quar Wood, Gloucestershire, 1954 年损毁)，其风格与图伦的相似，但更加工整有序。皮尔逊设计的几何构图安谧的圣彼得教堂(St. Peter, Vauxhall, London, 1860 年)及其仿效斯特里特和图伦设计的同类建筑，将我们引入詹姆斯·布鲁克斯(James Brooks, 1825—1901 年)的设计风格。布鲁克斯因在伦敦贫民区设计了数座宏伟的、动感强烈的教堂而显露头角，主要有圣迈克尔教堂(St. Michael, Shoreditch, 1863 年)，圣塞韦尔教堂(St. Saviour, Hoxton, 1864 年)，圣科伦巴教堂(St. Columba, 1867 年)和圣查德教堂(St. Chad, 1868 年)，后两座教堂均位于伦敦哈格斯顿，以及基督教堂(Christ Church, Clapton, 1870 年)。

在这群志同道合的盛期维多利亚建筑设计师中，最引人注目的是乔治·弗雷德里克·博德利(George Frederic Bodley)。集诗人、音乐家、令人尊敬的绅士于一身，虽然对自己作品的商业表现极为不满，但是他仍锦衣玉食，过着舒适富有的生活。和巴特菲尔德一样，博德利不赞同建筑界的竞争，他最终转向为有艺术鉴赏力的公爵们设计豪华而又讲究的教堂建筑。就在他完全接受这种造价昂贵的皮金风格之前，他实际上是被称为“生机勃勃的”(Vigour and go)盛期维多利亚时代的一部分。博德利与斯特里特和怀特一样师从斯科特，其早期的作品格洛斯特郡切尔滕纳姆师范学校(Normal School at Cheltenham, Gloucestershire, 1854 年)仿效皮金，最终源于斯特里特 1852 年设计的卡兹登神学院。博德利设计的圣迈克尔及众圣徒教堂(St. Michael and All Angels, Brighton, Sussex, 1858—1862 年)是一座砖结构城市教堂，采用法国早期的石板花窗格(Plate-tracery)及意大利风格的结构彩饰。尤其是他设计的位于格洛斯特郡塞尔斯莱(Selsey)的万圣教堂(1858—1862 年)，十分引人注目。从某种意义上说，塞尔斯莱的这座教堂可以被认为是整个盛期维多利亚建筑运动中的一颗明珠，稳重与创新并举，其许多特点我们在本章中已进行了初步的阐述。该教堂建在一片斜坡上，整体风格无拘无束，虚实相映，各部分的组合多姿多彩——特别醒目的是室外采用石质台阶通向一座两层楼的圣器室——法式石板花窗格和日耳曼式双尖塔楼舒展自如地融入在许多方面仍

图 612　德勒，小教堂，皮埃尔－贝尔纳·勒弗朗设计(1842 年)

然是英国风格的设计之中,华丽的莫里斯玻璃(也许是这家公司的第一笔教会订货),东端半圆壁龛上的耶稣诞生图与西端玫瑰窗上的创世图交相辉映:所有这些深刻地反映了维多利亚中期基督教徒们改革哥特式教堂建筑和改革英国教会的愿望。

威廉·伯吉斯(William Burges, 1827—1881 年)是一位与博德利形成鲜明对比的建筑师。他的一些作品名列 19 世纪 60 年代和 70 年代最有生气、最富特色的建筑之林。他改造的加的夫城堡(Cardiff Castle, Glamorganshire, 1868 年开工)以及为其主要资助人比特勋爵(Lord Bute)改造的科齐堡府邸(Castle Coch, Glamorganshire, 大约 1875 年开工)表现出他非凡的想像力,其室内设计必须亲眼看了才能信以为真。

如果认为盛期维多利亚美学仅仅在教堂和乡间府邸设计中才得到了表现,那就错了。在一些公共建筑中也能看到这种风格,尽管人们普遍认为从巴黎流传到英国乃至北美的法兰西第二帝国时期的建筑风格更加适合于这类建筑,特别是纪念性建筑。一座开创性的建筑便是牛津大学博物馆。它于 1854 年由迪恩和伍德沃德设计事务所的本杰明·伍德沃德(Benjamin Woodward of the firm of Deane and Woodward)设计。这座博物馆展示了“现实主义的”(realist)盛期维多利亚建筑从整体到细部的彩饰处理和陡峻的几何角度,但其高耸的塔楼位于正面入口处的中心,布局匀称,令人耳目一新,使整个博物馆显得端庄稳定。这种布局令人难以忘怀,很快便流行起来。乔治·吉尔伯特·斯科特爵士(Sir George Gilbert Scott)将其用于德国汉堡的市政厅设计方案(1854 年,未建)和伦敦的外交部大厦(Foreign Office, 1856 年,未建)设计方案;爱德华·威廉·戈德温(Edward William Godwin, 1833—1886 年)设计的两座令人印象深刻的市政厅——北安普敦市政厅和柴郡康格尔顿市政厅(town halls at Northampton, 1860—1864 年, and Congleton, Cheshire, 1864 年),以及由杰弗里和斯基纳设计的温切斯特市政厅(Winchester Guildhall, by Jeffery and Skiller, 1870—1873 年),都采用了这种布局。斯科特设计的伦敦圣潘克拉斯车站旅馆(St. Pancras Station Hotel, London, 1867—1874 年),其哥特式小尖塔上的空中轮廓线和用裸露的铁梁支撑的醒目的楼梯,构成了一幅更为壮观的景象。

1856 年举行的白厅政府办公大楼设计竞赛和 10 年后举行的斯特兰德大街法院大楼(the Law Courts in the Strand)设计竞赛为建筑设计带来了丰硕成果,参赛作品尽管在不同程度上表现出幻想主义色彩,但仍然坚持了盛期维多利亚建筑的思维模式。除了前面已提到的斯科特的设计外,斯特里特、迪恩和伍德沃德的作品,以及由普里查德和塞登(Prichard and Seddon)设计的外交部大楼更加多姿多彩;伯吉斯将我们领入前所未有的 12 世纪法兰西梦幻世界;约翰·波拉德·塞登(John Pollard Seddon, 1827—1906 年)的设计方案一直被认为似乎同样不切实际,但我们不要忘记他曾设法巧妙地建造了北威尔士阿伯里斯特威思的城堡饭店(Castle Hotel, Aberystwyth, North Wales, 1864 年,后来成了大学学院);而艾尔弗雷德·沃特豪斯(Alfred Waterhouse, 1830—1905 年)的艺术风格表明,他处于其早期受斯科特和伍德沃德影响的曼彻斯特埃巡回法庭(Manchester Assize Courts, 1859—1864 年)和自己设计的更具如画风格特点的曼彻斯特市政厅(Manchester Town Hall, 1868—1877 年)之间。

1870 年以后,迫切要求“真实”和“改革”(“truth”and“reform”)的呼声再也无法抗拒,某种更平易近人、更折衷的东西似乎才能满足人们的愿望。理查德·诺曼·肖(1831—1912 年)在某些方面是 19 世纪最杰出的建筑师,无疑也是维多利亚晚期建筑的中心人物。然而,阻碍他的建筑更加平易近人的主要原因是他在斯特里特工作室所受到的盛期维多利亚建筑风格的熏陶。肖的早期作品,如约克郡的布拉德福德交易所(Exchange at Bradford, Yorkshire, 未建)和约克郡宾利的圣三一教堂(Holy Trinity, Bingley, Yorkshire, 均设计于 1864 年,现已毁),表明他完全掌握了斯特里特、巴特菲尔德和伯吉斯的风格。1866 年他为一位成功的企业家设计的莱斯伍德府邸(Leyswood, Groombridge, Sussex)令人眼花缭乱,成了他的转折点。这座颇富戏剧性效果的迷人的建筑采用印象派的而不是“真实自然”的风格来表现“古老的英国”精神(“Old English” spirit),因此从盛期维多利亚风格朝晚期维多利亚风格前进了一大步。

## 第四节　法　国

在 17 世纪和 18 世纪的法国,对哥特式建筑的关注严格地服从于理性主义和古典主义的传统信条。人们特别热衷于对中世纪建筑的研究,其程度几近宗教狂热。但是这种苦心研究的结果——所投入的精力比其他任何地方的研究活动,包括英国,都要多——却是不要照搬哥特式建筑的整体轮廓和细部,而是将哥特式建筑中人们认为能够

图 613 鲁昂，圣旺教堂西立面，H·-C·-M·格雷瓜尔设计（1845—1851 年）

确定的结构优点纳入古典主义建筑。如前所述，苏夫洛（Soufflot）在设计 18 世纪最大的教堂——圣热讷维耶沃教堂（Ste. Geneviève）时，想要建一座在结构原理上是哥特式而在外观上则是古典主义的建筑。法国其他许多建筑师也曾尝试过这种奇特的组合。到 18 世纪末，当法国的建筑师们学会了欣赏坚实的、雕梁画栋的整体质感后，他们才发现哥特式建筑的精美别致原来并不那么重要。而且他们对哥特式建筑的研究实际上在那时就停了下来。然而，就在人们对这种可以称之为理性主义的建筑特点的兴趣日益衰减的同时，却对其视觉效果作出了新的反应。这部分地是受来自英国的影响：那里流行如画式建筑和自然景观园林。在许多方面这只不过是一种浮躁的时尚，但是却成了法国建筑思想发展过程中的一个至关重要的因素。自扬弃洛可可风格以来，建筑师们第一次感受到可以不受束缚地追求纯粹的视觉享受。连那些最恪守传统的建筑师们都乐于建造一座座充满异国情调的亭台楼阁——中国式的，鞑靼式的，以及土耳其式的，与哥特式建筑争奇斗艳。这些建筑与他们的专业素养和理性毫不沾边，却不断激起建筑师们的视觉反响。很快——如我们已讨论过的部雷——这种新的，丰富多彩的视觉享受被纳入采光理论和大型建筑的几何形体设计理论，在英国的如画式建筑理论术语中对此作了比较仔细的阐述。但是如画式花园这种风格自开创以来至 19 世纪 20 年代末从未受到过挑战。哥特式花园的亭台楼阁继续大量修建，不过其设计不需要多少哥特式建筑知识，因此这一活动对丰富建筑知识很难有所作为。

这一风格也没有对建筑学的主流产生多大影响。纵览我们所论及的这个时期，只有一座大型建筑是按哥特风格修建的。这就是奥尔良的圣十字教堂（Ste. Croix at Orléans）。工程开始于 1599 年，以纪念毁于胡格诺派教徒之手的原来的天主教堂的新生，迟至 1829 年才完工，它成了一座宗教保守主义的不朽之作。许多 18 世纪最杰出的建筑师——加布里埃尔，特鲁阿尔，勒格朗和帕里斯（Gabriel，Trouard，E.-F. Legrand，and Pâris）参与了西立面的设计，并研究考察了一些与此相关的哥特式建筑，但是他们并不打算再建任何这种建筑。除了这座教堂庭院中那些华而不实的建筑以外，一直到 19 世纪，法国再也没有建过哥特式复兴建筑。

虽然琐碎轻松的哥特式复兴建筑并未在建筑学上扎下根来，但是

图 614 图尔市，圣埃蒂安教堂，居斯塔夫·介朗和夏尔－维克托·介朗设计(1869—1874年)

却渗透到其他艺术领域。比如在文学领域，抒情小说在旧制度①的最后几年喜欢采用令人惊讶的情节。1764 年德阿诺的小说《德康曼热伯爵》(F.T.M. de Baculard d' Arnaud's Le Comte de Comynges)第一次出版，这种体裁平淡乏味，缺乏生气的格调中夹带着哥特式恐怖本身特有的不祥的紧张感。新的艺术情趣和新的情感很快得到表现。传统画派(the school of history painting)也受到影响。不到 10 年，霍勒斯·沃波尔的小说《奥特朗托堡》②(Horace Walpole's Castle of Otranto)被译成法语，并且在革命后的初期，人们就能津津有味地读到拉德克利夫夫人(Mrs. Radcliffe)写的小说，哥特派小说一时大受欢迎。迪米尼尔 1799 年写的《科埃琳娜：神秘的孩子》(Ducray Duminil's Coelina; ou, l'enfant du mystère)一书，据说已售出 100 多万册。

无论这些新的夸张的艺术情趣是否受到过英国的影响——当沃尔特·斯科特爵士的小说被译成法语时，英国的影响在接下来的年代中明显增强了——法国人总是将自己与其中世纪的历史紧密相连，民族自豪感十分强烈。米林(A.-L. Millin)的著作《民族古典建筑：展现法兰西帝国历史和特性的不朽之作》(Antiquités nationales; ou, recueil de monumens pour servir à l'histoire générale et particulière de l'empire français)在 1790 年至 1796 年间出版了 6 卷，就代表了这种对中世纪历史的强烈兴趣。这些浪漫情趣在法兰西建筑博物馆中得到了更加有效的表现和满足。该博物馆由亚历山大·勒努瓦(Alexadre Lenoir)于 1795 年开始在小奥古斯坦修道院(the Couvent des Petits Augustins)里筹建，现为美术学院一部分。勒努瓦收集了各种珍品、饰件、彩色玻璃窗、雕刻以及大革命期间遭到毁坏的建筑物上的细部，并且巧妙地再将它们拼装起来，故意不那么精确以唤起人们对过去的浪漫情感。花园里有一座纪念墓，据说埋有埃洛伊兹和阿伯拉尔(Héloise and Abelard)③的遗骨，是用圣但尼修道院 (St.-Denis) 的碎片修建的，石膏

---

① “旧制度”(ancient régime)，指 1789 年法国大革命爆发前的社会制度。——译者注

② 《奥特朗托堡》是英国作家沃波尔(1717—1797 年)的第一部哥特式小说，下文提到的拉德克利夫夫人(1764—1832 年)也是英国作家，以写哥特式小说著称。——译者注

③ 埃洛伊兹(1098？—1164 年)，法国女修道院院长；阿伯拉尔(1079—1144 年)，法兰西经院哲学家，逻辑学家和神学家，所著《神学》因被指责为异端而遭焚毁。二人早年为师生关系，曾相恋私婚并生一子，被拆散后埃洛伊兹进了女修道院。——译者注

图 615 图尔市,圣埃蒂安教堂内部,居斯塔夫·介朗和夏尔-维克托·介朗设计(1869—1874年)

塑像由路易-皮埃尔·德塞纳(Louis-Pierre Desseine)制作。整个博物馆弥漫着十分浓厚的神话色彩和神秘玄妙的气氛。存放在13世纪的厅室中的坟墓和塑像光线幽暗;修道院的餐室拱顶低矮,上面涂着群青色(深蓝色),颗颗金星点缀其间;14世纪的厅室较为轻松活泼。勒努瓦因此而穿越了几个世纪,展现了波澜壮阔的法国历史,从中孕育了诸如朱尔·米舍莱(Jules Michelet,史学家)这样杰出的人物——“在这座博物馆里”,他在《革命史》第6卷中写道,“这些东西有力地表现了永恒的历史,雄伟建筑的优点似乎就是要再现过去的时代!……它给我的深刻印象首先是历史而不是其他。”(第117页)勒努瓦建的博物馆于1816年被拆除,但勒努瓦当年却因此而丰富了不止一代法国人的想像力。

弗朗索瓦-奥古斯特-勒内·德·夏多布里昂(François-Auguste-René de Chateaubriand)本人被他称之为勒鲁瓦的“爱丽舍宫”(“Élysée”)深深地吸引,受到启迪,也被激怒。在他那本杂乱的天才之作《基督教真谛》(Le génie du christianisme)一书中,有一简短的章节论述哥特式建筑,其开篇几句话就对勒努瓦的方法大加指责。“每样东西都应放到该放的地方,”夏多布里昂写道,“如果千篇一律,再逼真也显得平淡苍白,世界就不可能这样多姿多彩。”(第3卷,第1册,第3章)

他认为,艺术作品特定的环境对艺术作品至关重要;换个环境就毁掉了特定的艺术特色,掀掉了长期以来围护着它的神秘的面纱。时间是比美具有更大价值的标准。因此夏多布里昂寻求将古老的法兰西灵魂与哥特式建筑的断壁残垣联系起来,不管这些东西是多么的粗陋。他甚至进一步提出将哥特式建筑作为新的宗教信仰的象征。在流亡英国期间他写作《基督教真谛》一书(他将自己那时的精神状态描写为“思念上帝”)时,夏多布里昂并不是一位虔诚的天主教徒。然而1802年这本书的出版被巧妙地安排在罗马教皇与各君主政府间的宗教事务协约的签字时间,因而立刻被视为是天主教的教义。

因此夏多布里昂的哥特式比喻必然受到大肆宣传;以前从未有过这么多的人对哥特式建筑显得茫然不知所措。所以各种便览和指南的出版纷至沓来。作家、编剧、画家竞相塑造哥特式形象,但是正如我们所知,建筑师们却大多对此漠然视之。在1804年举行拿破仑的加冕典礼时,佩西耶和方丹(Percier and Fontaine)在巴黎圣母院的前面建了一座漂亮的彩门,但内部装饰在精神上仍属古典主义的。要实现真正的哥特式复兴需要的是考古学知识,而这种知识只能慢慢积累。

冲击再次来自英国,来自英国的学者。他们活跃在诺曼底地区,考察尖拱的起源。安德鲁·卡尔蒂·迪卡雷尔所著《盎格鲁-诺曼古代文化遗迹》(Adrew Coltee Ducarel's Anglo-Norman Antiquities)于1767年在伦敦出版。但是乔治·唐宁·怀廷顿(George Downing Whittington)进行的研究具有更加重要的意义。19世纪初,他在诺曼底进行考察,还没有来得及完成他的研究工作就去世了,但他的研究成果于

图616 巴黎圣母院牧师会礼堂，让-巴蒂斯特-安托万·拉叙斯和欧仁-埃马纽埃尔·维奥莱-勒迪克设计(1846—1850年)

图617 巴黎圣母院内部，让·拉叙斯和维奥莱-勒迪克设计(1846—1850年)

1809年由他的朋友第四代阿伯丁伯爵(the fourth earl of Aberdeen)出版，书名为《法国教堂遗迹考证》(A Historical Survey of the Ecclesiastical Antiquities of France)。怀廷顿证实了法国人长期持有的观点，即哥特式建筑起源于法国，并且——与18世纪本笃会(Benedictine)史学家的看法一致——他也认为13世纪的风格优于其他任何时期。法国人对他的观点作出的反应是不足为奇。一位当地的学者奥古斯特·勒普雷沃(Auguste Leprévost，1787—1859年)也受苏格兰古文物学者詹姆斯·安德森(James Andersons)的启发，将怀廷顿的书译成法语。1823年勒普雷沃与另一位受英国古文物学者影响的诺曼学者德热维尔(C.-A.-A.-D. de Gerville，1769—1853年，自1793年至1801年曾作为难民到英国生活)一起，创立了诺曼底古文物研究学会(the Société des Antiquaires de la Normandie)。第三位创始人是阿尔西斯·德科蒙(Arcisse de Caumont，1801—1873年)，虽然年龄最小，但却最有学问。第二年他向学会宣读了他的论文《论中世纪宗教建筑，特别是诺曼底的宗教建筑》(Essai sur l'architecture religieuse du moyen-âge, particulièrement en Normandie)，因此立刻被认为是哥特式建筑最可靠的权威。他的分析和测定建筑年代的方法为后来所有的研究奠定了基础。他创立了哥特式建筑考古学这门学科(the science of Gothic archaeology)，在1830年至1841年出版了他最重要的著作《纪念性古建筑教程》(the Cours d'antiquités monumentales)，1851年又出版了《古建筑入门》(Abécédaire)。1834年他创建了法国考古学会(Société Française d'Archéologie)，每年在法国各地组织学术会议，将会上宣读的论文刊登在会刊《纪念性建筑报》(Bulletin monumental)上。《建筑报》从此问世，并作为一种严谨的权威性刊物发行至今。它表明有可能从中世纪的研究领域中驱除浪漫主义的幽灵。

哥特式建筑的拥护者们不但立刻认可了考古学的鉴赏标准，而且还对米舍莱派的艺术风格(the rhetoric of Michelet's circle)，特别是维克多·雨果(Victor Hugo)的艺术风格深受感动。雨果在长篇小说《巴黎圣母院》(Notre-Dame de Paris)中吹响了战斗的号角，该书于1831年首次出版。雨果给哥特式复兴运动初始阶段两位最积极的鼓动者——阿道夫·拿破仑·迪德龙(Adolphe-Napoléon Didron，1806—1867年)和夏尔·福布斯·蒙塔朗贝尔伯爵(Charles Forbes, Comte de Montalembert，1810—1870年)——很大鼓舞。迪德龙那时还是一位年轻的公务员，在读了《巴黎圣母院》后，他给雨果写信，表达了自己读了作品后的兴奋之情。雨果建议他到诺曼底走走。其后的几个月，迪德龙

图 618　巴黎圣母院管理人员住所，维奥莱－勒迪克设计(1866年)

身背旅行包，徒步考察了一座座中世纪建筑，自此开始踏上了他的考古研究之路。当初他曾作为《纪念性建筑报》的编辑，1844 年后又在《考古学年鉴》上努力宣传过这些考古研究。1845 年他出版了《基督教、希腊东正教和罗马天主教画册》(Manuel d'iconographie chrétienne grecque et latine)。蒙塔朗贝尔早在 1830 年雨果的剧本《欧那尼》(Hernani，又译《爱尔那尼》)发表时就对雨果特别欣赏。他也被派往诺曼底，乘马车考察了整个地区，然后到了英国和爱尔兰，最后回到法国，潜心研究拉梅内和拉科代尔(Felicite-Robert de Lamennais and J.-B.-Henri Lacordaire)竭力提倡的浪漫主义的哥特式复兴建筑。这两个人都不怎么喜欢哥特式建筑。拉科代尔长期听蒙塔朗贝尔阐述哥特式建筑，结果却连奥尔良的圣十字教堂都理解不了，“我觉得懂得不多”，他在 1831 年 9 月 1 日给蒙塔朗贝尔的信中写道。但是蒙塔朗贝尔还是设法把他们的文章介绍给《未来》杂志(L'avenir)，该杂志的宗旨是成为下述主张在法国的最坚定、最有成效的拥护者：将哥特式建筑视为杰出的全基督教的建筑风格。教皇于 1832 年对《未来》杂志的镇压丝毫没有减少他的热情，反而使他的热情更加高涨。蒙塔朗贝尔与拉梅内和拉科代尔一起到了罗马，在那里，蒙塔朗贝尔遇见了德国拿撒勒画派[①]画家约翰·弗里德里希·奥弗贝克(Johann Friedrich Overbeck)；在佛罗伦萨，他见到了孩提时代的朋友弗朗索瓦·里奥(Alexis Francois Rio，1797—1874 年)，并用自己崭新的激情深深地感染了他。结果里奥写了《论基督教诗歌的原理、内容和形式》(De la poésie chrétienne dans son principe, dans sa matière et dans ses formes)，该书第一分册于 1836 年出版，但并没有立刻获得成功：5 个月后才卖出 12 本。1840 年英国《评论季刊》(Quarterly Review)发表了一篇长文介绍这本书，后来该书受到约翰·拉斯金(John Ruskin)的重视，并对其《当代画家》(Modern Painters)一书的后半部产生了相当大的影响。里奥的第二分册《论基督教艺术》(De l'art chrétien)于 1855 年出版。

路易－亚历山大·皮埃尔(Louis-Alexandre Piel，1808—1841 年)是惟一受蒙塔朗贝尔鼓舞的建筑师，而且也鲜为人知。他活跃的职业生涯极为短暂。他师从弗朗索瓦·德布雷(Francois Debret)，但却受蒙塔朗贝尔影响，到过德国(在此期间于 1836 年为《欧洲人》杂志写连载文章《德国之旅》)，之后回到法国，在弗朗什孔泰(Franche-Comté)设计了一座乡村教堂，然后于 1837 年设计南特市的圣尼古拉教堂(St.-Nicolas at Nantes，后由 J.-B.-A·拉叙斯接手设计)。1840 年他动身到罗马，在那里被拉科代尔的多明我会(Lacordaire's Dominican order)接纳为会员。他 1841 年去世，年仅 33 岁，但其影响并非无足轻重。他为《欧洲人》杂志还写了两篇论文：《马德莱娜大教堂》和《反对异端艺

① 拿撒勒画派是指 1809 年由德国一些青年画家发起的一个反对 18 世纪新古典主义的艺术运动，主张一切艺术都应为道德或宗教目的服务。——译者注

图 619　穆兰市，圣心教堂，让·拉叙斯设计（1849 年以后）

图 620　穆兰市，圣心教堂内部，让·拉叙斯设计（1849 年以后）

图 621 巴黎，圣让－巴蒂斯特－德贝利维尔教堂，让·拉叙斯设计（1854—1859 年）

术》(Le temple de la Madeleine and Déclamation contre l'art païen)，提出了时新的见解，反对改变古典主义形制以迎合教堂建筑。

蒙塔朗贝尔自己的论文集《艺术中的反艺术倾向和天主教教义》(Du vandalisme et du catholicisme dans l'art)于 1839 年出版发行，但缺乏深度和有力的见解。他的思想基础主要来自雨果、奥弗贝克和皮金。尽管他论述了位于奥斯科特的圣玛丽学院(St. Marie's College at Oscott)，也采用了对比法，但却从未提到皮金的名字。虽然如此，蒙塔朗贝尔在法国，甚至在英国都有强烈的影响。1844 年英国卡姆登学会(Camden Society)授予他荣誉会员称号，他立刻拒绝了这一荣誉，还出版了一本英语小册子谴责这个学会的成员犯了十恶不赦的罪行。哥特式建筑在法国要被用作天主教宗教建筑的金科玉律，因此初期的哥特式建筑被局限于——几乎只能用于——教堂设计。

实际上，法国的哥特式复兴始于 1840 年前后。早期有一些尝试性的建筑：1835 年在巴黎阿奎索街(Rue d'Aguesseau, Paris)建了一座新教小教堂，采用哥特式框缘修饰；同年，另一座 13 世纪风格的小教堂动工，由德布雷的门生弗朗索瓦－玛丽·勒马里耶(Fracois-Marie Lemarie ,1795—1854 年)设计，建在巴黎塞夫勒街 84 号的巴黎圣母院(现已毁)。但是，惟一值得注意的 1840 年之前的哥特式复兴建筑是尼姆的圣保罗教堂(St.-Paul at Nîmes)，1835 年由夏尔－奥古斯特·凯斯特尔(Charles-Auguste Questel)设计，同时另有 30 名建筑师参与了设计竞赛。这座教堂是法国罗马风复兴建筑的代表作之一，奇怪的是，也是第一座这种建筑，而且其设计师无论在罗马风复兴或哥特式复兴运动中都没有产生重要影响。然而同样值得注意的是凯斯特尔修复的里昂圣马丹－德艾奈教堂(St.-Martin d'Ainay at Lyons)，特别是他为这座教堂设计的富丽堂皇的包铜圣坛正面和室内陈设于 1855 年与维奥莱－勒迪克为克莱蒙－费朗教堂(the cathedral of Clermont-Ferrand)设计的类似圣坛和陈设一起参加了国际展览会，受到许多参观者的欣赏和称赞。但是今天他留给人们的记忆是其设计的呆板的、古典主义的尼姆法院(Palais de justice at Nîmes)，再就是格勒诺布尔市凡尔登广场的官邸和图书馆(Préfecture and library on the Place de Verdun at Grenoble)，虽仍拘泥于传统，但却较为活泼轻快。

1838 年，按照民用建筑理事会 (the Conseil Général des Bâtiments Civils) 的要求对设计图进行多次修改以后，圣保罗教堂才开工修建，直到 1850 年 11 月完工。它的建成被认为是比较充分地表现了——即便不那么有力——南方的罗马风建筑，中厅及侧廊均采用肋

图 622 巴黎，德库尔蒙府邸，维奥莱－勒迪克设计（1846—1849 年）

图 623 巴黎，维奥莱－勒迪克府邸，维奥莱－勒迪克设计（1861—1862 年）

架拱顶，用让－伊波利特·弗朗德兰（Jean-Hippolyte Flandrin）的壁画装饰半圆室，采用梅斯市马雷沙尔·居荣（Marechal Guyon of Metz）的彩色玻璃，各部的处理大胆娴熟，与人们可能期待的迪邦（Duban）的弟子有过之而无不及，这多半应归功于凯斯特尔的隔山兄弟考古学家夏尔·勒诺芒（Charles Lenormant）的帮助。

对于其他早期复兴中世纪风格的探索，还有大量不能确定的东西，而且许多文献知识也失传：比如由弗朗索瓦－莱昂·利贝热（Francois-Leon Liberge，1800—1860 年）负责，建于 1841—1847 年间的南特市圣克莱芒教堂（St.-Clement at Nantes）；又如格里尼（Alexandre-Charles Grigny，1815—1867 年）在 1842—1846 年间为阿拉斯崇圣会

图 624,图 625 瓦兹省,皮埃尔丰堡内院及大厅,维奥莱-勒迪克设计(1858—1870 年)

修女们(the sisters of Adoration Perpétuelle du Saint Sacrement at Arras)修建的大教堂。而路易·菲利普国王(Louis Philippe)授权修建的几座标新立异的教堂更加难以确定:迦太基的圣路易教堂(the chapel dedicated to Saint Louis at Carthage)由夏尔-约瑟夫·茹尔丹(Charles-Joseph Jourdain)设计并于 1841 年 4 月 25 日正式启用(现已毁);1842 年皮埃尔-贝尔纳·勒弗朗(Pierre-Bernard Lefranc,1795—1856 年)给德勒的一座家庭小教堂顶上设计了一个稀奇古怪的哥特式钟形穹顶(Gothic cloche),该教堂最初是一座多立克式教堂,由克拉马伊(Cramail)建于 1816 年至 1822 年间;最令人惊异的是费迪南·多莱昂(Ferdinand d'Orleans)的陵墓——巴黎的圣费迪南小教堂,现泰尔纳门广场所在地(Chapelle St.-Ferdinand, Paris, now the Place de la Porte des Ternes),建于 1842 年 7 月至 1843 年 7 月,设计者是大名鼎鼎的 P.-F.-L.方丹(P.-F.-L. Fontaine),带点罗马风味道,窗户用安格尔(Ingres)[①]的图案,缘饰由维奥莱-勒迪克设计。除此以外,还可以列出其他稀奇古怪的建筑和灾难性的失败之作,因为整个法国有许许多多的尝试,曾一度产生过像牧师们做礼拜式一样的狂热。在我们讨论巴黎的哥特式复兴之前,有几位巴黎以外的哥特式建筑的倡导者需要提及。

在诺曼底地区,有两位非同凡响的建筑师;格雷瓜尔(H.-C.-M. Gregoire, 1791—1854 年)和巴泰勒米(Jacques-Eugene Barthelemy, 1799—1882 年)。格雷瓜尔曾是佩西耶的弟子,1837 年开始其建筑师生涯,为伊沃托救济院(the hospice at Yvetot)设计了一座砖石结构的礼拜堂(两年后 C.-L.-N. 罗贝尔为那里的神学院设计了一座类似的礼拜堂)。他的主要作品是 1845 年至 1851 年给鲁昂的那座晚期哥特式教堂——圣旺教堂(St.-Ouen at Rouen)加了一个纤秀的正立面。这是一座既没有表现出独创性也没有表现出真才实学的建筑,但却在构成技巧方面展现出不容置疑的才能。但迪德龙(Didron)对此并不认同,1845 年在工程刚动工时,他在《建筑年鉴》(第 320 页)上著文说"这项工程成事不足败事有余,令人难以接受"。一年以后他将这座教堂描述为"这座建筑集粗俗不雅之大成(原文如此)"(l'édifice hybride et disgracieux [sic],《建筑年鉴》,第 188 页)。后来巴泰勒米成了鲁昂的教区建筑师,水平才有了进一步的提高。1840 年他开始在布洛斯韦尔郊外修建邦塞库尔圣母院(Notre-Dame-de-Bon-Secours at Blos-

① 安格尔,法国古典主义画派的最后代表,擅长素描及肖像,名作有《浴女》,《泉》等。——译者注

图 626　位于马斯尼的教堂，西立面，博维瓦尔德设计（1860年）

seville)，1847 年完工。该圣母院后来在路易·拿破仑统治期间又增加了内部陈设和艳丽的装饰。整座教堂用石头建成，属 13 世纪风格，整体构成考虑周到但是并不引人注目，虽然巴泰勒米在深奥的细部处理方面表现了独特的机智。总的说来，这座建筑表现了对古代文化遗产敏锐的感受力，因此成了法国开始哥特式复兴的标志性建筑，而且，它可以与皮金的许多早期作品相媲美。1844 年巴泰勒米开始在奥德梅港附近的普莱希堡(Château du Plessis ，near Port Audemer)修建一座 13 世纪风格的礼拜堂，两年后又在埃尔伯夫附近的圣吕班(St. Rubin，near Elbeuf)建了一座同样风格的小教堂。但是 1847 年当他受命设计圣桑斯附近的旺特－圣雷米教堂(Ventes-St.-Rémi，near Saint Saëns)时，他选择了罗马风。他的所有作品都力求实现与古代建筑不分伯仲——这些抱负并非全都没有实现。

不那么有名但却与巴泰勒米同样执着的其他几位建筑师是伊波利特－路易·迪朗(Hippolyte-Louis Durand，1790—1881 年)，维克托·盖伊(Victor Gay)，以及夏尔－维克托·介朗和居斯塔夫·介朗两兄弟(brothers Charles-Victor and Gustave Guerin)。在美术学院时迪朗曾在勒巴和沃杜瓦耶(Lebas and Vaudoyer)门下深造。离开学校后，迪朗开始将自己对哥特式建筑的研究成果寄送各个沙龙，不久就得到回报：受命修复兰斯市的圣雷米教堂(St. Rémy at Rheims)——这项工程赢得了蒙塔朗贝尔的赞扬。1845 年，迪朗展出了一些 13 世纪风格的小教堂设计，并接受了与迪德龙一起将它们分类整理出版的建议，书名为《13 世纪尖拱教堂设计图集》(Parallèle de projets d'églises en style ogival du XⅢ$^{e}$ siècle)，这项计划未能实现。但在同一年，迪朗开始设计他的第一座哥特式建筑——为阿利埃省博蒙的马·德奥若特设计一座 13 世纪风格的礼拜堂(a thirteenth-century chapel for M. d'Orjault at Beaumont，Allier)。第二年为朗德省的佩尔奥拉德(Peyrehorade，Landes)设计了一座风格相同的教堂。如我们所知，这座教堂成了民用建筑理事会某些争议的话柄。1849 年迪朗被聘为下比利牛斯省(Basses-Pyrenées)教区建筑师。以后他在那个地区建了一些教堂，全都很正统，但却暮气沉沉。他是一位没有多少个人特色的建筑师。

对维克托·介朗人们知之甚少，他也许是一位更重要的建筑师。1846 年他设计了一座大教堂——38m(125 英尺)长——上维埃纳省阿纳克附近的圣叙尔皮斯－莱弗耶教堂(St.-Sulpice-Les-Feuilles，near Arnac，Haute-Vienne)。这座教堂被认为属框架结构——扶壁、窗间柱、拱肋全采用花岗石，余下的圬工用耐久性稍次的轻质石材。全法

图 627　位于马斯尼的教堂，剖面图细部，博维瓦尔德设计（1860年）

图 628　罗克塔拉达府邸中的“玫瑰卧室”，迪图瓦设计（1868—1869 年）

国的哥特式建筑理论家们立刻意识到这种结构的重要意义。其中特别是维奥莱－勒迪克，他当时正准备就这一课题在《考古学年鉴》上发表一系列论文。同年介朗在楠泰尔(Nanterre)设计了一座结构相似的小教堂——1846年该教堂设计在建筑沙龙展出——然而这座教堂似乎在建筑界一直没有引起多少注意。的确，在他早期突然走红之后，人们对他的活动几乎一无所知。他还设计了一些著名的教堂陈设，由勒·巴舍莱 (L. Bachelet) 制作。但是，像皮埃尔(Piel)一样，很可能他最后在罗马了其一生，因为那座位于诺蒙塔纳公路边上的科帕斯·多米尼教堂(the church of the Corpus Domini, On the Via Nomentana)据说是他建的。

在精通法国的哥特式复兴发展情况的人中，居斯塔夫·介朗是最重要的代表人物。他是一位痴迷于哥特式建筑的建筑师，视哥特式结构处理为圭臬。其父夏尔·马蒂亚斯·介朗(Charles-Mathias Guerin)是图尔市的一位建筑师。居斯塔夫·介朗接受的第一项重要使命就是修复图尔市的主教堂。1844年他受聘设计图尔市的圣艾蒂安教堂 (the Church of St. Étienne at Tours)，但是他发现，正如许多人所知，他还不具备设计和监督哥特式教堂建筑的能力。因此他与其兄夏尔－维克托一起，开始考察和测量本地区的哥特式教堂。他们计划就哥特式建筑写一本书，但实际上只于1847年在《建筑评论》(Revue générale de l'architecture)上发表了一篇文章。圣艾蒂安教堂推迟至1869年才动工修建，5年后完工。1855年4月，介朗开始修复其最有名的教堂——图尔市拉里舍·埃克斯特拉的圣安妮教堂(Ste.-Anne, at Lariche Extra, Tours)，直到这时他的思想才得以充分表达。这座重建的教堂结构复杂，表现出对哥特式建筑结构的深刻理解，但表现建筑艺术不足。

拉叙斯(Lassus)和维奥莱－勒迪克是哥特式复兴运动的两位重要代表人物。他们的活动主要集中在巴黎，尤其是那些修复工程，他们从中培养了维持复兴运动所需要的工匠。让－巴蒂斯特－安托万·拉叙斯(Jean-Baptiste-Antoine Lassus)是一位受古典主义熏陶的建筑师，亨利·拉布鲁斯特 (Henri Labrouste) 的门生。不过像拉布鲁斯特的其他弟子——苏雷达，博维瓦尔德，米莱，利什，以及德博多(Sureda, E. Boeswillwald, E.-L. Millet, J.-J.-G. Lisch, and J.-E.-A. De Baudot)——一样，他早就转向研究13世纪的哥特式建筑。1853年他因修复圣沙佩勒教堂(Ste. Chapelle)获建筑沙龙奖。两年后，他递交了巴黎圣马丹－德尚教堂 (St.-Martin-des-Champs in Paris)餐厅建筑的分析报告。同年，与拉布鲁斯特的另一弟子阿道夫－加布里埃尔·格勒特兰(Adolphe-Gabriel Gréterin, 1806—1852年)一起，动工修复巴黎的一座晚期哥特式教堂——圣塞弗兰教堂(St.-Severin)。之后于1838年，他在戈德(Godde)领导下任圣日耳曼－洛克塞鲁瓦教堂(St.-Germain-L'Auxerrois)施工监理，并在迪邦领导下监理圣沙佩勒教堂的工程。第二年他就全权负责这两座教堂的修复工程。他将这两座教堂修整一新，使其令人难以置信地成为辉煌雄伟的中世纪杰作。圣日耳曼教堂门廊上的彩绘连同大部分室内陈设现在已经看不到了，然而主祭坛后面礼拜堂窗上的耶稣受难画，由迪德龙，路易－阿德里安·吕松和路易－夏尔－奥古斯特·施泰因海尔 (Didron, Louis-Adrien Lusson, and Louis-Charles-Auguste Steinheil)共同绘制，勒布洛(Rebouleau)制作完成，是法国彩色玻璃复兴的开端，今天它仍然是这一历史变迁的明证。费迪南·夏尔·拉斯泰里在其1837年出版的《玻璃画史》(Ferdinand Charles Lasteyrie's Histoire de la peinture sur verre)一书中对此作了高度的评价。圣沙佩勒教堂的修复工程先由拉叙斯负责，1840年又增加了维奥莱－勒迪克，不久苏雷达也参与其中。修复后的教堂富丽堂皇，至今仍然色彩鲜艳，每天令成群结队的参观者赞叹不已，皮金就是其中之一。1844年迪德龙带他参观了这座教堂。“我见到了极为雄伟壮观的东西，”他在同年5月28日给其赞助人施鲁斯伯里伯爵(the earl of Shrewsbury)的信中写道，“远远超过我的预料；巴黎圣沙佩勒教堂的修复完全可与圣路易教堂那个时代相媲美。我从未见过如此精美绝伦的构图。”回英国后他深受启发，设计制作了圣吉尔斯教堂的彩色壁画。这次轮到迪德龙到英国来参加这座教堂的授圣典礼。

1844年4月，拉叙斯和维奥莱－勒迪克被任命为修复巴黎圣母院和新建牧师会礼堂(Chapter House)的建筑师。连续几年，大部分经过修复圣日尔曼教堂锻炼的工匠一直在新的施工现场工作。修复工程进展顺利，1864年维奥莱－勒迪克设计的带十字架的尖顶完工。而具有整体创新特色的建筑——牧师会礼堂则主要由拉叙斯设计。其构造于1850年完成，紧接着又用了几年时间进行了浓墨重彩的装修。其西立面右侧的管理人员住所(Maison du Personnel)由维奥莱－勒迪克于1866年单独完成。

拉叙斯独立完成的作品都是重要建筑，虽然并没有产生什么影响力。1843年8月，他接手最初由皮埃尔(Piel)负责的南特市圣尼古拉教堂的设计。但他在后来的几年中建成的教堂却完全体现了他自己的风格，各部分都仿照夏特尔教堂(the cathedral at Chartre，拉叙斯从

图 629 位于朗布依埃的圣吕班教堂，德博多设计，1865—1869年

1848年起开始修复的教堂），这很可能是对那时法国所有13世纪建筑的最苛刻、最死板的诠释之一。即使其内部处理比外部统一，这也是一件令人失望的失败之作。几年以后，拉叙斯开始修建索姆省的德热赞库尔堡（Château de Gezaincourt，Somme）的礼拜堂，1848年8月正式起用。但是他最重要的建筑是穆兰市阿列埃广场上的圣心教堂（the church of Sacre-Coeur，place d'Allier，Mouline）。1852年，他就是在那里筹划为圣母院建一座13世纪风格的中殿（后来交由E.－L.·米莱负责）。一位当地的建筑师埃斯莫诺（L.-D.-G. Esmonnot，1807—1880年）曾受聘准备圣心教堂的设计方案，1844年他提出建一座罗马风教堂，但这个方案被认为造价太高。因此1849年拉叙斯被召来设计这座新教堂。与以前一样，他模仿夏特尔教堂的样式，不过这次他在正立面造了两座塔楼。埃斯莫诺则负责监造工作。

4年以后，拉叙斯动手修建第戎的圣皮埃尔教堂（St. Pierre at Dijon，1853年7月至1858年10月），这座教堂规模较小，结构比较简单。他再次仿照经他修复的相关建筑，这次模仿的是一座13世纪的教堂——第戎圣母教堂（Notre Dame at Dijon）。第二年，他又着手修建巴黎圣让－巴蒂斯特－德贝尔维尔教堂（St. Jean-Baptiste-de-Belleville，Paris，1854年6月至1859年8月）。“这座尖拱纪念性建筑，”他的传记人阿尔弗雷德·达塞尔（Al fred Darcel）1858年写道，“刚劲，坚固，其殿堂布局比例匀称，一对尖顶塔楼位于教堂正面，这是一座杰出的代表作。”现在人们对这座教堂的看法更加褒贬不一。尖顶和鼓座之间连接生硬，拉叙斯努力使自己的艺术个性服从于古代文化遗产的清规戒律，人们因此只好认为他的感悟力钝化。他的设计单调枯燥，孱弱无力，缺乏生气。但是至少在这座建筑中，它真实地为那个时代，尤其是哥特式复兴运动扩展到法国那个时期，留下了烙印。1855年，在为里尔市的特雷尔圣母院（Notre-Dame-de-la-Treille at Lille）举行的设计竞赛中，拉叙斯的参赛作品与他以前的设计相仿。结果，他轻而易举地被两位英国人威廉·伯吉斯（获一等奖，那时还默默无闻）和乔·埃·斯特里特（获二等奖）击败，只获得三等奖。《教会建筑师》（Ecclesiologist）杂志将拉叙斯的作品评价降为“贫乏”级（meager）。

拉叙斯的其他建筑作品无足轻重，他为勒马里耶设计的巴黎塞夫勒街的小教堂（Lemarie's Chapel in the Rue de Sèvres）增设了一个门廊，并设计了装修方案，还对其他宗教建筑进行改建扩建。他的宅邸建筑同样缺乏激情。他在迈松·拉菲特（Maisons Lafitte）修建的乡间

图 630　巴黎的十字圣母院，埃雷设计，1863—1880 年

宅邸采用路易十三时期的风格；在巴黎泰特布街和普罗旺斯街（the Rue Taitbout and the Rue de Provence, Paris）的一角修建的连排住宅则用 13 世纪的细部处理；1848 年动工在巴黎蒙泰拿大街（the Avenue Montaigne）为索尔蒂科弗亲王（Prince Soltykoff）建的府邸结构复杂，立刻成了一座既是住宅，又是收藏大量中世纪和文艺复兴时期艺术品的博物馆。然而这座砖石结构的建筑却是 15 世纪的风格。其惟一引人注目的特点是仿照圣米歇尔山庄（Mont Saint-Michel），宽大的开间采用带肋拱顶。

拉叙斯著书立说，对哥特式复兴作了诸多贡献：在《考古学年鉴》上发表了大量论文；一部重要专著《夏特尔主教堂》（Monographie de la cathédrale de Chartres，写于 1842—1867 年），该书得到迪德龙和画家殴仁－埃马纽埃尔·阿莫里－杜瓦尔（Didron and Eugène-Emmanuel Amaury-Duval）的帮助；还有他去世后由阿尔弗雷德·达塞尔完成的《维拉尔·德翁纳库尔文集》（Album de Villard de Honnecourt，1858 年出版）。这本献给亨利·拉布鲁斯特的书清楚地概括了哥特式复兴运动存在的问题。

维奥莱－勒迪克在理论和知识方面对哥特式复兴运动作出了更加重要的贡献。而且，他是全法国复兴建筑最活跃的倡导者。另一方面，他还负责完成了许多具有独创性的建筑作品。虽然缺乏说服力，他仍试图借此表明如何将哥特式建筑用作 19 世纪建筑风格的基础。1846 年，他着手修建位于巴黎柏林街（现为列日街 28 号）的府邸。府邸主人亨利·德库尔蒙（Henri de Courmont）是一位高级官员，普罗斯珀·梅里美（Prosper Mérimée）①的密友。1849 年府邸完工。这在同类建筑中首屈一指（另一座华而不实的哥特大厦位于圣马丹大街 116 号，建于 1826 年），在传统的巴黎临街面采用哥特式细部。其阶梯式的腰线、牛腿、线脚等绝非仅仅用作装饰，而是具有一定的功能。采用这种细部处理大大增强了稳定感，形成了一幅线条纵横醒目的立面构图；砖结构的内院立面用石料镶边饰，更加突出其实用性，看不出有明显的哥特式风格；砖结构中的减压单尖拱十分贴切。在他后来在巴黎修建的公寓楼中（如 1857—1860 年建于杜埃大街 15 号的公寓楼以及 1861—1862 年建于孔多塞大街 68 号的他自己的寓所），偶尔可见到

① 普罗斯珀·梅里美（1803—1870 年），法国著名小说家和戏剧家，主要作品有《高巴龙》、《嘉尔曼》等，其中《嘉尔曼》被作曲家比才（George Bizet）改编成歌剧《卡门》而广为流传。——译者注

图631 巴黎的十字圣母院，室内效果图，埃雷设计，1863—1880年

这种对哥特式的钟爱。然而此后维奥莱－勒迪克似乎已经不再采用这种风格，因为它不适合于城市建筑体系。当然，他将其用于陵园建筑，如1850年建在皮克帕公墓(the Cimètiere de Picpus)的蒙塔朗贝尔家族墓地，1857年建在佩雷－拉雪兹公墓(the Cimetière Pere-Lachaise)的拉叙斯家族墓地和一大批殡仪馆，但全都没有产生重大影响。只有在修建教堂建筑时，他对哥特式风格的运用才得心应手。后来他不时将其用于乡村庄园府邸，但仅仅限于修复现存的年代较远的建筑。他晚期的作品都不具有重要意义，主要有：吉内斯图伯爵的蒙达尔迪耶府邸(Château de Mondarduer, Le Vigan, Gard, for the Comte de Ginestou，建于1861—1868年，1884—1888年扩建)，保罗·圣维克托伯爵的德沙穆塞府邸(the Château de Chamousset, St.-Laurent-de-Chamousset, Rhone, for Comte Paul de Saint-Victor，建于1861年)，维里厄侯爵的皮帕蒂埃府邸[the Château de Pupetières, Chabons, lsere, for the Marquis de Virieu，1861年由德尼·达西(1823—1904年)完成]，夏波内伯爵的勒弗拉谢雷府邸(the Château de La Flachère, Rhône, for the Comte de Chaponay，建于1863年)，昂图瓦南·达巴迪亚的达拉戈里府邸(the Château d'Arragori, just outside Hendaye, for Antoinine d'Abbadia，建于1864—1866年)，最后这座府邸大部分工程由其弟子埃德蒙·迪图瓦(Edmond Duthoit)完成。所有这些承建工程都是由于维奥莱－勒迪克，经过梅里美介绍，与路易·拿破仑的宫廷建立了密切关系而得来的。这些千篇一律的府邸都是给那些毫无二致的弄臣们修建的，全部滑稽地模仿维奥莱－勒迪克为路易·拿破仑仿造的那座庞然大物——瓦兹省的皮埃尔丰堡(Château de Pierrefonds, Oise)。这一连串的模仿构成了一幅绝妙的讽刺画。

维奥莱－勒迪克最初曾提议修复位于洛特－加龙省博纳吉尔(Bonaguil, Lot-et-Garronne)的那座较小的城堡，作为宫廷的避暑胜地。但是1855年4月，皇帝和皇后都到英国去了，在那里他们并没有见到勉强完工的巴尔莫勒尔堡(Balmoral Castle)。但他们一回来就决意要比照仿建。经过一个月的准备，维奥莱－勒迪克拿出了改建埃纳省库锡堡(Château de Coucy, Aisne)的设计方案。工程立刻开始并马不停蹄地进行了3年。然而到了1858年，经过维奥莱－勒迪克力谏，库锡堡的改建工程终于被放弃，改而赞成修建皮埃尔丰堡。同年2月他的设计获得批准，从他第二年的表现图中人们可以看出整个方案带有中世纪的幻想色彩，全副武装的骑手和身披铠甲的骑士列队经过宫廷接受检阅，穿着长裙的女士们倚身楼阁，探头观望，身材丰满的农妇

图 632 位于夏朗东－勒邦的圣皮埃尔教堂，纳桑设计，1857—1859 年

图 633 巴黎的圣皮埃尔－德蒙特鲁日教堂，室内效果图，沃德雷梅设计，1864—1872 年

正在厨房里烤牛肉。维奥莱－勒迪克并不局限于表现这些浪漫景象：他坚持吊桥使用桁梁以及在陡峭的屋面下采用钢铁桁架。他后来为这座建筑所做的室内设计草图（一直没有完成）也十分迷人，特别是沙发和椅子的设计，线条婉约柔和，表现了一种全新的格调。皇帝本人也被深深地打动了。1866 年他对梅里美说："我有了别人没有的东西。"威廉·伯吉斯向来是维奥莱－勒迪克的崇拜者并在一定程度上也是摹仿者，他在看了皮埃尔丰堡后感到非常失望。1873 年他从法国回到英国，怀着惊恐不安的心情批评这项工程："我想向皇家学会的年轻会员们指出，"他说，"对古文物的癖好和仰仗考古学永远成就不了一名建筑师。"（《建筑师》，1873 年，第 331 页）

维奥莱－勒迪克的教堂设计，即使研究得更加认真，所起的作用也仅仅是证实这种观点而已。1852 年他首先为卡尔卡松郊外的圣吉默教堂（St.-Gimer）作了一个方案，修建期在 1853 年至 1858 年之间，整个修建工程费尽周折，在费用问题上争吵不休。由于地基方面的困难，而不是出于结构上的偏爱，这座冷峻的建筑建成非对称性的，但它在本质上还应视为一个探讨性的修复工程，因为这座建筑与附近一座有围墙的小镇的重建工程是配套的，该重建工程也由维奥莱－勒迪克负责。1855 年，维奥莱－勒迪克为准备建在奥德省的拉努韦勒地区的教堂画好图纸，采用了一种变体的哥特风格。值得庆幸的是，该教堂没有开工兴建。1859 年至 1861 年间，他为位于巴黎的沃日拉尔大街（Rue de Vaugirard）的珀蒂神学院（Petit Séminaire）建造了一座装饰艳丽但结构简单的礼拜堂，该礼拜堂在 1898 年搬迁到丰塔纳·欧罗斯（Fontenay-aux-Roses），并进行了扩建。直到 1860 年，维奥莱－勒迪克为圣但尼市的圣德尼·德勒斯特雷教堂（St.-Denys-de-l'Estrée）进行设计，以及 1861 年为约讷省托伦河畔阿朗教堂（Aillant-sur-Tholon）起草设计方案时，他才确立了一件深思熟虑的哥特式复兴作品应采用的形式。该教堂建于 1863 年至 1865 年，由当地一位名叫阿道夫－奥古斯特·勒福尔（Adolph-Auguste Lefort）的建筑师监工。它看上去气势强劲威严，构图缜密，与托伦河畔的阿朗镇容达成一种如画般的和谐，但它很难适合作为其他建筑师的样板。1864 年至 1866 年建成位于圣但尼市的圣德尼·德勒斯特雷教堂看上去比托伦河畔的阿朗教堂稍许多点魅力，同样经过精心构思以与镇容匹配，在韵味上有些世俗化，但其影响力更大。这座建筑最能表现出维奥莱－勒迪克的坚定信念。建筑材料的选用做到了精益求精，所有的柱冠和柱头雕塑都按原物尺寸大小制作。在内部，凸窗的窗间距之宽，窗子的面积之大，实在让人叹为观止。教堂设计成四方形，线脚和轮廓都显得丰满。但是，弱化穹顶上的交叉肋而代之以一些起装饰作用的阿拉伯风格的图案和零星散布的星状图案的手法严重地影响了整体的效果。整个建筑缺少一种崇高威严的气势。它想诠释一种 13 世纪的结构，然而手法拙劣，

图 634 巴黎的圣皮埃尔－德蒙特鲁日教堂，沃德雷梅设计，1864—1872 年

图 635 巴黎的德勒卡尔圣母院，纳桑设计，1855—1864 年

图 636 巴黎的布封中学内的庭院，约瑟夫－奥古斯特－埃米尔·沃德雷梅 1885—1890 年设计，1895—1899 年建成

缺乏创意，因而令人感到乏味。维奥莱－勒迪克说不定也承认自己的建筑才能平庸。然而，迪邦(Duban)在 1867 年报告该教堂时显然对它充满了敬意。1866 年维奥莱－勒迪克雄心勃勃地想要尝试另一个设计。这次是为圣皮埃尔－德沙约教堂(St.-Pierre-de-Chaillot)作设计，它原本打算建在位于现在的美利坚合众国广场上。但是，这项设计虽然在 1868 年得到批准，4 年后却遭否决。维奥莱－勒迪克惟一另外一次尝试采用哥特式风格设计的教堂是位于瑞士洛桑鲁米尼大街(the Avenue Rumine, Lausanne)的新教徒礼拜堂，建于 1876 年至 1877 年，由当地一位名叫朱尔－路易·韦雷(Jules-Louis-Verrey)的建筑师监工。这座简洁通俗的建筑，即使没有探索精神，但也许是维奥莱－勒迪克哥特式风格作品中最成功的一座。显而易见，在上述这些设计中，他的才能没有展现出来。他未能起到人们所盼望的，甚至是要求的领导作用。

作为一名建筑师，维奥莱－勒迪克无论有多少过错，但他却事实上单枪匹马地确定了哥特式复兴的道路，特别他作为历史文物委员会(Commission des Monuments Historiques)的首席建筑师拥有决策权。1853 年以后，作为教会建筑管理委员会(Service des Édifices Diocésains)的三名总督察之一，这种权力带来的效果更加突出。另外两名督察，一是亨利·拉布鲁斯特(Henri Labrouste)(据说他当时老得连脚手架也爬不上去)；另一位是保罗·阿巴迪(Paul Abadie)，他是维奥莱－勒迪克的学生，对维奥莱－勒迪克佩服得五体投地。的确，所有那些在 19 世纪 50 年代和 60 年代站出来支持哥特式复兴且自身是严肃认真而又得到公认的建筑师要么是在拉叙斯和维奥莱－勒迪克手下受过训，要么是为维奥莱－勒迪克所主持的两个委员会之一工作过。但是，应该公正地指出，他们都几乎无一例外地是在亨利·拉布鲁斯特的庇护下开始其建筑生涯的。难怪 1900 年批评家雷东(Redon)在《费加罗报》和《现代建筑》上谈到始于大师本人的这种影响的后果时指出："维奥莱－勒迪克的建筑索然寡味，完全是一种宗派主义的产物，缺少灵魂，不过是一种新希腊风格的哥特式风格罢了。"(《现代建筑》，第 613 页)这一评论不乏真知灼见。

在建造圣沙约教堂时，拉叙斯和维奥莱－勒迪克训练了苏雷达(Sureda)。苏雷达在 1855 年去了西班牙，在那里建立了一个历史文物委员会，后来被任命为西班牙国王的王室建筑师。在修复巴黎圣母院时，拉叙斯和维奥莱－勒迪克熏陶了阿巴迪、博维瓦尔德(Boeswillwald)、乌拉杜(M.-A.-G. Ouradou)和米莱(Millet)。保罗·阿巴迪(Paul Abadie, 1812—1884 年)来自昂古莱姆(Angoulême)，是一位与他同名的建筑师的儿子。他原是阿希尔·勒克莱尔(Achille Leclère)的学生。阿希尔·勒克莱尔后来修复了昂古莱姆和佩里居斯(Périgueux)两地的教堂。他的独立建筑生涯始于以教会建筑师的身份建造圣马蒂亚勒教堂(St.-Martial, 1850—1853 年)和圣奥松教堂(St.-Ausone, 1851—1868 年)，这两座教堂都在昂古莱姆。1854 年，阿希尔·勒克莱尔设计了位于贝尔热拉克(Bergerac)的圣母院(最初是受维奥莱－勒迪克的委托)，其后又设计了位于吉伦特省瓦莱拉(Valeyrac)地区的圣母院；接下来是昂古莱姆的市政厅(Hôtel de Ville, 1858—1865 年)以及位于波尔多地区巴斯蒂德(Bastide)地区的圣玛利亚教堂(1864—1886 年)。他最优秀的作品是位于巴黎蒙马特尔的圣心教堂(Sacré-Coeur)，这项设计是 1874 年他竞争击败其他 77 名建筑师得到的。圣心教堂直到 1919 年才竣工。但这个设计在当时就确立了他成为诠释罗马－拜占庭风格第一人的地位。罗马－拜占庭风格在费利克斯·德韦纳伊(Félix de Verneilh)的著作《拜占庭建筑在法国》一书中首先得到确立，该书发表于 1851 年。博维瓦尔德(1815—1896 年)是斯特拉斯堡一个石匠的儿子，曾与亨利·拉布鲁斯特是同窗，后来在 1845 年成为巴黎圣母院的监理师。不到两年的时间，他就被任命去修复吕松的教堂，不久又开始修建拉昂(Laon)的圣母院。1849 年他被任命为奥尔良省苏瓦松和贝戎纳(Soissons and Bayonne)两地的教会建筑师。他在苏瓦松建了哥特式的圣瓦斯教堂(St.-Waast)，墙体裸露，风格呆板单调，在靠近法国诺尔省的杜艾地区的马斯尼也建造了一座教堂(1860 年)，虽然同样难看，但却更有创意，设计时间在 1860 年(同年维奥莱－勒迪克的《法兰西建筑词典》(Dictionnaire raisonné de l'architecture française)第 4 卷问世，里面有关营造方面的文章颇具挑战性)。这座教堂采用上了漆的铸铁柱子，在上面再用模板漆成绿色、红色、黄色和黑色的图案，柱子与砖砌的上部结构相连，全都露砖露缝，而且内外装饰都同样是用砖、以 45°角砌成挑砖、图案和过梁。这种设计思路显然是想跳出哥特式复兴的范围，而执意要表现维奥莱－勒迪克的最新学说。在 1864 年这座教堂竣工时它的确也得到了这样的认同。同样由博维瓦尔德设计的牧师住宅和村民议事厅的风格也如出一辙——试图把建筑群组成如画的景致。但是，建筑本身并算不上成功，也没产生大的影响，虽然其装饰性图案后来被费利克斯·德韦纳伊效法，用在他为巴黎建造的一些学校中。在法国南部，在位于圣让－皮德波尔(St.-Jean-Pied-de-Port)东南面的山丘上，博维瓦尔德建

图 637　巴黎的圣克洛德教堂，戈和巴吕设计，1846—1857 年

造了圣索沃尔礼拜堂(the chapel of St.-Sauveur)。从 1863 年开始，他先是在比亚利兹(Biarritz)，然后在波梅兹(Beaumetz)陆续建了几座礼拜堂，内外都用彩石、彩砖和彩瓦构成几何形图案的装饰。这些礼拜堂借鉴了拜占庭和东方建筑的风格，但手法粗糙，显得不自然，据说这样做是为了和那些地区的中世纪建筑保持协调。毫无疑问，教堂的设计受到库绍(Couchaud)1842 年所著的《希腊拜占庭式教堂》一书的影响，很可能受到特谢尔(Texier)和皮朗(Pullan)合著、1864 年出版的《拜占庭建筑》一书的影响更大。博维瓦尔德雄心勃勃的民用建筑之一是重建位于北部省马斯尼附近的蒙蒂尼府邸(Château de Montigny)。重建后的府邸看上去古里古怪，由几座直径不等的塔楼和梯形山墙组成。所有的设计好像都借鉴自维奥莱－勒迪克一项未投入施工的设计，那是他在 1863 年 5 月为梅林维尔府邸(Château de Merinville)作的设计。博维瓦尔德是维奥莱－勒迪克的终身知己，也是他自己的精神导师梅里美(Mérimée)的知交。1854 年的秋天，他与这二人结伴去了德国。修复比亚里兹的教堂的任务就是梅里美给他的。1860 年他接替梅里美担任历史文物委员会总督察一职，成为第一个只以建筑师身份被任命到这个职位的人。

勒巴的学生乌拉杜(1822—1884 年)是在重修巴黎圣母院时接受维奥莱－勒迪克训练的早期门徒中的第三位，并在 1857 年成为维奥莱－勒迪克的乘龙快婿，从此便和维奥莱－勒迪克一起紧密合作。事实上，有些府邸，如为奥古斯都·格里瓦(Auguste Griois)建在马恩省昂布里耶尔－莱瓦莱地区的府邸(1857 年设计，1865 年动工)，和位于巴黎奥斯曼大道 184 号的迪朗蒂大厦(Hôtel de Duranti)，虽然在奥古斯都手上完的工，但合同全都是维奥莱－勒迪克接下来的，并且设计的初稿都是维奥莱－勒迪克完成的。完全可以理解维奥莱－勒迪克为什么不愿把这些蹩脚的作品归在自己的名下。但乌拉杜的其他作品就连上述建筑具有的那么一点点可取之处也赶不上，这些作品包括一些小的修复工程，教堂装饰，陵墓建造等等。

拉布鲁斯特的学生米莱(1819—1879 年)于 1837 年进入巴黎美术学院，三年后为维奥莱－勒迪克工作。1848 年他开始修复马恩省夏龙地区和特鲁瓦地区两地的教堂。后来他在特鲁瓦建造了普罗维登斯修女院(Chapel des Soeurs de la Providence)。1855 年他受命修复位于迈松拉菲特附近的“圣日耳曼昂莱城堡”(Château de St.-Germain-en-Laye)，并于 1867 年在当地的缪埃特大街新建一座教堂。1857 年在拉叙斯去世后 3 年，米莱接替了他在穆兰教堂的工作。出于类似的原因，在1874年，当维奥莱－勒迪克辞去教会建筑管理委员会总督察一职后，他接替了他在兰斯市的教堂的修复工作。但是，米莱对哥特式复兴运动的特殊影响并不在他的建筑师身份，而是因为他是很多工匠的老师，尤其是他教过“圬工暨石工行会”(Cercle des Ouvriers maçons et Tailleurs de Pierres)的会员，并且还在巴黎的香迪埃大街(Rue Chantiers)9号为他们建了一个小小的会馆。

除了已经讨论过的建筑师，还可以列举出一些有关建筑师的名字。这包括让－夏尔·莱内(Jean-Charles Laisné, 1819—1891年)，维克多－玛丽－夏尔·吕布利什－罗贝尔(Victor-Marie-Charles Ruprich-Robert, 1820—1887年)，让－朱斯特－居斯塔夫·利什(Jean-Juste-Gustave Lisch, 1828—1910年)，约瑟夫－欧仁－阿纳托勒·德博多(Joseph-Eugène-Anatole de Baudot, 1834—1915年)，爱德华－朱尔·科鲁瓦耶(Edourad-Jules Corroyer, 1835—1904年)，费利克斯·纳尔茹(Félix Narjourx, 1836—1891年)，以及埃德蒙－阿尔芒－玛丽·迪图瓦(Edmont-Arman-Marie Duthoit, 1837—1889年)。所有这些提到的名字都长期而又出色地为历史文物委员会和教会建筑管理委员会工作过，并且都拥护维奥莱－勒迪克的理想，虽然有的情况下，拥护的程度是非常有限的。而且他们肯定并不是始终如一地拥护哥特式复兴。吕布利什－罗贝尔最先是康斯坦·迪弗的学生，1840年成为维奥莱－勒迪克的助手，后来又接替他在绘画学院的职位。罗贝尔在1855年开建了三座教堂，脑子里想到的是《法兰西建筑词典》的建筑插图。这三座教堂分别是位于奥恩省的阿蒂斯教堂；位于奥恩省弗莱尔的圣让－巴蒂斯特教堂(1855—1868年)；位于奥恩省塞市的珀蒂神学院的礼拜堂(Chapelle du Petit Séminair)。他后来的建筑几乎没有再采用维奥莱－勒迪克的风格，而是在装饰设计理论方面表现出他在追随维奥莱－勒迪克。他的装饰理论首先在其1866年的著作《花饰：论装饰的构图，源于自然的要素及其运用原则》(Flore ornamentale: essai sur la compositon de l'ornement, éléments tirés de la nature et principes de leur application)里提出。这是一部有相当分量的著作，完成于1876年。但是他在文献方面的伟大贡献是《11—12世纪诺曼底和英格兰地区的诺曼底式建筑》(L'architecture mormande aux XI^e et XII^e siècles en Normandie et en Angleterre)，该书在他逝世后才出版。

利什是沃杜瓦耶(Vaudoyer)和拉布鲁斯特的学生，在他为吕松大主教设计的府邸中也同样表现出对早期哥特式的认同感，尽管他后来很快就转向古典建筑寻求灵感。他的晚期作品，如勒阿弗尔火车站(Gare de la Havre)，为1878年的巴黎博览会建造的一系列建筑，尤其是香德玛车站(Gare du Champ de Mars)和为1889年巴黎博览会建造的建筑[其中一座保留了下来，即现在的雅韦勒车站(Gare de Javel)]，在设计中全部采用了裸露的铁框架，中间配以色彩鲜艳的釉砖和釉瓦。这些建筑表现出对维奥莱－勒迪克在《建筑维修》第二卷里提出的学说坚贞不二。科鲁瓦耶与费利克斯·纳尔茹是康斯坦·迪弗(Constant Dufeux)的学生，他俩总是站在维奥莱－勒迪克一边，积极热心地修复哥特式的历史建筑。科鲁瓦耶首先开始修复的是圣米歇尔山修道院(Mont Saint.-Michel)，这项工程后来被维奥莱－勒迪克的另一位门徒，也是他的传记作者戈特(Paul-Emile-Antoine Gout, 1852—1923年)接手修建。费利克斯·纳尔茹的建筑生涯始于1857年修复位于里摩日(Limoges)的教堂。戈特和费利克斯·纳尔茹都是哥特式复兴的早期支持者。费利克斯·纳尔茹最受瞩目的作品是他在自己的家乡建造的的一幢房子，其设计基本上是照搬位于克吕尼(Cluny)地区一些13世纪的房屋的设计。尽管科鲁瓦耶和纳尔茹对维奥莱－勒迪克和哥特式建筑感兴趣，他俩在自己建筑生涯最为活跃的时期却都致力发展在本质上更接近夏尔·加尼耶(Charles Garnier)，而不是维奥莱－勒迪克的风格。只有三所纳尔茹建在巴黎的学校在整体结构和局部处理手法上遵循了维奥莱－勒迪克的教诲(这三所学校是1872年以后建的，当时巴黎市议会决定要建立35所这样的学校)。

在这一群建筑师中，阿纳托勒·德博多和埃德蒙·迪图瓦应该提出来单独考虑，因为他俩是哥特式复兴运动的坚定代表，并且还发展了这一事业。尽管如此，他俩的作用还是必须加以小心说明。迪图瓦是亚眠地区一位石刻匠的儿子，又是是当地一位石刻匠的侄子。他在维奥莱－勒迪克手下受过训，后来又首先被维奥莱－勒迪克聘用。但他一生中大部分时间是在法国国外度过的——先是在北非，从1872年起他在那里积极参与修复工作，后来去了中东，特别是在巴勒斯坦地区和叙利亚，他第一次到这个地区是在1861年，当时是跟随沃盖伯爵(Comte de Vogüé)和沃丁顿(W. H. Waddington)去考察。他在那里测绘了一批早期的基督教教堂和拜占庭式教堂，并且定期把所画的图纸提供给建筑沙龙，写文章供稿给法国的《建筑师与建筑报》(Gazette des architectes et du bâtiment)。他甚至还尝试着采用东方风格进行自己的设计——在贝鲁特建了两座教堂。但他最具探索性的工作还是在法国做的。他帮维奥莱－勒迪克监理了达拉戈里府邸(Château d'Arragori)的重建工作，这是位于靠近西班牙边界的昂代伊(Henday)

附近的一座 13 世纪的建筑。这庄园是为探险家和天文学家达巴迪亚(Antoinine d'Abbadia)设计的。迪图瓦发展了维奥莱-勒迪克的设计,加上了一系列色彩鲜艳的饰件,保留了一些哥特式特征,这同样是受到一些东方建筑的启发。他说,"我的阿拉伯风格含有哥特式风味,而我的哥特式风格又有些阿拉伯或拜占庭的余韵。"他设计的罗克塔拉德府邸(Château du Roquetaillade)更加蔚为壮观,它位于波尔多的东南面,靠近朗贡(Langon)地区,这次是为莫韦桑(M. de Mauvesin)设计的。每一个局部,每一件家具,无一不显示出迪图瓦自己发展起来的他乡异国风情的意象。"玫瑰卧室"(Rose Bedroom)、"绿色卧室"(Green Bedroom)和礼拜堂都独具迪图瓦的风格。这是法国惟一一座可与威廉·伯吉斯(William Burges)在卡的夫城堡所作的设计相媲美的建筑(参见图 598,599),虽然这种比较也许是不适宜的。不幸的是,迪图瓦除此以外没有设计出什么更多的作品来。他的其他设计包括有一些规模较小的教堂,分别位于德塞夫勒省的香波地区(大约在 1878 年),加来海峡省的布里亚(1880—1884 年)和苏韦朗-穆兰(大约在 1883 年);还设计了一座规模巨大的教堂,即建在索姆省的阿尔贝地区的德布勒比耶尔圣母院(Notre-Dame-de-Brebieres, 1883—1897 年),这座建筑色彩艳丽,是带有一些异国风味的朝圣教堂。

阿纳托勒·德博多也许是维奥莱-勒迪克最合适的接班人和捍卫者,因为他自始至终支持维奥莱-勒迪克。当拉布鲁斯特在 1856 年关闭了他的画室时,德博多去了维奥莱-勒迪克的工作室。到 1857 年他已经被派去修复位于上卢瓦省的皮恩沃莱的教堂(Puy-en-Velay),并且在这以后很快被任命为克莱蒙-费朗(Clermont-Ferrand)地区教会的首席建筑师。在这以后的几年里,他修复了不下 25 座教堂。他具有创意,通常也富有探索性的建筑也几乎与这一数目相当。但是,很难评价他在这一时期表现出的特殊才华,因为他的早期作品都是在维奥莱-勒迪克的目光的关照下设计出来的。直到维奥莱-勒迪克去世后德博多才学会显示他自己的才能。这时,他向世人展示自己是位非常卓越的创新者。当然,并不是说他本人在早期就没有修改过他的导师的作品。维奥莱-勒迪克大约在 1863 年为一位名叫绍瓦热(M. Sauvage)的建筑承包商建在巴黎佩尔捷大街(Rue le Peletier),拉斐特大街(Rue Lafayette)和肖沙大街(Rue Chauchat)交汇处的府邸就基本上是出于德博多的手笔,而且其主要装饰——奇形怪状的巨大图案和特大号的怪兽吐水口可以肯定是在他的监工下完成的。德博多于 1865 年在《建筑报》上撰稿写道:"无论成功与否,这座建筑的正面都具有创意价值。"(第 83 页)同一时期,他在巴黎的列宁格勒(原名圣彼得堡)大街 21 号建了一座更传统的建筑,在细节的处理上几乎看不出哥特式风格。在巴黎圣拉扎尔大街 34 号建的另一所房子(1866 年完工)在细节的处理上更大胆,但有人也许会说它的处理更蹩脚。这种手法的某些特征可以在维奥莱-勒迪克为米隆(M. Milon)设计的公寓楼上找到。这些公寓楼建于 1857 年至 1860 年间,位置在杜埃大街 15 号。可以想像得到,这一时期建筑设计的哥特式特征并不十分显眼。德博多稍后在涅夫勒省境内的拉罗什·米耶(La Roche Millay)市建的教堂(1870 年)同样借鉴了维奥莱-勒迪克的设计。他的另一个设计是为位于科雷兹省于塞勒市的圣马丹教堂设计塔楼和西立面,时间要回溯到 1852 年,塔楼的设计是在 1843 年完成的。教堂由米莱监造,所以后来整个建造就算在了他的名下。有可能维奥莱-勒迪克事实上是位于拉罗什·米莱的那座教堂的设计师,因为有关的设计初稿仍然收在他的文稿中。

德博多设计的第一个重要的教堂——位于朗布依埃(Rambouillet)的圣吕班教堂(St.-Lubin, 1865 年)是他竞争击败另外 54 名建筑师而得来的。设计观念与维奥莱-勒迪克某些更具探索性的理论联系更密切。我们已经看到,这些理论在博维瓦尔德设计的马斯尼教堂时已经得到运用。在圣吕班教堂中,中殿里有一排铁柱子,距离石柱两英尺,两种柱子一起支撑墙壁和石穹顶。教堂在结构上虽然免去了飞扶壁,但仍保持了内部的轻松气氛。这也许借鉴了圣沙佩勒教堂(Ste.-Chapelle)中的礼拜堂的手法,也许更有可能是借鉴了位于卡尔瓦多斯省的图尔市的教堂,后者是一座 14 世纪的教堂,后来由德博多修复。尽管德博多的设计从技术角度讲是正确的,但他遭到了强烈的抨击。布尔热瓦·德拉格尼(Bourgeois de Lagny)1866 年在《建筑师导报》(Moniteur des architectes)上撰文嘲笑挖苦这个设计,称它是在天真地诠释哥特式建筑。13 年后,当教堂竣工时,塞萨尔·达利(César Daly)还在《建筑师箴言》上撰文继续抨击它。德博多下决心在自己以后的教堂设计中不再采用裸露的铁部件。其中的三座是位于勒瓦卢瓦-佩雷(Levallois-Perret)的教堂(1869 年),位于塞夫勒市的教堂(1870 年)和位于格勒诺布尔(Grenoble)的圣布鲁诺教堂(St.-Bruno, 1870 年),这些都是参加竞赛的获奖设计。但它们立即就在权威的建筑报刊上遭到抨击,所以没有投入建造。然而位于勒瓦卢瓦-佩雷的圣查斯丁教堂(St.-Justin)在设计经过修改后最终还是在 1892—1911 年间建起来。德博多为位于阿尔代什省的普里瓦(Privas)地区的教堂作的设计方案也投入了建造，这个方案曾在1876年的建筑沙龙上展出过。所有这些教堂设计，如果说是在直接了当地，还不如说是在有意识地模仿一些13世纪的简单建筑结构，并且与维奥莱－勒迪克的托伦河畔阿朗教堂的设计，尤其是圣德尼教堂的设计有关系。不管是维奥莱－勒迪克的设计还是他的追随者的设计，这些教堂的突出特征就是它们的蓝本都是法国的教区教堂，而不是拉叙斯和他的同代人曾经试图仿建的主教教堂，尽管他们仿建的规模缩小了很多。维奥莱－勒迪克与德博多合著过一套两卷手册《市镇和乡村教堂》(Églises de bourgs et villages)，该书于1867年出版，平淡无奇的内容说明两人在这一时期的作为有限。直到维奥莱－勒迪克去世后德博多才显示出他真正使人刮目相看的想像力。这首先是1882年建于索镇(Sceaux)的拉卡纳尔中学(Lycée Lakanal)，设计中运用并发挥了博维瓦尔德在马斯尼教堂设计中的一些创新手法。尤其是在1890年之后，他开始了他在加筋砖砌和钢筋混凝土方面那些令人震惊的实验。这些工程包括位于塞维涅(Sévigné)大街27号的维克多·雨果中学(Lycée Victor Hugo，1894—1896年)和1894年设计，1897—1904年竣工的圣让－德蒙特马尔教堂(St.-Jean-de-Montmartre)，这两座建筑都在巴黎。这些发展在他1914年的著名设计——一座巨型展览馆的设计中达到顶峰。无论在哪个方面，这座建筑在今后都为内尔维(Pier Luigi Nervi)的作品开了先河。在德博多的身上，哥特式复兴的理性希望可以说已经得到了实现。

在法国的哥特式复兴史上，还有很多是脱离维奥莱－勒迪克的轨道的东西亟需讨论。例如，两座据说是由费迪南·勒鲁瓦(Ferdinand Leroy)在1844年前建成，位于安德尔省夏托鲁地区的教堂；有10座据说是由一位活跃在朗斯地区名叫保罗·佩希内(Paul Pechinet)的建筑师在1846年以前完成，建在上马恩省境内的教堂；还有位于巴黎市郊那一连串非同凡响的教堂，均由克洛德·纳桑(Claude Naissant，1801—1879年)设计，采用的是从罗马风格的建筑中借鉴而来的朴素而简洁的几何形状。《教堂建筑师》(The Eccelesiologist)上的评论家早在1855年就已经开始评论纳桑的一些作品：如位于沃日拉尔博塞(Rue Bausset, Vaugirard)大街的圣朗贝尔教堂(St.-Lambert，1848—1856年)；位于伊夫里让娜凯旋门广场(Place Jeanne d'Arc at Ivry)上的加雷圣母院(Notre-Dame de la Gare，1855—1864年)；位于儒安维尔勒蓬(Joinville -le-Pont)的圣夏尔－博罗美教堂(St.-Charles-Borromée，1856—1866年)；位于沙朗通勒蓬(Charenton-le-Pont)的埃格利斯广场的圣皮埃尔教堂(St.-Pierre，1857—1859年)；位于罗斯尼－苏－布瓦(Rosny-sous-Bois)的圣热讷维耶沃教堂(Ste.-Geneviève，1857—1866年)；位于马拉科夫的皮埃尔－拉罗斯大道80号的圣徽(Notre-Dame-de-la-Medaille-Miraculeuse)圣母院(1861年)。使人感兴趣的还有位于巴黎区大街雄伟的十字圣母院(Notre-Damede-la-Croix)，这座圣母院是由勒巴的另一位学生路易－让－安托万·埃雷(Louis-Jean-Antoine Héret，1821—1899年)设计的，建于1863—1880年。除了其穹顶和拱肋，全部材料都是石头，这座殿堂的拱肋采用的是铁网格结构。还有更值得论及的是位于巴黎维克托·巴什广场的圣皮埃尔－德蒙特鲁日教堂(St.-Pierre-de-Montrouge)，它建于1864—1872年，设计师是布卢埃(Blouet)和吉贝尔(Gibert)最优秀的学生约瑟夫－奥古斯特－爱米丽·沃德雷梅(Joseph-Auguste-Emile Vaudremer，1829—1914年)。这座教堂虽然基本上是以罗马风建筑为蓝本，但更加有意识地借鉴了叙利亚沙曼地区一个名叫卡拉特(Qal'at Saman, in Syria)的建筑的维修研究成果。迪图瓦曾在建筑沙龙上展示过这个研究，然后在1864年还将它发表在《建筑报》上，而就在头一年，沃盖的伟大作品——两卷本的《叙利亚中部》(La Syrie centrale)开始出版发行。沃德雷梅尝试着建造一座具有庄严雄伟气势的建筑，有鲜明的教会特征，然而又根本不和哥特式复兴沾边，维奥莱－勒迪克和他的门徒的作品正是缺乏这种品质。沃德雷梅成功地实现了这一目标。圣皮埃尔教堂也许是该时期惟一一座具有建筑意义的教堂建筑。虽然沃德雷梅的最后一项设计——位于巴黎勒德律－罗兰大道66号的圣－安托万盲人院(St.-Antoine-des-Quinze-Vingts，1901—1903年)表现出非对称性结构非同寻常和令人震惊的力量，但他在其后期的实验中不如在其前期中那么得心应手。这些后期作品有位于巴黎奥特伊广场的奥特伊圣母院(Notre-Dame d'Auteuil，1876—1880年)，它的设计让人想起阿巴迪的作品；位于巴黎朱里安·拉克瓦大街97号的贝尔维尔新教教堂(Protestant Temple de Bellevile)，该教堂的正面是山墙，它建于1877—1880年；位于巴黎乔治·比才大街的希腊东正教教堂(Greek Orthodox Church，1890—1895年)。其他一些接受过古典主义熏陶的建筑师则沿着身为工程师的弗朗索瓦·莱昂斯·雷诺(François-Léonce Reynaud)和达尔坦(F. de Dartein)在各自的著作中提出的思路去寻求类似的界限不明的设计方法。雷诺的《论建筑》发表于1850—1858年间；达尔坦的著作《伦巴第式建筑研究》发表于1865—1882年间。伦巴第式哥特建筑的优点在于它是源于意大利而不是法国。路易－约瑟夫·迪克

(Louis-Joseph Duc)采用了这种风格设计了巴黎的米舍莱中学(Lycée Michelet)的礼拜堂,其效果远不如吉纳安(P.-R.-L. Ginain)采用同一风格设计的位于巴黎蒙帕拿斯大道的德尚圣母院(Notre-Dame-des-Champs,1867—1876年)。但是像这样把不同的风格糅合在一起,其效果并不令人满意,对后来的建筑也没有一点影响。

无论是否有人重视并研究上面所讲到的几种情况,哥特式复兴在法国的发展模式一定已经十分明了。第一种情况对哥特式复兴的支持来自历史文物委员会。后来,也就是在1850年以后,更强有力的支持来自教会建筑管理委员会。我们在这里讨论过的几乎每一位建筑师都至少修复过一座哥特式建筑,在他们承担建造新的建筑以前,他们先成了业余考古学家,而且接下来就要接受某种古代审美标准。所以,无论是他们的讨论还是信息来源和观点都集中在迪德龙1844年创办的《考古年鉴》上。这份刊物的基调从一开始便是好战且咄咄逼人的。迪德龙既喜欢挑斗对手,也同样喜欢挑斗朋友。通过在《考古年鉴》上发表了数十篇论中世纪的音乐、彩色玻璃尤其是建筑方面的文章,哥特式复兴运动得到有意的提倡。费利克斯·德韦纳伊在1845年发表的系列文章奠立了哥特式建筑在法国的正统地位。拉叙斯在同年大肆宣传13世纪风格的种种优点。正如我们前面看到的,维奥莱-勒迪克从1844年开始到1847年一直都在全面构筑哥特式建筑的理论框架,以后他又不断充实这些理论。这是一个充满希望,进行尝试的时期。用哥特式风格设计建筑始于1840年前夕,虽然第一个得到赞誉的设计,即巴泰勒米(Barthélemy)设计的邦塞库尔圣母院(Notre-Dame-de-Bon-Secour)直到1847年才完工。19世纪40年代的哥特式运动渐渐得到巩固。到1852年迪德龙估计,在法国有200座仿中世纪的教堂已经建造完毕或正在建造之中。巴黎圣母院的牧师会礼堂当时已完工,由于装饰了壁画和增添了大量新的装饰,它看上去富丽堂皇。但拉叙斯和维奥莱-勒迪克的成熟作品这时还没有问世。而就在这一时期,整个运动赖以生存的活力削弱了,风格特征丧失了。虽然拉叙斯依然矢志不移支持哥特式复兴,维奥莱-勒迪克却不再是全心全意地支持这一运动,尽管他还继续在设计中采用哥特式风格。维奥莱-勒迪克早在1844年就已经注意到这场信仰危机了。他在《考古年鉴》上发表的一篇文章的结尾时说"这第二次长出的幼苗根本没有生命力,没有第一次的那种活力。它们常常是苍白虚弱的。但它毕竟还是有生命的残根上的萌芽,所以它不应被忽视。"(第179页)那时他已经在寻求另一种建筑形式——原则上是哥特式,但外观上不是。他决心要铸造一种新风格。尽管1848年以后,他仍与迪德龙保持友好关系,但他停止在《考古年鉴》上提供舆论支持。1852年以后,他转而为《建筑评论》撰稿,后来又为《建筑百科全书》杂志撰稿,后者由阿道夫·朗斯(1813—1874年)和维克托·卡利亚(1801—1881年)创办于1851年。对哥特式复兴产生疑虑的不只是维奥莱-勒迪克;许多哥特式复兴运动中最活跃,也是最忠心耿耿的支持者都在哥特式复兴学说的限制以外去寻找解决19世纪建筑难题的方法。他们采用哥特式风格修建教堂,或更准确地说,采用经过了某种诠释的哥特式风格,仅此而已。他们对这项事业没有信心,除了有关的建筑师创新才能有限外,缺乏坚强的信念是哥特式复兴在法国迅速沦为一种折衷主义的哥特式复兴的主要原因。在建筑方法上没有出现什么有价值的东西。

说来奇怪的是,这场信仰危机的原因,或者说促成危机的催化剂竟然是巴黎圣克洛蒂尔德教堂(Ste.-Clotilde)的建造。它是哥特式复兴早期纪念性建筑中最受瞩目的一座,也是迪德龙和他的同党奋力争取建造的一座。这场战斗的历史鲜为人知。使人惊讶的是这场战斗始于1834年。当时作为历史文物委员会总督察的梅里美做了一个非常明智的提议,即所有由历史文物委员会承担的修复工程应提交民用建筑管理总会批准。这一程序愉快地执行了5年多的时间,因为历史文物委员会的主席让·瓦图(Jean Vatout)同时也是民用建筑管理总会的主席。但到了1839年的岁末,民用建筑管理总会的控制权从内务部移交给了公共工程部。瓦图只好辞去他在历史文物委员会的职务。委员会主席一职被剥夺,历史文物委员会同民用建筑管理总会成员之间的亲密合作关系也就不存在。在卢多维克·维泰(Ludovic Vitet)的主持下,历史文物委员会决定要捍卫自己的独立。在这一点上它成功了,但却失去了民用建筑管理总会的信任。所以,两个机构在所有事情上针锋相对。随着对哥特式风格的兴趣日益增长,这种对立愈加突出,因为虽然历史文物委员会的成员决不是抱成一团地热心支持哥特式风格,但几乎所有的民用建筑管理总会的成员都反对哥特式复兴。他们中的大多数人是法兰西学院的成员。

管理上的变动给历史文物委员会带来麻烦,即事实上失去了对几个重要的历史建筑的控制权,其中包括圣但尼教堂。弗朗索瓦·德布雷(François Debret)花了几年时间来修复这座教堂。1839年他开始了西立面的修复工作。从建筑表面凿去的石头超过1英寸(2.54 cm);北面的塔楼添了许多神龛和一些完全无必要的精细装饰,两年前这座塔楼曾遭受过雷击。历史文物委员会抱怨不休,要求德布雷辞职。后来在1844年,人们发现北塔楼因承受不了自身的重量正在逐渐地坍塌。所有支持哥特式风格的人感到大为吃惊。迪德龙在《考古年鉴》撰文恶毒抨击德布雷和民用建筑管理总会。民用建筑管理总会也不失时机地进行反击。1845年初,他们专横地否决了迪德龙竭力要采用哥特式风格建造3座教堂的计划。这3座教堂是:位于莱姆的圣安德烈(St.-André)教堂,这是一座缩小了的圣尼凯斯教堂(Ste.-Nicaise);位于图卢兹的圣欧班教堂(St.-Aubin),这是加斯顿·维雷邦(Gaston Virebent)在一年前即1844年参加竞赛的设计;位于图尔市(Tours)的由居斯塔夫·介朗(Gustave Guerin)设计的圣艾蒂安教堂(St.-Étienne)。圣艾蒂安教堂的方案已经通过,但其工作在最后关头被一封电报给中止了。迪德龙愤慨万分。他发动了一场新的攻势。圣安德烈教堂和圣欧班教堂没有建成,圣艾蒂安教堂直到1869年才开工。但迪德龙的攻势换来了通过了一项更加引人注目,也是更具有争议性的设计方案,这就是圣克洛蒂尔德(Ste.-Clotilde)教堂。这座教堂的设计初稿是古典风格的,由让-尼古拉·于约(Jean-Nicola Huyot,1780—1840年)设计。在他去世两年前,他的一位也是建筑师的朋友弗朗茨·克里斯蒂安·戈(Franz Christian Gau,1790—1854年)接替了他。戈是德国科隆人,他在1809年越过莱因河到勒巴和德布雷手下学习。塞纳省省长克洛德-菲利贝尔-巴尔特洛·朗比托(Claude-Philibert-Barthelot Rambuteau)是梅里美的朋友,他要求把教堂设计成哥特式风格。耽搁了一阵后,戈拿出了一个14世纪风格的设计方案。这一方案在1840年被民用建筑管理总会否决了,理由是建造计划中要用太多的铁箍和铁拉杆。在随后的几年里,戈修改了他的设计不下3次,每次都被否决了。到了184年,朗比托发脾气了。他要求必须接受戈的方案。民用建筑管理总会没有让步。早在1846年,圣但尼教堂的北塔楼由于两年中不断坍塌而被匆匆忙忙地推倒。德布雷被解雇。但他随后被任命为民用建筑管理总会的委员。朗比托立即作出反应。他威胁要对圣但尼教堂的工作进行全面调查,这样强迫要民用建筑管理总会批准圣克洛蒂尔德教堂的设计方案。方案以一票的优势被通过。迪德龙胜利了。虽然他不喜欢戈本人,也不喜欢他的设计,但他还是为能在民用建筑管理总会的虎视眈眈下,也就是在法兰西学院的反对下帮哥特式建筑赢得胜利而欣喜万分。法兰西学院并不准备把胜利拱手让出。既是民用建筑管理总会也是历史文物委员会成员的A·-N·卡里斯蒂(Caristier)提交了一份专门准备的调查表给法兰西学院的成员。他问道:“建造一所教堂而不采用哥特式风格,这难道符合我们这个时代的风尚吗?”这段回忆和其后的讨论有罗谢特(Desire-Raoul Rochette)总结出来并马上作为学院的通告发表。有一本还送给了内务部。迪德龙,拉叙斯和维奥莱-勒迪克都对此作出热烈反应,写了不下6种其他的小册子来声援它。维奥莱-勒迪克被任命为修复圣但尼教堂的建筑师。同年,民用建筑管理总会企图阻止选用伊波利特·迪朗(Hipolyte Durand)为教堂所作的方案,但没有成功。到1847年,在总数20个的教堂设计方案中,被民用建筑管理总会批准的18个是采用的中世纪的风格或是其他的风格。

建造圣克洛蒂尔德教堂的工作立即上马。但是,大权却交在泰奥多尔·巴吕(Theodore Ballu)的手中,而不是交给戈,因为他的耳朵此时已经失聪,而且不识时务地唠唠叨叨。巴吕尽可能地坚持戈的设计,但出于经济的原因被迫降低了塔楼的高度。他保留了两个螺旋线,稍微修改了一点原来的设计。到1857年的12月,教堂竣工了。迪德龙对它厌恶之极,当时所有忠贞于哥特式复兴运动的人态度也莫不如此。他们认为教堂在细部处理上太花哨,因此对于自己这派的胜利并不为之骄傲。

这场争论迫使许多景仰哥特式建筑的人去认真地思考哥特式复兴的价值。由于己方的论点无力使他们的信心受挫,其中维奥莱-勒迪克受到的打击最大。有充分的证据表明这些人很快就发现哥特式风格是无法支持的。类似于戈设计的那些教堂不值得为之奋力捍卫。哥特式复兴运动日渐式微。说它失败了也不过分。法国人仅在屈指可数的几年中感觉不得不去模仿哥特式建筑。

# 第八章　19 世纪建筑的倡导者

图 638　克里斯托弗·德雷瑟,《装饰设计原理》(1873 年)插图

当代建筑史家们要追寻现代运动的倡导者,就要回溯到 19 世纪。霍雷肖·格里诺(Horatio Greenough)、皮金(A.W.N. Pugin)、爱德华·莱西·加伯特(Edward Lacy Garbett)和维奥莱－勒迪克等具有理性和明显实用主义观点的理论家们,便脱颖而出,并被人们尊为非凡的幻想家,因为他们无负于前人,超然于,或者准确地说,几乎超然于所属的社会之外。然而其观点的发展和进化却与这两点都息息相关。如果我们期望理解他们深邃的意图和含义,那就必须从其所产生的背景那错综复杂的渊源关系中去评价。而将他们的观点抽象化和孤立地评判,则会造成曲解和穿凿附会。这也许的确令人兴奋。但把从古至今的历史发展仅仅视为凯旋的历程,那不过是对现实的歪曲。

19 世纪的激进派们实际上与他们的表象大相径庭。他们职业生涯中那些失误和摇摆的时刻,常常被人们忽视,或作为令人尴尬的东西而回避掉。以约瑟夫·帕克斯顿爵士(Joseph Paxton,1801—1865 年)为例,他是德文郡公爵在查茨沃思庄园(Chatsworth)的首席园艺师,1850—1851 年设计伦敦水晶宫之前,他已于 1836 年设计了大温室(Great Conservatory),1850 年设计了维多利亚皇家温室(Victoria regia greenhouse)。以上建筑对铁和玻璃预制件的使用显出了奇迹般的效果。还需强调的是其运用大量木结构表达出的强烈明晰感。这些手法总能令人满意,但却不常被人视为"建筑",因为我们对这个概念早已习以为常。帕克斯顿自己也仅仅把这种建筑结构视为解决某一特定难题的特定手段。铁、玻璃,以及他所创建发展的这种建造方式,都不适用于维多利亚式的建筑需求。他有过许多职业,世界博览会后他从事建筑。在这之后,他开始在白金汉郡建造了门特莫尔府邸(Mentmore House),那是一座为罗特席尔德男爵(Baron de Rothschild)所建,外观坚固的伊丽莎白时代建筑的拼凑体。这类建筑为数不少。他为与之有生意往来的法国人罗特席尔德,设计建造了整整一系列这样的建筑。起始于 1853 年在巴黎市郊为费里耶尔(Ferrieres)所建的宅邸,最后是日内瓦市郊与维奥莱－勒迪克合作的维奥莱－勒迪克大别墅。这些巨大笨重的大别墅都具有华丽炫耀的风格。人们认为这些建筑十分恰当地实现了帕克斯顿的意图。它们与水晶宫一样,都极好地适应了其目的。如果我们需要从历史上获得教益的话,我们从这个特定的建筑中所获得的教益,也许就是从普雷尼的石头建筑中所能得到的。

欧文·琼斯(Owen Jones,1809—1874 年)是一位像帕克斯顿一样头脑清晰和具有常识的建筑师。他被任命为水晶宫的工程主管,并且

图 639 欧文·琼斯，奥斯勒商场，伦敦牛津街 45 号，1858—1860 年

图 640 A·W·N·皮金，水晶宫中世纪区，伦敦，1851 年

图 641 约瑟夫·帕克斯顿爵士，水晶宫，伦敦，1851，1854 年在锡德纳姆重建

被要求为此建筑增添一点建筑效果。他没有如我们想像的那样给水晶宫加上任何装饰，而是创造了一套装饰色彩，把体量和深度赋予铁和木框架。他把建筑内部漆成间以白色的红、黄、蓝条纹。这种安排是基于米歇尔·欧仁·谢弗勒尔（Michel Eugène Chevreul）1839 年所画的《彩色同步对比法则》（De la loi du contraste simultanè des couleurs）——也是希托夫以完全不同的方式在《圣樊尚－德保罗》中表达的规则，同时也是基于乔治·菲尔德（George Field）的色彩试验。其理论完全基于科学和计算，但效果却如同仙宫。1851 年 5 月 1 日的《伦敦插图新闻》上一位记者写道："看着那柱子成列的大厅，鲜艳的色彩逐渐消失为远处的朦胧与模糊，其效果只有在特纳的水彩画中才能见到。"该建筑的外部为蓝白两色。1856 年琼斯出版了《装饰语法》一书，在书中他表达了自己的信念，认为正如以前宗教和道德信念所起的作用一样，19 世纪的生产力是科学、工业和商业，设计师们必须尽力表达和体现它们。他给功利主义的外形赋予了风格的艺术效果，包含着比例系统、图案和色彩几何排列的科学应用。这些都包含在他的 37 个建议里。在书的结尾部分，他提出了从植物的形状中发展出的装饰镶饰。这也许是从皮金 1849 年出版的《论花饰》一书之后，开始在英格兰形成的。它肯定为詹姆斯·肯纳韦·科林（James Kennawuy，Colling）、约翰·林德利（John Lindley）、拉尔夫·尼科尔森·沃纳姆（Ralph Nicholson Wornum）、克里斯托弗·德雷瑟（Dresser）、弗雷德里克·爱德华·休姆（Fredrick Edward Hulme）和刘易斯·福尔曼·戴（Lewis Foreman Day）这一类建筑师采用和推广。在法国，维奥莱－勒迪克和吕普里什－罗伯尔追寻这一途径获得了稍稍不同的结果。欧文·琼斯把魔术般的辉光与科学，以及在水晶宫项目中获得的成功又用在其他建筑上。1855 年至 1858 年伦敦摄政街艺术和商业大厅——圣詹姆斯大厅，1858 年伦敦大波特兰街和牛津街之间的水晶宫商场，1858 年至 1860 年牛津街的奥斯勒商场，虽然这些建筑都早已不复存在了。这些建筑都具有铁和玻璃建造的屋顶，墙上都漆上了原色，都曾引起轰动。可是当欧文·琼斯为掏腰包听音乐会和在大商场里购物的殷实公民设计住宅时，却一改而为浓重的意大利风格。例如伦敦肯辛顿宫花园街 8 号。他认为这与自己客户的地位和需要来说是恰当的。

当人们审视法国狂热的预言家埃克托尔·奥罗（1801—1872 年）的职业生涯时，就会发现他毫无偏见地接受本国和外国建筑共同的妥帖性。1849 年他甚至在帕克斯顿之前，就向水晶宫设计竞赛提交了

图 642　欧文·琼斯，肯辛顿宫花园 8 号，伦敦，1850 年

一个铁和玻璃的结构设计。作为内沃(E-C-F. Nepveu，1777—1862 年)然后又是弗朗索瓦·德布雷(Debret)的学生，他未能赢得 1826 年的罗马艺术大奖。但是，与欧文·琼斯一样，他用了三年时间周游了欧洲，其后于 1837 年又去了北非，然后他才终于从事了建筑师这一屡经挫折的职业。他于 1841 年出版了《埃及和努比亚概况》(Panorama de l'Egypte et de la Nubie)。但他首先为自己赢得了铁和玻璃建筑设计的声誉：1846 年他在里昂设计了德比瓦公园(jardin d'biver，次年建成)和在香榭丽舍大街附近韦尔内和加利利大街街角上的弗勒尔府邸(Château des Fleurs，外观为室外音乐台)。这在 1847 年的《建筑评论》(Revue générale de l'architecture，第 254 页，第 410 页)上得到了很高的评价。他还发表了一系列雄心勃勃的改善城市排水系统、市场和展览场馆的设计方案。他设计了巴黎中央菜市场(Halles Centrales)。那是一个铁和玻璃结构的建筑，与菲利贝尔·德洛姆(Philibert de l'Orme's)设计的皇家宴会厅(Salles des Fêtes Royales)在外形上十分相似，是迪泰特(C. -L. -F. Dutert)机械博物馆( Galerie des Machines)设计的前身，它于 1844 年提交出来，然后于次年完成。当巴尔塔(Victor Baltard)和卡莱(F. -E. Callet)被指派来建造那座市场，而且首先建了一个笨重的石亭时，奥罗(Horeau)发动了一场运动，使奥思曼男爵(Haussmann)参与其间，并于 1853 年下令拆除了石亭。这就引出了巴尔塔和卡莱最后设计的由铁和玻璃构成的建筑。奥罗非常愤怒。1855 年他移居英格兰。在他的建议下，英国改造了许多街道，而且四年后在伦敦汉诺威广场展示了他的设计。那时他已经在萨里(Surrey)建了一幢房子(已经无法找到)，还在伦敦普里姆罗斯山建了另一座(很可能是已于 1934 年拆除的大街路 18 号或 20 号的白杨宅)。这在 1868 年的由维奥莱－勒迪克的儿子创办的《建筑评论》中登载有插图。如果这个设计是对称的话，它好像展开双翼，极富想像力。但是它的立面令人想起意大利风格。在老维奥莱－勒迪克 1875 年写的《现代人居》(Habitations modernes)的第一卷里，用例图表现了奥罗的另一幢房子，一幢位于比利时奥斯坦德的农庄。该建筑的门和窗均饰以质地粗糙的砖，带有向外伸出的回纹和叶纹的木挡风板和阳台，有点瑞士风味。后来奥罗搬迁到了马德里，1868 年他为塞瓦达广场(Plaza Cebada)设计了一座用铁和玻璃建造的商场。几年后，当他在巴黎因过分热心于支持巴黎公社而服刑时，他拟了一个市政厅的设计草图，一幢平常、朴实的建筑。但它具有一个玻璃屋顶的大厅，为其提供了极好的活动场所。奥罗是位深刻的思想家，也是一位具有极大进取心和冒险精神的实干家。然而他似乎也认为传统杂交模式是最好的。

在美国，一位机器制造商詹姆斯·博加德斯(James Bogardus，1800—1874 年)从 19 世纪 40 年代就开始把铁和玻璃用在四五层建筑的立面上。但他喜欢把铁铸造成古典式样。随着越来越多的成功，他的装饰更加丰富、复杂。文艺复兴风格对他来说，是整个概念最本质和恰当的部分。虽然他根本不理睬传统观念，而且特别看重工程学的成果，然而他也认为水晶宫这一类建筑缺乏质感和体量。他的评价是："无法提高到艺术的高度"。甚至詹姆斯·弗格森(Jarnes Fergusson，1808—1886 年)也有同样的看法。他曾经是一个靛青商人，也是考古学家、建筑史家和一个夸夸其谈的市侩。值得一提的是从 1856 年至 1858 年弗格森是锡德纳姆(Sydenham)的水晶宫公司的总经理。在那个地方帕克斯顿和琼斯造了一座甚至比海德公园的水晶宫原作更大的变体。他最有趣和最引起争议的一本书，是 1862 年出版的《现代建筑风格史》(与 1855 年出版的《图解建筑手册》一起出版，作为更简明扼要的、发表于 1865 年至 1867 年《各国历代建筑史》的一部分)。在此书末，他认为希腊和哥特风格已经濒临死亡，同时大骂其现代赝品。弗格森觉得必须推荐他同时代的人接受文艺复兴风格。他恳求人们："还有另外一种风格现在仍有发展的可能。文艺复兴时期的意大利风格的潜力还未被人们充分挖掘出来。"弗格森追求这样一种建筑：它必须设计建造得合理，结实耐用，最重要的是，它必须在形式和装饰上反映出当时社会的渴望和公众意识。人们也许会认为这是个陈腐的观念，但他和同时代的人都认为这些在文艺复兴风格中体现得最好。

《建筑设计原理入门》提出的痛苦理论带着哀痛和沉重。这篇文章于 1850 年付印，现在它已毫无名气，但在 19 世纪它却广为流传。作者是爱德华·莱西·加伯特(Edward Lacy Garbett)，他对霍雷肖·格里诺(Horatio Greenough)和其后的美国理论家极具吸引力。他忠诚地坚持结构原则的重要性，承认两个结构系统的纯洁，那就是希腊建筑和哥特建筑。但到后来，他却因意大利文艺复兴风格而抛弃了前两者。

其他那些最强烈地影响了 19 世纪，甚至 20 世纪的情感的 19 世纪的倡导者们得出了一些不同的结论。虽然他们倾向于同意弗格森对水晶宫的赞扬。那位改变了自己对哥特建筑信仰的皮金在他的信里不经意地把水晶宫描述为"水晶骗子"和"玻璃怪物"。这倒不是因

图 643 约翰·拉斯金,《建筑七灯》插图(1849 年)

为他反对铁建筑和其他现代建筑手段和发明。因为他 1843 年在《英格兰基督教建筑之复活的解释》一文中写道:“任何现代有助于舒适、清洁和耐久的东西都应被采纳进恒久的建筑中。”而且他在其作品里也表明了他对现代下水系统、煤气灯和所有机械系统的赞同。甚至对铁路也一样,只要其功用被直接和简洁地表现出来。他最喜欢他称为“实际方式”的东西。他讨厌水晶宫是因为它缺乏体量,更讨厌它所反映的对哥特建筑的明显漠视。他在帕克斯顿的建筑里所设立的中世纪区对整个建筑中被削弱的结构形式形成了鲜明的对照。1841 年,在《哥特式建筑——基督教建筑的基本原则》一书的第一页上,皮金列出的要素与哥特建筑没有什么明显的联系。他写道:“设计的两大规则是:第一,不要有与方便、结构和得体这些要素无关的建筑成分;第二,所有的装饰都必须包含能为建筑基本结构增色的东西。”然而通观全书,特别是第二版,我们可以明白无误地看出,他所认为的惟一可以接受的风格就是哥特建筑。皮金不鼓励其他任何形式。他那短暂而活跃的一生都在为哥特建筑的复活而奋斗。对他来说,哥特建筑代表了作为充满精神信仰完整体现的最后一个历史时期。1835 年皮金改信了罗马天主教。于是,基督教改革运动和所有与之相关的东西对他来说都被视为第二次堕落。他早年采用早期哥特风格,但随着他信仰的发展,基督教改革已经不是堕落的根本原因,而只是全面信仰衰亡的一部分。于是他逃避到了 13 世纪晚期和 14 世纪早期的风格中,这些建筑对他来说,就成为文艺复兴的真正建筑。

皮金对哥特建筑的原则和态度——甚至他对作为真正天主教风格的判定——都可以令人吃惊地追溯到雅克·弗朗索瓦·布隆代尔的《建筑学讲义》,一个非常学术化的根源。这肯定是他父亲向他推荐的。他父亲是位来自法国的插图画家。但是皮金十分热情的伦理主义对建筑理论来说的确是一个新东西。这在他 1836 年写的最具有破坏力的一本书《14—15 世纪宏伟建筑与当代同类建筑之间的比较》的开篇,就得到了有力的阐述。概述文字简短,但 16 幅插图使他的意思非常明了。与 19 世纪的堕落卑微的城镇和建筑相比,中世纪的城镇和建筑都十分完美,具有很高的价值,萌发着怀古的情绪和悠思。“只有它们能用率直的建筑来重现昔日的荣耀。没有这些精髓,建筑只能是沉闷而毫无生气的赝品。它们可以在风格上进行模仿,但是完全缺乏古典设计超凡脱俗的情趣和氛围。”(第 2 版,1841 年,第 43 页)

皮金道德精神方面的提醒是对英格兰 19 世纪建筑思想的真正贡献。虽然约翰·拉斯金(1819—1900 年)不信奉天主教,但他是伦理学

图 644，图 645　路易－奥古斯特·布瓦洛，小教堂外部和内部，圣但尼，1854 年

派的最雄辩的发言人。他的信念在晚年才强烈而固执地表达出来。然而，1837 年至 1838 年间，在他以卡塔·富欣（意为“根据自然”）的笔名发表于《劳登建筑杂志》的第一篇名为《建筑之诗》中，他晚年的认识已经很明显了。值得一提的是他的编辑，约翰·克劳迪厄斯·劳登，是个完全不同的人。且不提他那令人着迷的文笔，他的所有活动都与拉斯金大相径庭。劳登像一位阴沉、勤劳的苏格兰人，他每早 7 点起床，吃过早饭就一直不停地工作到晚上 8 点。他一生写了 400 多万字，主要是关于地产管理和园艺学的，也写了许多其他东西。他总是提出很多实际的东西，如下水系统和供热装置。他与妻子结婚是因为她写了最早的科学幻想小说之一，《21 世纪木乃伊的故事》（1827 年）。他早于帕克斯顿很多年就开始建造温室，而且形成了帕克斯顿在查茨沃思的温室和水晶宫中应用的建造技术。他是最早设计铁和玻璃建筑的人。但在他众多的著作中，他也提出了各种各样的建筑风格（他毫无偏见地雇佣了查尔斯·巴里，以及名声不太好的 E·B·拉姆和 S·S·图伦等来作设计）。这是因为虽然他的建筑观非常明晰和具有常识，但只要建筑组织得有效，建得结实，他一点也不在乎其形式。拉斯金不在乎的他都在乎。虽然他不喜欢拉斯金，但对他的文章却大加赞赏。拉斯金的《建筑之诗》讨论景观的品质，以及木屋和农舍与景观的协调方式，这是基于英国如画风格传统的。然而，拉斯金认为这种不可避免的、“自然”的建造方式是创造它们的人们整个生活方式的反映，而不仅仅是一种技巧。这倒的确是一个新的观点，虽然它可能源于让－雅克·卢梭对纳沙泰尔附近一个小山村生活方式那令人陶醉的描写。这包含在 1758 年他对达朗贝尔的驳斥里：“……关于在日内瓦建立一个喜剧院的方案。”他们两者都认为建筑的精华来自于人的优良品质。对建筑学来说，有特别值得纪念的两本书，一本是 1849 年出版的《建筑七灯》，一本是从 1851 年至 1853 年分卷出版的《威尼斯之石》。后来，在这两本书里拉斯金将这一主题进行了扩展。在 1869 年的《空中女王》一书中，他写下了这样的格言：“愚蠢的人的建筑必定愚蠢，智者的建筑一定富有感觉；善良的人的建筑必定美丽，而邪恶的人的建筑必定卑劣。”

“七灯”是指献身精神、真理、力量、美、生活、回忆和顺从。它们与建筑没有什么直接的联系，起码没有传统意义上的联系。拉斯金对建筑起作用的方式，和它的组织和结构并不太感兴趣（虽然他曾对自己认为是结构上虚假的东西进行了强烈的谴责）。在他的书里只有一幅建筑平面图，根本没有剖面图。从图和描写中判断，他也不在意建筑的块面和体量。他那名匠般的技巧和写作热情都用在细部上了：柱顶和窗户，柱头和线条。他总是避免不连贯的细节。并认为建筑本身就存在于表面饰件和线条及装饰中。在《献身之灯》中他写道：“因此，我认为没有人会把决定胸墙高度和棱堡位置的东西称为建筑法则。但是如果在棱堡外面的石头表面加上一些不十分必要的东西，比如装饰线条，那就是建筑。”但是所有东西里最令人激动的，是表面图案，材料的质地，不管它们出现在建筑上还是存在于自然里。他纵情于对这些细节的描述，几乎达到了沉溺其间的地步。从这些无论是人工的还是为风霜雪雨蚀刻的外表上，他都看到了自然的痕迹。这些都值得人们用手和眼去抚爱。不管这些外表何等粗糙笨重，何等伤痕累累，残破不堪，但它们具有真实的表达。他厌恶对任何建筑物的修补，穷其毕生心力与之抗争。而且在 1874 年拒绝了英国皇家建筑师协会颁发的金奖，原因是协会里有损伤了他所喜爱的建筑的人在内。对他来说，建筑的外形具有不可干预的神圣品质，具有比视觉享受更多的东西。其外貌展现了创造者的品质，表达了他的欢乐、激情和信念，因而也表达了其创造者所属社会的品质。一座优秀建筑诞生，基于全社会所有人的幸福生活。

拉斯金的理想社会是中世纪的某个时期，这一概念首先来自托马斯·卡莱尔，然后来自皮金。然而，作为英国低教会派的成员，他竭力拒绝这类影响。于是，他把所有文艺复兴时期的建筑都视为赝品，而将哥特建筑推崇为美好真实的形象。大出人们意料的是《建筑七灯》中没有太多的建筑学的内容，也没有怎么谈及哥特建筑。即使在《威尼斯之石》里也未谈到。拉斯金的改革运动不是全国性的。他讨厌北方的潮湿和阴郁，也没有十分注意英国的哥特建筑遗址，甚至还忽略了法国（虽然后来他学会了欣赏后者）。他喜欢南方。意大利的哥特建筑成为他所热爱的建筑象征，佛罗伦萨的焦托（Giotto）塔，更有威尼斯的总督府（the Doges' Palace）。他在《威尼斯之石》第 2 卷里匆忙而又杂乱无章地加上了《哥特建筑的本质》一章，但这受到了英国严肃的建筑师们的责难。威廉·莫里斯，在此我们对他无需谈论，1892 年在克尔姆兹克特出版社付印了一个单行本。他当时将其描述为“为数不多的世纪之声”。这对他的职业是一个激励，同时也激励了菲利普·韦布、威廉·莱塞比和许多其他的人。正如人们所推测的那样，“哥特建筑的本质”是不确定的。拉斯金通过许多范畴来讨论其主题，比如原始粗鲁，缺憾，多变，冗长和僵化。然而，人们会逐渐从其中形成对哥特建筑观念的新的崇敬和情感。它绝对是拉斯金的文章和建筑中最

具有潜能的东西。

后来他将注意力从建筑上移开了:他思考着社会的本质和它可能成为什么样子。他成了同时代人里最激进的思想家之一。他的目标是使英国成为一个美好、平等的社会——大家同酬(他父亲去世时给他留下了 197000 英镑)。他认为建筑师是重要的,但只有当社会本质发生变化之后,优秀的建筑师才可能出现。1864 年他应邀到布拉德福德机械学院授课。那时该城正在进行一个新的交易所的设计竞赛。人们期望他就其建筑风格提出建议,而且都以为他会建议使用哥特风格。然而,他告诉在场的市民和商人们说,他完全不在意他们采用什么建筑风格,因为他们自己也不在乎。他们只关心挣钱。接着他滔滔不绝地声讨他们生活中的不道德行为,以及由此引起的城市的丑陋。他告诉听众:"士兵身上惟一、绝对和无可匹敌的英雄成分,就是他们几乎没有任何报酬。而且始终如一。而你们这些掮客、商人和其他人,只是偶尔才干一点被认为是乐善好施的事,而且还希望从中得到尽量多的回报。我总是不明白为什么一位游侠历尽辛苦,却分文不取,而为他跑腿的却总是期待厚酬。人们能够尽义务干艰难困苦的事,但却又为了区区小事斤斤计较。狂热地长途跋涉,只是为了寻找前朝圣者的陵寝,而不愿意稍稍移步听命于在世的圣贤。心甘情愿地历尽艰辛四处宣讲他们的信仰,但又必须得到重贿才去身体力行。在神的面前乐善好施,却不把面包和鱼施舍给饥肠辘辘的人。"

"如果你们愿意向士兵的精神靠拢,克己奉公,像士兵尽心为国服务一样,也为他人服务,那我就会在你们的交易所上雕刻上值得一看的内容。但现在我只能建议在交易所的门楣上吊一个钱袋,或刻上金钱。"(《拉斯金作品集》,由 E·T·库克和 A·韦德伯恩编辑,第 18 卷,第 450 页)。

牛津大学博物馆是由托马斯·迪恩爵士和本杰明·伍德沃德设计,但据说拉斯金与这座建筑紧密相关。然而牛津大学博物馆也不是他理想的成功体现。当然,他的参与也没有人们所想像的那么多。这座建筑的建造期间,他大部分时间都不在英格兰。即使他身在英格兰,多半时间也都用于写作。设计定稿于 1854 年,次年由吵吵嚷嚷的詹姆斯·奥谢带领一帮爱尔兰工匠建造。人们期待他把拉斯金所珍爱着迷的风格体现在工程上,然而他对牛津高层人士的傲慢不敬导致了 1860 年被逐,那时雕刻还远未完成。伍德沃德第二年就去世了,经费就成了问题,工程也就难以为继。建筑的大结构被用铁和玻璃覆盖的陈列区代替,也反映出了些哥特风格。拉斯金多半不赞成使用铁,但

图646　路易－奥古斯特·布瓦洛，带铸铁柱子的教堂，1863年

是也未强烈反对。对这座建筑上能最终留下自己的痕迹的关心，不可避免地使他反对在建造上大量使用铁和预制工艺。他说这样会贬低了工匠的作用。评论家们从水晶宫的大厅里看到了特纳(一位他所尊敬的画家)绘画的效果，但就是1851年特纳去世了。实际上，特纳对水晶宫极感兴趣。但对拉斯金来说，水晶宫里既没有特纳，也没有建筑。1855年他在《建筑七灯》第2版的一条偶尔针对加伯特注释中说道："我认为它所表达的是惟一的、令人羡慕的约瑟夫·帕克斯顿的思想，也许这不及他聪慧活跃的头脑里时时闪现的念头更光彩，那就是：建造一个有史以来最大的温室是可能的。这一想法，加上一些简单的几何学知识和玻璃就能够表达出人类的智慧。"(《作品》，第9卷，第456页)当他1874年在《威尼斯之石》第3版的前言里审视自己作品和文章的影响时说："它使工厂的烟囱被涂成红黑两色，威尼斯式的窗花格被用来为银行和布店增色。廉价玻璃和波形瓦使教区教堂变得又暗又滑。"他认为必须抵制这些有害的东西。

在欧洲大陆，不允许伦理和社会道德支配建筑理论，没有哪一种强大势力把建筑当作宗教运动。也不会有人从建筑学转向政治理论。然而许多人，或者说实际上所有重要人物，都具有很强的，有时甚至是极端的政治观点。反君权制运动失败以后，参与其间的德国代言人戈特弗里德·森佩尔(Gottfried Semper)被迫逃亡比利时，然后又逃往法国。在法国，奥罗(Horeau)由于与巴黎公社有交往而被关押。在这之前，吉尔贝(Gilbert)、布卢埃(Blouet)、拉布鲁斯特(Labrouste)和维奥莱－勒迪克都为圣西门和孔德的理想所激动。而最有影响和最豪华的《建筑评论》杂志的编辑塞萨尔·达利(César Daly)是一位傅立叶主义者，他甚至还设计了一个法伦斯泰尔社区，并把其图纸登载在他的杂志上。但是杂志里很少有其他这类东西。

维奥莱－勒迪克曾亲自上前线战斗过。普法战争以后，当国家的情绪基调十分低落时，他还想采取积极的政治态度。他开始定期为《左派中心》、《人民》和《优秀大众》杂志写稿。1873年他参加了市政选举，被选为蒙马特尔的共和党候选人，但他在任不足一年，因为他认为共和党政府毫无道德感。他在《左派》杂志上撰文斥责该政府，并且辞去了职位和所有政府委任，包括地区建筑总监一职。后来他代表不同政党再次入选市参议会，直至1879年逝世。这是诚实和勇敢的举措，但也无须过分夸大其重要性。维奥莱－勒迪克在第二帝国下做了太久的顺臣，他未能利用自己的影响来改良这个世界。

维奥莱－勒迪克对建筑的兴趣主要在营建上。他决心证明结构原理的恰当表现就能产生漂亮的建筑。亨利·亚当(Henry Adam)的《圣米歇尔山宪章》一书中充满了对维奥莱－勒迪克的引用。读了这本书，谁都不会怀疑他是位敏感而又富于情感的人，对哥特建筑的诗意尤为敏感。人们可以根据这点来理解他。但在与长久形成的，特别是由美术学院所创立的建筑成规的抗争中，他被迫用最无情的逻辑来强化自己的论点和诠释哥特建筑——实际上所有优秀建筑。他把希腊建筑和拜占庭建筑也包括在内——把它们视为理想终结的最易解释的结果。他在分析中引证的原则，应该被应用于19世纪乃至今后的建筑风格上。这也使他显得似乎是一位严厉的唯物主义者，粗鲁而又傲慢专横。然而即使在他早年的《考古年鉴》中所解释的结构原理，也只被尝试性地暂时应用于19世纪建筑的迫切需要。从一开始，他就很快接受了一个观点，那就是新的建筑材料，特别是铁，定然会成为19世纪建筑革新的主要部分。他甚至准备用铁材料来修复古建筑：1845年他为马德莱娜教堂订购了铁制窗框，就像拉叙斯(Lassus)在圣日耳曼－洛克塞鲁瓦教堂(St.-Germain-l'Auxerrois)工程中所做过的那样。然而，1850年在关于阿拉瓦纳(J.-A. Alavoine)1824年装在鲁昂大教堂上的荒谬的铸铁尖顶一事向历史纪念建筑委员会所作的报告中，维奥莱－勒迪克强烈地反对那种不加区别地用铁来代替在不同条件下发展起来的建筑形式和装饰的做法，这一看法与皮金不谋而合。本来就不该有铸铁的哥特建筑。他竭力反对这类实践。1854年1月11日路易·奥古斯特·布瓦洛(Louis-Auguste Boileau，1812—1896年)发表了一篇文章，建议修一座用铸铁柱的教堂。他是一个细木工的儿子，自己是管风琴室的雕刻师和建筑师，还建造过一个仿哥特式的小教堂。2月18日该文又登载在另一本杂志上，并附上了阿尔贝·勒努瓦(Albert Lenoir)热情洋溢的评论。不久，一位佩西耶(Percier)和方丹(Fontaine)的学生，吕松(Louis-Adrien Lusson，1790—1864年)采纳了这个建议，并向巴黎大主教建议在巴黎给一块地，来建造这个工程。此项目3月就开工了。正如人们所预料的那样，布瓦洛强烈地反对这一工程。他替换了吕松成为该项目的建筑师。1855年12月21日他的圣欧仁教堂正式启用了。从外部看，它是一座普通的红砖建筑，局部粉灰，间以泥嵌填的窗户，正立面是三个山墙。建筑的内部是古怪的哥特风格，类似于理查德·克伦威尔·卡彭特的学生和继承人威廉·斯莱特(很可能在同一年)设计的英格兰教堂建筑学协会的建筑。布瓦洛这座教堂的所有柱子、肋拱，甚至拱顶都是铸铁的。此建筑引起了轰动，也吸引了许多评论。1855年2月，在建筑完工之前，

1863

图 647　路易－奥古斯特·布瓦洛，圣欧仁大教堂内部，巴黎，1854—1855 年

图 648　威廉·斯莱特，铸铁柱子的哥特风格教堂，1856 年

图 649,图 650　路易 - 奥古斯特·布瓦洛,圣保罗大教堂内部,蒙吕松,1864—1869 年

塞萨尔·达利在《建筑评论》上指责其为纯粹的天真想法。两年后他又把这个建筑贬斥为像一个火车库:"不过,其中的圆柱融合得很成功,因为其独到的处理手法产生了艺术效果。从本意上讲,虽不十分宏大,但却很适度。宽敞的空间得到了最大的利用,并使阳光能充分渗透各部位。相反,在我们看来,那教堂里面我们所见到的廊柱是用来支撑房屋并同时用作装饰的。"(第 100 页)但是 1855 年 6 月 1 日米歇尔·舍瓦利耶(Michel Chevalier)在《辩论杂志》上发表了一篇对布瓦洛大加赞赏的文章,而且立刻建议在穆兰和马赛的大教堂里,以及蒙彼利埃和里尔的新教堂也用这种建造方式。舍瓦利耶的颂词遭到粗暴的回击。同月,维奥莱 - 勒迪克在《建筑百科全书》中写道:"对于牢固性在于装配的极其精确的方案来说,它比建筑艺术更接近于机械师的艺术……圣欧仁的建筑负责人布瓦洛先生,无论他多么灵巧,却并非建筑师,而是一名机灵而能干的金银匠。无论如何,起码的实践素养不能被代替。"他还称其为毫无品味的幼稚的大杂烩。次月,布瓦洛作了一个辩驳,其克制令人大感意外。他称自己做的正好就是维奥莱 - 勒迪克所提倡的。他首先肯定了哥特建筑的原理,接着试图阐明说如果有现在的资源,13 世纪的工匠们也会这样做。他认为勒迪克的憎恶是由于他没有绝对地照搬哥特建筑而引起的。勒迪克勃然大怒。他在同月的《建筑百科全书》上进行回击,提出了许多关于技术和整个争论的问题:"当人们可以采用铁梁和大跨度板材时为何还要做弧拱?为什么不像英国和法国工程师那样采用这些材料?他们已经在这样做了。就是说,用这种方法逐渐简化造型,打破由旧习俗强加的老传统。"但如果圣欧仁大教堂太像一个火车库的话,也没有多少理由可以认为勒迪克会喜欢它。与塞萨尔·达利和大多数他的法国追随者一样,他也不喜欢水晶宫。亨利·西罗多(Henri Sirodot)在 1851 年的《建筑评论》里把水晶宫排斥在外。他只把它看成一个巨大的温室,算不上建筑。(第 154 页)

路易·奥古斯特·布瓦洛泰然自若。他在 1854 年 9 月的一本小册子上登载了更令人吃惊的作为新建筑形式的铁结构教堂设计。他展示了纤细的铁柱支承着弓形拱和肋拱,其上又是小拱一个个层叠起来,构成金字塔结构。弯曲的拱在内外都能看见。铁柱在室内表现充分,在外面则与石材一起构成网状。网格间的窗子出奇的大,而窗花格则更加别致。它们是由交叉的拱来构成的线形图案,与弓形的拱相呼应。教堂的西端是两座异想天开的尖塔。虽然这个设计有点一反常规,但是它毫无疑问受到了哥特建筑和摩尔建筑的启发(欧文·琼斯

图 651　维奥莱－勒迪克,《法国建筑词典》(1859 年)里的哥特教堂剖面图

图 652　维奥莱－勒迪克,《谈话录》第 12 期(1866 年)中的铁和砖拱顶的音乐厅

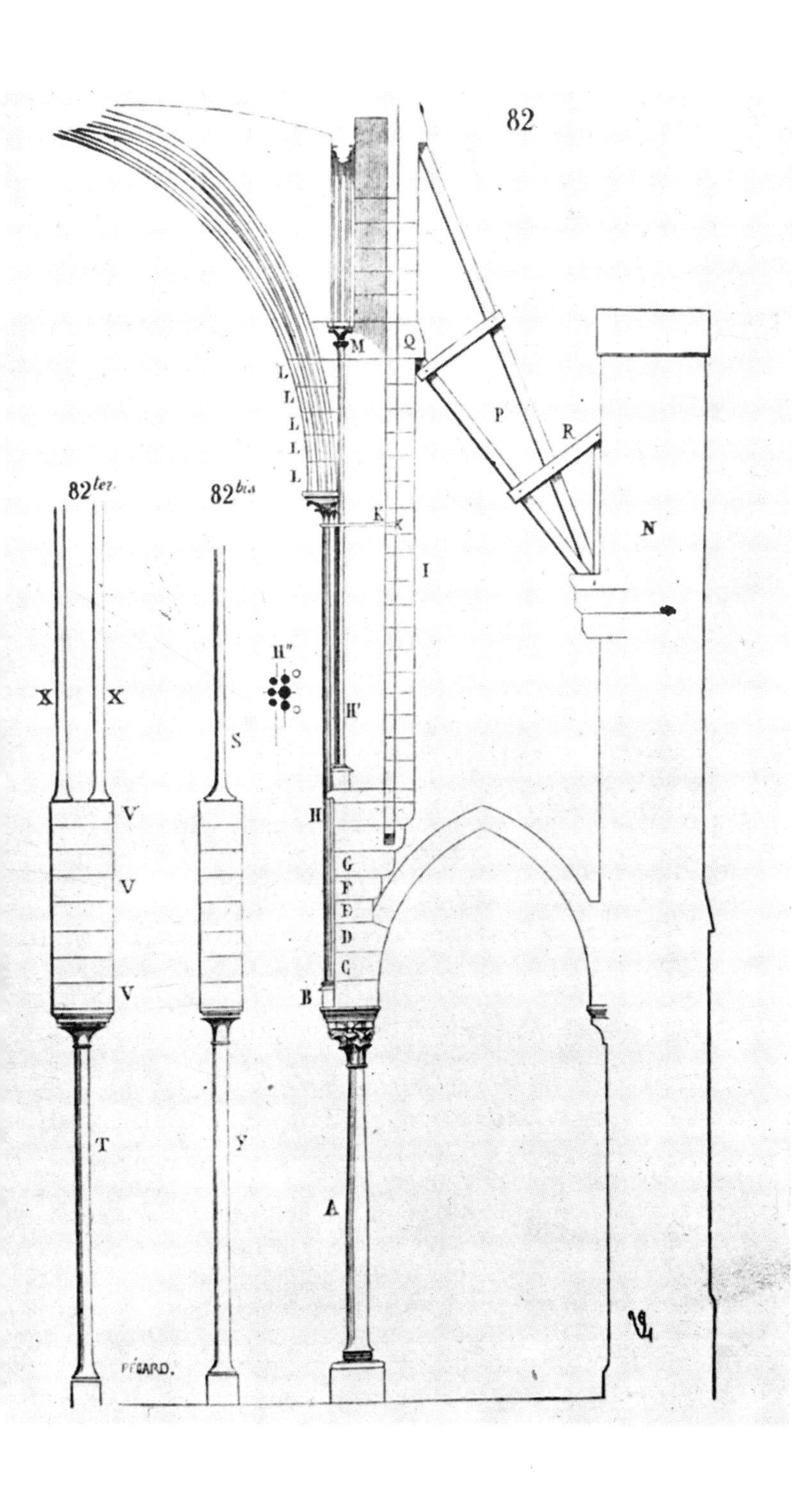


关于阿兰布拉宫的内容丰富的书 1844 年发表在《建筑评论》杂志上,其中一幅图似乎成了布瓦洛的原型)。后来他设计了许多更具雄心的、基于这个建筑的变体。为了与这些建筑形成呼应,加强宣传,1881 年他出版了《铁构件实例与原理》,五年后出版了《建筑创新评论史》,1889 年出了《20 世纪的建筑学前奏及百年展示》,这是一本预言式的著作。除了大交易市场以外,另一个百货大楼也开始了修建。但是 1869 年他和他的儿子路易·夏尔进行的圣欧仁大教堂的工程进展不大,虽然他们一直不懈地努力。1863 年他在混凝土的勒韦西内(Le Vésinet)教堂上加了一个铁肋的圆顶,同年开始在蒙吕松建造圣保罗教堂的另一幢建筑。然后 1869 年开始建造在瑞伊的圣艾蒂安教堂。这是 1830 年拉梅内(Lamennais)和他的门徒们亲手安装的,很像圣欧仁教堂。1868 年他在伦敦莱斯特建了法国圣母院。那是个圆顶的铁框架建筑(1957 年拆除)。

维奥莱－勒迪克对这些视而不见。他的弟子 J·-E·-A·德博多在 1863 年的《建筑师及建筑报》上猛烈抨击了路易·奥古斯特·布瓦洛为勒韦西内(Le Vésinet)设计的教堂。三年后,又严厉批评了布瓦洛为一次设计竞赛所提交的方案(值得记住的是德博多自己以一个铁柱设计赢得了这次比赛)。他写道:"被建筑师们通过的总体构图,并非系统方案。仅为一些成型金属的应用。其形状亦非所使用的材料的性质所决定。"(第 97 页)德博多坚定地追求使自己的设计与布瓦洛有所不同。后来他才意识到,路易·奥古斯特·布瓦洛毕竟是一个具有解放意义的促进因素。当他设计蒙马特尔的一座教堂时,采用了许多布瓦洛的东西。但与布瓦洛的争论却使维奥莱－勒迪克立刻严肃地考虑铁在建筑中扮演的角色。在 1860 年出版的《法国建筑词典》第 4 卷里,他简洁地示意了铁和木料能够怎样替换哥特教堂中的构件,并建议怎样在 19 世纪的建筑中使用铁。他自己在兰斯大教堂的圣器收藏室的桁架上保守地使用了铁(这与巴特菲尔德这一类的哥特建筑狂热分子在英格兰的做法相似),这个建筑设计于 1862 年 7 月,1870 年才开始建造。他还熟练地设计了皮埃尔丰别墅的桁架(1862 年)。巴黎圣母院的密室那简洁的铁桁架建于 1866 年。这段时期的维奥莱－勒迪克对铁的应用特别敏感(因此促成了德博多对布瓦洛设计的攻击),因为阿尔弗雷德·达塞尔(Alfred Darcel)在《美术报》上对 1864 年巴黎美术展览上的建筑进行评论时,猛烈地抨击了与勒迪克有关的一些倾向。德拉尼(Bourgeois de Langny)在新开办的《建筑箴言报》上也对同年美术展览作了同样的批评。朗布依埃(Rambouillet)的教堂设

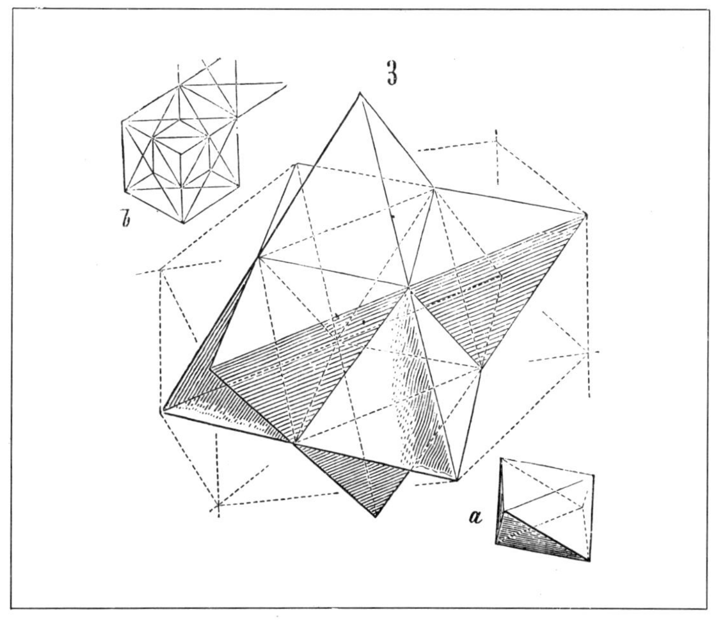


图 653 维奥莱－勒迪克,《法国建筑词典》(1866 年)中表现等边三角形是所有建筑的基础原理的图

计成了蔑视的口实。达利写道:“唯理学派此时趋向于将建筑艺术转变为工业建筑学。面对他们,所有的艺术怀疑主义者,都如此宣布其对科学和适用的特殊尊重。”(第 5 页)与阿尔弗雷德·达塞尔一样,德拉尼甚至把维奥莱－勒迪克和他的追随者与路易·奥古斯特·布瓦洛联系在一起——这是一件令他们担心的事。人人都把路易·奥古斯特·布瓦洛看成怪人。当德拉尼把这些人与现实主义者联系在一起时,他就具有更大的破坏性,因为这引起了广泛的争论。他总结说:“无艺术感的建筑在建筑艺术的发展中,仅可占有很次要的地位。”(第 81 页)维奥莱－勒迪克和尚弗勒里(Champfleury)是老朋友,在 1863 年 8 月 7 日的《辩论杂志》(Journal des débats)上,他以最得体的手法评论了尚弗勒里的论文集《现实主义》。然而在他给梅里美的信中评论现实主义的其他作品,如福楼拜的小说时,他毫不掩饰自己的蔑视。梅里美与他颇有同感。1869 年 12 月 29 日他在关于情感教育中写道:“天啊!真是一位搞错了行当的数学家。”这个评价达利和布尔热瓦·德拉尼都愿意将其用在维奥莱－勒迪克身上。

维奥莱－勒迪克对这种猛烈攻击的回答,是 1866 年及以后包含在第 12 本《谈话录》(Entretien)那令人震惊的设计里。那里面有一座用 V 形柱支撑的市政大厦设计图,其大厅是铁组合支柱和铁框架支撑着石头拱顶——特别是那个可以容纳 3000 人的大厅——他实现了未来建筑的走向。由于他对自己创造力的估计非常谦虚,所以认为自己的设计稍显笨拙而且缺乏风格,然而它的确是努力寻找风格的坚毅尝试。这个多面厅的确是当时优雅建筑风格的天真无邪的实例。这种风格不像人们所期待的那样登载在《谈话录》里,而是登载在《法国建筑词典》第 8 卷里。维奥莱－勒迪克写道:(如果它以前曾作为阶段风格的一部分的话,现在已经不再如此)“风格是建立在某一本原上的一种理念的表现。”(第 475 页)对他来说,这一伟大的指导原则最终是永恒的,放之四海而皆准。其结构和稳定的秘密在于等边三角形,在这个基础上建成了所有结构和优美形式。连地壳也有其风格。他的论点里还有更丰富的内容,以及比此文指出的更多的微妙之处,但即使这么短的评注,也足以表明他是如何从哥特复兴而转向了最具包容力的指导原则。也显示了他希望如何来诠释它们。没人会说他成功地做到了这点,但他的广度和深度是无可匹敌的。

维奥莱－勒迪克的同时代人面对这一挑战,没有多少能像他那样准备充分,或者提供了这方面的实例。真正做到的人也不是他的学生。奥罗的学生布尔代(Jules-Désiré Bourdais,1835—1915年)大约

图 654 维奥莱－勒迪克，莫尔尼公爵墓，巴黎佩尔·拉雪兹公墓，1865—1866 年

1868 年在塔恩－加龙省的内格勒珀利斯(Négreplisse)建了一个小教堂。其顶部是由四根显眼的木柱支撑，其结构与《谈话录》里的设计图极为相似。朱尔·索尼耶(Jules Saulnier)1865 年为圣但尼的梅尼耶化工厂完成了一系列伟大的砖结构建筑；四年后又设计了一座著名铁框架建筑——这就是梅尼耶巧克力厂。开工建造于两年以后，但是工程进展顺利，因为维奥莱－勒迪克在 1871 年底或 1872 年初的第 18 期的《谈话录》里刊登了该建筑的图纸，使它引起了读者的注意。1874 年的《建筑百科全书》上登载了该建筑的全图和索尼耶设计的附属建筑的图纸。该建筑色彩丰富，彩色釉砖熠熠生辉，傲然屹立于水边，被认为是第一座完全的铁框架建筑。而事实的确如此。完全暴露在建筑立面外的铁框架是为了唤起对原址上由索尼耶的老师博诺(Bonneau)在 1840 年至 1855 年间所设计的一座木结构的建筑的联想。而博诺的那个建筑又是取材于一座遗留下来的中世纪建筑。然而，维奥莱－勒迪克的确启发了索尼耶。更令人相信的是他对巴黎法学院图书馆的建筑师的影响。该建筑于 1876 年 5 月至 1878 年 6 月间由路易·埃内斯特·勒赫(Louis-Ernest Lheureux，1827—1898 年)所建的。他是亨利·拉布鲁斯特(Henri Labrouste)的学生。勒赫在圣巴布学院工程上跟拉布鲁斯特工作过，修建了画室。除了学院的立面以外，所有这些建筑都已不复存在了，包括勒赫 1880 年加上去的第二个大厅。在两者中铸铁隅撑、顶梁和填充的砖，是对维奥莱－勒迪克概念的惊人演绎。但它们作为所保存的拉布鲁斯特的纪念，显得更加壮观和令人关注。第一个大厅的石材立面，以及用令人羡慕的方式表达的三个高大的拱和刻字的碑是 19 世纪法国建筑的杰作。勒赫在这上面没有什么贡献，虽然他在巴黎贝尔西街上的酒库的确是值得一提的建筑。这座建筑是作为市政会委员的维奥莱－勒迪克在 1877 年批准的。那也是座用釉砖填充的铁框架建筑。一期工程在 1866 年完成。这座大楼还未拆除。能够证明维奥莱－勒迪克这一时期理论的建筑已经为数不多了。

维奥莱－勒迪克在 1871 年第 7 期的《谈话录》里愤怒地写道："我们推崇情感建筑学。正如我们所做过的那样，如情感政治，情感战争……。应该考虑在所有这些方面注入冷静的理念：切实可行的见解，时代需要的研究，由工业进步所提供的改善，各种经济手段，卫生和健康问题等。"(第 296 页)在该书末也写着同样的内容，强调实用智慧和分析调查。这一点在工程师身上，特别是在肖塞·奥古斯特·舒瓦西(Chaussées Auguste Choisy，1841—1919 年)的身上得到了最好体现。

图 655 朱尔·索尼耶，梅尼耶巧克力工厂，马恩河畔努瓦西尔，1869 年，1871—1872 年

图 656 欧仁·特朗(Eugéne Train)，学院教堂，巴黎，1863—1875 年，具有暴露的铁结构的砖、陶和彩瓷砖的混合体的著名例子，该工程甚至在未完工前就已经开创了流行风格

肖塞·奥古斯特·舒瓦西在建筑艺术史的研究中也许特别是在1903 年的《建筑史》一书中，以非常无情的结论解决了所有这些问题。维奥莱－勒迪克也对此进行了思考，但感到迷惑。肖塞·奥古斯特·舒瓦西用简明的线条，扼要地阐明了复杂的建筑。他为我们所研究的时期提供了一个自然的终结，因为他不仅把勒迪克的理论，也把其他所有建筑理论都浓缩成了最简洁的格言和图表。他的绝笔之作是 1909 年出版的一部《维特鲁威文集》(Vitruvius)，这是把罗马老人的著作编辑奉献给建筑师们的最后机会。它与佩罗(Perrault)的作品有极大的差别，虽然人们能够找到他们之间的联系。但是在我们结束之前，我们还必须谈到一个建筑师。那就是戈特弗里德·森佩尔(Gottfried Semper)。他是格特纳(Gärtner)的学生，一位不惹人注目的那类建筑师。

与维奥莱－勒迪克一样，戈特弗里德·森佩尔也非常关心风格问题。他对此问题的关注甚至先于维奥莱－勒迪克。他在 1851 年于不伦瑞克出版的《建筑学的四大要素》(Die vier Elemente der Baukunst)一书中首次试图解释它。但这些观点是他从 1851 年至 1855 年在伦敦授课时建立起来的。那时他与欧文·琼斯(Owen Jones)和亨利·科尔(Henry Cole)过往甚密。他是他们瓦厂上釉工序的检验人。戈特弗里德·森佩尔还负责水晶宫部分展品的陈设。然而，他以前却不喜欢这个建筑。因为他认为按照逻辑来说，铁不能用来建造纪念性建筑。他的一位我们只知道姓名缩写为 L.H. 的学生于 1900 年在《现代营造》一书中将他的信念总结为："有两类建筑：第一类是组元本身均很稳定的建筑(如帕埃斯图姆神庙)，即那种被赋予纪念特点的建筑。第二类即那种不必具有稳定性的组元，而仅为一种组合的建筑，如家具、桌椅般的建筑。在这两个极端之间，有着一系列的级度空间。它们给建筑结构以更多或更少的纪念性，要么接近此类方案的一种，要么参照彼类方案的一种。"(第 525 页)但置身于水晶宫中，他为目不暇接的物品所惊呆。因此他决定由此引申出系统，来抓住和解释这些创造性的努力。他曾为伟大的植物学家乔治·居维叶(Georges Cuvier)在巴黎建造植物园中所采用的构成秩序和手段所叹服。居维叶第一个提出了不以植物的外形和部分相似，而是以它们的器官功能和生命活动方式来划分物种。戈特弗里德·森佩尔想要从中提炼出理论的东西是一个陈列品，一座来自特立尼达西班牙港旁一个村子的加勒比小屋。它是曼努埃尔·索尔萨诺(Manuel Sorzano)的作品。里面陈列的东西，主要是西班牙和现代西印度群岛人的。它不是一个原始的小棚屋，但它证明了戈特弗里德·森佩尔确认的人类任何产品的主要创造力的四个

图 657　路易·埃内斯特·勒赫，法学院图书馆，巴黎，外貌，1876—1878 年

进程。在艺术和工艺价值上，它们不分高下。他的理论主要包含在1860 年和 1863 年在慕尼黑出版的两卷的《论风格》(Der Stil)一书中。讨论建筑学的第 3 卷一直未能完成。但这没有什么关系，这理论的要旨已经十分清楚。戈特弗里德·森佩尔认为人类的四种创造方式是：编织、模制、使用木材的建造和用石头进行的建造，有时这被降格为堆砌(在这点上他勉强加上了金属制品)。其中每一种方式，都与特定的材料相关：纺织品、陶瓷、木材、石料。反过来，每一种材料都导致了一种特殊的建筑形式：外墙和所有装饰图案，地基和壁炉，承重结构系统和石墙，而石墙最终可以代替所有其他材料。他认为所有艺术、建筑和其他工艺都可以简略为这些方式和与之相关的材料。最高级的表达方式是建筑，因为它包含了所有其他形式。但据今天明显的证据，它不是最早出现的形式。实际上它是从其他四种方式中产生的。于是人们认为这暗示了戈特弗雷德·森佩尔持有一种有关艺术本原的实际而又有用的理论。他的“唯物主义”态度常常为人们所嘲弄。但这是故意曲解他的意思，因为他认为工艺出现的最初目的是象征性的。远在人们建造房子，铸造壁炉和锅之前，他们就开始编织花环。这些花环是在《论风格》一书的卷首作为最有风格和表现力的人类产品来奉献给神灵的。

根据戈特弗里德·森佩尔的理论，大多数图案都源于编织艺术(或编织工艺，如果我们喜欢这样称呼的话)。这样，图案就早于结构形式的出现。因此，装饰就应该被视为比结构更基础的东西。这个理论还包括了这样一种表达，即宗教、社会和政治上层建筑决定了形式上相应的诗意表达。但戈特弗里德·森佩尔自己从未成功地用丰富的形式来表达自己的思想——甚至连维奥莱-勒迪克那样的程度也未达到。他在德累斯顿建了不少建筑，连续建造了两个歌剧院(1837 年和 1871 年)，1855 年他任教于苏黎世瑞士技术学院，并于 1859 年设计了新校园。1872 年他在维也纳开始修建艺术及自然史博物馆。还有很多其他建筑，但它们都不太有名。在《论风格》一书的绪言里，他没有对 16 世纪意大利文艺复兴时期以后的未来建筑风格提出什么建议，仅仅说“它离开完善还有很长的路”。“文艺复兴时期的建筑艺术同时具有 16 世纪的绘画和雕刻艺术，几乎达到了后人未能超越的巅峰。像哥特式建筑一样，看不出一点继续发展的迹象。事实上，如何保持和维护这些建筑艺术，都是危险的，因为这些艺术是要通过真实的，艺术家们的双手去实施，当今人们崇尚那些对艺术一知半解的人，而这些半桶水即刻用末流无聊的艺术形式将建筑艺术严重地蜕化了。”(第1

图 658　路易－埃内斯特·勒赫，法学院图书馆，巴黎，内部，1876—1878 年

图 659　路易－埃内斯特·勒赫，法学院图书馆，巴黎，第二阅览室，1880 年，1893—1898 年

图 660　奥古斯特雅克－日尔曼·苏瓦西，《建筑历史》(1903 年)中苏夫洛的巴黎圣热讷维耶沃教堂的等量度图

图 661　戈特弗里德·森佩尔，花环，《论风格》(1860 年)插图

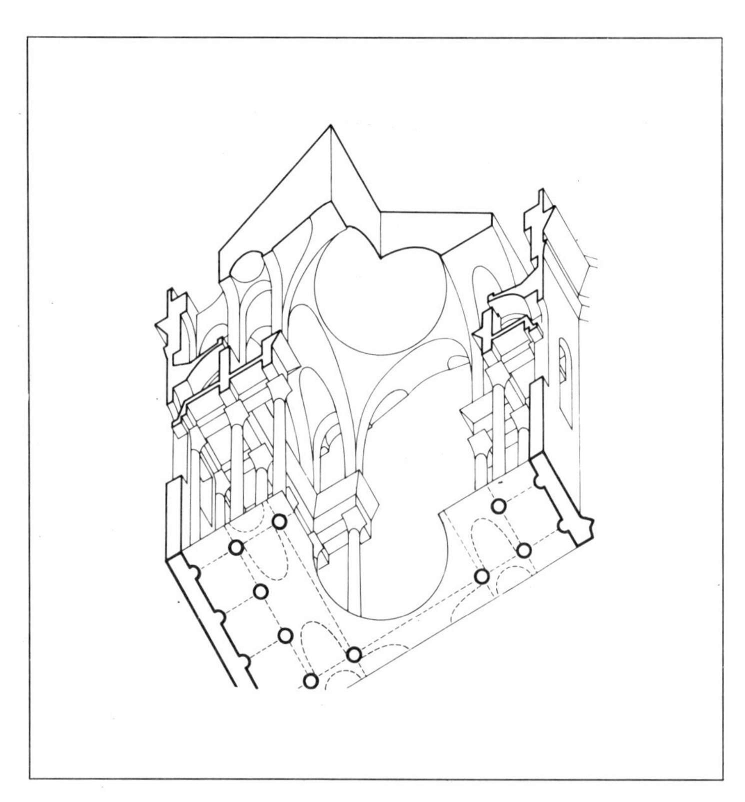

卷，第 17 页)戈特弗里德·森佩尔鄙视哥特建筑，特别是 1844 年在汉堡的一次竞赛中输给乔治·吉尔伯特·斯科特(George Gilbert Scott)之后。欧洲的三大理论家——约翰·拉斯金，维奥莱－勒迪克和戈特弗里德·森佩尔，并不是很快地被人们所接受的。直到世纪末，他们在国外也不大为人所知。戈特弗里德·森佩尔于 1851 年至 1855 年居住在英格兰，这使得人们较早地对他的作品产生了兴趣，特别是在南肯辛顿设计学院那个圈子里。但他的书没有被翻译成英语。他的瓮和花瓶的设计思想在 1862 年为克里斯托弗·德雷瑟(Christopher Dresser，1834—1904 年)采用在《装饰艺术设计》中，晚些时候，又在未加说明的情况下用于《装饰设计原理》里(1873 年)。然而直到 1884 年，劳伦斯·哈维(Lawrence Harvey)在英国皇家建筑师学会上作题为《戈特弗里德·森佩尔的建筑装饰进化论》的讲话时，他的第一句话就是："也许我的许多英国同事都还从未听说过戈特弗里德·森佩尔其人。"(《译丛》，1885 年，第 1 卷，第 29 页)

人们也许会以为森佩尔 1826 年至 1827 年，1829 年至 1830 年，1849 年至 1851 年在法国的旅居，也会使他的著作在出版时会吸引人们的注意。但我们看不出任何线索。维奥莱－勒迪克有一本《论风格》，但从未准备读。在戈特弗里德·森佩尔的书出版前，他在写于 1859 年第 6 期的《谈话录》里对瓮和水容器的分析，也许会被当作对戈特弗里德·森佩尔理论的非难或甚至被当作拙劣的模仿。然而戈特弗里德·森佩尔却读了 1858 年发行的 4 卷《谈话录》，因为他立即否定了维奥莱－勒迪克对多立克柱式的设计见解。他在《论风格》里戏称他为唯物主义者。

在英国，拉斯金的作品读者甚广，但是在法国他却很晚才得到承认。早在 1856 年梅里美就想写一篇介绍他的文章。那是他和勒迪克从美国归来不久时，但此事没有结果。第一篇在法国出现的介绍拉斯金的文章非常不友好。该文登载在 1856 年的《不列颠评论》(Revue britannique)上，署名为"J.C."。首先发表的重要研究是米尔桑(J.-A. Milsand)登载在 1860 年 7 月和 1861 年 8 月的《两个世界》(Revue des deux mondes)杂志上的两篇文章，然后于 1864 年集成一书。但书里所称道的，并不是他的建筑批评。拉·塞哈拉尼(Robert de La Sizeranne)著名的《拉斯金和美的宗教》一文 1897 年在法国引起了 20 年前在英国那样的轰动。那时，沃尔特·佩特(Walter Pater)那渎神的《焦尔焦内学派》一文发表在《双周评论》(Fortnightly Review)上。佩特写道(他也这样看待建筑)："那时，艺术总是力求独立于纯粹的理智之外，

图 662 戈特弗里德·森佩尔,市政厅楼梯,温特图尔,1863—1869年

成为纯粹的直觉,把责任抛弃给他的主题或素材。”(第 530 页)拉斯金的信息在法国是以这种方式被解释的。他如此坚持的艺术中的道德和理智成分,被他们忽视了——虽然注意到查尔斯·卢卡斯(Charles Lucas)在 1900 年 1 月的《现代建筑》上登载的讣告中把拉斯金描述为一位唯物主义者是公平的。马塞尔·普鲁斯特(Marcel Proust)成了他最大的崇拜者。对他来说,拉斯金和佩特代表了所有维奥莱－勒迪克所缺乏的品质。1904 年普鲁斯特出版了他所翻译的《阿密恩斯圣经》(The Bible of Amiens)。四年之前,《建筑七灯》的法文版就出现了。不过那时拉斯金已经像皮金一样,因神经失常而去世。

令人吃惊的是拉斯金本人十分崇敬维奥莱－勒迪克的作品。他坚持要自己牛津大学的学生买《建筑词典》一书,而且只是在 1873 年的讲课中并不刻意地对此书表示了蔑视。11 年后他又提到这个话题:“在此,我必须告诉你们,在有关 800 年至 1200 年中的所有论点里,你们都可以通过《建筑词典》的全书来发现勒迪克。那是本见识广博,极富智慧,最有思想的指南。他建筑学上的知识,是蕴含在最细微的实践细节中的——(它们通常是最有意义的)涵盖了整个法国,甚至还包含了最偏僻小城镇上的建筑。他那敏锐的洞察力、爱国主义、坦诚率直,为艺术上的热情所平衡,以及对那活跃和建设性时期进行的历史分析,就我所知是最有价值的,而且也是这个领域里最彻底的。关于艺术,他的评价不那么完美。这是由于他的职业兴趣主要在纯粹的建筑科学,而对艺术的力量不那么敏感。”(《作品》,第 33 卷,第 465 页)

这一段很长、很雄辩而又杂乱无章的文字,是典型的晚期拉斯金风格。但文章的基调出人意料地具有同情心。因为他虽然完全意识到了不够敏感的缺陷,并且对此感到惊恐,但他还是承认《建筑词典》所代表的成就。悉尼·科克雷尔爵士(Sir Sidney Cockerell)1888 年问他:“这本书出版的时候你高兴吗?”他回答说:“不,我很妒忌。我本该自己写出这本书的。”当然他反复阅读此书,还经常向他人推荐。他对这本书极为着迷,也对勒迪克着迷。1882 年 10 月 18 日,他在日记上写下了这么辛辣的一笔:“昨晚睡得不好,我在梦中向勒迪克作自我介绍。可是他不愿和我讲话。”

但也许更能表明拉斯金与勒迪克的关系的,是他对勒迪克另一本书的反映,那就是出版于 1876 年的《勃朗峰高地》(Le massif du Mont Blanc)一书。他们两人同时代,可是在情感和外貌上大不相同。但他们两人有着不可思议的相似兴趣。他们都热爱地理,只要有机会,常

图 663 戈特弗里德·森佩尔，瑞士工学院北立面，苏黎世，1858—1864 年

图 664 戈特弗里德·森佩尔，瑞士工学院大礼堂，苏黎世，1858—1864 年

去观察瑞士的阿尔卑斯山。1863 年勒迪克被自己希望培养出来的学生赶出了巴黎美术学院时，维奥莱－勒迪克便用具有极大愈合力的阿尔卑斯山的风景和山泉来消除孤独，获得力量。从那以后，他每年夏天都在那里度过八周时间。1872 年他为自己在沙莫尼建了一座小屋。两年后又在洛桑造了一座房子（1976 年拆除）。后来他在那里去世，并埋葬在那里。维奥莱－勒迪克不是登山运动员，但他对运动的不懈追求，使他登上高山。他开始测量勃朗峰。常常是花 8 个小时登上制高点，但却发现山上云遮雾盖。但他毫不气馁，第二天又接着去测量。在工作中他不知疲倦。1876 年他出版了勃朗峰的详细地图和对该山的研究集。同年当约翰·拉斯金去瑞士旅行时，开始阅读此书。他沉思后写道："首句便妙不可言，其气势直冲霄汉——'地壳，正是在褶皱将勃朗峰高地形成之时冷却的'，——带着惊异和某种赞许，我们的法国同事对我们提出了挑战：'它非常壮观，但却不是地质学'。"9 月 2 日他从辛普伦旅店写信给约翰·布朗博士："我的敌人终于写了本书。"他认为此书在自然法则上漏洞百出。

当约翰·拉斯金写阿尔卑斯山时，他讨论了体量和形式，讨论了图案与表面质地，还附带提及它们的构成，涉及到许多自然课的知识。当他观察人们如何把生活和建造方式与对比强烈的世界相适应时，他也从人类的坚韧不拔和尊严里获得教益。"建筑之诗"是他在早期著作里提出的说法。维奥莱－勒迪克根本没有提到当地的人民，他最喜欢的是荒凉多石的地区和终年冰雪覆盖的地方。虽然他的著作显得，或者想要显得是一部完全技术性的、关于勃朗峰形成的描述的学术著作，但此外还有一个虽不隐讳但肯定有点难以捉摸的目的。在最后一章，他揭示了其目的：希望为自己的心灵画一幅勃朗峰以前那坚硬、整洁和崭新的景象。

维奥莱－勒迪克所提供的，是一个规模巨大的修复研究。在书中只有一幅建议草图。但是在他巴黎的设计室的墙上挂着一幅巨大的着色精细的勃朗峰的原貌图："冰川时代末期：恢复的研究"。在他去世时，他把这幅图留给了他的情妇，苏雷达夫人。当然，恢复原貌对约翰·拉斯金来说是一种诅咒。

《勃朗峰高地》是维奥莱－勒迪克最早被译成英文并在英国出版的著作之一。查尔斯·韦瑟德（Charles Wethered）1875 年曾选译了《法国建筑词典——修复篇》。本杰明·巴克纳尔（Benjamin Bucknall，1833—1895 年）在 1877 年和 1881 年翻译了《勃朗峰高地》和《谈话录》（作为建筑学讲座）。同一时期，他出版了为青年人写的有名的研究著作《怎样建造房屋》、《要塞年鉴》和《历代民居》（维奥莱－勒迪克把它看得与朱尔·凡尔纳的小说一样重要）。但是维奥莱－勒迪克在英国早就出名了。1855 年马休·迪格比·怀亚特（Matthew Digby Wyatt）就曾写信，希望得到《法国建筑词典》的翻译权，而且开始认真着手准备。直到他确信没有哪一家英国出版商支持这个计划，他才停了下来。五年后马丁·麦克德莫特（Martin Macdermott）也准备翻译，但是也没有结果。可是到 1864 年时，维奥莱－勒迪克就已经得到了英国足够的公认，因为英国皇家建筑师学会给他颁了一个金奖（在达利的提议下）。但他没有去英国领奖。甚至在那之前，许多崇拜者，从乔治·吉尔伯特·斯科特爵士（Sir George Gilbert Scott）到威廉·伯吉斯（William Burges）和艾尔弗雷特·沃特豪斯（Alfred Waterhouse）都掠美于他的两本词典。他们从中寻找山墙、尖顶饰、卷叶饰、滴水，以及其他中世纪建筑细节。当斯科特设计圣潘克拉斯车站饭店的前台阶时，他就借鉴了第 12 期《谈话录》里的内容。沃特豪斯使用了许多维奥莱－勒迪克晚期作品中的铁梁和铁柱。渐渐地维奥莱－勒迪克赢得了建筑师预言家的声誉。实际上这是基于中世纪建筑研究中抽象出的原则，但表面却看不出痕迹。

正如人们所猜想的那样，美洲对这三个理论家的接受与欧洲很相似。约翰·拉斯金的作品一经在美国出版，立刻就广为流传和被吸收。1839 年伦敦的《建筑之诗》就在富兰克林学报上登载出来。美国版的《现代画家》第 1、2 卷出版于 1847 年和 1848 年；次年出版了《建筑七灯》；1851 年《威尼斯之石》不带插图版的第 1 卷出版。评论家们认为拉斯金既值得崇拜，又显得荒谬；既激发灵感，又令人困惑。他既被指责为说假、多变，但从他的作品的多种版本判断，他又一直读者众多。亨利·范·布伦特（Henry van Brunt，1832—1903 年），一位毕业于哈佛大学的年轻建筑师 1858 年 12 月在建筑师学会宣读他的论文《铸铁在装饰建筑中的应用》时，人们可以看出拉斯金的影响。他认为拉斯金对中世纪的观察极为准确，但对 19 世纪的却不甚了了。范·布伦特宣称这些作用于一个机器时代，而不是手工时代。他总结说："劳动是生活方式，而不是其目的。"范·布伦特也读过欧文·琼斯，也许还有他两年前翻译的《谈话录》。这先于巴克纳尔 1875 年翻译的《建筑学论文集》这本书的第 2 卷 1885 年出版。这并不是维奥莱－勒迪克的作品第一次在美国出版。由托尔（G. M. Towle）所翻译的《房屋的历史》一书已于 1874 年以《房子的故事》一名出现。1876 年又出版了巴克纳尔所翻译的《历代民居》，1881年由弗吉尼亚·钱普林（Virginia

Champlin,笔名)以《学绘画》为译名的《绘画史:学习绘画的评论》一书出版。建在芝加哥拉萨尔大街上的鲁克里大厦(The Rookery)是《谈话录》里斯科特的作品的演绎。这座建筑是1885年由约翰·韦尔伯恩·鲁特(John Wellborn Root,1850—1891年)为伯纳姆和鲁特公司设计的。他也是美国第一个翻译戈特弗里德·森佩尔的《论风格》一书的人,该文发表在1889—1890年的《内地建筑师与新记录》上,虽然那个时候戈特弗里德·森佩尔的著作在芝加哥早已较为出名了。实际上,人们认为"幕墙"一词就与19世纪后期芝加哥的建筑紧密相关,这都是为了纪念戈特弗里德·森佩尔。1891年在远离芝加哥的加利福尼亚,伯纳德·梅贝克(Bernard Maybeck,1862—1957年)开始翻译《论风格》一书,但未能走多远。

世纪之交以后,弗兰克·劳埃德·赖特重新装饰了鲁克里大厦,令人吃惊的是他的手法不太老练。说它令人吃惊,是因为芝加哥学派的许多成员都对勒迪克的文章有积极的响应。赖特最大限度地吸收和采纳了其优点,还把它们看作鼓励自己成名的动力。他甚至要求他的儿子阅读了维奥莱-勒迪克的《建筑辞典》。其他建筑师都以自己不同的方式,对这些学说进行了空前全面的诠释,达到了勒迪克生前从未达到过的地步。人们认为西班牙的安东尼奥·高迪(Antonio Gaudí)、比利时的维克托·奥尔塔(Victor Horta)、荷兰的亨德里克斯·彼德鲁斯·贝尔拉赫(Hendrikus Petrus Berlage)这些人的思想,甚至整个俄罗斯构成派都是基于勒迪克的。

# 参考文献


## GENERAL

Arts Council of Great Britain. *The Age of Neo-Classicism.* Council of Europe exhibition catalogue. London, 1972.

BRAUDEL, F. *Capitalism and Material Life.* Translated by Miriam Kochan. London, 1973.

CASSIRER, E. *The Philosophy of the Enlightenment.* Princeton, N.J., 1951.

COLLINS, P. *Changing Ideals in Modern Architecture, 1750–1950.* London, 1965.

ERDBERG, E. VON. *Chinese Influences on European Garden Structures.* Cambridge, Mass., 1936.

FORSSMAN, E. *Dorisch, Ionisch, Korinthisch: Studien über den Gebrauch der Säulenordnungen in der Architektur des 16.–18. Jahrhunderts.* Stockholm, 1961.

FRANKL, P. *The Gothic: Literary Sources and Interpretations Through Eight Centuries.* Princeton, N.J., 1959.

GERMANN, G. *Gothic Revival in Europe and Britain: Sources, Influences and Ideas.* London, 1972.

GIEDION, S. *Mechanization Takes Command.* New York, 1948.

GUSDORF, G. *Naissance de la conscience romantique au siècle des lumières.* Paris, 1976.

HAUTECOEUR, L. *Rome et la renaissance de l'antiquité à la fin du XVIII^e siècle.* Paris, 1912.

HITCHCOCK, H. R. *Architecture: Nineteenth and Twentieth Centuries.* Rev. ed. Baltimore and Harmondsworth, 1971.

HONOUR, H. *Chinoiserie: The Vision of Cathay.* 1961. Reprint. London, 1973.

——. *Neo-Classicism.* Harmondsworth, 1968.

IMPEY, O. *Chinoiserie: The Impact of Oriental Style.* Oxford, 1977.

KAUFMANN, E. *Von Ledoux bis Le Corbusier: Ursprung und Entwicklung der autonomen Architektur.* Vienna, 1933.

LAVEDAN, P. *L'histoire de l'urbanisme: renaissance et temps modernes.* Paris, 1941.

MAINSTONE, R. J. *Developments in Structural Form.* London, 1974.

MEEKS, C. L. V. *The Railroad Station: An Architectural History.* New Haven, Conn., 1956.

MICHEL, A. *Histoire de l'art.* Vol. 7. Paris, 1926.

OMONT, H., ed. *Athènes au XVII^e siècle: dessins des sculptures du Parthénon.* Paris, 1898.

PEVSNER, N., ed. *The Picturesque Garden and Its Influence Outside the British Isles.* Washington, D.C., 1974.

PEVSNER, N., and LANG, S. "Apollo or Baboon." *Architectural Review* 104 (1943): 271–79. Reprinted as "The Doric Revival" in *Studies in Art, Architecture and Design,* by N. Pevsner, vol. 1, pp. 196–211. London and New York, 1968.

——. "The Egyptian Revival." *Architectural Review* 119 (1956): 243–54. Reprinted in *Studies in Art, Architecture and Design,* by N. Pevsner, vol. 1, pp. 212–35. London and New York, 1968.

PRAZ, M. *An Illustrated History of Interior Decoration.* London and New York (as *An Illustrated History of Furnishing*), 1964.

ROSENBLUM, R. *Transformations in Late Eighteenth-Century Art.* Princeton, N.J., 1967.

SELING, H. "The Genesis of the Museum." *Architectural Review* 141 (1967): 103–14.

SIRÉN, O. *China and Gardens of Europe of the Eighteenth Century.* New York, 1950.

VIERENDEEL, A. *L'architecture métallique au XIX^e siècle.* Brussels, 1890.

——. *Esquisse d'une histoire de la technique.* 2 vols. Brussels, 1921.

ZEITLER, R. W. *Klassizismus und Utopia.* Stockholm, 1954.

——. *Die Kunst des 19. Jahrhunderts.* Berlin, 1966.

## CONTEMPORARY SOURCES

ADAM, R. *The Works in Architecture of Robert and James Adam, Esquires.* 3 vols. 1773–1822. Reprint. London, 1931.

ALBERTOLLI, G. *Ornamenti diversi inventati.* Milan, 1782.

——. *Alcune decorazioni di nobili sale ed altri ornamenti.* Milan, 1787.

ALPHAND, A. *Les promenades de Paris.* Paris, 1867–73.

BARRY, A. *The Life and Works of Sir Charles Barry.* London, 1867.

BLONDEL, J.-F. *Cours d'architecture.* Paris, 1771–77.

BOILEAU, L.-A. *La nouvelle forme architecturale.* 1853.

——. *Histoire critique de l'invention en architecture.* Paris, 1886.

BUTTERFIELD, W. *Instrumenta ecclesiastica.* 1844–57.

CAMPBELL, C. *Vitruvius Britannicus; or, The British Architect.* 3 vols. London, 1715–25.

CARMONTELLE, L. C. de. *Jardin de Monceau.* 1779.

CHOISY, A. *Histoire de l'architecture.* 1903. Reprint. Paris, 1954.

CONSIDERANT, V. *Considérations sociales sur l'architecture.* 1834.

DRESSER, C. *Principles of Decorative Design.* London and New York, 1873.

DUMONT, G.-P.-M. *Recueil de plusieurs parties de l'architecture sacrée et profane de différents maîtres tant d'Italie que de France.* Paris, 1764–67.

DURAND, J. N. L. *Vues des plus beaux édifices publics et particuliers de la ville de Paris.* Paris, [1787?].

——. *Recueil et parallèle des édifices de tout genre anciens et modernes.* Paris, 1800.

——. *Précis des leçons d'architecture données à l'École royale polytechnique.* Paris, 1802–5.

EASTLAKE, C. L. *A History of the Gothic Revival.* 1872. Reprint. Leicester and New York, 1970.

FISCHER VON ERLACH, J. B. *Entwurff einer historischen Architektur.* Vienna, 1721.

GARNIER, C. *Le nouvel Opéra de Paris.* Paris, 1878–81.

GONDOIN, J. *Description des écoles de chirurgie.* Paris, 1780.

GOURLIER, C.-P. et al. *Choix d'édifices publics projetés et construits en France depuis le commencement du XIX^e siècle.* Paris, 1825–50.

HITTORFF, J.-I. *Restitution du temple d'Empédocle à Selinonte; ou, l'architecture polychrome chez les grecs.* Paris, 1846–51.

HOPE, T. *Household Furniture and Interior Decoration.* 1807. Reprint. London, 1946.

[KENDALL, H. E.] *Modern Architecture.* [1856.]

KLENZE, L. von. *Sammlung architektonischer Entwürfe für die Ausführung bestimmt oder wirklich ausgeführt.* 10 pts. Munich, 1830–50.

KNIGHT, R. P. *An Analytical Inquiry into the Principles of Taste.* London, 1805.

KRAFFT, J. K. *Choix des maisons et d'édifices publics de Paris et de ses environs.* Paris, 1838.

KRAFFT, J. K., and RANSONNETTE, P. N. *Plans, coupes, élévations des plus belles maisons et des hôtels construits à Paris et dans les environs.* 1771–1802. Reprint. Paris, 1909.

LABORDE, A. de. *Description des nouveaux jardins de la France et de ses anciens châteaux.* Paris, 1808–15.

LANDON, C. P. *Annales du musée et de l'école moderne des beaux-arts.* 1803–22. Reprint. Paris, 1834.

[LAUGIER, M.-A.] *Essai sur l'architecture.* Paris, 1753.

LEDOUX, C.-N. *L'architecture considérée sous le rapport de l'art, des moeurs et de la législation.* Paris, 1804.

LEEDS, W. H. "An Essay on Modern English Architecture." In *The Travellers' Club House . . . and the Revival of the Italian Style, by Charles Barry.* London, 1839.

LE ROUGE, G.-L. *Description du Colisée élevé aux Champs Élysées.* Paris, 1771.

——. "Jardins anglo-chinois." *Cahiers* 13 (1785).

LE ROY, J.-D. *Les ruines des plus beaux monuments de la Grèce.* Paris, 1758.

MAROT, J. *Le temple de Balbec.* [c. 1680.]

NARJOUX, F. *Paris: monuments élevés par la ville, 1850–1880.* Paris, 1880–83.

NEUFFORGE, J.-F. de. *Recueil élémentaire d'architecture.* 9 vols. Paris, 1757–72.

DE L'ORME, P. *L'architecture de Philibert de l'Orme.* 1567. Reprint. Ridgewood, N. J., 1964.

PAINE, J. *Plans, Elevations and Sections of Noblemen's and Gentlemen's Houses Executed in the Counties of Derby, Durham, Middlesex, Northumberland, Nottingham and York.* 2 vols. London, 1767–83.

PATTE, P. *Monumens érigés en France à la gloire de Louis XV.* Paris, 1765.

PERCIER, C., and FONTAINE, P.-F.-L. *Journal des monuments de Paris.*

PERRAULT, C. *Les dix livres d'architecture de Vitruve.* Paris, 1673.

PETITOT, E.-A. *Mascarade à la grecque.* Parma, 1771.

PEYRE, M.-J. *Oeuvres d'architecture.* Paris, 1765. 2d ed. Paris, 1795.

PIRANESI, G. B. *Prima parte di architetture, e prospettive.* Rome, 1743.

——. *Le antichità romane.* 4 vols. Rome, 1756–.

———. *Quatremère de Quincy et son intervention dans les arts (1788–1830)*. Paris, 1910.

Starobinski, J. *The Invention of Liberty, 1700–1789*. Geneva, 1964.

———. *1789: les emblèmes de la raison*. Paris, 1973.

Steinhauser, M. *Der Architektur der Pariser Oper*. Munich, 1969.

Sutcliffe, A. *The Autumn of Central Paris: The Defeat of Town Planning, 1850–1970*. London, 1970.

Thibert, M. *Le rôle social de l'art d'après les Saint-Simoniens*. Paris, 1926.

Tournier, R. *Les églises comtoises: leur architecture des origines au XVIIIe siècle*. Paris, 1954.

———. *Maisons et hôtels privés du XVIIIe siècle à Besançon*. Paris, 1970.

Vaudoyer, A.-L.-T., and Baltard, L. P., eds. *Grands Prix d'architecture, 1801–1831*. 3 vols. Paris, 1818–34.

Verlet, P. "Le mobilier de Louis XVI et de Marie-Antoinette à Compiegne." 1937. Ms., Louvre, Paris.

———. *French Furniture and Interior Decoration of the Eighteenth Century*. London, 1967.

## GERMANY AND AUSTRIA

Beenken, H. *Schöpferische bauideen der deutschen romantik*. Mainz, 1952.

Du Colombier, P. *L'architecture française en Allemagne au XVIIIe siècle*. 2 vols. Paris, 1956.

Grote, L., ed. *Die deutsche Stadt im 19. Jahrhundert*. Munich, 1974.

Mann, A. *Die Neuromanik: eine rheinische Komponente im Historismus des 19. Jahrhunderts*. Cologne, 1966.

Muthesius, S. *Das englische Vorbild*. Munich, 1974.

Plagemann, V. *Das deutsche Kunstmuseum, 1790–1870*. Munich, 1967.

Robson-Scott, W. D. *The Literary Background of the Gothic Revival in Germany*. Oxford, 1965.

Vogt, G. *Frankfurter Bürgerhäuser des Neunzehnten Jahrhundert*. Frankfurt, [1970?].

Wagner-Rieger, R. *Wiens Architektur im 19. Jahrhundert*. Vienna, 1970.

Wagner-Rieger, R., ed. *Die Wiener Ringstrasse: Bild einer Epoche*. Cologne, Graz, and Vienna, 1969–. (9 vols. to date.)

## GREAT BRITAIN

Allen, B. S. *Tides in English Taste (1619–1800)*. 2 vols. 1937. Reprint. New York, 1969.

Ames, W. *Prince Albert and Victorian Taste*. London and New York, 1968.

Anson, P. F. *Fashions in Church Furnishings, 1840–1940*. Rev. ed. London, 1965.

Armytage, W. H. G. *Heavens Below: Utopian Experiments in England, 1560–1960*. London, 1961.

Boase, T. S. R. *English Art, 1800–1870*. Oxford, 1959.

Burke, J. *English Art, 1714–1800*. Oxford, 1976.

Chadwick, G. F. *The Park and the Town: Public Landscape in the 19th and 20th Centuries*. London and New York, 1966.

Clark, K. *The Gothic Revival*. London, 1928. Reprint. New York, 1974.

Clarke, B. F. L. *Church Builders of the 19th Century*. 1938. Reprint. Newton Abbot, Devon, 1969.

———. *Parish Churches of London*. London, 1966.

Clifton-Taylor, A. *The Pattern of English Building*. Rev. ed. London, 1972.

Colvin, H. M. *A Biographical Dictionary of British Architects, 1600–1840*. London, 1978.

Craig, M. J. *Dublin, 1660–1860*. Rev. ed. London, 1969.

Crook, J. M. *The Greek Revival: Neo-Classical Attitudes in British Architecture, 1760–1870*. Feltham, 1968.

———. *The British Museum*. London and New York, 1972.

Crook, J. M., and Port, M. H. *The History of the King's Works*. Vol. 6 (1782–1851). London, 1973.

Dyos, H. J. *Victorian Suburb: A Study of the Growth of Camberwell*. Leicester, 1966.

Dyos, H. J., and Wolff, M., eds. *The Victorian City: Images and Reality*. 2 vols. London, 1973.

Fawcett, J., ed. *Seven Victorian Architects*. London, 1976.

Ferriday, P., ed. *Victorian Architecture*. London, 1963.

Fowler, J., and Cornforth, J. *English Decoration in the 18th Century*. London, 1974.

Garrigan, K. O. *Ruskin on Architecture: His Thought and Influence*. Madison, Wis., 1973.

Girouard, M. *The Victorian Country House*. Oxford, 1971.

———. *Sweetness and Light: The Queen Anne Movement, 1860–1900*. Oxford, 1977.

Gomme, A., and Walker, D. *Architecture of Glasgow*. London, 1968.

Goodhart-Rendel, H. S. *English Architecture Since the Regency*. London, 1953.

Hitchcock, H.-R. *Early Victorian Architecture in Britain*. 2 vols. 1954. Reprint. New Haven, Conn., 1972.

Hobhouse, H. *Lost London*. Boston and London, 1971.

Hopkins, H. J. *A Span of Bridges*. New York and Newton Abbot, 1970.

Hunt, J. D., and Willis, P., eds. *The Genius of the Place: The English Landscape Garden, 1620–1820*. London, 1975.

Hussey, C. *The Picturesque*. 1927. Reprint. New York, 1967.

———. *English Country Houses: Late Georgian, 1800–1840*. London, 1958.

———. *English Country Houses: Mid-Georgian, 1760–1800*. Rev. ed. London, 1963.

Jervis, S. *High Victorian Design*. Ottawa, 1974.

Kellet, J. R. *The Impact of Railways on Victorian Cities*. London, 1969.

London, County Council. *Survey of London*. London, 1896–. (39 vols. to date.)

Macaulay, J. *The Gothic Revival, 1745–1845*. Glasgow and London, 1975.

MacLeod, R. *Style and Society: Architectural Ideology in Britain, 1835–1914*. London, 1971.

Morris, W. *Collected Works of William Morris*. Edited by M. Morris. 24 vols. London, 1910–15.

Muthesius, H. *Die neuere kirchliche Baukunst in England*. Berlin, 1901.

Muthesius, S. "The 'Iron Problem' in the 1850's." *Architectural History* 13 (1970): 58–63.

———. *The High Victorian Movement in Architecture, 1850–1870*. London, 1971.

Olsen, D. J. *Town Planning in London: The Eighteenth and Nineteenth Centuries*. New Haven, Conn., 1964.

———. *The Growth of Victorian London*. London, 1976.

Pevsner, N. *The Buildings of England*. 46 vols. Harmondsworth, 1951–74.

———. *Some Architectural Writers of the 19th Century*. Oxford, 1972.

Port, M. H. *Six Hundred New Churches: A Study of the Church Building Commission, 1818–1856*. London, 1961.

Port, M. H., ed. *The Houses of Parliament*. New Haven, Conn., 1976.

Richardson, A. E. *Monumental Classic Architecture in Great Britain and Ireland During the Eighteenth and Nineteenth Centuries*. London, 1914.

Royal Institute of British Architects (RIBA). *Catalogue of the Drawings of the Royal Institute of British Architects*. London, 1969–. (17 vols. to date.)

Ruskin, J. *The Works of John Ruskin*. Edited by E. T. Cook and A. Wedderburn. 39 vols. London, 1903–12.

Saxl, F., and Wittkower, R. *British Art and the Mediterranean*. London, 1948.

Sherburne, J. C. *John Ruskin; or, The Ambiguities of Abundance*. Cambridge, Mass., 1972.

Steegmann, J. *Consort of Taste, 1830–1870*. London, 1950.

Summerson, J. *Heavenly Mansions, and Other Essays on Architecture*. 1949. Reprint. New York, 1963.

———. *Architecture in Britain, 1530–1830*. 5th ed. London, 1969.

———. *Georgian London*. Rev. ed. London, 1970.

———. *Victorian Architecture: Four Studies in Evaluation*. New York, 1970.

———. *The London Building World of the 1860s*. London, 1973.

———. *The Architecture of Victorian London*. Charlottesville, 1976.

Watkin, D. J. *Morality and Architecture: The Development of a Theme in Architectural History and Theory from the Gothic Revival to the Modern Movement*. Oxford, 1977.

Whiffen, M. *Stuart and Georgian Churches: The Architecture of the Church of England Outside London, 1603–1837*. London and New York, 1948.

White, J. F. *The Cambridge Movement: The Ecclesiologists and the Gothic Revival*. Cambridge, 1962.

———. *Parere su l'architettura*. Rome, 1765.

———. *Diverse maniere d'adornare i cammini*. Rome, 1769.

———. *Différentes vues de quelques restes de trois grands édifices qui subsistent encore dans le milieu de l'ancienne ville de Pesto*. Rome, 1778.

PUGIN, A. W. N. *Contrasts; or, A Parallel Between the Noble Edifices of the Fourteenth and Fifteenth Centuries, and Similar Buildings of the Present Day*. London, 1836.

———. *The True Principles of Pointed or Christian Architecture*. London, 1841.

———. *An Apology for the Revival of Christian Architecture in England*. London, 1843.

QUATREMÈRE DE QUINCY, A.-C. *Le Jupiter Olympien; ou, l'art de la sculpture antique considérée sous un nouveau point de vue*. Paris, 1815.

RONDELET, J. *Traité théorique et pratique de l'art de bâtir*. Paris, 1802–3.

RUSKIN, J. *The Seven Lamps of Architecture*. New York, 1849.

SCHINKEL, K. F. *Sammlung architektonischer Entwürfe*. 28 portfolios. Berlin, 1819–40.

———. *Werke der höheren Baukunst für die Ausführung erfunden*. 2 vols. 1842–48.

SCOTT, G. G. *Personal and Professional Recollections*. London, 1879.

SEMPER, G. *Der Stil in den technischen und tektonischen Kunsten*. Frankfurt-am-Main, 1860–63.

SOANE, J. *Plans, Elevations, and Sections of Buildings Erected in the Counties of Norfolk, Suffolk, Yorkshire, et-cetera*. London, 1788.

———. *Sketches in Architecture*. London, 1798.

———. *Designs for Public and Private Buildings*. London, 1828.

———. *Description of the House and Museum on the North Side of Lincoln's Inn Fields, the Residence of John Soane*. London, 1835–36.

SPON, J. *Voyage d'Italie, de Dalmatie, de Grèce, et du Levant, fait aux années 1675 et 1676*. Lyons, 1676.

STUART, J., and REVETT, N. *The Antiquities of Athens*. 4 vols. London, 1762–1816.

TALLIS, J. *Tallis's History and Description of the Crystal Palace*. London and New York, 1852.

VIOLLET-LE-DUC, E.-E. *Dictionnaire raisonné de l'architecture française du XI^e au XVI^e siècle*. 10 vols. Paris, 1854–68.

———. *Entretiens sur l'architecture*. Paris, 1863–72.

## FRANCE

BABEAU, A. A. *La ville sous l'Ancien Régime*. Paris, 1880.

BALLOT, M. J. *Le décor intérieur au XVIII^e siècle à Paris et dans la région parisienne*. Paris, 1930.

BELEVITCH-STANKEVITCH, H. *Le goût chinois en France au temps de Louis XIV*. 1910. Reprint. Geneva, 1970.

BENOIT, F. *L'art français sous la Révolution et l'Empire: les doctrines, les idées, les genres*. Paris, 1897.

BLOMFIELD, R. *A History of French Architecture from 1661 to 1774*. 2 vols. London, 1921.

BRAUNSCHWIG, M. *L'Abbé Dubos, renovateur de la critique au XVIII^e siècle*. Toulouse, 1904.

BRUNEL, G., ed. *Piranèse et les français, 1740–1790*. Rome, 1978.

CASSIRER, K. *Die ästhetischen Hauptbegriffe der französischen Architektur-Theoretiker von 1650–1780*. Berlin, [1909?].

CHANGNEAU, C. et al. *Jardins en France, 1760–1820*. Exhibition catalogue. Paris, 1977.

CHARVET, E.-L.-G. *Lyon artistique: architectes, notices biographiques et bibliographiques avec une petite note des édifices et la liste chronologique des noms*. Lyons, 1899.

CHOPPIN DE JANVRY, O. "Le Desert de Retz." *Bulletin de la Société de l'Histoire de l'Art Français*, Année 1970, pp. 125–48.

CLOZIER, R. *La Gare du Nord*. Paris, 1940.

CONTET, F. et al. *Les vieux hôtels de Paris*. 2 vols. Paris, 1908–37.

CORDIER, H. *Le Chine en France au XVIII^e siècle*. Paris, 1910.

COUSSILLAN, A. A. [HILLAIRET, J.]. *Dictionnaire historique des rues de Paris*. 2 vols. Paris, 1968.

DARTEIN, F. DE. *Études sur les ponts en pierre remarquables par leur décoration: Antérieurs au XIX^e siècle*. 4 vols. Paris, 1907–12.

DELABORDE, H. *L'Académie des Beaux-Arts depuis la fondation de l'Institut de France*. Paris, 1891.

DESHAIRS, L. *Bordeaux, architecture et decoration au dix-huitième siècle*. Paris, 1907.

———. *Aix-en-Provence, architecture et décoration aux dix-septième et dix-huitième siècles*. Paris, 1909.

———. *Dijon, architecture et décoration au dix-septième et dix-huitième siècles*. Paris, 1909.

DREXLER, A., ed. *The Architecture of the École des Beaux-Arts*. New York, 1978.

ERIKSEN, S. *Early Neo-Classicism in France*. London, 1974.

D'ESPOUY, H., ed. *Les Grands Prix de Rome d'architecture: 1850–1900, 1900–1905*. 2 vols. Paris, n.d.

———. *Monuments antiques, relevés et restaurés par les architectes pensionnaires de l'Académie de France à Rome*. 2 vols. Paris, n.d.

GALLET, M. *Paris Domestic Architecture of the 18th Century*. London, 1972.

GANAY, E. DE. "Les jardins à l'anglaise en France." 1923. Ms. in 2 vols., Bibliothèque des Arts Décoratifs, Paris.

GIEDION, S. *Bauen in Frankreich, Eisen, Eisenbeton*. Leipzig, 1928.

GRUBER, A. C. *Les grandes fêtes et leurs décors à l'époque de Louis XVI*. Geneva, 1972.

HAUTECOEUR, L. *Histoire de l'architecture classique en France*. Vols. 3–4. Paris, 1950–57.

———. *Paris de 1715 à nos jours*. Paris, 1972.

———. "Les places en France au XVIII^e siècle." *Gazette des beaux-arts* 85 (1975): 89–116.

HÉLIOT, P. "La fin de l'architecture gothique dans le nord de la France aux XVII^e et XVIII^e siècles." *Bulletin de la Comm. Royale des Monuments et des Sites* 8 (1957).

HERMANN, W. *Laugier and 18th-Century French Theory*. London, 1962.

HUNT, H. J. *Le socialisme et le romantisme en France*. Oxford, 1935.

JARRY, P. *La guirlande de Paris; ou, maisons de plaisance des environs, au XVII^e et au XVIII^e siecle*. Paris, 1928–31.

KALNEIN, W. G., and Levey, M. *Art and Architecture of the Eighteenth Century in France*. Baltimore and Harmondsworth, 1972.

KIMBALL, S. F. *The Creation of the Rococo*. 1943. Reprint. New York, 1964.

LEITH, J. A. *The Idea of Art as Propaganda in France, 1750–1799*. Toronto, 1965.

LELIÈVRE, P. *L'urbanisme et l'architecture à Nantes au XVIII^e siècle*. Nantes, 1942.

LÉON, P. *La vie des monuments français: destruction, restauration*. Paris, 1951.

LEONARD, C. M. *Lyon Transformed: Public Works of the Second Empire, 1853–1864*. Berkeley and Los Angeles, 1961.

LOCQUIN, J. *La peinture d'histoire en France de 1747 à 1785*. Paris, 1912.

LUCAS, C. L. A. *Étude sur les habitations à bon marché en France et à l'étranger*. Paris, 1899.

MAGNE, L. *L'architecture française du siècle*. Paris, 1889.

MALLION, J. *Victor Hugo et l'art architectural*. Paris, 1962.

MARION, M. *Dictionnaire des institutions de la France aux XVII^e et XVIII^e siècles*. Rev. ed. Paris, 1968.

MAROT, P. *La Place Royale de Nancy*. Nancy, 1966.

MIDDLETON, R. D. "The Abbé de Cordemoy and the Graeco-Gothic Ideal: A Prelude to Romantic Classicism." *Journal of the Warburg and Courtauld Institutes* 25 (1962): 278–320; 26 (1963): 90–123.

MORNET, D. *Le sentiment de la nature en France de J.-J. Rousseau à Bernardin de Saint-Pierre*. Paris, 1907.

———. *Le romantisme en France au XVIII^e siècle*. Paris, 1912.

MORTIER, R. *La Poetique des ruines*. Geneva, 1974.

MOULIN, M. *L'architecture civile et militaire au XVIII^e siècle en Aunis et Saintonge*. La Rochelle, 1972.

MULLER, E., and CACHEUX, E. *Habitations ouvrières et agricoles*. Paris, 1855–56.

NIÈRES, C. *La reconstruction d'une ville au XVIII^e siècle: Rennes 1720–1760*. Paris, 1972.

NOLHAC, P. DE. *Hubert Robert*. Paris, 1910.

———. *Histoire du château de Versailles: Versailles au XVIII^e siècle*. Paris, 1918.

PARISET, F. G. *Histoire de Bordeaux, 1714–1814*. Vol. 5. Bordeaux, 1968.

PINKNEY, D. H. *Napoleon III and the Rebuilding of Paris*. Princeton, N.J., 1958.

SAISSELIN, R. G. *Taste in Eighteenth-Century France*. New York, 1965.

SCHNEIDER, R. *L'esthétique classique chez Quatremère de Quincy (1805–1825)*. Paris, 1910.

WOODBRIDGE, K. *Landscape and Antiquity: Aspects of English Culture at Stourhead, 1718 to 1838*. London, 1970.

YOUNGSON, A. J. *The Making of Classical Edinburgh, 1750–1840*. Edinburgh, 1966.

GREECE

RUSSACK, H. H. *Deutsches Bauen in Athen*. Berlin, 1942.

SINOS, S. "Die Gründung der neuen Stadt Athen." *Architectura 1* (1974): 41–52.

TRAVLOS, J. *Architecture néoclassique en Grèce*. Athens, 1967.

ITALY

ANGELINI, L. *L'avvento dell'arte neoclassica in Bergamo*. Bergamo, 1966.

BASSI, E. *Architettura del sei e settecento a Venezia*. Naples, 1962.

BORSI, F. *La capitale a Firenze e l'opera de G. Poggi*. Rome, 1970.

BRUSATIN, M. *Illuminismo e architettura del '700 Veneto*. Castelfranco Veneto, 1969.

HASKELL, F. *Patrons and Painters: A Study in the Relations Between Italian Art and Society in the Age of the Baroque*. 1963. Reprint. New York, 1971.

LAVAGNINO, E. *L'arte moderna dai neoclassici ai contemporanei*. 2 vols. Turin, 1956.

MEZZANOTTE, G. *Architettura neoclassica in Lombardia*. Naples, 1966.

POMMER, R. *Eighteenth-Century Architecture in Piedmont: The Open Structures of Juvarra, Alfieri and Vittone*. London and New York, 1967.

PROZZILLO, I. *Francesco Milizia, teorico e storico dell' architettura*. Naples, 1971.

VENDITTI, A. *Architettura neoclassica a Napoli*. Naples, 1961.

WITTKOWER, R. *Art and Architecture in Italy, 1600 to 1750*. 3d ed. Baltimore and Harmondsworth, 1973.

ZUCCA, L. T. *Architettura neoclassica a Trieste*. Trieste, 1974.

PORTUGAL

FRANCA, J. A. *Lisboa Pombalina, e o iluminismo*. Lisbon, 1965. (First published as *Une ville des lumières: la Lisbonne de Pombal*. Paris, 1965.)

RUSSIA

BATER, J. H. *St. Petersburg: Industrialization and Change*. London, 1976.

EGOROV, I. A. *The Architectural Planning of St. Petersburg*. Athens, Ohio, 1969.

HAMILTON, G. H. *The Art and Architecture of Russia*. Baltimore and Harmondsworth, 1954.

HAUTECOEUR, L. *L'architecture classique a Saint-Pétersbourg à la fin du XVIII^e siècle*. Paris, 1912.

ILYIN, M. *Moscow Monuments of Architecture: Eighteenth–the First Third of the Nineteenth Century*. 2 vols. Moscow, 1975.

KIRICHENKO, E. *Moscow Architectural Monuments of the 1830s–1910s*. Moscow, 1977.

SPAIN

CAREDA, J. *Memorias para la historia de la Real Academia de San Fernando y de las Bellas Artes en España*. 2 vols. Madrid, 1867.

GAYA NUÑO, J. A. *Arte del siglo XIX*. Ars Hispaniae, vol. 19. Madrid, 1966.

NAVASCUES PALACIO, P. *Arquitectura y arquitectos Madrileños del siglo XIX*. Madrid, 1973.

PARIS, P. "L'art en Espagne et en Portugal de la fin du XVIII^e siècle à nos jours." In *Histoire de l'art*, by A. Michel, vol. 8. Paris, 1926.

SWITZERLAND

CARL, B. *Die Architektur der Schweiz: Klassizismus 1770–1860*. Zurich, 1963.

CORBOZ, A. *Invention de Carouge, 1772–92*. Lausanne, [1968].

GERMANN, G. *Der protestantische Kirchenbau in der Schweiz*. Zurich, 1963.

UNITED STATES OF AMERICA

HAMLIN, T. *Greek Revival Architecture in America*. New York, 1944.

PIERSON, W. H. *American Buildings and Their Architects*. Vol. 1 (*The Colonial and Neo-Classical Styles*). New York, 1970.

STANTON, P. B. *The Gothic Revival and American Church Architecture*. Baltimore, 1968.

# 英汉名词对照

## A

*A travers les arts* (Garnier) 《艺术观察》(加尼耶著)
Abadie, Paul 保罗·阿巴迪
Abbadia, Antoinine d' 昂图瓦南·达巴迪亚
Abécédaire (Caumont) 《古建筑入门》(科蒙著)
Aberystwyth (N. Wales): Castle Hotel (University College) 阿伯里斯特(北威尔士):城堡饭店(后为大学学院)
About, Edmond 埃德蒙·阿布
Académie de France à Rome 罗马法兰西科学院
Académie des Sciences, Lyons 里昂科学院
Académie, Paris 巴黎科学院
Académie Royale d'Architecture, Paris 巴黎皇家建筑学院
Académie Royale de Peinture et de Sculpture, Paris 巴黎皇家绘画雕塑学院
Accademia di San Luca, Rome 罗马圣卢卡学院
Adam, James 詹姆斯·亚当
Adam, Robert 罗伯特·亚当
Adams, Henry 亨利·亚当
Adcote (Shropshire) 阿德科特府邸(什罗普郡)
Addison, Joseph 约瑟夫·艾迪生
Aegina Marbles 埃伊纳岛上的大理石雕刻
Aegina: Temple of Jupiter Panhellenius 埃伊纳岛:泛希腊时期的朱庇特神庙
Agrigento, temples 阿格里真托庙
Aillant-sur-Tholon (Yonne), church 托隆河畔阿扬教堂(约讷省)
Aix-en-Provence 普罗旺斯地区的艾克斯
  Maison d'Arrêt 拘留所
  Palais de Justice 法院
Alavoine, Jean-Antoine 让－安托万·阿拉瓦纳
Albani, Cardinal 红衣主教阿尔瓦尼
Albert(Somme): Notre-Dame-de-Brebières 阿尔贝(索姆省):德布雷比埃圣母院
Alberti, Leon Battista 莱昂·巴蒂斯塔·阿尔贝蒂
Albertolli, Giocondo 焦孔多·阿尔贝托利
*Album de Villard de Honnecourt* (Lassus) 《维拉尔·德翁库尔文集》(拉叙斯著)
*Alcune decorazioni di nobili sale ed altri ornamenti* (Albertolli) 《著名大厅及其他建筑物装饰》(阿尔贝托利著)
Alderbury (Wiltshire): St. Marie's Grange 奥尔德贝里:圣玛丽庄园府邸(威尔特郡)
Alembert, Jean le Rond d' 让·勒·龙·达朗贝尔
Alexander I (czar of Russia) 亚历山大一世(俄国沙皇)
Algarotti, Francesco 弗朗切斯科·阿尔加罗蒂
Alhambra 阿兰布拉
Amalienborg Palace 阿马林堡宫
Alphand, Jean-Charles-Adolphe 让－夏尔－阿道夫·阿尔方
Althorp House 阿尔索普庄园
Alton Castle (Staffordshire) 奥尔顿府邸(斯塔福德郡)
Amati, Carlo 卡洛·阿马蒂
Amaury-Duval, Eugene-Emmanuel 欧仁－埃马纽埃尔·阿莫里－杜瓦尔
Ambrieres-les-Vallees (Mayenne), Griois House 昂布里耶尔－莱瓦莱的格里瓦府邸(马耶讷省)
Amidei, Fausto 福斯托·阿米代
Amiens, theater 亚眠,剧院
*Analytical Inquiry into the Principles of Taste, An* (Knight) 《对审美原则的分析性调查》(奈特著)
*Ancient Architecture of England* (Carter) 《英国古代建筑》(卡特著)
Andalusia (near Philadelphia ) 安达卢西亚府邸(费城附近)
Anderson, James 詹姆斯·安得森
André, E. 埃·安德烈
*Andromache Bewailing the Death of Hector* (Hamilton) 《安德洛玛刻为赫克托耳的死而哀伤》(汉密尔顿著)
Angell, Samuel 塞缪尔·安杰尔
Angerstein, J.J. 安格斯坦
*Anglo-Norman Antiquities* (Ducarel) 《盎格鲁－诺曼古代文化遗迹》(迪卡雷尔著)
Angouleme (法)昂古莱姆市
  cathedral 教堂
  Hotel de ville 市政厅
  St. -Ausone 圣奥索纳教堂
  St.-Martial 圣马蒂亚勒教堂
*Anmerkungen uber die Baukunst der Alten* (Winckelmann) 《对古建筑艺术的注释》(温克尔曼著)
*Anmerkungen uber die Baukunst der alten Tempel zu Girgenti in Sizilien* (Winckelmann) 《对西西里岛古庙宇建筑艺术的注释》(温克尔曼著)
*Annales archeologiques* (Didron) 《考古学年鉴》(迪德龙著)
*Annales du musee* (Landon) 《博物馆年鉴》(兰登著)
*Annals of a Fortress* (Viollet-le-Duc) 《要塞年鉴》(维奥莱－勒迪克著)
Anson, Thomas 托马斯·安森
*Antiche camere delle terme di Tito e loro pitture* (Mirri and Carletti) 《蒂托的罗马公共浴场古老的浴室和它们的绘画》(米里和卡莱蒂著)
*Antichita d'Ercolano* (Cochin) 《埃尔科拉诺古迹》(科尚著)
*Antichita romane dei tempi della repubblica, e dei primi imperatori* (Pi-

## B

## C

## E

## F

## G

## H

## M

## N

## O



## P

La Trinite　圣三一教堂
Louvre　卢浮宫
Madeleine　马德莱娜教堂
Magasins-Reunis　百货商场
Mairie du Ier　第一市政厅
Mairie du IVe　第四市政厅
Mairie du XIXe　第十九市政厅
Maison Hachette　阿谢特公寓
Ministere des Affaires Etrangeres (Cour des Comptes)　外交部大厦(审计法院)
Musee des Monuments Francais　法兰西文物博物馆
Notre-Dame-de-Bonne-Nouvelle　福音圣母教堂
Notre-Dame-de-Lorette　德洛雷特圣母教堂
Opera　歌剧院
Palais　宫殿
　Bourbon　波旁王宫
　Justice, de　巴黎法院
　Luxembourg, du　卢森堡宫
　Roi de Rome　罗马王宫
　Trocadero, du　特罗卡代罗王宫
Panorama, Champs-Elysees　香榭丽舍大道的观景圆亭
Panorama Francais　法兰西观景亭
Parc de Montsouris　蒙苏里公园
Parc des Buttes-Chaumont　比特-肖蒙公园
Parc Monceau　蒙索公园
Place de la Roquette, House of detention　罗克特广场青少年罪犯拘留所
Place de l'Etoile　星形广场
Place des Pyramides　金字塔广场
Place Lafyette　拉斐特广场
Place Louis XV (de la Concorde)　路易十五广场(协和广场)
Place of Louis XVI　路易十六广场
Place Vendome, Column (Colonne Vendome)　旺多姆广场(旺多姆纪功柱)
Pont St.-Michel, morgue　圣米歇尔桥陈尸所
Pourtales House　普尔塔莱斯府邸
Prefecture de la Police　警察厅大厦
Rotonde des Panoramas　观景圆厅
Rue de Rivoli　里沃利大街
St. Augustin　圣奥古斯坦教堂
St.-Denys-du-st.-Sacrement　圣但尼教堂
St.-German-l'Auxerrois　圣日耳曼-洛克塞鲁瓦教堂
St.-Pierre-du-Gros-Caillou　圣皮埃尔巨石教堂
St.-Vincent-de-Paul　圣樊尚-德保罗教堂
Ste-Chapelle　圣沙佩勒教堂
Ste-Clotilde　圣克洛蒂尔德教堂
Ste-Genevieve (Pantheon)　圣热讷维耶沃教堂(万神庙)
Theatres　剧院
　Ambigu Comique, de l'　杂艺喜剧院
　Chatelet, de　沙特莱剧院
　Francais (de France)　法兰西剧院
　Lyrique (de la Ville)　利里克剧院(德拉维尔剧院)
　Opera, del', Palais-Royal　皇宫歌剧院
Thouret House　图雷府邸
Tour St.-Jacques　图尔圣雅克教堂
Tribunal de Commerce　商业法院
Tuileries　杜伊勒里宫
Villa Dietz Monnin, Auteuil　奥特伊,迪茨·莫南别墅
Villa Emile Meyer, Auteuil　奥特伊,埃米尔·梅耶别墅
Chateau des Fleurs　弗勒尔府邸
Entrepot de Bercy　贝尔西货仓
Galerie des Machines　机械博物馆
Magasins du Bon Marche　邦·马尔谢货仓
St.-Eugene　圣欧仁教堂
Cercle des Ouvriers Macons et Tailleurs de Pierres, center　圬工暨石工行会(中心)
Chapelle St.-Ferdinand　圣费迪南小教堂
Cimetiere de Picpus, tomb by Viollet-le-Duc　皮克帕公墓中维奥莱-勒迪克设计的墓地
Cimeliere Pere-Lachaise, tombs by Viollet-le-Duc　佩雷·拉雪兹公墓中维奥莱-勒迪克设计的墓群
Dames de la congregation Notre-Dame chapel for　巴黎圣母院小教堂
Gare de Javel　雅韦尔车站
Greek Orthodox church　希腊东正教教堂
Hotel　府邸大厦
　Duranti　迪朗蒂大厦
　Soltykoff　索尔蒂科弗亲王府邸
　Lycee Michelet　米舍莱中学
　Lycee Victor Hugo　维克多·雨果中学
　Maison des Goths　德戈特大厦
　Milon House　米龙大楼
Notre-Dame-d'Auteuil　奥特伊圣母院
Notre-Dame-de-la-bon-Secours　邦塞库尔圣母院
Notre-Dame-de-la-Croix　十字圣母院
Notre-Dame-de-la-Gare　加雷圣母院
Notre-Dame-des-Champs　德尚圣母院

## Q



## R

## S

## T

## U



## V

## W

**Y**



**Z**

# 照片来源

注:下面数字为照片所在图号。

Aerofilms, Londra: 43.

Archives Municipales, Bordeaux: 176, 177.

Archives Photographiques, Parigi: 166, 179, 225, 350, 352.

James Austin, Londra: 119, 136, 149, 150, 214, 215, 363, 391, 398, 401, 412.

Bruno Balestrini, Milano: 1, 8, 9, 11, 13, 15, 19, 20, 21, 29, 104, 113, 114, 115, 120, 127, 128, 129, 130, 131, 132, 133, 135, 155, 156, 157, 158, 161, 167, 169, 178, 180, 182, 183, 184, 185, 189, 198, 202, 205, 208, 211, 219, 236, 237, 295, 296, 299, 300, 301, 303, 309, 312, 346, 347, 348, 349, 351, 356, 359, 360, 361, 362, 364, 365, 367, 368, 369, 370, 374, 375, 377, 378, 379, 380, 382, 383, 384, 390, 392, 393, 394, 395, 399, 400, 402, 403, 404, 408, 409, 410, 411, 413, 414, 415, 416, 418, 421, 424, 426, 428, 431, 432, 433, 434, 477, 502, 503, 504, 505, 506, 509, 510, 511, 512, 513, 514, 515, 516, 520, 521, 522, 523, 524, 526, 527, 528, 530, 531, 532, 534, 535, 536, 538, 542, 544, 545, 546, 547, 548, 550, 552, 553, 610, 611, 612, 613, 614, 615, 616, 617, 618, 619, 620, 621, 622, 623, 624, 625, 629, 630, 631, 632, 633, 634, 635, 636, 637, 647, 649, 650, 654, 655, 656.

Biblioteca dell'Università, Varsavia: 154.

Biblioteca Reale, Copenaghen: 499.

Bibliothèque Nationale, Parigi: 137, 138, 143, 159, 206, 207, 282, 283, 284, 285, 286, 287, 288, 289, 290, 344, 345, 396.

Bulloz, Parigi: 151, 305, 405.

J. Combier, Macon: 315.

Country Life, Londra: 32, 34, 35, 40, 42, 47, 52, 53, 54, 55, 56, 69, 95, 96, 97, 98, 101, 103, 105, 106, 109, 153, 238, 239, 240, 241, 244, 247, 251, 252, 253, 254, 255, 256, 257, 258, 259, 263, 265, 266 267, 268, 269, 271, 272, 274, 275, 280, 281, 330, 437, 454, 455, 458, 459, 460, 463, 464, 574, 575, 577, 587, 589, 594, 598, 599.

Courtauld Institute of Art, Londra: 66, 67, 94, 246, 248, 249, 270, 334, 466, 592, 593, 600, 601.

Christoper Dalton, Daventry: 99, 100.

J. De Grivel, Besançon: 190, 191, 192, 193, 194.

Deutsche Fotothek, Dresda: 59, 60, 61.

Fitzwilliam Museum, Cambridge: 152.

Fotocielo, Roma: 539.

Jonathan M. Gibson, Guildford, Surrey: 68.

Giraudon, Parigi: 4, 78, 174, 187, 201, 216, 217, 221, 223, 298, 317, 385, 386, 387, 397.

Greater London Council, Photographic Unit Department of Architecture and Civil Design, Londra: 435, 452, 453, 467, 469.

A.F. Kersting, Londra: 462, 603.

Irish National Trust Archive, Dublino: 573.

Landesbildstelle, Berlino: 107, 108, 470.

Leeds Art Galleries, Leeds: 262.

Library of Congress, Washington: 557, 558, 559, 560, 561, 563, 564, 565, 566, 567.

Roland Liot, Saint-Germain-en-Laye: 197.

Mensy, Besançon: 80.

Münchner Stadtmuseum, Monaco: 478.

Musée de Strasbourg: 186.

Musei Vaticani, Archivio Fotografico, Roma: 517, 518, 519.

Nationalmuseum, Copenaghen: 497, 498, 500.

National Trust, Londra: 41, 44, 62, 63, 572.

Novosti Press, Roma: 482, 483, 484, 485, 486, 487, 488, 489, 490, 491, 492, 493, 494, 495, 496.

Andrea Pagliarani, Verona: 507.

Fernand Perret, La Chaux-de-Fonds: 195, 196.

Photo Pierrain-Carnavalet, Parigi: 79, 125, 134, 165, 203, 304.

G.B. Pineider, Firenze: 525.

Reilly and Constantine Commercial, Birmingham: 639.

H. Roger-Viollet, Parigi: 406, 407.

Royal Commission on Ancient Monuments (Scotland), Edimburgo: 111, 260, 264, 447, 448.

Royal Commission on Historical Monuments (England), Londra (diritti riservati): 329, 338, 339, 340, 438, 440, 441, 442, 444, 445, 446, 457, 461, 576, 578, 580, 581, 582, 583, 584, 585, 590, 591, 595, 596, 597, 609.

Tom Scott, Edimburgo: 45.

Semper-Archiv der ETH, Zurigo: 662, 663, 664.

Service Photographique des Archives Nationales, Parigi: 324.

Edwin Smith, Londra: 443.

Sir John Soane's Museum, Londra: 242, 243, 331, 335, 341, 342, 343.

Staatl. Landesbildstelle Südbayern, Monaco: 480, 481.

Franz Stoedtner, Düsseldorf: 476.

Sydney W. Newbert, Londra: 328.

Tate Gallery, Londra: 116.

Thorvaldsen Museum, Copenaghen: 501.

Topical Press, Londra (diritti riservati): 327, 456.

Jacques Verroust, Neuilly: 3.

Verwaltung der staatl. Schlösser, Gärten und Seen, Monaco: 479.

Wallace Collection, Londra (diritti riservati): 144.

# 译 后 记

本书是中国建筑工业出版社由意大利 Electa S. p. A. 出版公司引进的《世界建筑史丛书》之一。

作者在前言中已说明，本书主要论述从 1750 年到 1870 年这一历史时期所发生的建筑设计活动。这一时段大致与我们熟知的近、现代外国（主要为欧洲）建筑史的第一阶段相吻合。18 世纪后半叶至 19 世纪后半叶，欧洲各国相继完成工业革命、自由资本主义得到迅速发展，因此城市的规模日益扩大、建造业面临极好的发展机遇；在经历过启蒙运动、法国大革命和工业革命的世界上，新的社会思想促使人们对建筑形式和功能提出了新的审美观念和要求；与此同时新建筑技术和建筑材料的出现，特别是新的考古发现极大地推动了建筑师对建筑活动的积极探讨和对传统建筑思想的反思。可以说，在世界建筑史上，这是一个建筑创作活动频繁、思想异常活跃的时期；是打破传统和建立传统的时期；也是人才辈出、天才与庸才并存的时期。科学家在黑子活动高峰期对太阳进行观察，以期获得更多有关那个巨大未知世界的信息，那么我们在通过本书两位作者的眼睛对这一时期建筑活动的考察后，是否会获得更多的信息和启迪呢？

我们认为回答是肯定的。

本书的主旨不在于理论分析研究，而是依据大量资料对这一时期欧洲各主要国家的建筑活动与典型作品实例进行分析比较，着重介绍了一些建筑师的教育，活动背景，相互影响，以及各种风格的形成与发展，为读者清晰地展现这一历史阶段建筑活动发展的基本脉络和意义。本书资料翔实、图文并茂。我们相信，本书不仅能使我们鉴古知今，开阔视野，而且能从历史的维度上加深对建筑学科的理解，从中汲取有益的知识来充实我们自己。譬如，法国设置的“罗马艺术大奖”和英国建筑师们进行的“考察大旅行”均反映了当时教育者在建筑师培养方面深邃的眼光和开阔的襟怀，对我们的建筑教育有着直接的借鉴作用。我们常说“以史为镜”，通过对这一段建筑史的了解，我们会对作为人类文化活动的一个重要方面的建筑活动给予更深切的人文主义关怀。

在本书的翻译过程中，我们首先遇到的问题是书中涉及人名、地名和术语繁多，而且有的已有中文译名（个别建筑师的中文译名多达三四个），为了统一译名，同时考虑读者的方便，我们作了如下处理：

1．人名一律按照中国对外翻译出版公司出版的《世界人名翻译大辞典》（上、下）翻译；地名一律按照中国大百科全书出版社出版的《世界地名录》（上、下）翻译。

2．部分人、地名已有中译名，且流传较久远的，则视为约定俗成，不按上述两辞典统一，如：英国哲学家“边沁”（Bentham），不译为“本瑟姆”；其他虽已流传但影响不大的人、地名异译，则均按上述两辞典统一。

此外，本书最初以意大利文出版，但现译稿所依据的英文版中夹杂着大量的法语、意大利语、德语和俄语的引文，为翻译增加了难度，所幸我们得到了重庆建筑大学外语系上述各语种的许秋平、程家荣、袁晓芳、邓俊超和汪红梅诸位同仁在资料和翻译方面的热情帮助，才得以顺利完成本书翻译工作，在此一并致谢。

本书系受中国建筑工业出版社委托翻译，由重庆建筑大学外语系史中庸教授和徐铁城副教授负责组织工作，建筑城规学院黄天其教授和建筑史教研室蒋家龙同志担任审校工作。翻译工作分工如下：

邹晓玲翻译第 1—3 章，向小林翻译第 4 章，胡文成翻译第 5 章，徐铁城翻译第 6 章（1—4 节），潘龙明翻译第 6 章（5—8 节），李明章翻译第 7 章，乐勇翻译第 8 章。

由于译者受时间、资料和专业知识的局限，译文中舛误和不妥之处，在所难免，尚望专家和同行批评指正。

译者

1999 年 8 月

版权登记图字：01－1998－2247 号

**图书在版编目（CIP）数据**

新古典主义与 19 世纪建筑 /（英）罗宾·米德尔顿（Middleton，R.），（英）戴维·沃特金（Watkin，D.）著；徐铁城等译. —北京：中国建筑工业出版社，1999
（世界建筑史丛书）
ISBN 978－7－112－03741－4

Ⅰ. 新… Ⅱ. ①米… ②沃… ③徐… Ⅲ. ①建筑史－欧洲－近代 ②建筑物－简介－欧洲－近代 Ⅳ. TU－094

中国版本图书馆 CIP 数据核字（1999）第 11117 号

© Copyright 1980 by Electa S. p. A，Milan
All rights reserved.
No part of this publication may be reproduced in any manner whatsoever without permission in writing by Electa S. p. A. Milan.
本书经意大利 Electa S. p. A. 出版公司正式授权本社在中国出版发行中文版
Neoclassical and 19th Century Architecture，History of World Architecture/Robin Middleton，David Watkin

责任编辑：董苏华　张惠珍

世界建筑史丛书
**新古典主义与 19 世纪建筑**
［英］罗宾·米德尔顿/戴维·沃特金　著
邹晓玲　向小林　胡文成
徐铁城　潘龙明　李明章　乐　勇　译
黄天其　蒋家龙　校
*
中国建筑工业出版社出版、发行（北京西郊百万庄）
各地新华书店、建筑书店经销
廊坊市海涛印刷有限公司印刷
*
开本：787×1092 毫米　1/12　印张：35½
2000 年 6 月第一版　　2015 年 1 月第三次印刷
定价：**118.00** 元
ISBN 978－7－112－03741－4
（17799）
**版权所有　翻印必究**
如有印装质量问题，可寄本社退换
（邮政编码 100037）
本社网址：http：//www. cabp. com. cn
网上书店：http：//www. china－building. com. cn